选择走程序员之路，兴趣是第一位的，当然还要为之付出不懈的努力，而拥有一本好书和一位好老师会让您在这条路上走得更快、更远。或许这并不是一本技术最好的书，但却是最适合初学者的书！

CSDN 总裁

这本书从易到难、内容丰富、案例实用，适合初学者使用，是一本顶好的教材。希望它能够帮助更多的编程爱好者走向成功！

工信部移动互联网人才培养办公室

这是一本实践性非常强的书，它融入了作者十多年开发过程中积累的经验与心得。对于想学好编程技术的广大读者而言，它将会成为你的良师益友！

普科国际 CEO

软件开发新课堂

ASP.NET 基础与案例开发详解

李天志　易　巍　李艳双　编　著

清华大学出版社
北　京

内 容 简 介

本书对 ASP.NET 程序设计相关知识进行了由浅入深的细致讲解。全书共分 15 章，主要内容包括 ASP.NET 4.5 的新特性，HTML、CSS 及 HTML 5 基础，ASP.NET 内置对象的使用，Ajax 在 ASP.NET 中的应用，数据库设计及 SQL Server 2008 应用基础，常用 ASP.NET Web 服务器控件、导航控件、数据控件及 ADO.NET 的使用，网站安全配置、漏洞方法防范，主题与母版的应用等知识，最后通过 4 个完整实例，详细讲解了 ASP.NET 应用程序的设计与部署。

本书不仅可以作为普通高等院校的教材，同时也是广大 ASP.NET 程序设计爱好者自学的首选用书。

图书在版编目(CIP)数据

ASP.NET 基础与案例开发详解/李天志，易巍，李艳双编著. --北京：清华大学出版社，2014（2016.1 重印）
(软件开发新课堂)

ISBN 978-7-302-34498-8

Ⅰ. ①电…　Ⅱ. ①李…　②易…　③文…　Ⅲ. ①网页制作工具—程序设计　Ⅳ. ①TP393.092

中国版本图书馆 CIP 数据核字(2013)第 274774 号

责任编辑：杨作梅
装帧设计：杨玉兰
责任校对：宋延清
责任印制：李红英

出版发行：清华大学出版社
　　　　网　　　址：http://www.tup.com.cn，http://www.wqbook.com
　　　　地　　　址：北京清华大学学研大厦 A 座　　　　邮　　　编：100084
　　　　社 总 机：010-62770175　　　　　　　　　　　邮　　　购：010-62786544
　　　　投稿与读者服务：010-62776969，c-service@tup.tsinghua.edu.cn
　　　　质 量 反 馈：010-62772015，zhiliang@tup.tsinghua.edu.cn
　　　　课 件 下 载：http://www.tup.com.cn，010-62791865
印 刷 者：清华大学印刷厂
装 订 者：北京市密云县京文制本装订厂
经　　销：全国新华书店
开　　本：190mm×260mm　　印　张：33.5　　插　页：1　　字　　数：818 千字
　　　　　（附 DVD1 张）
版　　次：2014 年 3 月第 1 版　　　　　　　　　　　印　　次：2016 年 1 月第 2 次印刷
印　　数：3501～4500
定　　价：69.00 元

产品编号：051144-01

丛书编委会

丛书主编：徐明华

编　　委：(排名不分先后)

李天志　易　魏　王国胜　张石磊

王海龙　程传鹏　于　坤　李俊民

胡　波　邱加永　许焕新　孙连伟

徐　飞　韩玉民　郑彬彬　夏敏捷

张　莹　耿兴隆

丛 书 序

首先，感谢并祝贺您选择本系列丛书！《软件开发新课堂》系列是为了满足广大读者的需求，在原《软件开发课堂》系列书的基础上进行的升级和重新编辑。秉承了原系列书的精髓，通过大量的精彩实例、完整的学习视频，让您完全融入编程实战演练，从零开始，逐步精通相关知识，成为自学成才的编程高手。哪怕您没有任何编程基础，都可以轻松地实现职场的梦想和生活的愿望！

1. 丛书内容

随着软件行业的不断升温，程序员这一职业正在成为 IT 界中的佼佼者，越来越多的程序设计爱好者开始投入相关软件开发的学习中。然而很多朋友在面对大量的代码时又有些望而却步，不知从何入手。

实际上，一本好书不仅要教会读者怎样去实现书中的内容，更重要的是要教会读者如何去思考、去探究、去创新。鉴于此，我们精心编写了《软件开发新课堂》系列丛书。

本丛书涉及目前流行的各种相关编程技术，均以最常用的经典实例，来讲解软件最核心的知识点，让读者掌握最实用的内容。首次共推出 10 册：

- 《Java 基础与案例开发详解》
- 《JSP 基础与案例开发详解》
- 《Struts 2 基础与案例开发详解》
- 《JavaScript 基础与案例开发详解》
- 《ASP.NET 基础与案例开发详解》
- 《C#基础与案例开发详解》
- 《C++基础与案例开发详解》
- 《PHP 基础与案例开发详解》
- 《SQL Server 基础与案例开发详解》
- 《Oracle 数据库基础与案例开发详解》

2. 丛书特色

本丛书具有以下特色。

(1) 内容精练、实用。本着"必要的基础知识+详细的程序编写步骤"原则，摒弃琐碎的东西，指导初学者采取最有效的学习方法和获得最良好的学习途径。

(2) 过程简洁、步骤详细。尽量以可视化操作讲解，讲解步骤做到详细但不繁琐，避免直接使用大量代码占用读者的阅读时间。而对关键代码则进行详细的讲解，做到清晰和透彻。

(3) 讲解风格通俗易懂。作者均是一线工作人员及教学人员，项目经验丰富，传授知识的能力强。所选案例精练、实用，具有实战性和代表性，能够使读者快速上手。

(4) 光盘内容丰富。不仅包含书中的所有代码及实例，还包含书中主要操作步骤的视频录像，有利于多媒体视频教学和自学，最大程度地提高了书中案例的可操作性。

3. 作者队伍

本丛书由知名培训师徐明华老师任主编，作者团队主要有北京达内科技、北京电子商务学院、郑州中原工学院、天津程序员俱乐部、徐州力行文化传媒工作室等机构和学院的专业人员及教师。正是有了他们无私的付出，本丛书才能顺利出版。

4. 读者对象

本丛书定位于初、中级读者。书中每个实例都是从零起步，初学者只需按照书中的操作步骤、图片说明，或根据多媒体视频，便可轻松地制作出实例的效果。不仅适合程序设计初学者以及普通编程爱好者使用，也可作为大、中专院校，高职高专学校，及各种社会培训机构的教材与参考书。

5. 特别感谢

本丛书从立项到写作受到广大朋友的热心支持，在此特别感谢达内科技的王利锋先生、北大青鸟的张宏先生，还有单兴华，吴慧龙、聂靖宇、刘烨、孙龙、李文清、李红霞、罗加顺、冯少波、王学锋、罗立文、郑经煜等朋友，他们对本丛书的编著提供了很好的建议。祝所有关心和支持本丛书的朋友身体健康，工作顺利。

最后还要特别感谢已故的北京传智播客教学总监张孝祥老师，感谢他在原《软件开发课堂》系列书中无私的帮助与付出。

6. 提供的服务

为了有效地解答读者在阅读过程中遇到的问题，丛书专门在 http://bbs.022tomo.com/ 开辟了论坛，以方便读者交流。

丛书编委会

前　　言

　　Visual Studio 2012 是微软公司推出的最新集成开发环境，用于生成 ASP.NET Web 应用程序、XML Web 服务、云项目、桌面应用程序、移动应用程序和 Windows 应用商店应用程序等。该开发环境集成了 Visual Basic、Visual C#、Visual F#、Visual C++和 JavaScript 等多种程序开发语言，这些语言都使用相同的集成开发环境(IDE)，这样可以实现工具共享，并能够轻松地创建混合语言解决方案；这些语言都基于.NET 框架技术，从而可以简化 ASP.NET Web 应用程序和 XML Web 服务的开发。

　　Visual Studio 2012 提供的 ASP.NET 集成开发环境具有控件丰富、操作方便、开发及调试工具丰富等特点。为方便原来开发 ASP、PHP 以及 Java Web 的程序员使用 ASP.NET 开发环境，集成开发环境提供了多种可选的开发模板以适应不同开发风格的程序员。

1. 本书内容

　　本书面向 ASP.NET 4.5 的实际应用开发，循序渐进地为读者介绍有关 ASP.NET 4.5 开发所涉及的相关知识。本书内容由浅入深，涵盖 ASP.NET 4.5 开发技术中常用的主要知识点，并且在介绍过程中，针对每个知识点都有相应的实例。本书通俗易懂，结构安排合理，各章主要内容如下。

　　第 1 章　介绍.NET Framework 4.5 及 ASP.NET 4.5 的新特性，并且讲解 VS2012 的安装和 ASP.NET 应用程序结构等基础知识。

　　第 2 章　主要介绍 HTML 基础、CSS 样式表及 HTML 5 的使用。

　　第 3 章　结合实例讲解 ASP.NET 4.5 中常用服务器控件的设置及使用。

　　第 4 章　主要学习有关 ASP.NET 内置对象及 ASP.NET 应用程序的配置，包括 Request 对象、Server 对象、Response 对象、Cookies 对象、Session 对象及 Application 对象。

　　第 5 章　主要介绍 Ajax 基础知识、ASP.NET Ajax 框架的配置及使用。

　　第 6 章　主要介绍关系数据库的相关知识，为后面章节中的数据库应用开发打下基础，主要讲解数据库的操作语句、SQL Server 2008 的安装和使用。

　　第 7 章　介绍 ASP.NET 提供的数据访问控件的使用，主要讲解利用向导配置完成数据库访问操作的方法。

　　第 8 章　讲解 ADO.NET 的相关知识，结合实例讲解 ADO.NET 对象的使用。

　　第 9 章　介绍主题及母版的基础知识，主要讲解母版页的设计和使用。

　　第 10 章　主要介绍有关成员资格及角色管理的相关知识，并且详细讲解使用 ASP.NET 网站管理工具配置成员资格管理程序的操作。

　　第 11 章　主要介绍.NET 安全机制的底层实现原理和常见编码漏洞的防范方法。

　　第 12 章　通过实现一个简单的学生成绩查询系统，介绍 ASP.NET 4.5 及使用 Microsoft Visual Studio 2012 进行应用程序开发的基础知识，尤其是 Microsoft Visual Studio 2012 提供的种类丰富、功能强大的内置控件的使用。

　　第 13 章　通过实现一个简单的网站相册系统，向读者介绍使用 Microsoft Visual Studio

2012 在 ASP.NET 4.5 平台下开发 Web 2.0 应用程序的关键技术及网站的部署方法。

第 14 章　通过实现一个简单的图书销售系统，向读者介绍电子商务应用程序的基本开发方法，以及使用 Microsoft Visual Studio 2012 开发电子商务应用程序过程中的关键技术。

第 15 章　通过一个博客系统的开发，向读者介绍权限管理、外部账号身份认证的使用、查询参数判断等 ASP.NET 中较为深入的内容。

2. 本书特色

(1) 本书内容结构合理，语言简练、容易理解。

(2) 在每章后面增加了上机实训，以便课后加强读者的动手能力。

(3) 每章讲解中都结合大量实例，方便读者理解。

(4) 对第 12~15 章的案例，提供了详细的设计与实现步骤，并提供了完整的源文件。

(5) 对于一些细节之处，本书在需注意的地方，增加了"注意"段落，以便读者更好地掌握细节。

3. 读者对象

本书专门为在校学生和零基础的读者量身定制，是普通高等院校 ASP.NET 程序设计课程的首选教材，同时也可供 ASP NET 的初学者或有相关编程经验的用户使用。

4. 本书作者

本书由德州学院李天志、易巍、李艳双老师编写。参与本书编写、代码调试和校正工作的还有张强、卢绪进、徐明华、张新颖、于坤、单兴华、郑经煜、周大庆、卞志城、孙连伟、聂静宇、尼春雨、张丽、王国胜、张石磊、伏银恋、蒋军军、蒋燕燕、王海龙、曹培培等人，在此对他们的辛勤付出表示感谢。

由于水平有限，书中疏漏之处在所难免，读者在阅读的过程中遇到什么问题或者有好的建议或意见，欢迎随时与我们联系。

编　者

目　　录

软件开发新课堂

软件开发新课堂

XI

第1章

ASP.NET 4.5 简介

学前提示

ASP.NET 4.5 是微软公司最新推出的用于构建动态 Web 应用程序的新技术，是.NET 框架的一部分，该技术拥有 Visual Studio 2012 这个强大的集成开发环境的支持。本章将主要介绍.NET 框架相关内容以及 Visual Studio 2012 集成开发环境的安装与使用。

知识要点

- .NET 框架简介
- ASP.NET 4.5 概述
- Visual Studio 2012 简介
- ASP.NET 应用程序的结构

1.1 .NET Framework 4.5 简介

试想一下这样的情景，如果一个公司有一个很大的项目，需要很多人来开发，但这些人所擅长的开发语言是不同的，能否让这些开发人员一起工作？这个问题就像"一个西班牙人和一个法国人，两个人所说的语言均是不同环境下的小语种，利用他们所说的语言能否相互沟通呢？"肯定不能。那么两人如果想沟通，必须依靠什么？就是翻译。

这也就是.NET 框架要解决的问题。

1.1.1 .NET 框架简介

.NET Framework(框架)是支持生成和运行下一代应用程序和 Web 服务的内部 Windows 组件，.NET 框架旨在实现下列目标：

- 提供一个一致的面向对象的编程环境。无论开发的程序是在本地存储并执行的 Windows 窗体程序，还是基于 B/S 或者 C/S 架构的网络程序，其编程界面风格及控件都是相似的。
- 提供一个将软件部署和版本控制冲突最小化的代码执行环境。
- 提供一个可提高代码(包括未知的或不完全受信任的第三方创建的代码)执行安全性的代码执行环境。
- 提供一个可消除脚本环境或解释环境的性能问题的代码执行环境。
- 使开发人员的经验在面对类型大不相同的应用程序(如基于 Windows 的应用程序和基于 Web 的应用程序)时保持一致。
- 按照行业标准生成所有通信，确保基于.NET 框架的代码可与任何其他代码集成。

.NET 框架的关键组件为公共语言运行时(CLR)和.NET 框架类库(FCL)。

(1) 公共语言运行时

公共语言运行时(CLR)是.NET 框架的基础。可以将运行时看作一个在执行时管理代码的代理，它提供内存管理、线程管理和远程处理等核心服务，并且还强制实施严格的类型安全以及可提高安全性和可靠性的其他形式的代码准确性验证。以运行时为目标的代码称为托管代码，而不以运行时为目标的代码称为非托管代码。.NET 框架提供了托管执行环境，简化了开发和部署并与各种编程语言的集成，从而能够提高开发人员的工作效率。例如，程序员在用自己选择的开发语言编写应用程序时，可以利用其他开发人员用其他语言编写的运行时、类库和组件。

图 1-1 显示了公共语言运行时和类库、应用程序之间以及与整个系统之间的关系。

(2) .NET 框架类库

.NET 框架类库(FCL)是一个与公共语言运行时紧密集成的可重用的类型集合，包括类、接口和值类型的库，提供对系统功能的访问，且被设计为构建.NET 框架应用程序、组件和控件的基础。这使得.NET 框架类型不但易于使用，而且还减少了学习.NET 框架新功能所需要的时间。此外，第三方组件可与.NET 框架中的类无缝集成。

软件开发新课堂

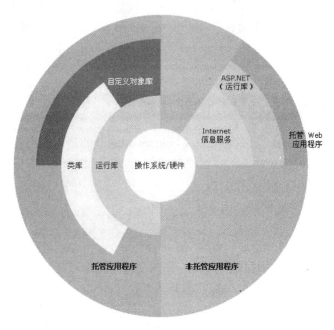

图 1-1 .NET 的总体结构

1.1.2 通用中间语言

通用中间语言(Common Intermediate Language，CIL)一般称为通用中间语言，类似于一个面向对象的汇编语言，独立于具体 CPU 和平台的指令集，它可以在任何支持.NET 框架的环境下运行。

在.NET 编程环境中，不管程序员使用 C++、C#、VB.NET 还是 J#语言编写程序，在程序进行编译的时候，编译器都会将源代码编译为 CIL 语言，然后再通过实时(Just In Time，JIT)编译器编译为针对各种不同 CPU 的指令(注意，因为 JIT 是实时编译器，所以它只编译需要运行的 CIL 语言段，而不是全部一下编译完，这样可以提高程序编译效率)。

因为所有的.NET 编程语言都基于.NET 框架并生成 CIL，所以这些语言的编程风格非常相似，因此，学会一种.NET 编程语言，其他.NET 编程语言很快就能掌握。在本书中，采用的编程语言为 C#。

.NET 体系结构如图 1-2 所示。

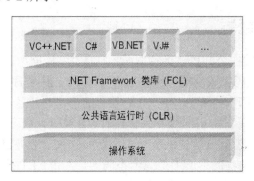

图 1-2 .NET 体系结构

软件开发新课堂

从图1-2中可以看出,在一个微软操作系统平台上可以同时运行多种编程语言,如 Visual C++ .NET、C#、VB .NET、J#等,这些编程语言可以通过位于中间部分的.NET 框架相互访问彼此生成的组件。

1.1.3　.NET Framework 4.5 的新功能

.NET Framework 4.5 是在以前版本.NET Framework 4.0 的基础上完善而成的,为方便团队开发,增强应用程序的安全性,适应网络技术的新发展,微软对.NET 框架原有的功能进行了完善和改进,并增加了很多新功能:

- 新增了对 Windows 商店应用程序的支持。
- 新增了可移植类库功能。
- 可生成在多个.NET 框架平台(如 Windows Phone 和 Windows 应用商店应用程序的.NET)上处理的托管程序集。
- 使用异步操作提高文件输入/输出性能。
- 提高多核处理器的启动性能。
- 对多个客户端启用异步流消息,提高 WCF 应用程序的可伸缩性。
- 新增资源文件生成器(resgen.exe)。
- 对 HTML 5 的全面支持。
- 增强了托管扩展框架(Managed Extensibility Framework,MEF)功能。
- 提供用于 HTTP 应用程序的新编程接口。
- 增强的 Windows Presentation Foundation(WPF)功能,向 WPF 应用程序添加功能区用户界面。
- 更新的工作流(Windows Workflow Foundation)技术。

1.2　ASP.NET 4.5 概述

随着.NET Framework 4.5 的发布,ASP.NET 的版本升级到了 4.5,这是建立在公共语言运行时上的一个编程框架,可用于在服务器上实现功能强大的 Web 应用程序,与以前的 Web 开发模型相比,它创建了一种全新的编程模型。

1.2.1　ASP.NET 概述

ASP.NET 是一种建立在公共语言运行时(CLR)上的编程框架,利用.NET 框架提供的强大类库可以使用较少的代码完成功能强大的企业级 Web 应用程序。ASP.NET 可以使用多种开发语言,其中 C#最为常用。因为 C#是.NET 独有的语言,并且对 Web 开发做了很多优化以提高程序开发效率。此外,常用的开发语言还有 VB.NET,适合于以前使用过 VB 语言做开发的程序员。ASP.NET 为开发者提供了一个全新而强大的服务器控件结构,从外观上看,ASP.NET 和 ASP 是相近的,但本质上是完全不同的,ASP.NET 控件主要为服务器端控件,对控件的安全性和服务器端的运行策略都进行了优化,可采用页面设计与代码分离的设计

软件开发新课堂

方案，更好地适应项目开发中的美工与程序员开发的并行工作，提倡组件与模块化设计，每一个页、对象、HTML 元素都是一个运行的组件对象。

ASP.NET 可以使用软件开发工具提供的强大的可视化开发功能，可以无缝地与所见即所得(WYSIWYG)的 HTML 编辑器和其他编程工具(包括 Microsoft Visual Studio .NET)一起工作，开发人员可以方便地将服务器控件拖放到 Web 页的 GUI 设计界面上生成所需的代码，减少代码的书写，使得开发 Web 应用程序变得非常简单。

1.2.2　ASP.NET 的新功能

ASP.NET 从 1.0 发展到 4.5 以来，在每个版本都有很重要和实用的功能推出，在 1.0 到 2.0 时代，Web 控件的使用大大方便了开发者的开发；在 ASP.NET 3.5 中提供了动态数据支持，不用编写一行代码就可以极为快速地制作使用 LINQ to SQL 对象模型的数据驱动的网站；在 4.0 版本中，借鉴了开源程序设计阵营中使用众多的 MVC 框架思想，引入了 ASP.NET MVC 框架，以吸引更多的其他平台编程人员的加入。ASP.NET 4.5 的新特性如下：

- ASP.NET 4.5 继承并完善了 4.0 中 MVC 框架思想，为新版 MVC 4 框架设计提供了丰富的模板。
- 提供了强类型数据控件，在数据控件中使用强类型的表达式，而不是使用绑定或 Eval 表达式访问复杂属性。
- 全面支持 HTML 5 新特性。
- Web 窗体编程中的模型绑定。允许直接将数据控件绑定到数据访问方法，并自动对用户输入的数据进行格式转化。
- 为客户端脚本 JavaScript 提供隐式验证方式，即将验证代码和 HTML 分离，通过将客户端验证代码移到单个外部 JavaScript 文件，页面将变小且加载起来更为快速。
- 通过改进客户端脚本的绑定和合并，提高页面处理效率。将单独的 JavaScript 和 CSS 文件合并起来并通过绑定和缩减来减小其加载的范围，加快页面加载速度。
- 通过集成具有验证用户输入、防止注入攻击的 AntiXSS 库，对常规的表单进行编码，以防止跨站脚本攻击。
- 支持 WebSockets 协议。
- 支持异步读取和写入 HTTP 请求和响应。
- 支持异步模块和处理程序。
- 在 ScriptManager 控件中支持内容分发网络(CDN)回退功能。
- ASP.NET 4.5 设计新特性在微软集成开发环境 VS2012 中得到了全面体现，这些新特性的详细讲解及使用将在后面章节中逐渐给出。

1.3　Visual Studio 2012 简介

1.3.1　Visual Studio 概述

Visual Studio 是微软公司推出的一套集成开发环境，用于生成 ASP.NET Web 应用程序、

XML Web 服务、桌面应用程序、移动应用程序和 Windows 应用商店应用程序。该开发环境集成了 Visual Basic、Visual C#、Visual F#、Visual C++和 JavaScript 等多种程序开发语言，这些语言都使用相同的集成开发环境(IDE)，这样可以实现工具共享，并能够轻松地创建混合语言解决方案；这些语言都基于.NET 框架技术，从而可简化 ASP.NET Web 应用程序和 XML Web 服务的开发。目前，Visual Studio 的最新版本是微软公司 2012 年 9 月发布的 Visual Studio 2012，其图标如图 1-3 所示。

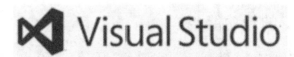

图 1-3　Visual Studio 2012 图标

Visual Studio 2012 简称 VS2012，它提供了一个功能丰富的开发环境，包括控件支持、自动重构、格式化代码、突出显示、综合调试和智能提示等。

1.3.2　Visual Studio 2012 的新特性

随着.NET 框架新功能的引入，Visual Studio 2012(VS2012)在软件设计功能、使用便利性、智能协助等方面下足了功夫，对各类设计器进行了大量优化与改进，提高设计器的智能感应功能，并引入了系列新功能。

VS2012 部分主要的改进如下：

- 增加了 Windows Store Apps(Windows 应用商店)应用程序的设计、开发、调试、优化与发布功能。
- 在开发窗口中提供了文件预览功能、高效的多监视器窗口排列及便利的搜索功能。
- 可从"解决方案资源管理器"创建依赖项关系图，以便了解代码中的组织和关系，从 UML 类图生成 C#代码，从现有代码创建 UML 类图，从其他工具导入导出成 XMI 2.1 文件的 UML 类、用例和序列图模型元素。
- 在使用 Web 项目部署数据库后，对数据库架构的更改将自动传播到下次要部署的目标数据库。
- 新的适合 HTML 5 与 ECMAScript 5 的 JavaScript 代码编辑器，具有输入智能感应、代码智能缩进、括号匹配等功能。
- 使用最新的 Web 标准。新 HTML 编辑器对 HTML 5 元素和代码段提供完全支持。CSS 编辑器对 CSS 3 提供完全支持，包括对 CSS 攻击和 CSS 的特定于版本的扩展名中代码段的支持。
- 在各种浏览器中测试同一页、应用程序或站点。安装的浏览器在 Visual Studio 中显示在"开始调试"按钮旁边的列表中，在调试时可以选择要调试的浏览器。
- 快速查找呈现标记的源。新增 Page Inspector 功能，直接在 Visual Studio IDE 内呈现网页(HTML、Web 窗体、ASP.NET MVC 或网页)。选择呈现元素时，Page Inspector 将打开并在其中生成标记，突出显示源文件。
- 使用改进的 IntelliSense(智能感应)快速查找代码和代码元素。输入文本时，HTML 和 CSS 编辑器中的 IntelliSense 将筛选显示列表。此功能显示在其开始、中间或

结尾中匹配键入的文本的字符串。

- 选择标记并将其提取到用户控件。此功能是在多个位置创建重用标记的一种简便方法。Visual Studio 注册标记前缀并实例化控件，使选定代码本身替换为新用户控件的实例。
- 更轻松地创建和编辑代码和标记。重命名打开或关闭标记时，将自动重命名对应的标记。在空标记对内按 Enter 键时，光标出现在所需位置的某一新行上，源视图具有与设计视图相似的智能功能。
- 更有效地创建 CSS。在新的 CSS 编辑器中，可以展开并折叠代码，并有类似 HTML 编辑器的颜色选择器。

1.3.3　Visual Studio 2012 的安装要求

VS2012 需要安装在 Windows 7 以上版本的操作系统上，VS2012 不再支持 Windows XP、Windows 2003 等操作系统的安装，在 Windows 7 中安装的 VS2012 不能够开发 Windows 应用商店应用程序及具有 Windows 8 独特特点的应用程序。

VS2012 系统支持的操作系统如下：

- Windows 7 (x86 和 x64)
- Windows 8 (x86 和 x64)
- Windows Server 2008 R2 (x64)
- Windows Server 2012 (x64)

VS2012 装配了适用于 Windows 8、Web、SharePoint、手机和云平台开发的新功能，同时还提供了应用管理生命周期工具，可打破团队壁垒、缩短开发周期。建议在 Windows 8 下安装和使用 VS2012。

1.3.4　Visual Studio 2012 的版本介绍

VS2012 分为专业版(Professional)、高级版(Premium)、旗舰版(Ultimate)、测试专业版(Test Professional)，学习版(Express)。

(1) 专业版：面向个人开发人员，提供集成开发环境、开发平台支持以及测试工具、调试、诊断、Team Foundation Server 和团队协助功能集合中的部分内容，可以在同一个开发环境中为 Windows、云平台、手机、Microsoft Office 和 Microsoft SharePoint 开发应用程序。使用 JavaScript 和 jQuery 的新工具，更轻松高效地开发交互式 Web 应用程序。

(2) 高级版：可创建可扩展、高质量程序的完整工具包，相比专业版增加了实验室管理、开发和测试环境用软件、体系结构，并在测试工具、调试、诊断、Team Foundation Server 和团队协助等功能上有所加强。

(3) 旗舰版：面向开发团队的综合性 ALM 工具，相比高级版增加了架构与建模、Web 性能测试、负载测试、单元测试隔离等。

(4) 测试专业版：简化测试规划与人工测试执行的特殊版本，包含实验室管理、Team Foundation Server、MSDN 订阅、测试工具等。

(5) 学习版(Express)：Visual Studio 2012(Express)是一个免费工具，向学生、开发爱好

者免费提供创建动态网站、Windows 8 应用程序，Windows 桌面程序以及 Windows Phone 开发的工具。从本质上看，Visual Studio 2012 Express 是轻量级版本。

1.4 用 Visual Studio 2012 创建网站

Visual Studio 2012 为 ASP.NET 网站设计提供了丰富的控件、人性化的布局、具有输入智能感知的编辑器以及测试、调试工具集合。

1.4.1 Visual Studio 2012 开发环境的默认设置

首次启动 Visual Studio 2012 时，必须进行开发环境的默认设置，每个设置组合旨在让用户更轻松便捷地开发应用程序，如图 1-4 所示。

图 1-4 "选择默认环境设置"对话框

可以通过从菜单栏中选择"工具"→"选项"命令来对开发环境进行更详细的设置。

1.4.2 ASP.NET 4.5 的开发框架

ASP.NET 为网站设计提供了 3 种开发框架，分别是 ASP.NET Web 网站、ASP.NET 窗体网站和 ASP.NET MVC Web 网站，这 3 种类型的框架代表着当前网站设计的流行模式。每种类型各有优缺点，要选择可以满足需要的最佳项目框架类型，应了解各项目类型之间的差异。创建项目之前，必须选择合适的项目类型，原因是从一种项目类型转换到另一种项目类型并不可行。

1. ASP.NET Web 网站

在 ASP.NET Web 网站设计模式下，基于服务器的 Razor 语法代码将嵌入到网页 HTML

标记中，在将网页发送到浏览器之前，Razor 代码将在服务器上运行。此服务器代码可动态创建客户端内容，也就是说，它可以及时生成 HTML 标记或其他内容，然后将它连同网页包含的任何静态 HTML 一起发送到浏览器。这种类型网站可以将源码部署到服务器上，如果修改单个页面，不用再编译整个网站，如果发布预编译网站，将生成多个程序集。该类型的网站可以在单个 Web 项目中同时包含 C#和 Visual Basic 代码。

这种模式的 Web 设计适合原来使用 PHP 或者 ASP 进行网站设计的程序员改用 ASP.NET 进行网站设计。

在 VS2012 中建立 ASP.NET Web 网站方法如下：从菜单栏中选择"文件"→"新建"→"网站"命令，在弹出的新窗口中选择"ASP.NET 网站(Razor v1)"或者"ASP.NET 网站(Razor v2)"，根据选择的编程语言不同，网站文件扩展名不同。如选择的编程语言为 C#，则网页的文件扩展名为.CSHTML；如选择的编程语言为 VB.NET，则网页的文件扩展名为.VBHTML。

2. ASP.NET 窗体网站

ASP.NET 窗体网站项目类型基于页面设计和代码分离的原则，采用所见即所得界面设计方法，用户可以通过拖动控件来布局界面，然后通过事件驱动方式编写控件控制程序，可以从独立类中引用与页和用户控件关联的类，最终的代码可以编译到一个程序集。这种 Web 项目类型可以避免将源码发布到网站上，方便版本控制。

这种模式的网站设计适合原来熟悉基于控件的所见即所得界面设计的编程人员，如 Windows 桌面程序设计人员，这可以为程序员提供快速的软件开发方式。下面将要讲解的示例中采用的网站设计模式便是 Web Form(Web 窗体)网站设计模式。

3. ASP.NET MVC Web 网站

ASP.NET MVC Web 网站项目类型将应用程序分成三个主要组件：模型(Model)、视图(View)和控制器(Controller)。MVC 强制实施"任务分离"，在任务分离过程中，应用程序被分成离散的松耦合部件，即应用程序的模型、视图和控制器部件，这使 MVC 应用程序更易于测试和维护，更适合团队开发。该模式具有强大的 URL 重写机制，可以更方便地建立容易理解和可搜索的 URL。

这种设计模式适合原来熟悉 Java Web 编程的人员。

在 VS2012 中建立 MVC Web 网站，可以通过"文件"→"新建"→"项目"→"ASP.NET MVC 3 Web 应用程序"或者"ASP.NET MVC 4 Web 应用程序"模板来建立。

本书中主要讲解 ASP.NET 窗体网站的设计与实现。

1.4.3 创建第一个 Web 窗体应用程序

下面通过建立一个 Web 窗体应用程序来演练.NET 开发环境的使用。

(1) 打开 Visual Studio 2012，如图 1-5 所示。

(2) 从菜单栏中选择"文件"→"新建"→"项目"命令，弹出如图 1-6 所示的"新建项目"对话框。

(3) 在"新建项目"对话框中选择左边的"模板"→"Visual C#"→"Web"，然后

在窗口中间部分选择"ASP.NET Web 窗体应用程序"模板。

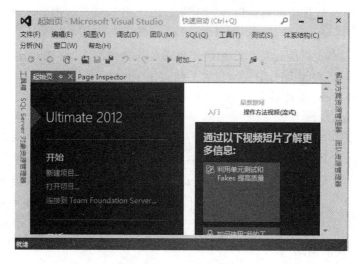

图 1-5　Visual Studio 2012 启动后的主界面

图 1-6　新建 Web 窗体网站

（4）在"名称"文本框中输入项目名称，如"FirstWebSite"；在"位置"对应的文本框中输入或者通过单击"浏览"按钮设定项目存放位置，例如"F:\vs2012example\"；在"解决方案名称"文本框输入对应的解决方案的名称，这里采用默认值，即解决方案名称与项目名称相同；选中"为解决方案创建目录"。

（5）单击"确定"按钮，稍等一会后，解决方案及项目将建立完毕，并显示 default.aspx 页的源码视图，如图 1-7 所示。

创建完成后，界面会显示成三部分，左边为工具箱和服务器资源管理器，中间为代码区域，右边则是解决方案资源管理器和属性栏。如果缺少哪个窗口，可以通过 View(视图)菜单找到，或用相应的快捷键。常用窗口的快捷键如下。

- Ctrl+Alt+S：服务器资源管理器(Server Explorer)，显示连接数据库的服务信息。
- Ctrl+Alt+L：解决方案资源管理器(Solution Explorer)，存储工程之中的所有文件信息。
- Ctrl+Shift+C：类视图(Class View)，显示站点所有类及类中的属性和方法信息。

- Ctrl+\，Ctrl+E：错误列表(Error List)，显示应用程序发生的编辑错误信息。
- Ctrl+Alt+O：输出窗口(Output)，显示输出内容。
- F4：属性窗口(Properties Window)，显示当前选中控件的属性信息。
- Ctrl+Alt+X：工具箱窗口(Toolbox)，在选中界面的情况下，显示所有可用控件。
- Shift+Alt+Enter：切换设置为全屏显示模式(常用)。

图 1-7　Web 窗体网站页面设计源码窗口

　　解决方案资源管理器窗口是应用最广的窗口之一，在创建好了一个网站的时候，这个窗口会显示当前站点中所有的文件信息，为编程者提供导航。如果想查看或修改某网页中的内容，只需要在解决方案资源管理器窗口找到这个网页，双击即可进入，或右击网页并从弹出的快捷菜单中选择"查看代码"命令，解决方案资源管理器如图 1-8 所示。

　　代码窗口主要用于界面设计和应用程序代码设计。单击窗体底部的"设计"和"源"选项卡，可在页面设计视图和源码视图间进行切换。在设计视图可以看到与设计页面相关联的页面、母版页、内容页、HTML 页面以及工具箱中可以使用的用户控件，在设计视图中可以通过控件拖动完成页面设计。在"源视图"中可以看到与设计页面相关联的各种HTML 标签信息，可以在这里直接设计或者修改页面。

　　网站自动生成的文件中，Site.Master 是网站的模板文件，Default.aspx 为网站默认首页文件，Contact.aspx 文件为联系方式页面，About.aspx 为网站的说明页面，读者可以修改这些页面，将自动生成的内容替换为自己网站的信息，如将 Default.aspx 的内容修改如下：

```
<%@ Page Title="主页" Language="C#" MasterPageFile="~/Site.Master"
  AutoEventWireup="true" CodeBehind="Default.aspx.cs"
  Inherits="firstWebSite._Default" %>
<asp:Content runat="server" ID="FeaturedContent"
  ContentPlaceHolderID="FeaturedContent">
    <section class="featured">
      <div class="content-wrapper">
          第一个网站
      </div>
    </section>
</asp:Content>
```

```
<asp:Content runat="server" ID="BodyContent"
 ContentPlaceHolderID="MainContent">
    测试运行
</asp:Content>
```

单击工具栏中的 ▶ 按钮或者按 Ctrl+F5 组合键，即可运行网站，效果如图 1-9 所示。

图 1-8　解决方案资源管理器　　　　　　　图 1-9　网站运行结果

1.5　ASP.NET 应用程序的结构

一个 ASP.NET 应用程序包含很多特定类型的文件和保留文件夹，这些文件和文件夹在 Web 应用程序中具有特殊的作用。

1.5.1　ASP.NET 的保留文件夹

ASP.NET 保留了某些文件夹名称，用于识别特定类型的内容。表 1-1 列出了保留的文件夹名称以及文件夹中通常包含的文件类型。

表 1-1　ASP.NET 的保留文件夹

文 件 夹	说　　明
App_Browsers	包含 ASP.NET 用于标识个别浏览器并确定其功能的浏览器定义，一般不用
App_Code	包含希望作为应用程序一部分进行编译的共享类和业务对象(例如.cs 和.vb 文件)的源代码。在动态编译的网站项目中，当对应用程序发出首次请求时，ASP.NET 会编译 App_Code 文件夹中的代码。然后在检测到任何更改时重新编译该文件夹中的项
App_Data	包含应用程序数据文件，包括.mdf 数据库文件、XML 文件和其他数据存储文件。ASP.NET 使用 App_Data 文件夹存储应用程序的本地数据库，如用于维护成员资格和角色信息的数据库

续表

文 件 夹	说 明
App_GlobalResources	包含编译到具有全局范围的程序集中的资源(.resx 和.resources 文件)。App_GlobalResources 文件夹中的资源是强类型的,可以通过编程方式进行访问
App_LocalResources	包含与应用程序中的特定页、用户控件或母版页关联的资源(.resx 和.resources 文件)
App_Themes	包含用于定义 ASP.NET 网页和控件外观的文件集合(.skin 和.css 文件以及图像文件和一般资源)
App_WebReferences	包含用于创建在应用程序中使用的 Web 引用的引用协定文件(.wsdl 文件)、架构(.xsd 文件)和发现文档文件(.disco 和.discomap 文件)
Bin	包含要在应用程序中引用的控件、组件或其他代码的已编译程序集(.dll 文件)。在应用程序中将自动引用 Bin 文件夹中的代码所表示的任何类

除了以上 ASP.NET 预留文件夹外,在使用 ASP.NET 提供的模板设计网站时,还会产生其他一些文件夹,如 Content、Scripts、Images、app_start。

(1) Content 文件夹

该文件夹存放项目部署时需要的非代码资源文件。典型资源文件包括图片和 CSS 文件。默认情况下,该文件夹包含一个网站使用的默认的 CSS 文件(Site.css),还包含一个名为 themes 子文件夹,其中放置 jQuery UI(用于用户界面的客户端框架)需要的一些图片和 CSS。

(2) Scripts 文件夹

可以把项目中用到的 JavaScript(JS)文件放在此文件夹中,该文件夹可以包含很多 JS 文件,包括开源的 jQuery 库和用于客户端验证的一些脚本。

(3) Images 文件夹

可以把项目中用到的图标、图片等资源文件放在此文件夹中。

(4) app_start 文件夹

可以将原来在 Global.asax 文件中关于过滤器、路由器、来自外部的身份认证以及对样式表和脚本捆绑(Bundles)等的相关配置信息代码分离出来形成单独的类文件,放在该文件夹下。如 FilterConfig.cs、RouteConfig.cs、AuthConfig.cs、BundleConfig.cs 等。

1.5.2 ASP.NET 的文件类型

在 ASP.NET 中包含诸多的文件类型,这些类型的文件由 ASP.NET 支持和管理,这些类型的文件大都可以在 VS2012 开发环境中通过从菜单栏中选择"项目"→"添加新项"命令在 Web 项目中添加实现。常用的文件类型及其应用说明如表 1-2 所示。

表 1-2 ASP.NET 常用的文件类型

文件类型	文件位置	说 明
.aspx	应用程序根目录或子目录	ASP.NET Web 窗体页,包含与用户交互的各种 Web 控件以及隐含的部分代码,用户可以直接访问该类型的页面

文件类型	文件位置	说　明
.ascx	应用程序根目录或子目录	Web 用户自定义控件，自定义控件类似于 Web 页面，允许用户定义部分通用用户界面，可以在其他页面中多次使用，但是客户端不能直接访问这种类型的文件，该文件必须与宿主文件结合，才能被客户端访问
.asax	应用程序根目录	通常为 Global.asax 文件，包含了应用程序启动时首先要执行的一些初始化代码，例如路由注册代码、网站计数器
.config	应用程序根目录或子目录	网站配置文件，网站配置设置存储在一个名为 Web.config 的 XML 文件中，该文件位于网站的根目录或子目录中，包括网站安全、运行状态管理、内存管理等内容，网站根据配置文件进行加载，并控制用户的访问。可以通过 VS2012 中的"网站"→"ASP.NET 配置"菜单命令打开网站管理工具，对网站配置文件进行设置
.cs	App_Code 子目录；但如果是 ASP.NET 页的代码隐藏文件，则与网页位于同一目录	C#源代码文件，该文件定义可在页面之间共享的代码，如自定义类、业务逻辑、处理程序的代码
.master	应用程序根目录或子目录	母版页，使用 ASP.NET 母版页可以为应用程序中的页创建一致的布局。单个母版页可以为应用程序中的所有页(或一组页)定义所需的外观和标准行为。然后可以创建包含要显示的内容的各个内容页。当用户请求内容页时，这些内容页将与母版页合并，从而产生将母版页的布局与内容页中的内容组合在一起的输出
.dll	Bin 子目录	已编译的类库文件(程序集)。发布网站后已编译的程序集将放在 Bin 子目录中
.resx	App_GlobalResources 或 App_LocalResources 子目录	资源文件，该文件包含指向图像、可本地化文本或其他数据的资源字符串
.sitemap	应用程序根目录	站点地图文件，该文件定义 Web 应用程序的逻辑结构。ASP.NET 包含一个默认的站点地图提供程序，它使用站点地图文件以在网页上显示导航控件
.skin	App_Themes 子目录	外观文件，该文件包含应用于 Web 控件以使格式设置一致的属性设置
.sln	Visual Studio 项目目录	Visual Studio 项目的解决方案文件
.csproj	Visual Studio 项目目录	Visual Studio Web 应用程序项目的项目文件

1.6　上 机 练 习

(1)　画出.NET 的体系结构。

(2)　在 Visual Studio 2012 中创建 Web 应用程序，并新建 index.aspx 页面。

第 **2** 章

对网站的认识

学前提示

在互联网中，人们依赖浏览器浏览和展示数据，被浏览器所解释的语言称为 HTML 语言。HTML 语言是一种规范，它通过一些标记符号来标记要显示的网页内容。网页文件本身是一种文本文件，设计者通过在文本文件中添加标记符号，告诉浏览器如何显示其中的内容，如文字的处理、图片的显示等。在上一章中，介绍了 ASP.NET 4.5 以及.NET Framework 4.5 的体系结构，并了解了 Visual Studio 2012 的一些使用情况，本章主要介绍 HTML 基础及 ASP.NET 4.5 中支持的 HTML 5 的使用。

知识要点

- HTML 基本标签
- HTML 5
- 浏览器/服务器架构
- CSS 样式表文件

2.1 HTML 语言简介

在 ASP.NET 页面设计中，使用的主要是 HTML 服务器端控件和 HTML 客户端控件，其核心知识都是 HTML 语言，因此，进行 ASP.NET 应用程序开发首先要掌握 HTML 语言。

HTML(Hyper Text Markup Language)是一种超文本标记语言，这种语言是由很多 HTML 标签组成的，用最简单的记事本工具即可编写 HTML 网页，按 HTML 格式编写的这种超文本文档就称为 HTML 文档。HTML 一直被用作互联网上的信息表示语言，它是一种能够被浏览器识别的语言，这种语言所编写的文档一般以 html 或 htm 为扩展名。

HTML 有很多特点，简易性是它的最大特点，HTML 版本升级采用超集方式，从而更加灵活方便。此外，可扩展性也是其一大特点，HTML 语言的广泛应用带来了加强功能、增加标识符等要求，HTML 采取子类元素的方式，为系统扩展带来保证。以前用户只能用计算机上网，随着 3G 技术的成熟，现在越来越多的人开始用手机、掌上电脑等无线终端设备上网了，这充分证明了 HTML 的强大和平台无关性。

既然 HTML 有这么多优点，而且还是学习 ASP.NET 的基础，下面就简单地介绍一下 HTML 的基本标签。

2.1.1 HTML 标签

HTML 的标签(或称"标记")很多，需要从 HTML 的主要结构说起。想完成一个网页很简单，可以完全使用 Windows 自带的"记事本"程序来完成，不过这样写网页的效率是很低的，但在初学时可以这样做，目的是便于记住这些 HTML 标签。

HTML 的主要结构可划分为 3 个部分。

- HTML 标签：用于标识该文档是一个 HTML 文件。
- HEAD 标签：用于描述网页的头部信息。
- BODY 标签：用于描述要显示的内容信息。

用记事本新建一个文本文件，另存为 first.html，示例代码如下：

```
<HTML>
    <HEAD>
        <TITLE>第一个 HTML 页面</TITLE>
    </HEAD>
    <BODY>大家好，我们一起来学习ASP.NET 吧！</BODY>
</HTML>
```

注意

HTML 标签大部分是成对出现的，必须有开头和结尾部分。但浏览器具有一定的容错性，即使没有配对，通常也不会报错。

在书写 HTML 页面时，标签是不区分大小写的，所以实际网页中大写和小写的标签都存在(但新规范提倡使用小写，所以在使用 VS2012 设计的网页中，都已经使用了小写)。

示例说明：

<HTML>...</HTML>表示文档类型，分别放在开头和结尾部分，通过这一小段代码可以看出，HTML 标签是成对出现的，但也有某种特殊的情况，由于浏览器的容错性很强，所以即使在编写的过程中不小心丢失了一个标签，在网页上都不会有错误提示。

<HEAD>...</HEAD>标签表示文档的头部。打开浏览器或其他窗体界面时，都会有一个标题栏，而标题栏中显示的信息，就是 HEAD 中的标签元素<TITLE>中的内容。

<BODY>...</BODY>标签是文档的主体部分，在浏览器中显示的所有内容都包含在BODY 标签中，当浏览该 HTML 文件时，写在 BODY 中的"大家好，我们一起来学习 ASP.NET吧！"这段文字也会相应地显示在浏览器中，运行结果如图 2-1 所示。

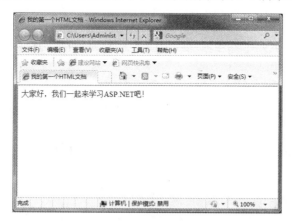

图 2-1　第一个网页运行界面

除了以上提到的标签以外，HTML 还有很多其他的标签，下面给出 HTML 中其他常用标签及其属性说明。

(1)　最常用标签

● <A></A>：超链接标签。

● <IMG />：图像标签。

● <DIV></DIV>：层(块)标签，用于布局。

(2)　列表标签

● <UL></UL>：无序列表标签。

● <OL></OL>：有序列表标签。

● <LI></LI>：列表内容。

(3)　表格标签

● <TABLE></TABLE>：定义表格的标签。

● <TR></TR>：定义表格行的标签。

● <TD></TD>：定义表格列的标签。

● <TH></TH>：定义表格头部标题的标签。

(4)　与段落相关的标签

● <H1></H1>、<H2></H2>、<H3></H3>、<H4></H4>、<H5></H5>、<H6></H6>：标题标签，从标题 1 至标题 6，共 6 级大小。

- <P></P>：段落标签。
-
：换行标签。

(5) 框架标签

- <FRAMESET></FRAMESET>：定义框架集的标签。
- <FRAME></FRAME>：定义框架的标签。
- <IFRAME> </IFRAME>：定义内联框架的标签。

注：在 HTML 5 中不再支持<FRAMESET>和<FRAME>标签，只支持<IFRAME>标签，并且只使用 src 属性。例如：

```
<iframe src="/doc.html"></iframe>
```

(6) 图形图像标签

<img>标签可以在页面中添加图片或者图片链接，该标签为空标签，只包含属性，没有闭合标签，常用属性如下。

src：设置图像的 URL 地址。

alt：设置可替换的文本。即在浏览器无法载入图像时，浏览器将显示这个替代性的文本，而不是图像。

height、width、align：分别设置图像的高度、宽度和对齐方式。

例如：

```
<img src="/image/dog.gif" align="bottom"
 width="200" height="200" alt="Dog ">
```

(7) 表单类标签

- <FORM></FORM>：定义表单的标签，其中可以包含很多表单元素。
- <SELECT></SELECT>：定义可选择的 HTML 表单，下拉列表。
- <TEXTAREA></TEXTAREA>：定义一个多行的文字输入域。
- <INPUT />：定义一个表单的输入域。

<INPUT>标签使用比较复杂，常用格式为：

```
<input type="类型名称" name="控件名称" value="值" />
```

该标签主要用于搜集用户信息，根据不同的 type 属性值，生成不同的 HTML 控件，如文本类输入框、复选框、单选按钮、按钮等。该标签常用属性、取值及描述如表 2-1 所示。

表 2-1　<INPUT>标签的常用属性

属　性	值	描　述
accept	mime_type	只能与<input type="file">配合使用，规定通过文件上传来提交的文件的类型
alt	text	alt 属性只能与<input type="image">配合使用，定义图像输入的替代文本
checked	checked	checked 属性与<input type="checkbox">或<input type="radio">配合使用，规定此 input 元素首次加载时应被选中
disabled	disabled	当 input 元素加载时禁用此元素

软件开发新课堂

续表

属　性	值	描　述
maxlength	数字	规定输入字段中的字符的最大长度
name	字符串	定义 input 元素的名称
readonly	readonly	规定输入控件为只读
size	数字	定义输入字段的宽度
src	URL	定义以提交按钮形式显示的图像的 URL
type	类型名称	规定 input 元素的类型
value	字符串	当 type="button"、"reset"、"submit"时，定义按钮上的显示的文本； 当 type="text"、"password"、"hidden"时，定义输入字段的初始值； 当 type="checkbox"、"radio"、"image"时，定义与输入相关联的值

<INPUT>标签通过属性 type 来区分控件类型，其主要类型如下。

● 按钮类：reset(用于将表单中输入框中的数据清空或者设置为默认值)、submit(提交表单)、button(定义按钮)、image(定义图形按钮)。button 和 image 类型可用<button>标签代替。

● 选择按钮类：radio(单选按钮)、checkbox (复选按钮)。

● 文本框类：text(任何文本信息)、password(不显示用户输入的内容)。为方便客户端输入数据的验证，HTML 5 对<INPUT>标签新增加了很多类型属性：email(验证 E-mail)、url(验证 URL 地址)、number(限定输入数值)、range(min 限定输入数值的最小值、max 限定输入数值的最大值)、Date Pickers(date，month，week，time，datetime，datetime-local)、search(用于搜索域)、color(选取颜色)。在 HTML 5 中可以通过 required 和 autofocus 属性，来要求限制文本框必须录入内容和自动获得焦点，例如<input type="text" name="userName" required autofocus>。

● 其他类型：file(创建 FileUpload 对象，用于文件上传)、hidden(可用于存储或者向服务器传输信息，但是信息不显示在用户界面中)。

这些只是 HTML 中常用的一些标签，另外，标签中还会有很多属性，下面将以一个简单的页面代码来说明这些标签的使用。

例 2-1　第一个 HTML 页面。代码如下：

```
<HTML>
    <HEAD>
        <TITLE>第一个 HTML 页面</TITLE>
    </HEAD>
    <BODY>
        <P><B>会员注册页面</B></P>
        <FORM name="myFORM" method="Post" action="">
            <TABLE width="413" height="269" border="1">
                <TR>
                    <TD width="123">用户名：</TD>
                    <TD width="280">
                        <INPUT name="txtName" type="text"
                            id="txtName" size="20">
```

软件开发新课堂

```
            </TD>
        </TR>
        <TR>
            <TD>密码: </TD>
            <TD>
                <INPUT name="txtPwd1" type="Password"
                    id="txtPwd1" size="20">
            </TD>
        </TR>
        <TR>
            <TD>确认密码: </TD>
            <TD>
                <INPUT name="txtPwd2" type="Password"
                    id="txtPwd2" size="20">
            </TD>
        </TR>
        <TR>
            <TD>出生年月日: </TD>
            <TD>
                <SELECT name="year" id="year">
                    <OPTION>1986</OPTION><!--此处略其他年份-->
                </SELECT>年
                <SELECT name="month" id="month">
                    <OPTION>1</OPTION><!--此处略其他月份-->
                </SELECT>月
                <SELECT name="day" id="day">
                    <OPTION>1</OPTION><!--此处略其他日期-->
                </SELECT>日
            </TD>
        </TR>
        <TR>
            <TD height="27">性别: </TD>
            <TD>
                <INPUT name="Sex" type="radio" value="男" checked>男
                <INPUT type="radio" name=" Sex " value="女">女
            </TD>
        </TR>
        <TR>
            <TD>爱好: </TD>
            <TD>
            <INPUT type="checkbox" name=" Hobby " value="游泳">游泳
            <INPUT type="checkbox" name=" Hobby " value="游戏">游戏
            <INPUT type="checkbox" name=" Hobby " value="旅游">旅游
            <INPUT type="checkbox" name=" Hobby " value="其他">其他
            </TD>
        </TR>
        <TR>
            <TD>地址: </TD>
            <TD>
                <TEXTAREA name="txtAddress" cols="20"
                    rows="10" id="txtAddress">
```

软件开发新课堂

```
                </TEXTAREA>
            </TD>
        </TR>
        <TR>
            <TD colspan="2" align="center">
                <INPUT type="submit" name="Submit" value="提交">
                       
                <INPUT name="Reset" type="reset"
                  id="Reset" value="取消">
            </TD>
        </TR>
    </TABLE>
  </FORM>
 </BODY>
</HTML>
```

通过这个简单的例子，可以看到页面上有表单控件，而且还有表格以及文字。所谓属性，就是这些元素的特征，在以后程序的开发中，表单和表格的使用频率是很高的，用表格可以布局整个页面，使其美观，而使用表单，可以得到用户输入的信息，与用户之间进行交互，而提交的路径取决于 FORM 表单标签中的 ACTION 属性。

以上代码的运行结果如图 2-2 所示。

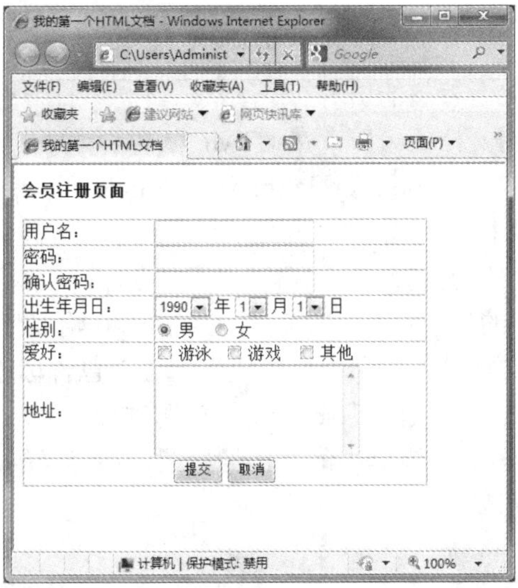

图 2-2　表单的运行界面

2.1.2　HTML 5 简介

原来的 HTML 技术已经越来越不能适应 Web 应用发展的需要，这推动了 HTML 新标准的出现。

万维网联盟(World Wide Web Consortium，W3C)制定的最新 HTML 标准为 HTML 5，HTML 5 将成为下一代 Web 开发技术标准，随着 IE9 的普及以及即将推出的 IE10 的出现，会有更多网站使用它来实现更丰富的网页表示技术。

HTML 5 遵循以下原则：

- 新的特性基于 HTML、CSS、DOM 和 JavaScript 技术。
- 减少对于外部插件的依赖，例如 Flash。
- 更多的标签取代 Scripts。
- 与设备无关性。
- 开发流程公开。

当前流行的浏览器(如 Mozilla Firefox、Google Chrome)都增加了对 HTML 5 的支持，但是都还没达到全面支持的程度，据微软官方报道，即将推出的 IE10 将全面支持 HTML 5 新特性。

HTML 5 增加的新特性很多，下面给出常用的新特性。

(1) 新的文档类型声明方式

HTML 5 中的文档声明方式：

```
<!DOCTYPE html>
```

(2) 精简的外部文档引用声明

在 HTML 5 中，脚本<Script>和链接<Link>的外部文档声明不再需要 type 属性说明，简化如下：

```
<link rel="stylesheet" href="style.css" />
<script src="script/script.js"></script>
```

(3) 具有语义的结构化新标签的引入

为更便于搜索引擎识别文档的组成，在 HTML 5 中引入了具有语义的系列标签，例如<header>、<footer>、<nav>、<section>、<hgroup>、<article>、<aside>、<address>、<time>。

- <header>：定义文档的页眉。
- <footer>：定义文档的页脚。
- <nav>：定义页面的导航链接，一般用在文档的开始部分。
- <section>：定义文档中的"节"或"段"，可以包含标题及其他内容。
- <hgroup>：用于对网页或区段(section)的标题进行组合，形成分组，便于浏览器内部形成类似于 Word 编辑器中的文档结构图，在形成的内部结构图中只保留每个<hgroup>中的级别最高的那个标题，例如：

```
<Hgroup>
    <H1>中国地域文化介绍</H1>
    <H2>山东</H2>
</Hgroup>
```

在形成的文档结构图中只保留"中国地域文化介绍"标题。

- <article>：用于定义具有独立含义的内容，可以包含头部<header>、尾部<footer>、嵌套的<article>等。
- <aside>：可用于标签附近相关内容的附加说明，如在<article>标签外作为文章的侧栏，在<article>标签内表示主要内容的附属信息。
- <address>：定义文档作者或拥有者的联系信息，如邮编、邮件地址。一般添加到

网页的头部或底部。

● <time>：用来标记一篇文章的发布时间。

<time>标签一般由三部分组成：datetime 属性、与时间有关的文本内容、可选的 pubdata 属性。datetime 属性的格式必须是年月日格式的数字并以连字符相隔，如果包含时间，则在日期后面加字母 T 及 24 小时格式的时间值以及时区偏移量，形如 datetime="2012-2-15T22:49:40+08:00"；与时间有关的文本内容格式随意，只要便于用户阅读即可；pubdata 属性指示<time>元素中的日期/时间是文档的发布日期。如<time datetime="2012-12-15" pubdate>2012 年 12 月 15 日</time>。

下面通过一个示例来说明上述标签的使用。

例 2-2　标签的使用。代码如下：

```
<!DOCTYPE html>
<html xmlns="http://www.w3.org/1999/xhtml">
<head>
    <meta http-equiv="Content-Type" content="text/html; charset=utf-8" />
    <meta name="keywords" content="德州, 德州学院" />
    <title>HTML5 实例</title>
</head>
<body>
    <header>
        <nav>
            <ul>
                <li><a runat="server" href="~/">主页</a></li>
                <li><a runat="server" href="~/About.aspx">关于</a></li>
                <li><a runat="server" href="~/Contact.aspx">联系方式</a></li>
            </ul>
        </nav>
    </header>
    <article>
        <hgroup>
            <h1>HTML5 学习手册 </h1>
            <h2>入门篇</h2>
        </hgroup>
        发布日期:<time datetime="2012-11-10" pubdate="pubdate">
        2012 年 11 月 10 日</time>
        <section>
            <h1>第一章</h1>
            <p>自然段</p>
            <p>自然段</p>
        </section>
        <section>
            <h1>第二章</h1>
            <p>自然段</p>
            <p>自然段</p>
        </section>
        <footer>
            <address>
                山东省德州市德州学院 邮编：253023
```

```
            </address>
        </footer>
    </article>
</body>
</html>
```

右键单击页面，从弹出的快捷菜单中选择"在浏览器中查看"命令，运行结果如图 2-3 所示。

图 2-3 HTML 5 示例页面的运行结果

分析： 这个示例运行后，页面格式并不美观，这是因为这里还没有用页面布局样式表 (CSS)。在页面设计中<article>、<section>和<div>的使用经常不太容易区分，下面给出一般使用原则：如果定义的内容没有语义，只是作为一个容器使用，一般使用<div>标签，这样可以直接定义样式或通过脚本定义行为。如果定义的内容具有语义和密切相关性，可以用<section>标签来分隔，如文章的节或段落。<article>是一个特殊的 section 标签，它比 section 具有更明确的语义，它代表一个独立的、完整的相关内容块，可独立于页面其他内容使用。例如一篇完整的论坛帖子。

(4) 多媒体标签的引入

① <audio>标签用来支持对音频文件的播放

<audio>标签的常用格式：

```
<audio controls="controls" autoplay="autoplay" src="音频文件">
    您的浏览器不支持 audio 标签。
</audio>
```

属性 autoplay 代表自动播放，属性 controls 代表要显示视频控制条，当浏览器不支持该标签功能时会显示标签体内的替代文本。

② <video>标签用于视频文件播放支持

<video>标签的常用格式：

软件开发新课堂

```
<video controls="controls" autoplay="autoplay" src="视频文件" >
    您的浏览器不支持 video 标签。
</video>
```

③　<source>标签定义媒介资源

<source>标签为媒介元素，可用于为其他标签(如<video>和<audio>)定义媒介资源，如：

```
<audio controls="controls" autoplay="autoplay">
    <source src="girl.ogg" type="audio/ogg" />
    <source src="girl.mp3" type="audio/mpeg" />
    您的浏览器不支持 audio 标签。
</audio>
```

④　<progress>标签定义进度条

<progress>标签一般使用属性 max 指定进度最大值，属性 value 设定当前进度值，如：

```
<progress id="p" max=100 value=40></progress>
```

⑤　<canvas>标签用于定义画布

canvas 标签利用 width 和 height 属性定义画布的宽带和高度，使用 JavaScript 在网页上绘制图像，在 JavaScript 代码中使用画布对象的 getContext 获得画布上下文环境。例如：

```
<canvas id="myCanvas" width="200" height="100"></canvas>
<script>
    var c = document.getElementById("myCanvas");
    var cxt = c.getContext("2d");
    cxt.fillStyle = "#FF0000";
    cxt.fillRect(0, 0, 150, 75);
</script>
```

HTML 5 舍弃了以前版本中的一些标签元素，改用 CSS 来代替，如<font>、<frame>、<frameset>等，以后设计中应当尽量避免使用这些标签。

2.1.3　Visual Studio 2012 的 HTML 编辑器

Visual Studio 2012 的 HTML 编辑器提供对 HTML 5 的全面支持，具有丰富的可视化工具，能够对 HTML 文档进行多个 HTML 版本的验证，自动化和智能化可以节省开发人员的工作量，减少输入错误。用户可以根据自己的需要对 HTML 编辑器进行设置，从菜单栏中选择“工具”→“选项”命令，然后选中 HTML 项，即可对 HTML 编辑器的相应内容进行设置，如图 2-4 所示。HTML 编辑器提供的工具箱如图 2-5 所示，可以通过菜单栏中的“视图”→“工具箱”命令来显示可视化工具箱，在“设计”和“源”模式中均可拖动工具箱中的控件到编辑窗口，来自动生成代码。

Visual Studio HTML 编辑器可以使用户在 WYSIWYG(所见即所得)模式中工作，在“设计”模式用户可以通过右键单击控件，从弹出的快捷菜单中选择“属性”命令，在属性窗口对控件进行可视化设计，并且马上就能看到控件的变化。在“源”模式，当输入标签元素或者设置标签属性时，系统会根据输入的前面字母自动提示可能的输入，并能够自动完成标签的闭合操作，使用户使用很少的键入即可完成标签设置。编辑器还提供智能缩进及

文档格式化功能，需要格式化文档时，在"源"模式下，先选定要格式化的文档内容，然后，右击选中的内容，在弹出的快捷菜单中选择"设置选定内容的格式"命令即可。

图 2-4　VS2012 选项设置窗口

图 2-5　工具箱

2.1.4　HTML 在 ASP.NET 网页中的应用

HTML 的学习，在 ASP.NET 学习中起到举足轻重的作用，由于浏览器能识别的语言主要是 HTML 语言，因此在编写 ASP.NET 网页界面的过程中，大部分都是使用 HTML 语言，但 ASP.NET 的 HTML 文件中还另外加入了一些 ASP 控件标记，网站文件中也包含与 HTML 及 ASP 控件标记互相作用的程序代码，编写好的网站内容要部署到服务器上运行，服务器根据程序代码与 HTML 页面文件互相作用的结果生成可供浏览器解释的普通 HTML 代码，用户则通过浏览器来访问服务器上的内容。通常称这种模型为浏览器和服务器(B/S)架构。

2.2　B/S 架构

B/S(Browser/Server)架构是互联网兴起后的一种网络结构模式，这种模式是基于浏览器和服务器的。由于统一了客户端(都使用浏览器)，将系统功能实现的核心部分都集中到服务器上，所以简化了系统的开发、维护和使用。需要更新软件时，只要更新服务器端程序，所有的客户端都将显示更新后的内容。这比重新下载软件更新并把新软件安装到客户端更加方便实用，也是未来软件开发的发展趋势。

在 B/S 架构中，客户机上只需要安装一个浏览器，如 IE、遨游或火狐浏览器等。而 IE 浏览器在安装 Windows 操作系统时已自带。将应用程序及所需数据库(如 Oracle 或 SQL Server 等)部署到服务器端，客户端通过浏览器来访问服务器端的应用程序并进行数据交互。

其实 B/S 架构最大的优点就是用户可以在任何可以上网的地方浏览网页内容，而不用安装专门的软件。只要有一台能上网的电脑，有浏览器，就能使用服务器端提供的服务。客户端无须做软件维护，也不用手动更新版本。系统的扩展也非常容易。由于现在对 B/S

架构的使用越来越多,又推动了 Ajax 技术的发展,Ajax 程序也能在客户端电脑上进行部分处理,从而大大地减轻了服务器的负担,并增加了交互性,能在浏览器中进行局部的实时刷新。

2.2.1　B/S 架构的特点

B/S 架构是对 C/S 的一种改进。因为所有的 C/S(Client/Server)架构都是需要在客户端安装本地应用程序后才能使用的,占用了客户端的大量存储空间,造成很多没有必要的浪费,所以以此为鉴,B/S 架构的用户工作界面是通过互联网的浏览器来实现的,并且只有很少一部分事务逻辑在客户端浏览器实现,而主要的事务逻辑均在服务器端实现。这样可以大大简化客户端电脑的负荷,也减轻了系统维护与升级的成本,从而达到了降低用户总体成本的目的。

以目前的技术来看,通过互联网建立 B/S 架构的网络应用程序相对来说更易于把握,而且可以降低成本,用户访问更方便快捷,可以用不同的方式操作共同的数据库,从而更加有效地保护数据平台和管理访问权限。

B/S 架构的优点如下:

- 客户端不用安装特别的软件,只需用操作系统自带的浏览器,能上网即可使用。
- 减轻了客户端的负载量,减少了不必要的空间浪费,大部分的逻辑都在服务器端执行,对服务器来说,负荷量增大,但对客户端来说,实现了"胖"服务器,"瘦"客户端的思想。
- 客户端不必对软件进行维护和升级,由服务器端实现这些操作。
- 客户端以不同的方式在操作同一个数据库,实现信息的统一。
- 通过客户端浏览器可以即时得到任何消息,随时动态更新。

2.2.2　B/S 架构与 C/S 架构的区别

C/S 是 Client/Server 的缩写,是客户端/服务器架构,在客户端需要安装专用的客户端软件才可以运行。

B/S 与 C/S 的区别如下。

- 硬件结构不同:C/S 架构的应用程序是安装在客户端的,客户端维护和升级都比较麻烦,而且还会占用客户端的存储空间,增加客户端负荷量。B/S 架构应用程序不需要在客户端安装,只需要客户端有浏览器即可,维护和升级工作在服务器端进行,客户端所得到的信息为统一信息,以不同模式访问相同的数据库资源。
- 程序架构不同:C/S 架构的程序可以更加注重流程,可以对权限进行多层次校验,对系统运行速度可以较少考虑。B/S 对安全以及访问速度的多重的考虑建立在需要更加优化的基础之上,比 C/S 有更高的要求,B/S 架构的程序架构是发展的趋势,有微软的 ASP.NET,还有 Sun 公司的 JSP 等支持,使 B/S 更加成熟。
- 对安全要求不同:C/S 的安全性较强,一般应用于相对固定的用户群,如一些高度机密的信息系统采用 C/S 架构比较适宜。而 B/S 的安全性较低,用户可以通过 B/S 发布公开信息。B/S 建立在互联网上,对安全的控制能力较弱,一般面向的是不可

知的用户。

- 程序软件重用性不同：C/S 架构的应用程序的重用性不如 B/S 的重用性好。如果用 C/S 架构制作了软件，那么再进行软件更新将非常麻烦，需从网上下载新的升级版来安装，而 B/S 架构的应用程序的重用性很高，不需要下载升级。
- 程序维护不同：C/S 应用程序要得到用户的反馈比较麻烦，软件升级也很困难，并且一旦升级，可能就是再做一个全新的系统。而 B/S 架构如果想维护和升级，得到用户的反馈很方便，并且可以只升级部分模块，从而可实现系统的无缝升级，有些应用程序在用户端不必做任何操作，还有些应用程序由用户从网上下载安装即可以实现升级。
- 用户接口不同：C/S 的应用程序一般是建立的 Windows 平台上的，而 B/S 的应用程序则是建立在浏览器上的，有更加丰富和生动的表现方式与用户交流。
- 架构的信息流不同：C/S 程序交互性相对低，无法得到用户的反馈信息和意见，无法得知用户在使用中出现的问题，而 B/S 与用户的交互性是很高的，可以随时得到用户提供的信息，对异常进行处理。

2.3　Web 表单及其运行模式

Web 表单是通过使用 HTML 表单发送到服务器的，使用 POST 或 GET 方式。

在 HTML 中，表单控件是<FORM></FORM>元素，在 FORM 标签中，有 METHOD 和 ACTION 属性，其中 ACTION 代表的是提交的路径信息，而 METHOD 则是表单的提交方式，这里面提到两种形式，一个是 POST，另一个是 GET。

使用 POST 方式时，参数是在消息的正文中发送的。而 GET 方式将参数追加到请求的 URL 上。所以这两种形式中，POST 比较安全，而 GET 是不安全的提交方式，在数据量方面，GET 方式的数据量也是有限的，所以一般表单都会以 POST 方式提交。

2.4　初识 CSS

CSS 是 Cascading Style Sheets(层叠样式表)的简称，CSS 语言是一种标记语言，它不需要编译，可以直接由浏览器执行(属于浏览器解释型语言)，在标准网页设计中，CSS 样式表的主要功能是美化页面，而常说的 CSS 文件其实是一种文本文件，这种文本文件中包含了一些 CSS 标记，CSS 文件必须使用.css 作为文件扩展名，只需简单地更改 CSS 文件中的样式，就可以改变网页的整体外观。如果想做一个优秀的 B/S 架构开发者，CSS 样式是必不可少的技术。可以用以下三种方式将样式表加入网页，样式定义越接近目标，优先权就越高。高优先权样式将继承低优先权样式的未重叠定义，但覆盖重叠的定义。

(1) 使用外部样式表文件。适用于大型网站或者风格统一的网站。

有两种引用外部样式表的方式，即链接外部样式表文件和导入外部样式表。

① 链接外部样式表文件的步骤是先建立外部样式表文件(如 style.css)，然后使用 HTML 的<LINK>标签将样式表文件导入，如下所示：

```
<HTML>
   <HEAD>
      <LINK rel="stylesheet" href="style.css" type="text/css">
   </HEAD>
   <BODY></BODY>
</HTML>
```

②　导入外部样式表的步骤同上，只是在导入方面，不用<LINK>标签链接，而是用 import 实现导入功能，关键代码如下所示：

```
<HTML>
   <HEAD>
      <STYLE type="text/css">
          @import "style.css";
      </STYLE>
   </HEAD>
   <BODY></BODY>
</HTML>
```

(2)　内嵌样式表。即在 HTML 文档的<HEAD>标记之间插入<STYLE>...</STYLE>标签对象。示例代码如下：

```
<HTML>
   <HEAD>
      <STYLE type="text/css">
      <!--
          P {
              color: #0000FF;
              font-size: 24px;
              font-family: "方正姚体";
          }
          .red {
              color: #FF0000;
          }
      -→
      </STYLE>
   </HEAD>
   <BODY>
      <P>字段应用了如上 HTML 样式</P>
      <BR>
      <SPAN class="red">字段应用了 CLASS 类样式</SPAN>
   </BODY>
</HTML>
```

注意

这里将 STYLE 对象的 type 属性设置为"text/css"，是允许不支持这类型的浏览器忽略样式表单，但如果浏览器支持 CSS 样式，则里面的注释部分不起注释作用。

(3)　行内样式表。行内定义即是在对象的标记内使用对象的 style 属性定义适用的样式

软件开发新课堂

表属性。示例代码如下：

```
<HTML>
    <HEAD>
    </HEAD>
    <BODY>
        <P style="color:red;font-size:20px;">字段应用了样式</P>
    </BODY>
</HTML>
```

注意这三种样式的应用，根据所做的网站大小和使用频率多少而定。大型网站用外部样式表；页面较少、使用频率高可用内嵌样式或者外部样式；如果使用频率较低，仅一次引用，可使用行内样式，这样可减少代码的冗余。

如今在开发中已经经常使用 CSS+DIV 来布局页面，相对于传统的 TABLE 网页布局，CSS+DIV 布局具有显著的优势。首先是表现和内容相分离，能够将设计部分剥离出来放在一个独立的样式文件中，HTML 文件中只存放文本信息，这样的页面对搜索引擎更加友好；其次是可提高页面浏览速度，对于同一个页面，采用 CSS+DIV 重构，容量要比 TABLE 编码的页面小得多，前者一般只有后者的 1/2 大小，浏览器不用去编译大量冗长的标签；再者是易于维护和改版，只要简单地修改几个 CSS 文件就可以重新设计整个网站的页面。

既然有这么多的优势可言，以后当然就可以采用 CSS 来设计漂亮的页面。我们来看一下常用的 CSS 属性。

- color：文字或元素的颜色。
- background-color：背景颜色。
- background-image：背景图像。
- font-family：字体。
- font-size：文字大小。
- list：列表样式。
- cursor：光标样式。
- border：边框样式。
- padding：内填充。
- margin：外边距。

这些 CSS 样式在写法上也有两种形式，下面通过实例进行说明。

例 2-3　CSS 样式的写法。代码如下：

```
<HTML>
    <HEAD>
        <TITLE>第一个 HTML 页面</TITLE>
    </HEAD>
    <BODY>
        <TABLE width="203" height="115" border="0">
            <TR>
                <TD style="border:3px #FF0000 double">第一单元格</TD>
                <TD style="border-color:#FF0000; border-style:double;
                  border-width:3px;">第二单元格</TD>
            </TR>
```

```
        </TABLE>
    </BODY>
</HTML>
```

第一个 TD 采用了综合型样式：

```
style="border:3px #FF0000 double"
```

第二个 TD 采用了拆分型样式：

```
style="border-color:#FF0000; border-style: double; border-width:3px;"
```

它们显示的效果都是相同的。至于选择哪一种样式，可根据个人习惯而定。

有关网站的相关知识就介绍到这里，如果想深入了解，可参阅专业书籍。

2.5　上 机 练 习

(1)　利用表单、表格、表单元素及 CSS 样式，完成如图 2-6 所示的界面设计。

图 2-6　会员登录界面

(2)　完成如图 2-7 所示的界面，采用表单、表单元素、表格和 CSS 样式来实现。

图 2-7　会员注册界面

(3)　把上一题中的内嵌样式修改为外部样式，分别用 link 和 import 两种方式实现与 CSS 样式表的连接。

(4)　修改第 2 题，把图中文本框的边框样式设成红色虚线。

33

第 3 章

Web 服务器控件

学前提示

Web 服务器控件运行在服务器端，在初始化时，会根据客户使用的浏览工具的不同而给出适合浏览器的 HTML 代码。验证控件的使用可以防止用户的非法输入，确保 Web 应用程序的稳定性和安全性。在本章中会介绍各种 ASP.NET 控件的基本概念，并详细介绍 HTML 控件和 Web 控件的使用方法。这两种控件是创建 Web 应用程序的基础，在创建 Web 应用程序的过程中会大量使用到各种类型的 Web 控件。

知识要点

- HTML 控件的基本使用方式
- 基本 Web 控件的使用
- 输入验证控件的使用
- 导航控件与站点配置文件

3.1　HTML 控件

HTML 服务器控件由普通 HTML 标签转换而来，在页面中呈现的外观基本上与普通 HTML 标签一致。

3.1.1　HTML 控件的结构

所有 HTML 服务器控件都是从 System.Web.UI.Control 类派生而来的，并且都包含在 System.Web.UI.HtmlControls 命名空间中。

如图 3-1 所示为 HTML 服务器控件的对象层次结构。

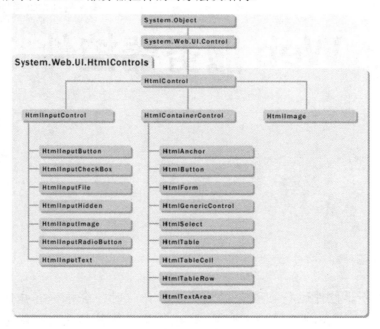

图 3-1　HTML 服务器控件的对象层次结构

3.1.2　HTML 控件的常用属性

第 2 章已经讲到常见的 HTML 控件及部分属性，一般将 HTML 控件分为两种类型：容器控件和输入控件。在 HTML 控件上声明的任何属性都将添加到该控件的 Attributes 集合中，并且可以像对属性的设置一样在程序中对它进行操作。例如，如果在<input>元素上声明 height 属性，就可以用编程的方式访问该属性并编写事件处理程序更改它的值。

所有 HTML 控件共享的属性如表 3-1 所示。实际开发中，常用的 HTML 输入控件有 HtmlInputText、HtmlInputPassword、HtmlInputButton、HtmlInputSubmit、HtmlInputReset、HtmlInputCheckBox、HtmlInputImage、HtmlInputHidden、HtmlInputFile 和 HtmlInputRadio-Button，这些控件在使用时都将映射到标准的 HTML 输入标签<input>，在该标签中包含 type 属性，该属性定义了控件在网页上呈现的 HTML 元素类型，关于 type 属性值及其对应控件

可参照第 2 章的讲解。

表 3-1　所有 HTML 控件共享的属性

名　称	说　明
Disabled	获取或设置一个布尔值，该布尔值指示在浏览器上显示 HTML 控件时是否包含 disabled 属性。若包含该属性，将使该控件成为只读控件
Style	获取被应用于.aspx 文件中的指定 HTML 服务器控件的所有级联样式表(CSS)属性
TagName	获取包含 runat="server"属性标记的元素名
Visible	获取或设置一个值，该值指示 HTML 服务器控件是否显示在页面上

HTML 容器控件在运行时也会映射到对应的 HTML 元素，这些元素需要具有开始和结束标记(如<select>、<a>、<button>和<form>元素)。常见容器控件有 HtmlTableCell、HtmlTable、HtmlTableRow、HtmlButton、HtmlForm、HtmlAnchor、HtmlGenericControl、HtmlSelect 和 HtmlTextArea，这些控件具有一些共同的属性，如表 3-2 所示。

表 3-2　HTML 容器控件的一些共同属性

属 性 名	说　明
InnerHtml	获取或设置指定的 HTML 控件的开始和结束标记之间的内容。InnerHtml 属性不会自动将特殊字符转换为 HTML 实体。例如，它不会将小于号字符(<)转换为<。此属性通常用于将 HTML 元素嵌入到容器控件中
InnerText	获取或设置指定的 HTML 控件的开始和结束标记之间的所有文本。与 InnerHtml 属性不同，InnerText 属性会自动将特殊字符转换为 HTML 实体。例如，它会将小于号字符(<)转换为<。此属性通常在希望不必指定 HTML 实体即显示带有特殊字符的文本时使用

3.1.3　HTML 控件在 VS2012 中的操作

前面介绍了 HTML 控件的基础知识，与其他类型的控件相比，HTML 功能较为单一，且与对应的 HTML 标签的使用方式较为接近，所以这里通过简单讲解 HtmlButton 控件在 VS2012 中的界面操作来介绍基础 HTML 控件的使用，其他控件的使用方式与此类似。

HtmlButton 控件用于实现 HTML 中的按钮控件功能，HtmlButton 控件在工具箱中的位置如图 3-2 所示。对应 HTML 页面提供的 3 种按钮类型，.NET 也提供了 3 种 HtmlButton 按钮控件，所有按钮控件在插入到页面后，在源页面设计中都显示为 HTML 按钮标签，如图 3-3 和图 3-4 所示。右键单击控件，显示控件属性面板，如图 3-5 所示，通过属性面板可以对控件属性进行设置。相对于服务器控件，HTML 控件的属性较少，比较常用的是 ID 属性和 Value 属性。

在 VS2012 中，对于大部分控件，只需双击 HTML 控件，就可以自动添加默认的 JavaScript 事件，程序员可以在事件方法中添加相关的 JavaScript 控制代码，在编写 JavaScript 脚本的过程中 VS2012 提供的智能感应功能会在输入时提示页面上相关控件名称及其属性，方便脚本处理事件的编写。双击 HtmlButton 按钮后自动生成的事件代码如图 3-6 所示。

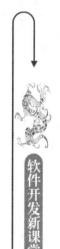

图 3-2　工具箱中的 Button

图 3-3　插入的 HtmlButton 控件

```
<input id="Button1" type="button" value="button" />
```

图 3-4　修改属性后的 Button 控件

图 3-5　HtmlButton 控件的属性面板

图 3-6　JavaScript 处理事件

在按钮的单击事件 JavaScript 方法中，输入如下的脚本代码：

```
function Button1_onclick() {
    alert("按钮响应事件");
}
```

测试制作完成的页面，如图 3-7 所示。

图 3-7　按钮控件测试页面

3.2　Web 控件

前面讲解了常用的 HTML 控件相关知识，但是在 ASP.NET 中使用更多的是 ASP.NET 服务器控件。ASP.NET 服务器控件包括标准服务器控件、数据控件、验证控件、导航控件、登录控件、扩展 Ajax 控件、Web 部件、HTML 服务器控件(基础控件)等。ASP.NET 服务器控件的语法是在控件标签中包含 runat="server"属性，除 HTML 服务器控件外，控件标签通常以<asp:>开头，HTML 服务器控件是在 HTML 控件定义中添加 runat="server"属性。

3.2.1　Web 控件的结构

ASP.NET 服务器控件都是直接或间接地从 System.Web.UI.Control 类继承而来的。

ASP.NET 服务器控件的结构如图 3-8 所示。从图中可以看出，Web 控件都是派生于 WebControl。

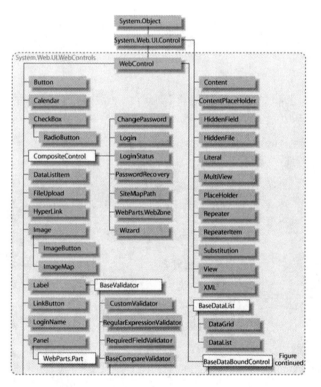

图 3-8　ASP.NET 服务器控件的结构

3.2.2　Web 控件的功能

所有能够在浏览器中呈现可视化外观的 ASP.NET 服务器控件，都从 WebControl 类派生。该类提供了所有 ASP.NET 服务器控件通用的属性、方法和事件。其中包括一些常用属性，如 BorderColor、BorderStyle 和 BorderWidth 等，以及一些常用方法，如 RenderBeginTag

和 RenderEndTag 等。

WebControl 类和其他一些 ASP.NET 服务器控件(例如 Literal、PlaceHolder、Repeater 和 XML)是从 System.Web.UI.Control 派生的,而 System.Web.UI.Control 又是从 System.Object 派生的。Control 类提供了一些基本属性,例如 ID、EnableViewState、Parent 和 Visible,以及一些基本方法,例如 Dispose、Focus 和 RenderControl,还包括一些生命周期事件,例如 Init、Load、PreRender 和 Unload。

Web 控件提供的最重要的功能是能够实现页面与后台的交互服务。与 HTML 控件相比,Web 控件在后台的 CS 代码中是可以直接访问的,程序员不必再像以前的 Web 开发方式那样使用 Request 与 Response 对象与页面进行交互,而是可以使用和 RAD(Rapid Application Development)开发工具一样的方式,通过基于事件模型的方式使用页面上的各个控件,如果读者以前学习过 Java 或 C++ 一类的开发工具,就会熟悉这种编程方式。VS2012 和 ASP.NET 4.5 为 Web 开发提供的这种编程方式极大地简化了 Web 程序的开发。

3.2.3　常用的 Web 控件

Web 控件的种类非常丰富,并且每一个新的 ASP.NET 版本都在更新,这里介绍一些常用的 Web 控件的基本使用方式,其他控件的使用方式与此类似,需要时可参考其他资料。

1. Label

Label 控件用于文本的显示,而显示的文本内容是可以在程序中控制的。一般使用该控件完成需要在页面中动态显示而不能修改的部分。

Label 控件在标准控件选项卡中,如图 3-9 所示。

由于该控件的功能只能是显示文字,因此在 Label 控件属性面板中最重要的属性为 Text 属性,用于控制控件上面显示的文本,如图 3-10 所示。

在编程状态下可以修改 Text 属性,编辑器会自动显示相关匹配提示,如图 3-11 所示。

图 3-9　工具箱中的 Label 控件　　图 3-10　Label 控件的常用属性　　图 3-11　Label 控件编程

Label 控件还有以下一些常用的属性。

- BackColor:设置 Label 控件的背景颜色。
- BorderColor:设置 Label 控件的边框颜色。
- ForeColor:设置 Label 控件内文本的颜色。
- CssClass:设置 Label 控件的 CSS 样式。

- BorderWidth：设置 Label 控件边框的宽度。
- BorderStyle：设置 Label 控件边框的样式。

2. TextBox

TextBox 为文本输入控件，用于让用户输入文本信息，默认模式是一个单行的输入框，在程序设计时可根据需要设置文本框的输入方式。

工具箱中 TextBox 控件的位置如图 3-12 所示，插入到页面中后为标准文本框控件，如图 3-13 所示。

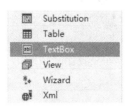

图 3-12　工具箱中的 TextBox 控件　　　　　图 3-13　页面上的 TextBox 控件

TextBox 控件中常用的属性如下。

- ID：用于指定在程序中访问文本框时使用的名称。
- TextMode：用于指定文本框在页面上的显示形式或者设置验证输入文本的形式。
- Text：获得或者设置文本框中输入的文字信息。
- AccessKey：指定定位到该控件的快捷键。
- AutoCompleteType：用于关联 TextBox 控件和 AutoComplete 控件。
- Columns：用于指定显示的列数。
- Rows：用于指定显示的行数。
- ReadOnly：设置控件是否为只读文本框。

在 ASP.NET 4.5 以前的版本中 TextMode 属性值主要有 SingleLine、MultiLine、Password，分别将文本框显示为单行、多行和密码输入框，在 ASP.NET 4.5 中，TextMode 属性值又增加了 Email、Url、Number、Range、Phone、Month、Date、DateTime、DateTimeLocal、Time、Week、Search、Color 等，如图 3-14 所示。

图 3-14　设置文本框模式

这些新的属性值与 HTML 5 中<input>标签的 type 值相对应，功能描述如表 3-3 所示。

表 3-3　TextMode 新增的取值及含义

TextMode 属性值	描　　述
color	定义拾色器
date	定义日期字段(带有 calendar 控件)
datetime	定义日期字段(带有 calendar 和 time 控件)
datetime-local	定义日期字段(带有 calendar 和 time 控件)
month	定义日期字段的月(带有 calendar 控件)
week	定义日期字段的周(带有 calendar 控件)
time	定义日期字段的时、分、秒(带有 time 控件)
email	定义用于 E-mail 地址的文本字段
number	定义带有 spinner 控件的数字字段
range	定义带有 slider 控件的数字字段
search	定义用于搜索的文本字段
tel	定义用于电话号码的文本字段
url	定义用于 URL 的文本字段

这些属性值在某些浏览器中可能不能正确显示，只显示为普通的文本框，这主要是各种浏览器对 HTML 5 支持的程度不同造成的。下面以一个示例来说明 TextMode 的使用。

例 3-1　TextBox 控件综合示例。代码如下：

```
<!DOCTYPE html>
<html xmlns="http://www.w3.org/1999/xhtml">
<head runat="server">
    <meta http-equiv="Content-Type" content="text/html; charset=utf-8" />
    <title></title>
</head>
<body>
    <form id="Form1" runat="server" method="get"
      action="http://www.google.com/search">
    <div>
    <table>
    <tr>
    <td>数字: </td>
    <td>
        <asp:TextBox TextMode="Number" runat="server" ID="txtNumber" />
    </td>
    </tr>
    <tr>
    <td><span>搜索:</span></td>
    <td>
    <asp:TextBox TextMode="Search" runat="server" ID="q"></asp:TextBox>
    <input type="submit" value="Google 搜索" /><br>
    <input type="radio" name="sitesearch" value="" checked="checked" />
```

```
Internet Search
<input type="radio" name="sitesearch"
  value="foxavideo.com" />Internal Search<br />
</td>
</tr>
<tr>
<td><span>电子邮件:</span></td>
<td>
    <asp:TextBox TextMode="Email" runat="server" ID="txtEmail" />
</td>
</tr>
<tr>
<td><span>日期:</span></td>
<td>
    <asp:TextBox TextMode="Date" runat="server" ID="txtDate" />
</td>
</tr>
<tr>
<td><span>URL:</span></td>
<td>
    <asp:TextBox TextMode="Url" runat="server" ID="txtURL" />
</td>
</tr>
<tr>
<td>颜色: </td>
<td>
    <asp:TextBox ID="txtColor" runat="server" TextMode="Color">
    </asp:TextBox>
</td>
</tr>
<tr>
<td>取值范围: </td>
<td>
    <asp:TextBox ID="txtRange" runat="server" TextMode="Range"
      min="1" max="100">
    </asp:TextBox>
</td>
</tr>
<tr>
<td colspan="2">
    <asp:Button runat="server" Text="提交" ID="btnSubmit" />
</td>
</tr>
</table>
</div>
</form>
</body>
</html>
```

该示例在 Google Chrome 23.0 中运行的效果如图 3-15 所示。

图 3-15　示例运行结果

　　一般情况下，文本框控件只负责提供文本输入功能，所以提供的可重载方法相对较少，并且所有重载的方法执行时都要回调后台，所以一般不对文本框进行事件重载，而是通过使用 JavaScript 脚本进行控制。当单击属性窗口的 ⚡ 图标时，可以看到文本框的可重载方法，如图 3-16 所示。在开发过程中最常使用的属性为 Text 属性，该属性获得文本框中输入的文字信息，如图 3-17 所示。

图 3-16　文本框方法重载

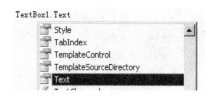

图 3-17　文本框控件编程

3. Button

　　按钮控件帮助用户对页面的内容做出判断，当按下按钮后，页面会对用户的选择做出一定的反应，达到与用户交互的目的。

　　按钮控件的使用虽然很简单，但也是最常用的服务器控件之一。对按钮控件开发的过程中，经常使用它的 3 个事件和 1 个属性。

- OnClick 事件：当用户单击按钮以后，触发本事件。通常在编程中，利用 OnClick 事件完成对用户选择的确认、表单的提交、输入数据的修改等。
- OnMouseOver 事件：当用户的鼠标指针进入按钮范围触发的事件。为了使页面有更生动的显示，可以利用此事件完成一些特殊效果，诸如，当鼠标指针移入按钮范围时，使按钮发生某种显示上的改变，以提示用户可以进行选择了。
- OnMouseOut 事件：当用户的鼠标指针脱离按钮范围时触发的事件。同样，为使页面生动，当鼠标指针脱离按钮范围时，也可以发生某种改变，如恢复原状，用以提示用户脱离了按钮选择范围，若此时按下鼠标，将重发本事件。
- Text 属性：按钮上显示的文字，用以提示用户进行何种选择。

　　工具箱中的 Button 控件如图 3-18 所示。插入到页面中的外观为一个标准 HTML 按钮控件，如图 3-19 所示。

图 3-18　工具箱中的按钮控件　　　　图 3-19　插入页面中的按钮控件

按钮控件的主要属性为 ID(该属性设置程序中访问按钮时使用的名称)和 Text(该属性指定按钮上显示的提示文本)，按钮的主要事件为 Click 事件，当鼠标单击按钮时触发。

Button 控件中其他常用的属性如下。

- AccessKey：指定定位到该控件的快捷键。
- CommandArgument：用于指定传给 Command 事件的命令参数。
- CommandName：指定传递给 Command 事件的命令名。
- Enabled：设置 Button 控件是否处于禁用状态。
- Visible：设置控件是否可见。

Button 控件中包含的其他两个主要事件如下。

- Click：单击 Button 控件时触发。
- Command：单击 Button 控件时触发。CommandArgument 和 CommandName 这两个属性的值传递给这个事件。

4. DropDownList

DropDownList 为列表控件，该控件在工具箱中的位置如图 3-20 所示。

插入后的 DropDownList 控件为标准下拉列表框样式，在任务面板中可以设置数据源进行绑定，如图 3-21 所示。

图 3-20　工具箱中的 DropDownList 控件　　　图 3-21　插入控件后弹出任务面板

在属性窗口中，单击 Items 右边的 ... 按钮，如图 3-22 所示，将出现 ListItem 集合编辑器，如图 3-23 所示。

在这里单击"添加"按钮可以添加下拉列表框选择项，右边出现项目属性列表。

Enabled 属性表示本选项是否可以选中，Selected 属性设置是否为默认选中选项，Text 属性表示显示在下拉列表框中的文本，Value 属性设置该选项的属性值。该控件的属性及方法除与前面控件一样的以外，其他的很少使用，可以参见前面的介绍。

DropDownList 控件在编程中可以访问的常用属性如下。

- SelectedIndex：当前选择项的索引号。
- SelectedItem：当前选择项引用。
- SelectedValue：当前选择项的值。

图 3-22　DropDownList 的属性面板　　　　图 3-23　ListItem 集合编辑器

5. Calendar

Calendar 控件用于在浏览器中显示日历。该控件可显示某个月的日历，提供用户选择日期，也可以跳到前一个月或下一个月。工具箱中的 Calendar 控件如图 3-24 所示。

插入到页面中的 Calendar 控件显示为一个日历列表，如图 3-25 所示。

图 3-24　工具箱中的 Calendar 控件　　　　图 3-25　页面中的 Calendar 控件

Calendar 控件的任务面板中只有一个选项——"自动套用格式"。选择该选项后，打开"自动套用格式"对话框，在这里可以为 Calendar 控件选择外观格式，如图 3-26 所示。

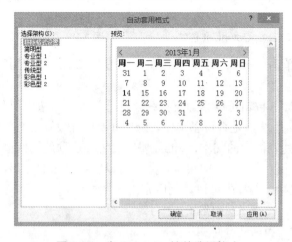

图 3-26　为 Calendar 控件选择格式

在程序中常使用 Calendar 的如下属性。

- ID：获取控件 ID。
- SelectedDate：获得前台选择的日期。
- SelectMonthText：获得前台选择的月份。
- SelectWeekText：获得前台选择的星期。
- SelectionMode：设置日、周和月是否可以选择。

6. FileUpload

应用程序中经常需要允许用户把文件上传到 Web 服务器，但是在 ASP.NET 4.5 之前，没有直接的方法一次性选定多个上传文件，现在 ASP.NET 4.5 提供的 FileUpload 控件将浏览和选择多个上传文件变得非常容易，它包含一个"浏览"按钮和用于输入文件名的文本框。只要用户在文本框中输入了完全限定的文件名，无论是直接输入或通过"浏览"按钮选择，都可以调用 FileUpload 的 SaveAs 方法保存到磁盘上。

工具箱中的 FileUpload 控件如图 3-27 所示。

插入页面中的 FileUpload 控件，外观为 HTML 文件上传框，如图 3-28 所示。

图 3-27　工具箱中的 FileUpload 控件　　　　图 3-28　文件上传控件的外观

FileUpload 控件包括以下一些常用属性。

- AllowMultiple：布尔属性，指定 FileUpload 控件是否允许选择多个文件同时上传。
- HasFile：布尔属性，表示用户是否选择(存在)上传文件。
- HasFiles：布尔属性，判断是否有文件上传成功。
- FileName：获得上传文件的文件名。
- SaveAs：保存文件到指定路径。
- FileBytes：获取上传文件的字节数组。
- FileContent：获取指定上传文件的 Stream 对象。
- PostedFile：获取一个与上传文件相关的 HttpPostedFile 对象，使用该对象可以获取上传文件的相关属性。
- PostedFiles：获得上传文件的集合。

该控件对应于 HTML 5 中的<input type="file">标签，当允许选择多个文件上传时只要设置标签的 multiple 属性即可，例如：

```
<input type="file" name="ControlName" multiple="multiple"/>
```

FileUpload控件在页面运行时会自动转换为 HTML 5 的<input type="file">标签定义。需要注意的是，允许选择多个文件上传属于 HTML 5 中的功能，在某些浏览器中可能无法正常运行。

下面结合一个示例来说明 FileUpload 控件的使用。

在页面中添加一个 FileUpload 控件和一个 Button 控件，并进行相关属性设置，设置后

的 HTML 代码如下：

```
<asp:FileUpload ID="multipleFile" runat="server" AllowMultiple="true"
  Width="244px" />
<asp:Button ID="btnUploadFile" runat="server" Text="上传文件"
  OnClick="btnUploadFile_Click" />
```

"上传文件"按钮的 Click 事件代码如下：

```
protected void btnUploadFile_Click(object sender, EventArgs e)
{
    if (multipleFile.HasFiles)
    {
        try
        {
            foreach (HttpPostedFile uploadedFile in multipleFile.PostedFiles)
            {
                uploadedFile.SaveAs(System.IO.Path.Combine(
                  Server.MapPath("~/Images/"), uploadedFile.FileName));
                Response.Write(uploadedFile.FileName + " 上传成功<BR>");
            }
        }
        catch
        {
            Response.Write("文件上传失败");
        }
    }
}
```

该示例只有在支持 HTML 5 的某些浏览器中才能正常运行，在不同的浏览器中运行的界面效果会有所不同。

在 Firefox 浏览器中的运行效果如图 3-29 所示，单击"浏览"按钮将弹出"文件上载"对话框，如图 3-30 所示，可以在这个对话框中浏览并选定多个文件，选定文件后，单击"打开"按钮可以返回如图 3-29 所示的页面，在 FileUpload 控件的文本框中将显示以逗号分隔的将要上传的文件，此时单击"上传文件"按钮上传文件即可。

图 3-29　上传文件页面

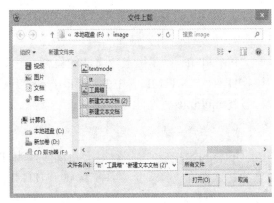

图 3-30　"文件上载"对话框

3.2.4　Web 控件与 HTML 控件的比较

HTML 控件不具备任何抽象能力，每种控件与标记都是一一对应的。

Web 控件提供了更高级别的抽象，大多数 Web 控件都没有对应的 HTML 标记(如 Calendar)，因为 Web 控件并不直接映射为 HTML 标记。使用 Web 控件，能够在适当的场合起到合并功能的作用(例如用一个 TextBox 控件来代替多个标记)。这种抽象为使用第三方提供的种类丰富的控件打开了方便之门。

HTML 控件是以 HTML 标签为中心的对象模型。每种控件都包括一个属性集，可以使用该属性集来控制控件的属性。这个属性集使用了字符串名/值对，并且不是强类型的。在使用 HTML 控件时，编程方式与使用传统的 ASP 进行编程十分类似。不同点是 HTML 控件可以通过添加一个 runat="server"属性来转变为一个服务器控件。

Web 控件提供了基于表单的编程模式，类似于桌面程序设计。Web 控件也提供了属性集，但 Web 控件的属性集主要目标在于提供一种格式丰富、类型安全且具有一致性的对象模型。每种 Web 控件都包含一组标准的属性，如 ForeColor、BackColor、Font 等。

这种对象模型还能够在使用 Visual Studio 2012 这样的开发工具编写程序时提供更加丰富的设计时体验。

HTML 控件不会自动检测请求页面的浏览器的能力，也不会修改为控件生成的 HTML 代码。在使用 HTML 控件开发应用时，程序员必须在程序中确保页面能同时在高级和低级浏览器上工作。

Web 控件则能够自动对它们生成的结果进行调整，以确保输出结果在高级浏览器和低级浏览器上的 HTML 代码显示效果完全一致。Web 控件还能够针对不同的浏览器提供不同的行为，从而可以充分发挥浏览器的潜力。例如，validation 控件可以使用客户端的脚本，创建用于高级浏览器的具有高度交互性的页面。

在开发应用程序时，可以根据这两组控件的能力以及项目的需求来从中进行选择。还可以选择在同一页上混合使用这两组控件，使用一种类型的控件并不妨碍同时使用另一种类型的控件。

Web 服务器控件中的基本控件可以看作是对 HTML 控件的一种扩展，主要区别如下：

- Web 服务器控件可以通过回调自动触发后台代码中定义的事件方法，而 HTML 控件只能通过回递的方式触发服务器上的页面级事件。
- 输入到 Web 服务器控件中的数据在请求之间可以维护(即具有状态管理功能)，而 HTML 控件无法自动维护数据，只能使用页面级的脚本来保存和恢复。
- Web 服务器控件可以自动检测客户端使用的浏览器版本，并将控件显示代码进行适当调整，以达到最佳显示效果。而 HTML 控件没有自动适应功能，开发者必须在代码中手动检测浏览器。
- 每个服务器控件都具有一组属性，可以在服务器端的代码中更改控件的外观和行为，而后者只有 HTML 属性。

如果程序中的某些控件不需要使用服务器端的事件或状态管理功能时，在编写时应尽量选择 HTML 控件，这样可以提高应用程序的性能。

3.3 数 据 控 件

ASP.NET 和 VS2012 提供了数量繁多，且相当实用的数据库相关控件。通过这些控件，不用编写代码就能实现简单的数据库应用程序，当然还可以与后台代码配合，开发出完整的三层架构应用程序。

对数据访问控件及 ASP.NET 数据访问机制在后面的章节中会有详细的介绍。由于 ASP.NET 的数据访问控件种类繁多，本书不可能全部涉及，所以在这里详细列出每种控件的功能，需要时可以参考本书后面部分及 MSDN 的介绍。

3.3.1 数据访问控件

数据访问控件又称数据源控件，主要用于访问数据库，简化数据库访问操作，ASP.NET 中提供的数据访问控件如图 3-31 所示。

下面简单介绍这些控件的功能和作用。

图 3-31 VS2012 中的数据访问控件

- SqlDataSource：这是最常用的数据访问控件，从名称上看，一般认为是专为访问 SQL Server 数据库设计的，实际上它可以直接访问 SQL Server 和 Oracle、Access 数据库，并且通过 ODBC 和 OLEDB 可以访问任何支持 SQL 的关系数据库。

- EntityDataSource：EntityDataSource 控件利用 ADO.NET 实体框架中的对象服务组件，将实体数据模型(EDM)定义的绑定数据简化为 ASP.NET Web 应用程序中的控件。这使得该控件可以撰写和执行对象查询，并将控件绑定到返回的对象，这些对象是在 EDM 中定义的实体类型的实例。这一控件的使用属于高级内容，读者需要时可参考其他内容。

- LinqDataSource：这是.NET Framework 4.5 的 LINQ 数据源访问方式，属于高级内容，读者需要时可参考其他内容。

- ObjectDataSource：该控件用于访问具有数据查询和更新功能的中间层对象。作为数据绑定控件(例如 GridView、FormView 或者 DetailsView 控件)的数据接口，ObjectDataSource 控件可以使这些控件在 ASP.NET 网页上显示和编辑中间层业务对象中的数据。

- XmlDataSource：该控件是一种特殊的数据源控件，能够支持在程序中对表格形式和层次型数据的访问。XML 数据的表示格式视图只是层次结构的各个层上的一个节点树，而层次性视图表示一个完整的层次结构。一个 XML 节点是 XmlNode 类的一个实例，而一个完整的层次结构使用 XmlDocument 类的一个实例来表示。XmlDataSource 控件通常用于显示只读方案中的分层 XML 数据。

- SiteMapDataSource：该控件可以处理存储在 Web 站点的 SiteMap 配置文件中的数

据，主要用于显示网站的导航信息。关于 SiteMapDataSource 控件，有两个地方值得注意。第一，SiteMapDataSource 控件不支持任何数据高速缓存选项，在程序中不能缓存站点地图数据。第二，SiteMapDataSource 控件没有提供像其他数据源控件那样的配置向导，这是因为 SiteMap 控件只能绑定到 Web 站点的 SiteMap 配置数据文件上，所以不会有其他配置。该控件的使用将在导航控件部分讲解。

3.3.2 数据绑定控件

数据绑定功能是开发人员在 ASP.NET 1.x 中发现的最方便实用的功能之一。与在 ASP 中提供的对数据访问的支持相比，数据绑定功能是易用性和有效性的完美结合。然而，如果根据开发人员的真正需要来评价 ASP.NET 1.x 提供的数据绑定功能，则还不够完美。这里的局限性不在于总体功能方面，而在于开发人员必须编写大量代码来处理一些非常简单和常见的操作，例如，对数据的分页、排序或删除操作。

为了增强数据绑定功能，使其更加实用，从 ASP.NET 2.0 开始，微软在 Visual Studio 集成开发环境中添加了一种新的数据源模型。其中包含许多不带 UI 的新控件，这些控件将数据绑定控件的可视部分和数据容器联系起来。开发人员需要在 ASP.NET 1.x 中编写的绝大部分代码经过适当的分解，现在基本上都被嵌入到一系列新的控件——数据源组件中。

使用数据源组件有很多好处。首先，可以得到完全声明性的数据绑定模型。这样就大量减少了以前那种以内联方式插入到 ASPX 资源文件中或者分散在代码隐藏类中的数据库操作代码。新的数据绑定体系结构强制开发人员遵守严格的规则。数据绑定控件的使用从本质上改善了代码的质量。附加到事件的代码中的较长代码块会减少，而被插入到现有框架中的组件所取代。这些数据源组件派生自抽象类，实现了已知的接口，为.NET 框架提供了更高级别的可重用性。

ASP.NET 4.5 中的数据绑定控件种类如图 3-32 所示，这里简单介绍各个控件的功能，关于主要控件的使用方法会在后面的章节及实例部分中详细介绍。

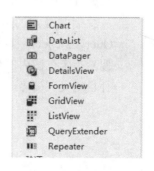

图 3-32 常用的数据绑定控件

- GridView：该控件以表的形式显示数据，并提供对数据按列进行排序、分页以及编辑或删除单个记录的功能。

- DetailsView：该控件一次显示表格中的一条记录，并提供分页显示多条记录以及插入、更新和删除记录的功能。DetailsView 控件通常用在主/详细信息显示方式中，在这种方式下，主控件(如 GridView)中的所选记录决定了 DetailsView 控件显示的记录。

- FormView：该控件与 DetailsView 控件类似，它一次呈现数据源中的一条记录，并提供分页显示多条记录以及插入、更新和删除记录的功能。FormView 控件与 DetailsView 控件之间的差别在于——DetailsView 控件使用基于表格的布局，在这种布局中，数据记录中的每个字段都显示为控件中的一行。而 FormView 控件则不指定用于显示记录的界面布局，而是提供了用于创建控件外观的模板，在模板中定义如何显示记录中的各个字段。该模板包含用于设置窗体布局的格式、控件和

软件开发新课堂

绑定表达式。

- Repeater：该控件使用数据源返回的一组记录呈现只读列表。与 FormView 控件类似，Repeater 控件不指定内置布局。可以使用模板创建 Repeater 控件的布局。

- DataList：该控件以表的形式呈现数据，通过该控件，可以使用不同的布局来显示数据记录，例如，将数据记录排成列或行的形式。可以对 DataList 控件进行配置，使用户能够编辑或删除表中的记录(DataList 控件不使用数据源控件的数据修改功能；用户必须提供实现代码)。DataList 控件与 Repeater 控件的不同之处在于——DataList 控件将数据显示在 HTML 表中，而 Repeater 控件由用户控制显示方式。

- Chart：该控件为图表控件，使用图表控件可以在创建的 ASP.NET 页或 Windows 窗体应用程序中，通过简单、直观和极具视觉表现力的图表进行复杂的统计或财务分析。

- DataPager：该控件为分页控件，DataPager 控件支持内置的分页用户界面，通过它，用户在浏览数据时，可以一次前翻或后翻一个数据页，也可以跳到数据的第一页或最后一页。数据页的大小通过 DataPager 控件的 PageSize 属性设置。可以在一个 DataPager 控件中使用一个或多个页导航字段对象，也可使用 TemplatePagerField 对象创建自定义分页用户界面。

- ListView：该控件与 DataList 和 Repeater 控件类似，可用在任何重复结构中显示数据。与这两个控件不同的是，ListView 控件支持编辑、插入和删除操作，以及排序和分页。ListView 的分页功能是通过新的 DataPager 控件实现的。

- QueryExtender：该控件是为了简化 LinqDatasource 或 EntityDataSource 控件返回的数据过滤而设计的。它主要是将过滤数据的逻辑从数据控件中分离出来，用于为从数据源检索的数据创建筛选器，并且在数据源中不使用显式 Where 子句，QueryExtender 控件可用来指定使用声明性语法进行筛选。该控件允许搜索字符串、搜索指定范围内的数值、将表中的属性值与指定值进行比较、进行数据排序、进行自定义查询等。

3.4　验证控件

Web 程序员(特别是 ASP 程序员)一直对如何实现对数据的验证感到为难。当程序员实现程序的数据提交功能后，还需要用大量时间去写大量代码去实现验证用户的每一个输入是否合法。

如果开发者熟悉 JavaScript 或者 VBScript，可以用这些脚本语言轻松地实现验证，但是又要考虑用户使用的浏览器是否支持这些脚本语言；如果开发者对脚本语言不是很熟悉，或者想让程序支持所有类型的浏览器，就必须在 ASP 程序里面实现数据验证功能，但是使用这种方式进行数据验证会增加服务器负担。现在有了 ASP.NET，不但可以轻松地实现对用户输入的验证，而且还可以选择验证在服务器端进行还是在客户端进行，程序员可以将主要精力放在主程序的设计上。

软件开发新课堂

3.4.1　必填字段验证控件

RequiredFieldValidator 控件用于使输入控件成为一个必填字段。为输入控件添加该控件后，如果输入值的初始值未改变，那么验证将失败。

默认的失败验证值是空字符串("")。

工具箱中的必填字段验证控件如图 3-33 所示。

必填字段验证控件有两个主要属性。一是 ControlToValidate，用于设置验证控件针对哪个输入控件进行验证，如图 3-34 所示。还有 ErrorMessage 属性，用于设置验证失败时显示的文本，如图 3-35 所示。运行效果为，如果被验证控件没有输入信息，则取消表单提交，并在验证控件位置显示提示文本，如图 3-36 所示。

图 3-33　必填字段验证控件

图 3-34　设置被验证控件

图 3-35　设置验证失败提示信息及字体颜色

图 3-36　必填字段验证控件的运行效果

3.4.2　范围验证控件

用于范围验证的控件为 RangeValidator 控件，如图 3-37 所示。

该控件用于验证用户输入框输入的内容是否在设定的范围之内。

例如，我们要求输入年龄的时候，会要求输入值要在 0~120 的范围之内(一般情况下)。范围验证控件有 4 个主要属性。

- ControlToValidate：表示要验证的控件。
- MaximumValue：表示控制范围的最大值。
- MinimumValue：表示控制范围的最小值。
- ErrorMessage：表示当监控的控件输入超出范围时的提示信息。

设置验证范围的情况如图 3-38 所示。此外还需要设置验证数据类型，如图 3-39 所示，这个控件不仅限于验证输入的数值，还可以验证输入的字母。

下面根据一个示例来验证该控件的使用。在一个页面中放置一个文本框和一个范围验证控件，设定验证控件的属性 MaximumValue=50，MinimumValue=0，当输入的值在 0~50 范围中时，系统不提示任何信息；但是，如果输入的值不在这个范围内或者输入的数据类型不符合要求，就会提示出错，如图 3-40 所示。

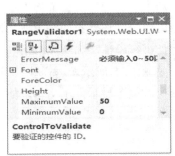

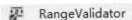

图 3-37　工具箱中的范围验证控件　　　　　图 3-38　设置验证范围

图 3-39　验证数据类型　　　　　　　图 3-40　输入超出范围的提示

3.4.3　正则表达式验证控件

RegularExpressionValidator 服务器控件用来检查用户输入是否与特定的正则表达式模式匹配。这个控件可以用来检查可预见的字符串序列，例如社会保障号码、电子邮件地址、电话号码和邮政编码等。

RegularExpressionValidator 使用两个关键属性来执行验证。ControlToValidate 包含要验证的控件对象，ValidationExpression 包含用来匹配的正则表达式。

工具箱中的正则表达式验证控件如图 3-41 所示。

正则表达式最重要的属性是 ValidationExpression，该属性用于设置进行比较验证的正则表达式，如图 3-42 所示。

单击输入框旁边的■按钮，弹出"正则表达式编辑器"对话框，里面提供了一些常用的正则表达式，可以直接使用，也可以输入需要的正则表达式，如图 3-43 所示。如果输入内容不是正则表达式允许的形式，则不能提交。

图 3-41　正则表达式验证控件　　图 3-42　设置正则表达式　　　图 3-43　正则表达式编辑器

3.4.4　比较验证控件

比较验证服务器控件 CompareValidator，用于将输入控件(如 TextBox)的值与指定的常数值或其他输入控件的值按照指定的比较运算符(>、<、=、<>、>=及<=等)进行比较，以判断两个值是否匹配。工具箱中的比较验证控件如图 3-44 所示。

CompareValidator 主要使用下面几个属性来进行值的验证。

- ControlToCompare：要与所验证的输入控件进行比较的输入控件。
- ValueToCompare：一个常数值，该值要与由用户输入到所验证的输入控件中的值进行比较。
- ControlToValidate：要验证的输入控件的 ID。验证控件设置如图 3-45 所示。
- ErrorMessage：当验证失败时显示的文本。
- Operator：要执行的比较操作的类型。比较操作运算类型如图 3-46 所示。
- Type：规定要对比的值的数据类型。可比较的数据类型如图 3-47 所示。

图 3-44　工具箱中的比较验证控件　　　　　图 3-45　设置要验证的输入控件的 ID

图 3-46　比较操作运算类型　　　　　　图 3-47　比较的数据类型

该控件应用比较多，如用户密码设置中比较两次输入密码是否相同。

3.4.5　自定义验证控件

自定义验证控件为用户提供一个自定义验证规则的途径。如果上述预置的内部验证控件不能满足用户对数据验证的要求，可以通过编写相应的验证程序，并通过 CustomValidator 控件调用，以完成有特殊要求的数据验证功能。下面通过一个实例介绍该控件的使用过程。

在页面中定义一个 JavaScript 函数用于验证：

```javascript
<script language="javascript">
<!--
function myvalidator(source, arguments)
{
    if ((arguments.Value % 2) == 0)
        arguments.IsValid = true;
    else
        arguments.IsValid = false;
}
// -->
</script>
```

在页面中插入一个文本框和一个 CustomValidator 控件，配置 CustomValidator 控件的 ClientValidationFunction 属性为上面定义的函数，即可完成自定义输入验证，如下所示：

```
<asp:TextBox ID="TextBox1" runat="server"></asp:TextBox>
<asp:CustomValidator ID="CustomValidator1" runat="server"
 ErrorMessage="CustomValidator" ClientValidationFunction="myvalidator"
 ControlToValidate="TextBox1"></asp:CustomValidator>
```

3.4.6　验证控件总结

通过上面几节的介绍，读者已经基本掌握了 ASP.NET 常用验证控件的使用方法。可以看到通过验证控件的使用，既实现了对于常规验证项目的客户端验证，又不需要编写大量的脚本代码，降低了开发难度。

3.5　导 航 控 件

在大部分网站中，为了便于用户在网站中进行浏览，都提供了网站导航页面。有了页面导航的功能，用户可以很方便地在一个复杂的网站中进行页面之间的跳转。在以往的 Web 编程中，要编写一个好的网站导航功能，需要使用脚本代码，而且要在基本代码中嵌入服务器代码以完成数据读取操作，实现起来相对困难。而从 ASP.NET 2.0 开始，加入了页面导航，并新增了一个称为"页面导航数据源"的 SiteMapDataSource 控件。该数据源可以绑定到不同的页面控件中，例如 TreeView、Menu 等，十分灵活，能很方便地实现页面导航的不同形式，而且还提供了运行时的编程接口，可以以编程的形式动态实现页面导航控件。

3.5.1　Web.sitemap 文件

所有导航控件都使用 Web.sitemap 文件作为数据源，该文件是一个标准的、有固定格式的 XML 文件。

<sitemap>与 HTML 文件的<html>一样，表示整个文件的开始和结束。siteMapNode 节点可以嵌套，表示一个连接或目录节点。该节点有 3 个属性：url 表示链接地址，如果是父节点可以为空；title 表示在节点上显示的文字；description 节点描述一般为空。

下面给出一个 Web.sitemap 文件示例。读者可以参照该文件编写网站目录文件：

```xml
<?xml version="1.0" encoding="utf-8" ?>
<siteMap xmlns="http://schemas.microsoft.com/AspNet/SiteMap-File-1.0">
    <siteMapNode url="" title="客户关系管理" description="">
        <siteMapNode url="" title="基础信息管理" description="">
            <siteMapNode url="baseInfo/ClientCity.aspx" title="客户国家管理"
                description="" />
            <siteMapNode url="baseInfo/ClientArea.aspx" title="客户区域管理"
                description="" />
            <siteMapNode url="baseInfo/clientProvince.aspx"
                title="客户省份管理" description="" />
            <siteMapNode url="baseInfo/clientCityCity.aspx"
                title="客户城市管理" description="" />
        </siteMapNode>
        <siteMapNode url="" title="客户信息管理" description="">
            <siteMapNode url="clientInfo/ClientInfo.aspx"
                title="客户信息管理" description="" />
            <siteMapNode url="linkmenInfo/Linkman.aspx"
                title="联系人信息管理" description="" />
            <siteMapNode url="clientContact/clientContact.aspx"
                title="客户交往信息管理" description="" />
        </siteMapNode>
    </siteMapNode>
</siteMap>
```

3.5.2　SiteMapDataSource 控件

前面介绍过 SiteMapDataSource 控件用于显示网站导航数据，此控件没有任何配置信息，插入后会自动调用网站的 Web.sitemap 文件作为数据源。工具箱中的 SiteMapDataSource 控件在如图 3-32 所示的数据选项卡中，样式如图 3-48 所示。插入到页面中后如图 3-49 所示。

SiteMapDataSource

图 3-48　工具箱中的 SiteMapDataSource 控件

SiteMapDataSource - SiteMapDataSource1

图 3-49　页面中的 SiteMapDataSource 控件

3.5.3　TreeView 控件

工具箱中包含 3 种导航控件，如图 3-50 所示。下面首先介绍 TreeView 控件的使用方法。

TreeView Web 服务器控件用于实现以树形结构显示分层数据，如目录或文件目录。它支持以下功能：

- 自动数据绑定，该功能允许将控件的节点绑定到分层数据源(如 XML 文档)。
- 通过与 SiteMapDataSource 控件集成，提供对站点导航的支持。
- 可以选择为可显示文本或超链接的节点文本。
- 可通过主题、用户定义的图像和样式自定义外观。
- 通过编程访问 TreeView 对象模型，可以动态地创建树，填充节点以及设置属性等。
- 通过客户端到服务器的回调填充节点(在受支持的浏览器中)。

TreeView Web 服务器控件插入到页面后，显示为一个树形控件，如图 3-51 所示。

为控件设置数据源后，控件按照层次结构显示出网站导航内容，如图 3-52 所示。

图 3-51　TreeView 控件

图 3-52　网站的导航内容

3.5.4　Menu 控件

Menu 控件用于实现菜单式的导航界面。

Menu 控件具有两种显示模式：静态模式和动态模式。

- 静态显示意味着 Menu 控件始终是完全展开的。整个结构都是可视的，用户可以单击任何部位。
- 在动态显示的菜单中，只有指定的部分是静态的，而只有用户将鼠标指针放置在父节点上时才会显示其子菜单项。

可以在 Menu 控件中直接配置其内容，也可通过将该控件绑定到数据源来指定其内容。无须编写任何代码，便可控制 ASP.NET Menu 控件的外观、方向和内容。

除公开的界面控制属性外，该控件也支持通过使用 ASP.NET 的控件外观样式和主题控制控件外观。

插入页面后，可以在任务面板中设置控件的数据源，如图 3-53 所示。

图 3-53　选择控件数据源

设置数据源后，默认只显示根节点，如图 3-54 所示。

图 3-54　设置数据源的 Menu 控件

配置完成后运行页面，可以看到控件的效果。以鼠标选择"客户关系管理"→"基础信息管理"选项后，页面效果如图 3-55 所示。

图 3-55　Menu 控件的运行效果

3.5.5　SiteMapPath 控件

ASP.NET 4.5 的 SiteMapPath 控件会显示一个导航路径，以便用户能够知道当前页面在 Web 网站上所处的位置。事实上提供给用户一个"你在这里"的功能。这种类型的导航元素常常被称为"面包屑"(Bread Crumb)。基本的表现是向用户显示当前页面所在的位置，并提供回到主页的链接。

插入后会自动显示出网站的导航信息，如图 3-56 所示。

图 3-56　插入到页面的 SiteMapPath 控件

插入导航控件后，在运行时，页面中会出现页面位置导航条，注意这里的导航中的页面位置不是根据页面的实际地址显示的，而是根据前面的配置文件中编写的层次结构显示的，运行时默认显示为当前页面在配置文件中配置的层次结构，如图 3-57 所示。

图 3-57　导航控件的运行效果

3.6　登　录　控　件

在绝大多数基于 Web 的系统中，都要实现权限管理部分的开发，在 ASP.NET 中提供的登录控件，可以简化相关功能的开发。

3.6.1　登录控件简介

ASP.NET 4.5 中提供的登录控件使得 Web 应用的设计更加得心应手。

什么是登录控件呢？平常在 Web 应用中经常要用到的用户注册、登录、忘记密码、登录后判断权限的不同而显示不同的页面等功能，现在 ASP.NET 中可以由框架提供的控件来实现。ASP.NET 中的登录控件比较多，封装了大部分 Web 应用中要实现权限管理时用户管理部分的功能，涉及很多方面，下面将简单介绍一下它们的主要功能。具体内容后面会详细介绍。

图 3-58　常用登录控件

3.6.2　常用的登录控件

ASP.NET 中常用的登录控件如图 3-58 所示。表 3-4 简单地列出了各个控件的功能，在后面的章节中，会详细地介绍具体使用方式。

表 3-4　登录控件

控件名称	说　明
Login	提供登录界面，用于输入用户名、密码等
LoginName	用于显示已登录用户的用户名
LoginStatus	根据用户的登录状态显示不同的信息(如登录、注销等)
LoginView	根据登录状态的不同显示不同的模板
CreateUserWizard	提供了一个注册用户账号的向导模板
ChangePassword	提供更改密码功能
PasswordRecovery	当忘记密码的时候用于取回密码

软件开发新课堂

3.6.3　直接使用 Membership API

在 ASP.NET 应用程序中，Membership 类用于验证用户凭据并管理用户设置(如密码和电子邮件地址)。Membership 类可以独自使用，或者与 FormsAuthentication 一起使用，以创建一个完整的 Web 应用程序或网站的用户身份验证系统。

Login 控件封装了 Membership 类，从而提供了一种便捷的用户验证机制。

Membership 类提供的功能可用于：

● 创建新用户。

● 在用户注册时将相关的成员资格信息(用户名、密码、电子邮件地址及支持数据)存储在 Microsoft SQL Server 或其他类似的数据存储区。

● 对访问网站的用户进行身份验证。可以以编程方式对用户进行身份验证，也可以使用 Login 控件创建一个只需很少代码或无需代码的完整的身份验证系统。

● 管理密码。包括创建、更改、检索和重置密码等。可以选择配置 ASP.NET 成员资格以要求一个密码提示问题及其答案来对忘记密码的用户的密码重置和检索请求进行身份验证。

默认情况下，ASP.NET 成员资格可支持所有 ASP.NET 应用程序。默认成员资格提供程序为 SqlMembershipProvider，并在计算机配置中以名称 AspNetSqlProvider 指定。SqlMembershipProvider 的默认实例配置为连接到 SQL Server 的一个本地实例。

3.6.4　定制成员身份提供程序

从 ASP.NET 2.0 框架开始，最大变化是对安全性的增强。现在使用新的框架实现权限控制功能，在程序中启用表单身份验证之后，可以实现根据用户数据库来注册和验证用户，而无须添加数据库表，也不用编写任何代码。

提供程序模型(在整个 ASP.NET 4.5 框架中使用)为程序提供了身份验证功能的实现。ASP.NET 4.5 框架使用两种不同类型的提供程序来实现网站的安全性原则，分别是成员身份提供程序和角色提供程序。成员身份提供程序用于存储用户名和密码，而角色提供程序用于存储用户角色。ASP.NET 附带有两个成员资格提供程序，即 SqlMembershipProvider 和 ActiveDirectoryMembershipProvider。SqlMembershipProvider 使用 Microsoft SQL Server 作为数据源，ActiveDirectoryMembershipProvider 使用 Windows Active Directory。

成员资格的使用要在应用程序的 Web.config 文件中进行配置。配置和管理成员资格最简单的方法是使用网站管理工具，该工具提供了一个基于向导的界面。网站管理工具可以通过在 VS2012 中的"网站"菜单中，选择"ASP.NET 配置"来启动，界面如图 3-59 所示。

在配置成员资格的过程中一般要设置以下内容：

● 要使用的成员资格提供程序(这通常还指定存储成员资格信息的数据库)。

● 密码选项。如加密，和是否支持基于用户特定的问题的密码恢复。

● 用户和密码。如果您使用的是网站管理工具，则可以直接创建和管理用户。否则，必须调用成员资格函数以编程方式创建和管理用户。

图 3-59 网站管理工具

成员资格提供程序一般使用 SqlMembershipProvider，该提供程序使用 Microsoft SQL Server 数据库来存储信息。如果要使用 SQL Server 提供程序在 SQL Server 数据库中存储应用程序功能数据，必须首先创建相应的数据库以配置 SQL Server。ASP.NET 包含一个名为 aspnet_regsql.exe 的命令行实用工具，可完成相应数据库的创建，该可执行文件位于 Web 服务器上的 WINDOWS\Microsoft.NET\Framework\versionNumber 文件夹中。可以在"运行"对话框中输入完整的命令路径来运行该程序，也可以在 VS2012 自带的 Developer Command Prompt for VS2012 窗口中只输入 aspnet_regsql.exe 来运行配置向导。在配置完成后，将在应用程序的 App_Data 目录中创建一个名为 aspnetdb 的数据库。

程序员还可以创建自定义成员身份提供程序。

例如，用户可能希望在 XML 文件、Access、FoxPro 数据库或 Oracle 数据库中存储成员身份信息。甚至还可能希望实现通过 Web 服务检索成员身份信息的成员身份提供程序。

如果程序员希望创建自己的成员身份提供程序，需要实现抽象类 MembershipProvider 的所有方法和属性(成员身份提供程序只是 MembershipProvider 基类的一个实例而已)。

成员资格验证的具体实现方式将在第 10 章详细介绍。

3.7 Web 部 件

Web 2.0 强调网站的个性化功能，实现用户可以自己定制页面的布局、外观、样式等。在传统的 Web 开发中，要实现这些功能，需要编写大量的脚本代码，而利用 ASP.NET 中的 Web 部件可以更快速地完成相关功能的开发。

Web 部件的相关内容较为深入，本书只做简单介绍，详细内容可参考其他资料。

3.7.1 Web 部件概述

ASP.NET Web 部件是集成控件，主要作用是便于用户自定义网页内容和格式，应用于网站上的个别用户或者是所有用户。当用户修改页面和控件时，可以保存这些设置，这种功能称为个性化设置。这些 Web 部件功能意味着开发人员可以使用户动态地对 Web 应用程序进行个性化设置，而不是通过设计人员设计。

软件开发新课堂

通过使用 Web 部件控件集，开发人员可以使用户执行以下操作：

- 对网页内容进行个性化设置。用户可以像操作普通窗口一样在页面上添加新的 Web 部件控件，或者移除、隐藏或最小化这些控件，例如 QQ 空间的个性化设计。
- 对页面布局进行个性化设置。用户可以将 Web 部件控件拖到网页的不同区域，也可以更改控件的外观。
- 导出和导入控件。用户可以导入或导出 Web 部件控件设置以用于其他页面或站点，从而保留这些控件的属性、外观甚至是其中的数据。这样可减少对最终用户的数据输入和配置要求。
- 创建连接。用户可以在各控件之间建立连接，可以对连接本身进行个性化设置。
- 对站点级设置进行管理和个性化设置。授权用户可以配置站点级设置、确定谁可以访问站点或页、设置对控件的基于角色的访问等。

3.7.2　Web 部件基础

ASP.NET Web 部件基础结构基于 WebPartManager 类，该类管理 Web 部件实例在运行时的生存期。每个使用 Web 部件控件的 ASP.NET 页都必须包含一个 WebPartManager 对象，这个对象跟踪 Web 部件，存储并检索有关每个 Web 部件自定义情况的数据；一个或多个 WebPartZone 对象，将在其中放入 Web 部件。

若要在 ASP.NET 3.5 应用程序中运行 Web 部件，必须创建一个仅包含 WebPartManager 控件实例和一个或多个 WebPartZone 控件的.aspx 页面。WebPartManager 负责序列化与 Web 部件相关的数据，并在服务器的数据库中存储和检索该数据。

用作 Web 部件页的.aspx 页可以包含允许用户自定义永久性 Web 部件属性的编辑器部件。Web 部件页还可以包含允许用户将新的 Web 部件添加到区域的目录部件。Windows SharePoint Services 3.0 负责为应用添加目录和编辑器部件，以使应用不需要在网页设计器中明确执行该操作。

3.7.3　Web 页的显示模式

ASP.NET Web 部件页可以进入几种不同的显示模式。

显示模式是一种应用于整个页的特殊状态，在该状态中，某些用户界面元素可见并且已启用，而其他用户界面元素则不可见且被禁用。就是利用显示模式，用户才可以修改或者个性化网页，更改页面布局等。

Web 部件显示模式的工作原理是一个页一次只能处于一种显示模式状态下。WebPartManager 控件包含 Web 部件控件集内可用的显示模式的实现，并且管理某页的所有显示模式操作。

通常，程序会提供一个用户界面，以允许用户根据需要切换显示模式。程序中可以使用 DisplayMode 属性以编程方式更改页的显示模式。

Web 部件控件集内有 5 种标准显示模式：浏览、设计、编辑、目录、连接。这里的每种显示模式都从 WebPartDisplayMode 类派生。表 3-5 列出了这些显示模式，并汇总了它们的行为。

软件开发新课堂

表 3-5　显示模式的行为

显示模式	说　明
BrowseDisplayMode	以最终用户查看网页的普通模式显示 Web 部件控件和用户界面元素
DesignDisplayMode	显示区域用户界面，并允许用户拖动 Web 部件控件以更改页面布局
EditDisplayMode	显示编辑 UI 元素，并允许最终用户编辑页上的控件。允许拖动控件
CatalogDisplayMode	显示目录 UI 元素，并允许最终用户添加和移除页面控件。允许拖动控件
ConnectDisplayMode	显示连接 UI 元素，并允许最终用户连接 Web 部件控件

3.8　上　机　练　习

（1）使用 HTML 控件编写一个注册用户页面，包括如下元素——"用户名"文本框、"密码"文本框、"确认密码"文本框、"性别"单选按钮、"地区"列表框和"提交"按钮。

（2）使用 Web 控件重做第 1 题，并在程序中为各个输入框设置默认值。

（3）修改第 2 题，将"用户名"文本框、"密码"文本框、"确认密码"文本框设置为必填内容，并检验"密码"文本框与"确认密码"文本框的输入是否一致。

（4）创建 10 个页面，在页面中分别添加文件名作为标识。然后参考本章实例，分别设计出一个树形导航页面和一个菜单导航页面。

第**4**章

ASP.NET 的常用对象

学前提示

ASP.NET 的基本对象包括 Request 对象、Server 对象、Response 对象、Cookie 对象等，这些对象是 ASP.NET 实现用户交互功能的基础。

本章主要介绍 ASP.NET 内置对象及 ASP.NET 应用程序的配置。ASP.NET 提供了许多内置对象，这些内置对象提供了相当多的功能。例如，用户可以在两个网页之间传递变量、输出数据，以及记录变量值等。

因为 IIS 会初始化内置组件并用于 ASP.NET 中，所以用户可以直接引用这些组件来实现自己的程序，可以在应用程序中直接访问 ASP.NET 内置对象。本章主要讲解常用内置对象的使用方法。

知识要点

- Request 和 Response 对象的使用
- Server 对象
- Cookies 对象
- Session 和 Application 对象

4.1 Request 对象

Request 对象是 HttpRequest 类的一个实例。它的作用是读取客户端在 Web 请求的过程中传送的参数。访问一个页面时，在浏览器的地址栏中输入网址，即可显示网页。为什么浏览器需要用到这个由路径和名称组成的网址呢？这是因为 WWW 是一个无序的环境，所以需要采用某种操作来让服务器识别每个客户端，全路径和名称的组合仅仅是在请求页面时浏览器向 Web 服务器发送的一个值。

4.1.1 Request 对象的常用属性和方法

Request 对象的属性如表 4-1 所示。

表 4-1 Request 对象的属性

名　称	说　明
Browser	获取有关正在请求的客户端浏览器功能的相关信息
Form	获得网页中定义的窗体集合
Path	获取当前请求的虚拟路径
QueryString	获取 HTTP 查询字符串变量集合
Url	返回有关当前请求的 URL 信息
UserHostAddress	获取远程客户端主机的 IP 地址

在程序中，可以使用 QueryString 来获得从上一个页面传递过来的字符串参数。例如，第一个页面 Page1 有一个连接是指向 Page2 的，在连接的过程中，Page1 可以传递给 Page2 一些需要的参数，方式如下：

```
<a href="Page2.aspx?ID=6&Name=Wang">查看</a>
```

在这段代码中，传递的参数名为 ID 和 Name，值为 6 和 Wang。

在 Page2 中就可以得到这两个变量的值，可用 QueryString 来查询这两个变量，写法为：

```
Request.QueryString["ID"]
Request.QueryString["Name"]
```

这种传递的方式，使用的是表单中的 GET 方式。

Request 对象常用的方法如表 4-2 所示。

表 4-2 Request 对象的方法

方　法	说　明
BinaryRead	执行对当前输入流指定字节数的二进制数据继续读取
MapPath	得到当前请求的 URL 中的虚拟路径，映射到服务器上的物理路径

用户可以通过 Request.MapPath("FileName")获得某个文件的实际物理位置，这个方法一般用在需要使用物理路径的地方。

4.1.2　获取用户提交的信息

有两种方式可以获取用户提交的信息，即表单的两种提交形式，一种是 POST 方式，一种是 GET 方式。对于大量数据或包含敏感数据的页面，POST 方式更为安全，下面先来看看 POST 提交方式如何提交用户在页面输入的信息。

新建一个网站，在网站中建立两个页面，其中一个页面作为首页，更名为 index.aspx，主界面显示如图 4-1 所示。

图 4-1　index.aspx 主界面

页面代码完全采用 HTML 标签书写，主页面在用户输入后提交到第二个页面，即在主页面中将 Form 表单的 action 属性设置为第二个页面的名称，关键代码如下所示：

```
<form id="MyForm" name="MyForm" method="post" action="view.aspx">
  <table width="304" height="113" border="0">
  <tr>
  <td width="96">用户名: </td>
  <td width="198">
  <input name="txtName" type="text" id="Text1" />
  </td>
  </tr>
  <tr>
  <td>密码: </td>
  <td>
  <input name="txtPwd" type="password" id="Password1" />
  </td>
  </tr>
  <tr>
  <td height="39">
  <input name="submitForm" type="submit" id="submitForm" value="提交" />
  </td>
  <td>
  <input name="resetForm" type="reset" id="resetForm" value="重置" />
  </td>
  </tr>
  </table>
</form>
```

这是通过 POST 方式提交表单，表单提交方式可以在 Form 标签的 method 属性中设置。

在上面的页面中，界面上的所有控件都是静态的，没有与服务器进行交互。那么在主页面中设置表单提交到 view.aspx 页面后，view.aspx 页面如何得到表单中的内容呢？

在上一小节中介绍过，Request 对象中有一个 Form 属性，用于获得网页中定义的表单变量的集合，可以用这个属性得到表单中提交的内容，代码如下所示：

```
using System;
using System.Collections;
using System.Configuration;
using System.Data;
using System.Linq;
using System.Web;
using System.Web.Security;
using System.Web.UI;
using System.Web.UI.HtmlControls;
using System.Web.UI.WebControls;
using System.Web.UI.WebControls.WebParts;
using System.Xml.Linq;

public partial class view : System.Web.UI.Page
{
    protected void Page_Load(object sender, EventArgs e)
    {
        string name = Request.Form["txtName"]; //获得表单中 txtName 文本框的值
        string password = Request.Form["txtPwd"]; //获得表单中 txtPwd 的值

        Response.Write("<H1>您的信息如下：</H1>"); //显示信息
        Response.Write("<P>用户名为: " + name);
        Response.Write("<P>密码为: " + password);
    }
}
```

事件触发的条件是页面加载(Page_Load)。触发后获得表单中的值，并输出和显示在界面上。如果输入姓名为"张三"，密码为"123456"，显示的结果如图 4-2 所示。

图 4-2　运行后显示信息的页面

实例中的关键代码为 Request.Form["txtName"]，其中 txtName 为文本框的名字，Form

的意思是表单，这是采用键值对的方式去获取数据，通过键 txtName 获取到的值就是用户填入文本框中的数据，显示信息的方式为 Response.Write("显示信息")。

4.1.3　通过 Request 对象传递参数

现在修改一下上一节中的示例，如果首页不采用 HTML 标签编写，而是使用 ASP.NET 控件，运行在服务器端，又如何获取输入信息？

答案是可以通过表单使用 GET 形式传递参数，并在后台程序中使用 QueryString 方法得到输入值。

首页页面仍然如图 4-3 所示，但代码更改了一下，采用的是工具箱中的标准 ASP.NET 控件，其中有 TextBox 文本框控件和 Button 按钮控件。

图 4-3　Request 对象传递参数界面

具体页面代码如下：

```
<form id="form1" runat="server" action="view.aspx">
    用户名：<asp:TextBox ID="txtName" runat="server"></asp:TextBox>
    <br />
    <br />
    密    码：<asp:TextBox ID="txtPwd" runat="server">
      </asp:TextBox>
    <br />
    <br />
    <asp:Button ID="btnLogin" runat="server" onclick="btnLogin_Click"
      Text="提交" Width="58px" />
           
    <asp:Button ID="btnReset" runat="server" Text="重置" Width="57px" />
</form>
```

由于这些控件都是 ASP.NET 的服务器端控件，所以必须为其添加后台代码，控件才能完成基本功能，打开 index.aspx.cs 文件，为其添加代码，如下所示：

```
using System;
using System.Configuration;
using System.Data;
using System.Linq;
```

```
using System.Web;
using System.Web.Security;
using System.Web.UI;
using System.Web.UI.HtmlControls;
using System.Web.UI.WebControls;
using System.Web.UI.WebControls.WebParts;
using System.Xml.Linq;

public partial class _Default : System.Web.UI.Page
{
    protected void Page_Load(object sender, EventArgs e)
    {
    }
    protected void btnLogin_Click(object sender, EventArgs e)
    {
        if (txtName.Text.Trim()!="" && txtPwd.Text.Trim()!="")
        {
            Response.Redirect("view.aspx?name=" + txtName.Text + "&pwd="
              + txtPwd.Text); //?参数名=参数值&参数名=参数值...
        }
        else
        {
            ClientScript.RegisterStartupScript(this.GetType(), "系统提示",
              "<script language='javascript'>"
              + "alert('您的信息不能为空，请重新输入！')</script>");
        }
    }
}
```

在这里，转到其他页面使用的语句是 Response.Redirect(路径名)，转到 view.aspx 页面。并传递过去两个参数，第一个参数用 "?" 连接，以键值对的方式传递，即 "name=value"，如还有其他参数，从第二个开始的各个参数是用 "&" 符号连接的，在 view.aspx.cs 文件中，通过属性 QueryString 得到值信息，代码如下所示：

```
using System;
using System.Collections;
using System.Configuration;
using System.Data;
using System.Linq;
using System.Web;
using System.Web.Security;
using System.Web.UI;
using System.Web.UI.HtmlControls;
using System.Web.UI.WebControls;
using System.Web.UI.WebControls.WebParts;
using System.Xml.Linq;
public partial class view : System.Web.UI.Page
{
    protected void Page_Load(object sender, EventArgs e)
    {
        string name = Request.QueryString["name"]; //获得参数名为 name 的值
```

软件开发新课堂

```
        string password = Request.QueryString["pwd"];

        Response.Write("<H1>您的信息如下：</H1>");
        Response.Write("<P>用户名为：" + name);
        Response.Write("<P>密码为：" + password);
    }
}
```

在文本框中输入姓名"张三"，密码"123456"，也可以得到与前面实例相同的结果，
如图 4-4 所示。

图 4-4　通过 Request 对象传递参数并显示

实例的关键代码为 Request.QueryString["name"]；在语句中的 name 参数为路径名后传
递的参数名称，如果跳转语句为 Response.Redirect("view.aspx?name=张三&pwd=123456")，
得到的 name 值就是"张三"。同样，密码参数 pwd 的获取方式为 Request.QueryString["pwd"]。
使用该方式获取的结果为字符串类型，可直接输出或赋给字符串变量。

 注意

取值的过程通过 Request.QueryString 或者 Request.Form 都可以实现。

4.1.4　获取客户端浏览器信息

可以通过 HttpContext 上下文对象得到当前客户端的相关信息，例如客户端在使用什么
浏览器，浏览器的版本信息，以及请求的相关网址或客户端名称等，这里以一个实例来学
习该对象的使用。在网页的页面加载事件中，填入如下代码：

```
Response.Write("<P>客户端浏览器为："
  + HttpContext.Current.Request.Browser.Browser);
Response.Write("<P>客户端浏览器版本为："
  + HttpContext.Current.Request.Browser.Version);
Response.Write("<P>客户端请求的路径为："
  + HttpContext.Current.Request.Url);
Response.Write("<P>客户端主机地址为："
  + HttpContext.Current.Request.UserHostAddress);
```

```
Response.Write("<P>客户端主机名称为: "
  + HttpContext.Current.Request.UserHostName);
```

运行整个页面，查看页面执行结果，可以看到客户端浏览器采用的是 IE 8.0，请求路径为 http://localhost:3077/Demo/index.aspx。

这里路径的含义为，正在通过本机 3077 端口运行 Demo 工程下的 index.aspx 文件，主机地址为 127.0.0.1 回环地址，运行结果如图 4-5 所示。

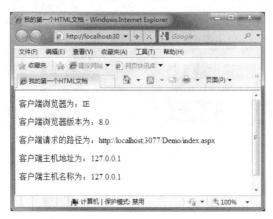

图 4-5　获取客户端浏览器的信息

4.2　Server 对象

Server 对象是 HttpServerUtility 类的一个实例。该对象提供对服务器上的方法和属性的访问。

4.2.1　Server 对象的常用方法和属性

Server 对象的属性如表 4-3 所示。

表 4-3　Server 对象的属性

属　性	说　明
MachineName	获取服务器的计算机名称
ScriptTimeout	获取或设置请求超时时间

例如，想得到当前服务器的名称，可以通 MachineName 属性获取，关键代码如下所示：

```
string myMechineName;
myMechineName = Server.MachineName;
Response.Write(myMechineName);
```

Server 对象的方法如表 4-4 所示。

表 4-4　Server 对象的方法

方　法	说　明
CreateObject	创建 COM 对象的一个服务器实例
CreateObjectFromClsid	创建 COM 对象的服务器实例，该对象由对象的类标识符(CLSID)标识
Execute	使用另一页执行当前请求
Transfer	终止当前页的执行，并为当前请求开始执行新页
HtmlDecode	对已被编码以消除无效 HTML 字符的字符串进行解码
HtmlEncode	对要在浏览器中显示的字符串进行编码
MapPath	返回 Web 服务器上的指定虚拟路径相对应的物理文件路径
UrlDecode	对字符串进行解码，该字符串为了进行 HTTP 传输而进行编码并在 URL 中发送到服务器
UrlEncode	编码字符串，以便通过 URL 从 Web 服务器到客户端进行可靠的 HTTP 传输

4.2.2 ScriptTimeOut 属性介绍

ScriptTimeOut 属性的作用是设置请求超时的时间，假设用户登录网站，输入用户名和密码后，长时间未访问其他页面，为了保证安全性，就需要设置超时时间。

例如，如果用户在 30 秒钟内没有访问站点上的其他页面，将与服务器断开。

设置方法为：

```
Server.ScriptTimeout = 30;
```

这样做的目的是确保用户信息的安全性。

可以将这段代码写在页面的加载事件中：

```
using System;
using System.Configuration;
using System.Data;
using System.Linq;
using System.Web;
using System.Web.Security;
using System.Web.UI;
using System.Web.UI.HtmlControls;
using System.Web.UI.WebControls;
using System.Web.UI.WebControls.WebParts;
using System.Xml.Linq;

public partial class _Default : System.Web.UI.Page
{
    protected void Page_Load(object sender, EventArgs e)
    {
        Server.ScriptTimeout = 30; //用户 30 秒钟未访问其他页面，则与服务器断开连接
    }
}
```

4.2.3 MapPath 方法的使用

Web 应用程序存储在站点的相应目录下，访问时使用的路径是虚拟的路径。但是有时会遇到类似于上传图片的问题，必须得到相应的物理存储路径才能决定将图片上传到服务器的什么路径中。在 Server 对象中，提供了 MapPath 方法，可以用这个方法得到一个网页或者 Web 资源的物理路径，它的语法为 MapPath(路径名)。

下面通过一个例子，来看如何得到当前页面 index.aspx 的物理路径，关键代码为：

```
using System.Data;
using System.Linq;
using System.Web;
using System.Web.Security;
using System.Web.UI;
using System.Web.UI.HtmlControls;
using System.Web.UI.WebControls;
using System.Web.UI.WebControls.WebParts;
using System.Xml.Linq;

public partial class _Default : System.Web.UI.Page
{
    protected void Page_Load(object sender, EventArgs e)
    {
        Response.Write(Server.MapPath("index.aspx"));
    }
}
```

以上代码运行后的显示结果为 "D:\Web\Demo\index.aspx"，因为所建工程存储在 D 盘的 Web 目录下。注意如果传递的路径为 null 或空字符串，则返回值为应用程序所在目录的物理全路径，即为 "D:\Web\Demo"。

4.2.4 HtmlEncode 方法的使用

在讲解这个方法之前，先来看下面这段代码：

```
using System;
using System.Configuration;
using System.Data;
using System.Linq;
using System.Web;
using System.Web.Security;
using System.Web.UI;
using System.Web.UI.HtmlControls;
using System.Web.UI.WebControls;
using System.Web.UI.WebControls.WebParts;
using System.Xml.Linq;
using System.IO;
public partial class _Default : System.Web.UI.Page
{
```

```
    protected void Page_Load(object sender, EventArgs e)
    {
        Response.Write("<B>粗体</B>");
    }
}
```

分析一下这段代码的运行结果会是什么呢？

在 HTML 代码中，<B>和</B>标签代表的是粗体，所以运行的结果，"粗体"这两个字呈现加粗状态，并不会在浏览器中打印出"<B>粗体</B>"字符串，如果准备做的网页是教访问者如何学习 HTML，以及 HTML 的基本标签，就必须要把类似于"<B>粗体</B>"这样的文本原样不变地显示出来。要在网页中显示 HTML 标签文本，需要通过 HtmlEncode 方法来实现，对比代码如下所示：

```
using System;
using System.Configuration;
using System.Data;
using System.Linq;
using System.Web;
using System.Web.Security;
using System.Web.UI;
using System.Web.UI.HtmlControls;
using System.Web.UI.WebControls;
using System.Web.UI.WebControls.WebParts;
using System.Xml.Linq;
using System.IO;
public partial class _Default : System.Web.UI.Page
{
    protected void Page_Load(object sender, EventArgs e)
    {
        Response.Write("<B>粗体</B>");
        Response.Write("<P>");
        Response.Write(Server.HtmlEncode("<B>粗体</B>"));
    }
}
```

上面的代码中使用不同方式分别输出了相同的 HTML 标签，但两次输出的结果截然不同，如图 4-6 所示。

图 4-6　Server.HtmlEncode 的用法

通过上例可以看出，HtmlEncode 的作用就是在输出的过程中，实现不解析 HTML 标签直接输出所有内容，此方法适合于做论坛时，在用户所发的贴和回贴中使用，这样可以避免造成用户输入和显示不一致的情况。

4.2.5　UrlEncode 方法的使用

通过学习 Request 对象，知道一个网页可以传递参数到第二个页面，而在这个过程中，又可以采用重定向和提交两种方式传递参数。提交方式类似于 POST 方式，是相对安全的。但重定向方式要求把需要传递的信息连接在网址后，类似于 GET 方式，试想一下，如果用这种形式去提交用户所输入的数据，那么数据会完全暴露在地址栏中，网站就没有什么安全性可言了，而 UrlEncode 的作用就是通过对 URL 地址进行编码，不让用户看到真实的地址。下面提供一个例子，来了解该方法的使用，代码如下所示：

```
using System;
using System.Configuration;
using System.Data;
using System.Linq;
using System.Web;
using System.Web.Security;
using System.Web.UI;
using System.Web.UI.HtmlControls;
using System.Web.UI.WebControls;
using System.Web.UI.WebControls.WebParts;
using System.Xml.Linq;
using System.IO;
public partial class _Default : System.Web.UI.Page
{
    protected void Page_Load(object sender, EventArgs e)
    {
        string url = "http://www.myWeb.com/index.aspx?name=张三&pwd=a1b2c3";
        Response.Write("<P>" + url);
        Response.Write("<P>" + Server.UrlEncode(url));
    }
}
```

运行结果如图 4-7 所示。

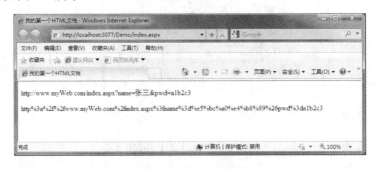

图 4-7　Server.UrlEncode 的用法

在示例中，有一个路径信息为：

```
http://www.myWeb.com/index.aspx?name=张三&pwd=a1b2c3
```

采用了两种输出形式，一种为直接输出，另一种是编码后再进行输出，而显示在浏览器上的结果截然不同。

而经过编码后的 Url 路径，同样可以通过 UrlDecode 方法进行解码后再使用，使用方法和 UrlEncode 相同。

4.2.6　Transfer 方法和 Execute 方法的使用

Transfer 和 Execute 方法都可以进行页面的跳转，而在跳转的过程中，执行的过程有所区别。

- Transfer 的执行方式：第一个页面要跳转到第二个页面时，页面处理的控制权也进行移交，在跳转过程中 Request、Session 等保存的信息不变，浏览器的 Url 仍保存第一个页面的 URL 信息。这种重定向请求在服务器端进行，客户端并不知道服务器执行了页面跳转的操作，因此 URL 是保持不变的。
- Execute 的执行方式：Execute 方法允许当前页面执行同一 Web 服务器上的另一页面，当另一页面执行完毕后，控制流程重新返回到原页面，即 Execute 调用的位置。

下面通过两个例子，来看 Transfer 和 Execute 跳转的区别。

先设计初始化界面，在界面上放两个 ASP.NET 按钮控件，如图 4-8 所示。

在按钮"Execute 方法的调用"中编写代码，调用 Execute 方法，执行 view.aspx 页面，代码如下：

```
Server.Execute("view.aspx");
```

在按钮"Transfer 方法的调用"中编写代码，调用 Transfer 方法，执行 view.aspx 页面，代码如下：

```
Server.Transfer("view.aspx");
```

编写完成后运行程序，单击"Execute 方法的调用"按钮，显示如图 4-9 所示。

图 4-8　Transfer 和 Execute 的用法

图 4-9　Execute 方法的调用

单击"Transfer 方法的调用"按钮，显示如图 4-10 所示。

图 4-10　Transfer 方法的调用

两种跳转实现的效果是不同的。

对于跳转功能的实现，Response 对象中还有一个 Redirect 方法，也可以实现跳转功能，它与 Server 对象的这两个方法有所不同，在介绍 Response 对象时会详细介绍。

4.3　Response 对象

Response 对象是 HttpResponse 类的一个实例。该类主要是封装来自 ASP.NET 操作的 HTTP 响应信息，并提供当前页面的输出流，作为用户对其请求的响应而收到的信息集合。

Response 对象的主要作用是将文本写入到输出页面中，也可将用户从请求页面重新定向到另一页面，为某种操作设置输出内容的类型或检查客户端是否仍然与服务器相连等。

4.3.1　Response 对象的常用属性和方法

Response 对象的属性如表 4-5 所示。

表 4-5　Response 对象的属性

属　　性	说　　明
BufferOutput	获取或设置一个布尔值，指示是否使用缓冲输出，并在完成处理整个页之后将其发送
Cache	获取 Web 页的缓存策略(过期时间、保密性、变化子句)
Charset	获取或设置输出流的 HTTP 字符集
IsClientConnected	获取一个值，通过该值指示客户端是否仍连接在服务器上
Output	启用到输出 HTTP 响应流的文本输出
OutputStream	启用到输出 HTTP 内容主体的二进制输出，并作为响应的一部分

Response 对象的方法如表 4-6 所示。

表 4-6 Response 对象的方法

方 法	说 明
AppendCookie	将一个 HTTP Cookie 添加到内容 Cookie 集合
AppendHeader	将 HTTP 头添加到输出流
Clear	用来在不将缓存中的内容输出时,清空当前页的缓存。仅当使用了缓存输出时,才可以利用 Clear 方法
End	停止页面的执行并得到相应的结果
Flush	将缓存中的内容立即显示出来。该方法有一点和 Clear 方法一样,在脚本前面没有将 Buffer 属性设置为 True 时会出错。与 End 方法不同的是,该方法调用后,页面可继续执行
Redirect	使浏览器立即重定向到程序指定的 URL
SetCookie	更新 Cookie 集合中的一个现有 Cookie
Write	将指定的字符串或表达式的结果写到当前的 HTTP 输出

ASP.NET 中引用对象方法的语法是“对象名.方法名”。“方法”就是在对象定义中编写的程序代码,它定义对象怎样去处理信息。使用嵌入的方法,对象便知道如何去执行任务,而不用提供额外的指令。下面通过几个例子来讲解 Response 对象的常用方法。

4.3.2 Write 方法的使用

Write 方法是最简单的一个方法。在前面的讲解中,已经使用过这个方法,读者对它已经不陌生了,Write 方法的作用是向浏览器中输出内容,语法格式为:

```
Response.Write(输出字符串);
```

例如想在浏览器中输出“欢迎参加 ASP.NET 的学习”,写法如下:

```
using System;
using System.Configuration;
using System.Data;
using System.Linq;
using System.Web;
using System.Web.Security;
using System.Web.UI;
using System.Web.UI.HtmlControls;
using System.Web.UI.WebControls;
using System.Web.UI.WebControls.WebParts;
using System.Xml.Linq;
using System.IO;
public partial class _Default : System.Web.UI.Page
{
    protected void Page_Load(object sender, EventArgs e)
    {
        Response.Write("欢迎参加 ASP.NET 的学习");
    }
}
```

运行后，显示在浏览器中的内容如图 4-11 所示。

图 4-11　Write 方法的使用

而在输出的过程中，可以直接输出文本信息，也可以把相应的 HTML 代码书写在字符串内，这样浏览器会自动解释代码并输出结果。

4.3.3　Redirect 方法的使用

Redirect 方法的作用是实现跳转功能，它不同于 Server 对象中的两个跳转方法，因为它在跳转的过程中，地址栏中的地址信息会相应地更改，并且控制权也会相应地提交。

在网页上放一个 ASP.NET 按钮控件，更名为 "btnRedirect"，界面如图 4-12 所示。双击按钮控件添加如下所示的后台代码：

```csharp
protected void btnRedirect_Click(object sender, EventArgs e)
{
    Response.Redirect("view.aspx");
}
```

运行并单击按钮后，显示的结果如图 4-13 所示。

图 4-12　Redirect 方法的使用界面　　　　图 4-13　Redirect 方法的使用结果

并且地址栏也相应地更改为 view.aspx 页面，在以后的跳转过程中，经常会使用这种方

法进行跳转。

4.3.4　End 方法的使用

End 方法使 Web 服务器停止处理脚本并返回当前结果。文件中剩余的内容将不被处理。下面看一个调用了 End 方法和没有调用 End 方法的两个按钮之间的区别。

设计一个在界面中有两个按钮的页面，一个按钮上的文本为"End 方法的调用"，另一个按钮上的文本为"无 End 方法"，分别输出相应的语句，界面如图 4-14 所示。

图 4-14　End 方法的使用界面

设置"End 方法的调用"按钮的名称为 btnEnd，"无 End 方法"按钮的名称为 btnNoEnd，然后为其添加后台代码，如下所示：

```
using System;
using System.Configuration;
using System.Data;
using System.Linq;
using System.Web;
using System.Web.Security;
using System.Web.UI;
using System.Web.UI.HtmlControls;
using System.Web.UI.WebControls;
using System.Web.UI.WebControls.WebParts;
using System.Xml.Linq;
using System.IO;

public partial class index : System.Web.UI.Page
{
    protected void Page_Load(object sender, EventArgs e)
    {

    }
    protected void btnEnd_Click(object sender, EventArgs e)
    {
        Response.Write("我是调用了 End 方法的");
        Response.End();  //调用了 End 方法
    }
```

```
protected void btnNoEnd_Click(object sender, EventArgs e)
{
    Response.Write("简单的输出，并没有调用 End 方法"); //没有调用 End 方法
}
}
```

这两个按钮中代码的区别仅为，一个按钮中调用了 Response.End()方法，另一个按钮只有一条输出语句。图 4-15 为没有调用 End 方法的按钮(btnNoEnd)单击结果，图 4-16 为调用了 End 方法的按钮(btnEnd)单击结果。

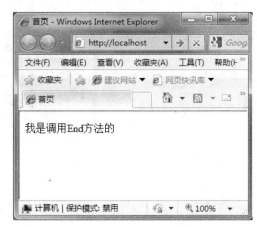

图 4-15　没有调用 End 方法　　　　　　　图 4-16　调用了 End 方法

4.4　Cookies 对象

Cookie 是一小段文本信息，伴随着用户请求的页面在 Web 服务器和浏览器之间传递。用户每次访问站点时，Web 应用程序都可以读取 Cookie 包含的信息。

Cookie 跟 Session、Application 类似，也用来保存相关信息，但 Cookie 和其他对象的最大不同在于，Cookie 将信息保存在客户端，而 Session 和 Application 是保存在服务器端。也就是说，无论何时用户连接到服务器，Web 站点都可以访问 Cookie 信息。这样，既方便用户的使用，也方便了网站对用户的管理。

4.4.1　概述

ASP.NET 包含两个内部 Cookie 集合。HttpRequest 的 Cookies 集合是从客户端传送到服务器的 Cookie。HttpResponse 的 Cookies 集合包含的是一些新 Cookie，这些 Cookie 在服务器上创建，然后传输到客户端。

Cookie 不是 Page 类的子类，所以在使用方法上跟 Session 和 Application 不同。

4.4.2　Cookies 对象的属性

Cookie 对象的属性如表 4-7 所示。

软件开发新课堂

表 4-7　Cookie 对象的属性

属　　性	说　　明
Name	获取或设置 Cookie 的名称
Value	获取或设置 Cookie 的值
Expires	获取或设置 Cookie 的过期日期和时间
Version	获取或设置此 Cookie 符合的 HTTP 状态维护版本

4.4.3　Cookies 对象的方法

Cookie 对象的方法如表 4-8 所示。

表 4-8　Cookie 对象的方法

方　　法	说　　明
Add	新增一个 Cookie 变量
Clear	清除 Cookie 集合内的变量
Get	通过变量名或索引得到 Cookie 的变量值
GetKey	以索引值来获取 Cookie 的变量名称
Remove	通过 Cookie 变量名来删除 Cookie 变量

4.4.4　Cookies 对象的使用

Cookie 可以定义为服务器存储在浏览器上的少量信息，它的主要用途是在客户端系统中保留客户的个人信息，而 Cookie 又分为两类，一个是会话 Cookie，另一个是持久性的 Cookie，仅仅在浏览器中保留的 Cookie 为会话 Cookie，是暂时性的，关闭浏览器后就会消失，而持久性的是以文件的形式保存在客户端的，可以保存几个月，甚至是几年的时间，只要 Cookie 文件不删除。

(1) 会话 Cookie 的创建方式如下：

```
HttpCookie cook = new HttpCookie("username", "张三");
Response.Cookies.Add(cook);
```

第一句是创建一个 Cookie 对象，名字为 username，里面的值为"张三"；第二句话是将这个 Cookie 对象添加到 Response 对象的 Cookies 集合中，因为这个会话 Cookies 是存储在浏览器的内存中的，并没有写入文件，所以关闭了浏览器之后，该 Cookie 对象不会存在。

放在 Cookies 集合中的 Cookie 对象，可以通过 Value 属性读取其中的值，关键代码如下所示：

```
Response.Write(Response.Cookies["username"].Value);
```

(2) 还有一种 Cookie 称为持久性 Cookie，它是有一定的生命周期的，用户可以自定义这个生命周期，这种持久性的 Cookie 会以特殊文件的形式保存在客户端，当用户再次访问这个网站时，服务器会自动取出该用户的相关信息，创建方式如下所示：

软件开发新课堂

83

```
HttpCookie cook = new HttpCookie("username", "张三");
cook.Expires = DateTime.Now.AddDays(30);
Response.Cookies.Add(cook);
```

这段代码只比上面创建会话 Cookie 时多了中间一行代码，这里的意思是创建持久性 Cookie 的过期时间为 30 天，即在当前日期的基础上加 30 天后的日期。在使用 Cookie 的时候一定要考虑安全的因素，因为 Cookie 被记录在客户端，所以它是相对不安全的，并且对于一个独立的网站，它能保存的 Cookie 数量是有限制的，Cookie 变量中的值的大小也是有限制的，所以对于重要的数据和大量的数据，不建议用 Cookie 去存储。

4.4.5 Cookies 对象的应用举例

这里编写一个在后台创建并提取 Cookie 的例子，关键的代码实现思路如下所示：

```
using System;
using System.Collections;
using System.Configuration;
using System.Data;
using System.Linq;
using System.Web;
using System.Web.Security;
using System.Web.UI;
using System.Web.UI.HtmlControls;
using System.Web.UI.WebControls;
using System.Web.UI.WebControls.WebParts;
using System.Xml.Linq;

public partial class view : System.Web.UI.Page
{
    protected void Page_Load(object sender, EventArgs e)
    {
        //创建 Cookie
        HttpCookie cook = new HttpCookie("username");
        cook.Value = "张三";
        Response.Cookies.Add(cook);

        //提取 Cookie
        string sCook = Request.Cookies["username"].Value;
        Response.Write(sCook);
    }
}
```

4.5 Session 对象

Session 是指一个客户端用户与服务器进行通信的时间间隔，通常指从登录进入系统到注销退出系统之间所经过的时间。具体到 Web 中的 Session，指的是用户在浏览某个网站时，

从进入网站到浏览器关闭所经过的这段时间，也就是用户浏览这个网站所花费的时间。因此从上述的定义中可以看到，Session 实际上是一个特定的时间概念。

4.5.1　概述

由于 Cookie 有不安全的因素存在，Application 又占用服务器的资源，所以为了克服这些弊端，就设计了 Session 对象。当用户请求网页时，服务器会检查是否存在这个用户的 SessionID，如果用户有有效的 SessionID，就代表用户处于一定的活动状态，并允许用户继续操作这个应用程序，如果没有 SessionID，服务器对象会创建一个 Session 对象。Session 对象用于存储用户的信息，而这个信息是从用户登录开始，一直生存到用户关闭浏览器才会消失，当再次打开浏览器时，又会重新创建。

4.5.2　Session 对象的属性

Session 对象的属性如表 4-9 所示。

表 4-9　Session 对象的属性

属　　性	说　　明
Count	获取会话状态集合中 Session 对象的个数
Contents	获取对当前会话状态对象的引用
Keys	获取存储在会话中的所有值的集合
SessionID	获取用于标识会话的唯一会话 ID
TimeOut	获取并设置在会话状态提供程序终止会话之前各请求之间所允许的超时期限
Mode	获取当前会话状态模式

可以通过 Session.Count 获取当前 Session 的个数，示例代码如下：

```
Response.Write(Session.Count);
```

Session 是有一定的生命周期的，每一个客户端连接服务器后，服务器端都要建立一个独立的 Session，并且需要分配额外的资源来管理这个 Session，但是如果客户端因为其他的一些原因，长时间没有对网页进行任何操作，也没有关闭浏览器，而服务器仍需要利用一定的资源来管理这个 Session，从而降低了服务器的效率，可以通过 TimeOut 这个属性设置有效期限，在不设置的情况下，默认为 20 分钟。

4.5.3　Session 对象的方法

Session 对象的方法如表 4-10 所示。

Session 对象是不用实例的，可通过 Add 方法设置 Session 对象的值，语法为：

```
Session.Add("变量名", 变量值);
```

它是以键值对的方式去存储的，在创建一个 Session 对象的同时，保留一个键一个值，而在访问的时候，通过键直接获得值对象。

软件开发新课堂

表 4-10 Session 对象的方法

方　法	说　明
Add	新增一个 Session 对象
Clear	清除会话状态中的所有值
CopyTo	将会话状态值的集合复制到一维数组中
Remove	删除会话状态集合中的项
RemoveAll	清除所有会话状态值

创建 Session 对象除了通过 Add 方式以外，还有一种写法：

```
Session["变量名"] = 变量值;
```

4.5.4　Session 对象的使用

在网页上放一个 ASP.NET 按钮控件，如图 4-17 所示。

图 4-17　Session 对象的使用界面

在网页的加载事件中创建两个 Session 对象，然后单击"Session 测试"按钮的同时，在浏览器中输出 Session 对象中的信息，后台代码如下：

```
using System.Collections;
using System.Configuration;
using System.Data;
using System.Linq;
using System.Web;
using System.Web.Security;
using System.Web.UI;
using System.Web.UI.HtmlControls;
using System.Web.UI.WebControls;
using System.Web.UI.WebControls.WebParts;
using System.Xml.Linq;

public partial class index : System.Web.UI.Page
```

```
{
    protected void Page_Load(object sender, EventArgs e)
    {
        Session["zhang"] = "张三";
        Session["li"] = "李四";
    }

    protected void btnSession_Click(object sender, EventArgs e)
    {
        Response.Write("<P>两个 Session 中的值为: ");
        Response.Write("<P>第一个值: " + Session["zhang"]);
        Response.Write("<P>第二个值: " + Session["li"]);
    }
}
```

运行此程序，当点击按钮的时候，就会把 Session 中的值提取出来，显示在界面上，如图 4-18 所示。

图 4-18 提取 Session 对象中的值

4.5.5 Session 对象的应用举例

本节通过 Session 来做一个经常用到的验证用户登录的例子，本例中一共涉及到两个页面，一个是 index.aspx 登录页面，另一个是登录后的显示页面 view.aspx。

在用户填入用户名和密码进行登录时，系统会进行判断，如果用户名为"张三"，密码为"123456"，程序会跳转到 view.aspx，并在跳转之前将用户名放入 Session 会话中，然后在 view.aspx 页面中取出 Session，判断其是否为 null 值，如果为 null 值，表明用户未经登录直接打开此页面，则给出相应的提示信息。

在很多网站中，都会有一些网页，不经过登录是无法访问的，现在所要完成的功能，就是防止用户非法连接某些网页。

其中登录页面的界面如图 4-19 所示。

图 4-19 登录页面的界面

所有控件均为 ASP.NET 服务器端控件，前台代码如下所示：

```
<%@ Page Language="C#" AutoEventWireup="true" CodeFile="index.aspx.cs"
  Inherits="_Default" %>

<!DOCTYPE html PUBLIC "-//W3C//DTD XHTML 1.0 Transitional//EN"
  "http://www.w3.org/TR/xhtml1/DTD/xhtml1-transitional.dtd">

<html xmlns="http://www.w3.org/1999/xhtml">
<head id="Head1" runat="server">
    <title>首页</title>
    <style type="text/css">
        #form1
        {
            top: 64px;
            left: 10px;
            position: absolute;
            height: 118px;
            width: 788px;
        }
    </style>
</head>
<body>
    <form id="form1" runat="server">
    用户名: <asp:TextBox ID="txtName" runat="server"></asp:TextBox>
    <br />
    <br />
    密    码: <asp:TextBox ID="txtPwd" runat="server">
      </asp:TextBox>
    <br />
    <br />
      
    <asp:Button ID="btnLogin" runat="server" onclick="btnLogin_Click"
      Text="登录"  Width="76px" />
       
    <asp:Button ID="btnExit" runat="server" Text="退出" Width="77px" />
```

```
        </form>
    </body>
</html>
```

后台代码如下所示:

```
using System;
using System.Configuration;
using System.Data;
using System.Linq;
using System.Web;
using System.Web.Security;
using System.Web.UI;
using System.Web.UI.HtmlControls;
using System.Web.UI.WebControls;
using System.Web.UI.WebControls.WebParts;
using System.Xml.Linq;
using System.IO;

public partial class index : System.Web.UI.Page
{
    protected void Page_Load(object sender, EventArgs e)
    {

    }
    protected void btnLogin_Click(object sender, EventArgs e)
    {
        string name = txtName.Text.Trim(); //获取文本框中的文本信息
        string pwd = txtPwd.Text.Trim();

        if(name=="")  //判断文本信息是否为空
        {
            Response.Write("<font color='red'>用户名不能为空</font>");
            txtName.Focus();  //文本框得到焦点
            return;
        }
        if (pwd == "")
        {
            Response.Write("<font color='red'>密码不能为空</font>");
            txtPwd.Focus();
            return;
        }
        if (name.Equals("张三") && pwd.Equals("123456"))
            //判断用户名密码是否正确
        {
            Session["userInfo"] = name; //将用户名存入 Session
            Response.Redirect("view.aspx"); //跳转到 view.aspx 页面
        }
        else
        {
            Response.Write("<font color='red'>用户名或密码不正确</font>");
```

软件开发新课堂

```
            }
        }
}
```

以上为 index.aspx 文件的内容，从后台代码可以看出，如果用户名和密码文本框中有一个没有输入，则提示相应信息，如果全部输入，则判断所填内容是否正确，如果正确将用户名存入 Session 会话中，并跳转到 view.aspx，如果不正确，以红色字体提示用户名和密码不正确信息。

再来看另一个页面 view.aspx，后台代码如下所示：

```
using System;
using System.Collections;
using System.Configuration;
using System.Data;
using System.Linq;
using System.Web;
using System.Web.Security;
using System.Web.UI;
using System.Web.UI.HtmlControls;
using System.Web.UI.WebControls;
using System.Web.UI.WebControls.WebParts;
using System.Xml.Linq;

public partial class view : System.Web.UI.Page
{
    protected void Page_Load(object sender, EventArgs e)
    {
        if (Session["userInfo"] == null) //判断 Session 内数据是否为空值
        {
            Response.Write(
              "<B><font color='red'>您不是合法用户! </font></B>");
            Response.Write("<P><A href='index.aspx'>进入主页面</A>");
        }
        else
        {
            Response.Write("<B>恭喜登录成功! </B>");
        }
    }
}
```

view.aspx 页面的内容包含两个操作。如果不通过 index.aspx 页面，直接在地址栏中访问 view.aspx 页面，显示结果如图 4-20 所示。

为什么会显示这个结果呢？来分析一下这段代码，其中有一步判断为：

```
if (Session["userInfo"] == null)
```

这条语句的功能为取出 Session 中 userInfo 键的值，判断是否为空，而在加载 view.aspx 之前，Session 会话中是没有 userInfo 对象的，所以很显然，显示的是为空之后的结果，那如果先登录 index.aspx，输入用户名和密码都正确后跳转到 view.aspx，会显示什么内容呢？如图 4-21 所示。提示内容为 "恭喜登录成功！"，这时，如果再返回到 index.aspx 页面，

甚至是访问了其他页面后，再访问 view.aspx 页面，都可以登录成功，这是因为 Session 值并没有过期。但是当浏览器关闭后重新打开时，就不能再次访问 view.aspx 了。

图 4-20　Session 中的不合法用户登录

图 4-21　Session 中的合法用户登录

提示

Session 对象是程序中很常用的一个对象，网络购物车、论坛等，都可以通过 Session 记录用户当前状态信息。

4.5.6　Session 的存储

在 ASP.NET 中，Session 的存储方式有三种，使用哪种存储方式是在 Web.config 文件中进行设置的，先来看 Web.config 中关于 Session 的一段代码片段：

```
<sessionState mode="InProc" cookieless="false" timeout="20" />
```

其中默认的 mode 是 InProc 类型，这种类型就是服务器将 Session 信息存储在 IIS 进程中，当进程关闭后，这些信息也会消失，但是它的性能是最高的。

还有一种 Mode 的值为 StateServer，这种模式的特别之处是，重新启动 IIS 时，所保存的 Session 值是不会丢失的。

最后一种 Mode 属性的值为 SQL Server，它是指该会话状态保存在有 SQL Server 数据库的计算机上，并且当数据库重启服务时，会话数据依然会保留。

4.6　Application 对象

Application 对象是 HttpApplicationState 类的一个实例。

客户端第一次访问 ASP.NET 应用程序的虚拟目录并请求 URL 资源时创建 Application 对象。

对于 Web 服务器上的每个 ASP.NET 应用程序，都要创建一个单独的实例。然后通过内部 Application 对象公开对每个实例的引用。

数据可以在 Application 对象内部共享，用于多用户共享访问，一个网站可以有多个 Application 对象，而一个对象破坏后，不会影响到其他的对象。

因为多个用户可以共享一个 Application 对象，所以必须有 Lock 和 Unlock 方法，以确保多个用户无法同时改变某一属性。Application 对象成员的生命周期止于关闭 IIS 或使用 Clear 方法清除。

4.6.1　Application 对象的属性

Application 对象的属性如表 4-11 所示。

表 4-11　Application 对象的属性

属　性	说　明
AllKeys	获取 HttpApplicationState 集合中的访问键
Count	获取 HttpApplicationState 集合中的对象数

4.6.2　Application 对象的方法

Application 对象的方法如表 4-12 所示。

表 4-12　Application 对象的方法

方　法	说　明
Add	新增一个新的 Application 对象变量
Clear	清除全部的 Application 对象变量
Get	使用索引关键字或变数名称得到变量值
GetKey	使用索引关键字来获取变量名称
Lock	锁定全部的 Application 变量
Remove	使用变量名称删除一个 Application 对象
RemoveAll	删除全部的 Application 对象变量
Set	使用变量名更新一个 Application 对象变量的内容
UnLock	解除锁定的 Application 变量

Application 对象也可以通过 Add 方式去创建，或者是用 Application["变量名"]=变量值的方式创建，与 Session 一样，Application 对象是通过键值对的方式去存储数据的，在取值的过程中通过 Application.Get("变量名")方式去取值，或者直接通过 Application["变量名"]的方式获取相应的值信息，这里举一个简单的例子。

界面如 Session 测试一样，只在浏览器中放置一个 ASP.NET 按钮控件，然后在后台编写如下代码：

```
using System;
using System.Collections;
using System.Configuration;
```

软件开发新课堂

```
using System.Data;
using System.Linq;
using System.Web;
using System.Web.Security;
using System.Web.UI;
using System.Web.UI.HtmlControls;
using System.Web.UI.WebControls;
using System.Web.UI.WebControls.WebParts;
using System.Xml.Linq;

public partial class index : System.Web.UI.Page
{
    protected void Page_Load(object sender, EventArgs e)
    {
        Application["one"] = "通过 Application[]方式添加";
        Application.Add("two", "Application.Add()方法添加");
    }
    protected void btnApplication_Click(object sender, EventArgs e)
    {
        Response.Write("<P>Application 中的值为: ");
        Response.Write("<P>第一个值为: " + Application["one"]);
        Response.Write("<P>第二个值为: " + Application.Get("two"));
    }
}
```

执行以上代码，结果如图 4-22 所示。

图 4-22　Application 对象的应用

　　因为 Application 对象是所有用户所共享的，所以在改变它的值的时候，最好采用锁定的方式，改变之后再进行解锁，供其他人访问，锁定的方式为 Application.Lock()；解锁的方式为 Application.UnLock()。

　　Lock 方法可以阻止其他客户修改存储在 Application 对象中的变量，以确保在同一时刻仅有一个客户可修改和存取 Application 变量。Unlock 方法可以使其他客户端在使用 Lock 方法锁住 Application 对象后，修改存储在该对象中的变量。如果未显式地调用该方法，Web 服务器将在页面文件结束或超时后解锁 Application 对象。

关键代码如下所示：

```
Application.Lock();
Application["变量名"] = "变量值";
Application.UnLock();
```

4.6.3 Application 对象的使用

一般用 Application 对象来定义所有用户都共享的信息，或者用这个对象去解决网站的流量等问题，下面来看一下这个对象的用法。

如果要使用 Application 对象，首先需要在网站根目录添加一个文件：Global.asax。它是应用程序全局启动文件，文件内容如下所示：

```
<%@ Application Language="C#" %>
<script runat="server">
void Application_Start(object sender, EventArgs e)
{
    for (int i=1; i<16; i++) { Application["A" + i.ToString()] = ""; }
}
void Application_End(object sender, EventArgs e)
{
}
void Application_BeginRequest(Object sender, EventArgs e)
{
    Response.Write("应用程序开始启动");
}
void Application_EndRequest(Object sender, EventArgs e)
{
    Response.Write("应用程序结束");
}
void Application_Error(object sender, EventArgs e)
{
    Response.Write("应用程序发生未知异常");
}
void Session_Start(object sender, EventArgs e)
{
    Response.Write("启动一个会话");
}
void Session_End(object sender, EventArgs e)
{
    Response.Write("会话结束");
}
</script>
```

其中：
- Application_Start：代表应用程序启动时触发的事件。
- Application_End：代表应用程序结束时触发的事件。
- Application_BeginRequest：代表请求开始时触发的事件。
- Application_EndRequest：代表请求结束时触发的事件。

- Application_Error：应用程序出错时触发的事件，如果有信息，必须在页面的 Page 指令中添加 Debug="true"。
- Session_Start：启动一个 Session 时触发。
- Session_End：结束一个 Session 时触发。

提示

> 一个用户拥有一个 Session 对象；一个程序可拥有多个 Application 对象，而且后者是应用程序内共享的，即多个用户可以访问同一个 Application 对象。

如果执行某个页面，显示顺序为"应用程序开始启动"，"启动一个会话"，"应用程序结束"。

可以在应用程序启动时写入任何内容，包括创建变量及对象。

如上面的代码中，Application_Start 内部进行了 A1~A15 共 15 个 Application 变量的添加和初始化：

```
for (int i=1; i<16; i++) { Application["A" + i.ToString()] = ""; }
```

4.7　上 机 练 习

(1) 使用 Session 对象实现登录判断功能，如果在没有登录的情况下访问其他页面，则应自动跳转到登录页面，进行登录。

(2) 创建两个页面(A.aspx 和 B.aspx)，第一个页面以 GET 方式提交信息给第二个页面，在第二个页面中用 Request.QueryString["name"]得到值并输出。

(3) 试说明网页中能够显示 HTML 标签文本的 HtmlEncode 方法的实现步骤。

(4) 利用 Response.Redirect(url)方法将网页文件定位到下一个网页。

第 **5** 章

ASP.NET 4.5 与 Ajax 技术

学前提示

Ajax(Asynchronous JavaScript and XML)是多种技术的综合，它使用 XHTML 和 CSS 实现标准化界面呈现，使用 DOM 实现动态显示和交互，使用 XML 和 XSTL 进行数据交换与处理，使用 XMLHttpRequest 对象进行异步数据读取，使用 JavaScript 绑定和处理所有的数据。

知识要点

- Ajax 技术
- ASP.NET 4.5 客户端回调功能
- ASP.NET Ajax 框架

5.1　Ajax 技术

Ajax 技术是 ASP.NET Ajax 框架的基础知识，在学习 ASP.NET Ajax 框架之前，首先需要了解 Ajax 控件的基本概念和使用方法。

5.1.1　概述

Ajax 全称为 "Asynchronous JavaScript and XML"（异步 JavaScript 和 XML），是一种用于提高客户端交互能力的网页开发技术。Ajax 技术整合了在浏览器中可以通过 JavaScript 脚本实现的所有技术，并以一种全新的方式来使用这些技术，使得 Web 应用开发焕发了新的活力。

在 Ajax 包含的所有技术中，最为核心的技术是 XMLHttpRequest 对象，它最初的名称是 XMLHTTP，是微软公司为了满足开发者的需要，在 IE 5.0 浏览器中增加的客户端对象。后来，这个技术被标准化规范组织采纳，并命名为 XMLHttpRequest。XMLHttpRequest 为页面中的 JavaScript 脚本提供了一种能够与服务器进行通信的手段。JavaScript 可以在不刷新页面的情况下从服务器获取数据，或者向服务器发送数据。XMLHttpRequest 的出现为 Web 提供了一种全新的开发方式，可以为网站提供更好的用户体验。

与传统的 Web 应用程序不同，基于 Ajax 的应用程序不是以静态页面集合的方式来实现 Web 应用的。从 Ajax 的角度看来，Web 应用由少量的页面组成，每个页面则是一个小型的 Ajax 应用。在每个页面中都包含一些使用 JavaScript 脚本开发的 Ajax 组件。使用这些组件通过 XMLHttpRequest 对象以异步的方式实现与服务器通信，从服务器获取需要的数据后，通过使用 DOM API，在 JavaScript 脚本中更新页面中的部分内容，显示发生的变化。

通过以上介绍，可以看出 Ajax 应用与传统 Web 应用的区别主要有 3 点：

- 在不刷新整个页面的条件下，实现页面与服务器的通信。
- 使用异步方式与服务器通信，不需要打断用户的其他操作，具有更加迅速的响应能力。
- 应用仅由少量页面组成。大部分交互在页面之内完成，不需要切换整个页面。

5.1.2　Ajax 使用的技术

通常，典型的 Ajax 应用程序都会或多或少地使用下列几种技术。

1. 描述页面的 HTML/XHTML

与传统的 Web 应用程序一样，Ajax 应用程序同样使用 HTML/XHTML 编写文档的结构。但这里编写的文档结构仅仅用来描述 Ajax 页面的初始界面，即用户第一次访问网站时看到的界面。在程序运行过程中，网页的文档结构会随着用户的操作而变化。同时，HTML/XHTML 还会告知浏览器下载将运行于客户端的 JavaScript 以及定义页面样式的 CSS 等相关文件。

另外，为了方便在页面运行时使用 JavaScript 脚本对页面中的内容进行修改，在编写这

部分代码时应当尽量使用严格符合 XML 语法的 XHTML 标记来编写,同时使用富有语意的 HTML 标签(例如使用<div>而不是<table>进行页面布局等)。

2. 表示文档结构的 DOM

DOM 是 Document Object Model(文档对象模型)的缩写,是表示 XML/HTML 文档结构的一种层次型数据结构。

JavaScript 可以访问浏览器中当前页面的 DOM 对象,并通过对 DOM 操作来间接地改变该页面的内容和结构。

3. 定义元素样式的 CSS

CSS 是 Cascading Style Sheet(层叠样式表)的缩写,用来指定在 HTML 文档中显示元素的样式表。通过使用 CSS,可以将 HTML 文档的结构编写和表现界面控制完全分开,这样 HTML 文档部分即可专注于定义文档的结构,而将控制样式代码交给 CSS 实现。这种将结构定义和表现处理分开的模型降低了 DOM 对象的复杂性,更方便开发者使用 JavaScript 对其进行维护。

4. 表示服务器和客户端通信内容的 XML 或 JSON

XMLHttpRequest 对象的用途是从服务器得到客户端所需要使用的数据,在传输过程中,这些数据被序列化成文本的形式。标准定义中,对这段文本的格式没有任何强制的要求,但在实际开发中通常选择 XML 或 JSON 格式来表示数据。

XML 是标准的数据表示方式,无论是服务器端程序还是客户端程序都可以很好地解释 XML 语言生成的数据。特别是用来实现服务器端程序的绝大多数编程语言中,都包含功能完善且简单易用的生成、维护 XML 文档的工具。当服务器生成的 XML 数据返回至客户端浏览器时,可以通过 JavaScript 对文档进行解析,构造出 JavaScript 中的对象。

相对于使用 JSON 方法,XML 的问题在于,部分浏览器解析 XML 语言的效率相对较低,以至于使客户端程序成为整个应用程序的性能瓶颈。同时,用 XML 格式表示的数据中冗余信息过多,这将带来更多的网络流量,影响系统运行速度。

JSON,即 JavaScript Object Notation(JavaScript 对象标记)的缩写,在客户端有着非常优良的性能,JSON 的数据格式与在 JavaScript 中定义对象的语法一致,只需要调用 JavaScript 中的 eval()函数,即可立即得到所需的对象。对于同样的数据,JSON 表示方式要比 XML 表示方式更加简洁,这样可以减少网络流量,间接地提高了网站的响应速度。

使用 JSON 方式的实现不足之处在于,在服务器端构造 JSON 对象比构造 XML 文本更为复杂,但在目前主流的服务端开发语言(例如 PHP、ASP.NET 等)中,都已经有相关的类库对其进行支持。

5. 服务器端处理浏览器请求的 CGI

使用 Ajax 技术已经将一部分表示层甚至业务逻辑实现放到了客户端脚本程序中实现,服务器端程序中需要完成数据持久化、用户输入验证等功能。而对于完全使用 Ajax 技术编写的 Ajax 应用程序(例如完全使用 ASP.NET Ajax 客户端控件编写的 Ajax 应用程序),服务器端程序只须提供前台需要的数据即可,所有的表示层逻辑都在客户端实现。

Ajax 中并没有定义具体使用哪种 CGI 程序实现服务器端处理，开发者可以选择自己熟悉的语言来开发服务器端处理程序。

6. 实现与服务器异步通信的 XMLHttpRequest 对象

XMLHttpRequest 对象作为 Ajax 技术最核心部分，早在 1998 年就已经集成于 IE 中了。随后，又在各种主流的浏览器中陆续地得到支持。现在绝大多数浏览器中都已经提供了 XMLHttpRequest 对象实现，这也正是 Ajax 兴起的基础和前提条件。

XMLHttpRequest 对象的强大之处在于，它允许开发者在 JavaScript 中以异步的方式向服务器发出请求并得到返回结果。这样客户端就可以在任何时候与服务器进行通信、从服务器获取数据，而不仅限于在整个页面提交的时候。同时，采用异步调用模型也并不会阻塞用户的当前操作，在等待时仍可以进行其他操作。

7. 协调上述各种技术的 JavaScript

最后，通过 JavaScript 语言将上面提到的所有技术粘合在一起。在 JavaScript 代码中，可以访问并维护当前页面的 DOM 对象，包括对文档节点进行添加、删除和修改等操作；还可以通过维护文档中某个 DOM 元素的 CSS Class 来改变它的外观样式；也可以使用 XMLHttpRequest 对象访问服务器的 CGI 程序，并将返回的 XML 或 JSON 类型的数据解析后应用到当前的计算或显示中。

5.1.3 Ajax 的运行原理

XMLHttpRequest 对象是 Ajax 的核心机制，它是在 IE5 中首先引入的，是一种支持异步请求的技术。简单地说，通过 XMLHttpRequest 技术 JavaScript 可以及时向服务器提出请求和处理响应，而不阻塞用户。实现无刷新的效果。

表 5-1 列出了 XMLHttpRequest 对象的常用属性。

表 5-1 XMLHttpRequest 对象的属性

名　称	说　明
onreadystatechange	每次状态改变所触发的事件处理程序
responseText	从服务器进程返回数据的字符串形式
responseXML	从服务器进程返回的 DOM 兼容的文档数据对象
status	从服务器返回的数字代码，例如常见的 404(未找到)和 200(已就绪)
statusText	伴随状态码的字符串信息
readyState	对象状态值：0-未初始化；1-正在加载；2-加载完毕；3-交互；4-完成

但是，由于各浏览器之间存在差异，所以创建一个 XMLHttpRequest 对象时，在不同浏览器中可能需要不同的方法。这里的差异主要体现在 IE 和其他浏览器之间。

下面给出在不同浏览器创建 XMLHttpRequest 对象的语句：

```
<script language="javascript" type="text/javascript">
    var xmlHttp = false;
    //创建面向 IE 的 XMLHttpRequest 对象
```

```
    try {
        //使用 Msxml 的一个版本来创建
        xmlHttp = new ActiveXObject("Msxml2.XMLHTTP");
    } catch (e) {
        try{
            //使用它的另外一个对象来创建
            xmlHttp = new ActiveXObject("Microsoft.XMLHTTP");
        } catch (e2) {
            xmlHttp = false;
        }
    }
    if (!xmlHttp && typeof XMLHttpRequest != 'undefined') {
        //创建面向其他非微软浏览器的 XMLHttpRequest 对象
        xmlHttp = new XMLHttpRequest();
    }
</script>
```

上述代码判断浏览器的类别，并根据不同的浏览器环境使用不同的方法创建对象。

首先定义一个 xmlHttp 引用来保存创建的 XMLHttpRequest 对象。然后，先尝试在微软的浏览器中创建该对象，首先使用 Msxml.XMLHTTP 类来创建 XMLHttpRequest 对象，如果失败再尝试用 Microsoft.XMLHTTP 类来创建对象。最后，使用非微软浏览器中的方法创建该对象。

创建了一个 XMLHttpRequest 对象实例后，再来看如何发出一个 XMLHttpRequest 请求，代码如下所示：

```
function executeXMLHttpRequest(callback, url)
{
    //处理非微软浏览器的情况
    if(window.XMLHttpRequest)
    {
        xhr = new XMLHttpRequest();
        xhr.onreadystatechange = callback;
        xhr.open("Get", url, true);
        xhr.send(null);
    }
    //处理微软浏览器的情况
    else if(window.ActiveXObject)
    {
        xhr = new ActiveXObject("macrosoft.XMLHttp");
        if(xhr)
        {
            xhr.onreadystatechage = callback;
            xhr.open("Get", url, true);
            xhr.send();
        }
    }
}
```

在上述代码中，关键的语句是 xhr.onreadystatechage=callback，定义回调函数，该函数为一个 JavaScript 脚本函数，一旦服务器返回相应的结果就会自动执行指定的函数。

xhr.open("Get", url, true)用来发送请求，参数 true 表示要异步执行该请求。

下面的代码为最简单的回调处理函数，其他功能均在该函数的基础上实现：

```
function processAjaxResponse() {
    //状态标识为已完成
    if (xhr.readyState == 4) { //已就绪
        if (xhr.status == 200) {
            votes.innerHTML = xhr.responseText;
        } else {
            alert("There was a problem retrieving the XML data:"
                + xhr.statusText);
        }
    }
}
```

一旦服务器处理完 XMLHttpRequest 请求并返回给浏览器之后，将会自动地调用在 onreadystatechange 方法中指派的回调函数。

下面总结一下 XMLHttpRequest 对象的整个工作流程。首先利用 XMLHttpRequest 发出异步调用请求，服务器处理完成后系统调用程序员指定的回调函数，然在回调函数中检查 XMLHttpRequest 对象的状态信息，如果状态为已经完成(readyStatus=4)，再检查服务器设定的询问请求状态，如果一切已经就绪(status=200)，就继续执行下面的操作。

通过对 XMLHttpRequest 工作流程的介绍，可以看出，XMLHttpRequest 对象的功能是用来向服务器发出一个请求，它的作用也仅限于此，但这正是 Ajax 实现的关键，因为 Ajax 的主要作用就是实现发出请求和响应请求。并且，Ajax 完全是一种客户端的技术。

XMLHttpRequest 对象正是为了解决服务器端和客户端通信的问题。

在了解 Ajax 的总体运行原理后，可以把服务器端应用程序看成一个数据接口，用于为前台返回一个纯文本流，这个文本流可以使用 XML 格式、可以使用 HTML，甚至可以只是一个字符串。这时候，XMLHttpRequest 对象在向服务器端请求页面，服务器端将文本的结果写入页面，这个过程与普通的 Web 开发流程是一样的。不同的是，客户端在异步获取这个结果后，需要先交由 JavaScript 脚本代码来对结果进行处理，然后再显示在页面中。现在流行的很多 Ajax 控件，例如 magicajax，可以在后台直接返回 DataSet 等其他数据类型，实际上只是对这个过程产生的结果进行了封装，本质上与上述过程并无区别。

 如果手工编写代码实现 Ajax，只能在后台返回 XML 格式或文本的数据。

5.1.4 Ajax 应用举例

前面介绍了 Ajax 应用的基础知识，本节通过编写一个简单的程序，帮助读者掌握 Ajax 应用的基本实现方法。

Ajax 程序实现的功能是在前台 JavaScript 程序中通过使用 XmlHttpRequest 实现与后台程序交换信息，从而实现无刷新地修改在页面上显示的数据。在客户端中，XmlHttpRequest 对象的用途之一是解析 XML 文档，所以如果手工编写代码实现 Ajax 应用程序，在后台程

序中就需要手工输出 XML 代码。下面是一个简单的后台程序示例：

```
protected void Page_Load(object sender, EventArgs e)
{
    if (Request.Params["op"] == "get")
    {
        Response.ContentType = "text/xml;charset=UTF-8";
        Response.AddHeader("Cache-Control", "no-cache");
        Response.Write("<response>");
        Response.Write("<res>ajax 返回内容</res>");
        Response.Write("</response>");
        Response.End();
    }
}
```

上述代码实现的功能是输出一段 XML 格式的代码文件。相比于 HTML 格式和文本格式，XML 格式更为规范，更适合使用 JavaScript 语言解析。

下面使用 JavaScript 语言开发一个 Ajax 应用程序，调用上面编写的后台代码，并解析出 XML 代码中包含的信息：

```
<script language="javascript">
<!--
//根据不同浏览器创建 XMLHttpRequest 对象
var xmlhttp;
try {
    xmlhttp = new ActiveXObject('Msxml2.XMLHTTP');
} catch(e) {
    try {
        xmlhttp = new ActiveXObject('Microsoft.XMLHTTP');
    } catch(e) {
        try {
            xmlhttp = new XMLHttpRequest();
        } catch(e) {}
    }
}
//定义 XMLHttpRequest 对象的事件处理程序
xmlhttp.onreadystatechange=function() {
    if(xmlhttp.readyState==4) {
        if(xmlhttp.status==200) {
            //获取 XML 对象
            var xmlObj = xmlhttp.responseXML;
            //获取<title>节点的值
            var title = xmlObj.getElementsByTagName("res")[0].text;
            alert(title);
        }
        else
        {
            alert(xmlhttp.status);
        }
    }
}
```

```
function ajax()
{
    //创建一个连接
    xmlhttp.open("get", "Default2.aspx?op=get");
    //发送请求
    xmlhttp.send(null);
}
// -->
</script>
```

最后在页面中放置一个按钮，调用上述脚本代码，完成基本的 Ajax 程序开发：

```
<input id="Button1" type="button" value="button" onclick="ajax()" />
```

5.1.5 Ajax 技术小结

（1） Ajax 是一个结合了 JavaScript、XML 和 DOM 模型的编程技术，使用 Ajax 可以基于 JavaScript 技术构建实现局部刷新的 Web 应用，带来全新的 Web 应用程序用户体验。

（2） Ajax 技术中 JavaScript 脚本与服务器交换数据，在用户操作过程中，Web 页面不用打断交互流程进行重新加载，就可以动态地更新。使用 Ajax，可以创建接近本地桌面应用的、更丰富、更动态的 Web 用户界面。

（3） 在不同的浏览器中创建 Ajax 对象的方法有所区别。

在 Mozilla、Netscape、Safari、Firefox 等浏览器中创建 XMLHttpRequest 的方法如下：

```
xmlhttp_request = new XMLHttpRequest();
```

在 IE 浏览器中创建 XMLHttpRequest 的方法如下：

```
xmlhttp = new ActiveXObject("Msxml2.XMLHTTP");  //或
xmlhttp = new ActiveXObject("Microsoft.XMLHTTP");
```

（4） 发起 Ajax 请求的方法如下：

```
xmlhttp_request.open('GET', URL, true);
xmlhttp_request.send(null);
```

open()方法的第一个参数是 HTTP 请求的方式，可以使用 GET、POST 或任何服务器所支持的请求方式，按照 HTTP 规范，该参数要大写，否则，某些浏览器(如 Firefox)可能无法处理请求；第二个参数是请求页面的 URL；第三个参数设置请求是否为异步模式，如果是 true，JavaScript 函数将继续执行下面的脚本代码，而不等待服务器响应。

合理地运用 Ajax 技术，能够给网页增添许多友好的刷新效果，为应用程序实现更好的用户体验。

5.2 ASP.NET 4.5 的客户端回调功能

普通 ASP.NET 页面使用回传方式调用后台代码，采用 Ajax 后，则实现了通过回调方式使用后台数据，本节介绍两种方式的区别和 ASP.NET Ajax 中实现回调的基本原理。

软件开发新课堂

5.2.1　回传与回调的比较

1. 回传

以前的 Web 网站和 ASP.NET 应用都是使用回传方式完成与用户的交互的，用户完成任何一个需要与服务器交换数据的操作都需要进行页面回传。

回传的基本交互方式为"用户提交请求－服务器处理请求"，每一次处理用户请求时，页面都必须回传服务器进行处理，待服务器处理请求完成后，重定向到指定的内容显示页面，相当于重新加载页面。这样，一次请求就需要 3 次客户机与服务器的交互，并完成 3 次客户机页面刷新。

(1) 客户端请求服务器发送页面。

(2) 客户端提交数据到服务器进行处理，转到服务器处理页面，服务器进行处理，通常在服务器处理请求过程中客户端会显示空白页面。

(3) 后台处理程序将客户端重定向到显示处理结果的页面。

2. 回调

如果使用 Ajax 回调方式访问页面，在整个使用过程中，页面不会进行刷新操作。下面列出的是通过 Ajax 回调方式访问页面的访问步骤。

(1) 用户第一次访问也还是通过打开页面来运行应用。但是与前面不一样的是，用户在这个页面进行的所有操作通常情况都不会离开页面，即不会完全刷新页面。

(2) 用户进行任何操作以后，当需要调用后台程序时，不是直接用 POST/GET 方式发送请求，而是通过 JavaScript 使用 XMLHttpRequest 进行请求调用。

(3) 调用完成后不是重定向到一个新的页面，而是返回一个状态标志和需要刷新的内容，JavaScript 根据这些信息使用 DOM 修改页面，以达到无刷新的网页访问效果。

5.2.2　客户端回调基本知识介绍

客户端回调，本质上是指通过前端的客户端脚本向服务器端传递数据参数，服务器端接受传递的参数并进行查询和处理，最后将结果回传到客户端进行显示。

虽然以这种方式处理数据并不是一种创举，但是对于许多开发者来说，这在某种思维角度上还是无法理解的，因为 JavaScript 的内存管理和.NET CLR 的内存管理有很大区别，而且在存储空间管理上也截然不同，所以两种模型间没有直接参照，也没有直接进行交互的方式，而客户端回调又是实现客户端和服务器端进行沟通的方法之一，对于了解 Ajax 的工作原理具有非常重要的作用。

> **提示**
>
> 理解 ASP.NET 回调原理是掌握 Ajax 的基础。

5.3 ASP.NET Ajax 框架

通过前面对 Ajax 的介绍，读者已经掌握了 Ajax 的基本原理和实现方式。通过前面的示例代码也可以看到，如果完全通过手写 JavaScript 代码的方式实现 Ajax 应用，不但编码过程效率非常低，而且开发难度大、对程序员的要求较高。所以各种主流 Web 开发语言都提供了不同的开发框架，以简化 Ajax 应用开发。

ASP.NET 4.5 中最新添加的 ASP.NET Ajax 框架可以帮助程序员快速开发出基于 ASP.NET 的 Ajax 应用程序。

5.3.1 概述

ASP.NET Ajax 框架涉及到很多方面的内容，其中最为显著的优点就是它能够与 ASP.NET 实现无缝集成。ASP.NET Ajax 可以利用同一个 Ajax 应用程序，在 Internet Explorer、Firefox 和 Safari 等浏览器中运行出一致的页面效果。

ASP.NET Ajax 框架最为成功的一点是，它简化了程序员编写脚本代码的工作，使得创建 Ajax 应用时无须编写复杂的 JavaScript 脚本代码，只需要按照开发 ASP.NET 应用程序的方法，在页面中添加相关的控件，就可以完成 Ajax 应用程序开发。

5.3.2 ASP.NET Ajax 的客户端/服务器交互

ASP.NET Ajax 实际上有两种使用方式：

- 一种方式是使用 ASP.NET Ajax 服务器控件进行程序开发，使用这种方式开发程序就和普通 ASP.NET 程序的开发方式一样，只需要在页面中放置几个 Ajax 控件，即可将应用程序修改为 Ajax 应用，程序员开发程序相对方便，缺点是这种方式只是解决了频繁刷新页面问题，并没有真正减轻服务器的负担。

- 另外一种方式是使用 ASP.NET Ajax 脚本库(即 ASP.NET Ajax 客户端框架)进行开发。这个脚本库和其他 Ajax 框架一样，是一个 JavaScript 脚本库。使用这种方式实现起来相对比较困难，但是可以实现的效果和对服务器的压力都比使用上一种方式好得多。

5.3.3 ASP.NET Ajax 的体系

从总体上看，整个 ASP.NET Ajax 框架被划分为 3 个模块。

- ASP.NET Ajax：这是实现 ASP.NET Ajax 框架的核心，包含核心 ASP.NET Ajax 框架的类型系统、网络协议层、组件模型、扩展器基类的实现和与 ASP.NET 的集成。

- ASP.NET Ajax CTP：ASP.NET Ajax 社区提供的"增值"CTP(Community Test Preview)部分，主要是指包含在以前各个 Atlas CTP 版本中，但是没有在 ASP.NET Ajax 正式版中出现的高级特性。微软的目标是，提供 CTP 版本给高级用户试用，通过得到反馈信息并逐步完善，将其中稳定的部分增加到核心模块中去。

- ASP.NET Ajax Control Toolkit：包含很多新的、功能极强的免费 Ajax 控件。它是一个开源项目，由微软和非微软开发人员共同开发维护。

ASP.NET Ajax 框架主要是要实现两个方面的设计目标：①扩展现有的 ASP.NET 服务器端模型，让各种控件能够自动生成富客户端的 JavaScript 代码；②为 ASP.NET 增加客户端编程模型，进一步简化客户端编程。

由此，整个 ASP.NET Ajax 框架包含了两种截然不同、但又不是互相排斥的 API——客户端 API 和服务器端 API。

可以通过使用客户端编程模型、服务器端编程模型或这两者的组合来构建 Ajax 应用。本质上，任何基于 Ajax 的页面都需要在客户端页面中编写 JavaScript 脚本代码来处理浏览器的文档对象模型(DOM)。但是，不必将这类脚本代码的编写工作交由 ASP.NET 程序员完成，框架可为服务器端控件生成专门设计的脚本代码。

ASP.NET Ajax 框架中提供了类似于 ASP.NET 服务器控件的 Ajax 服务器控件，Ajax 服务器控件在程序运行时自动生成客户端 JavaScript 脚本。因此，Ajax 服务器控件简化了产生客户端 JavaScript 脚本的过程，让开发人员可以专注于服务器程序功能的实现。MS Ajax 包含了完整的服务器控件的 Ajax 实现，如 Button、Label、Option、TextBox、CheckBox、HyperLink 和 Validator 等，这些控件与现有的 ASP.NET 服务器控件非常类似。所有这些控件都会被无缝地集成进 Visual Studio 开发环境，所以，开发人员可以如同使用 ASP.NET 服务器控件一样地使用它们。

5.3.4　ASP.NET Ajax 的安装和使用

Visual Studio 2012 已经集成了 Ajax 组件，无须单独安装。但是建成的环境中除了 Ajax 运行库和基本的控件外，没有提供多少能够方便编程的控件，在 http://ajaxcontroltoolkit. codeplex.com/releases/view/94873 中提供了 ASP.NET Ajax Control Toolkit 控件库最新版本及控件库的安装、使用说明，该控件库中包含了功能丰富的 Ajax 控件供使用。这些控件为 Ajax 应用程序开发提供了极大的方便，开发人员无须编写繁杂的脚本代码，即可实现功能实用的 Ajax 应用程序。

> **提示**
>
> ASP.NET Ajax Control Toolkit 控件库更新很快，建议去官方网站下载最新版本安装。下载时应当注意选择与开发环境一致的版本。

首先学习一下 Ajax 控件库的安装方法。

(1) 下载工程后，打开并编译工程，在编译后的目录中会出现 AjaxControlToolkit.dll 文件，如图 5-1 所示。

图 5-1　编译成功的 Ajax 控件库文件

(2) 使用 Visual Studio 2012 打开需要使用 Ajax 控件的工程，在 Ajax 工具箱中单击鼠

标右键，在弹出的快捷菜单中选择"选择项"命令，如图 5-2 所示。

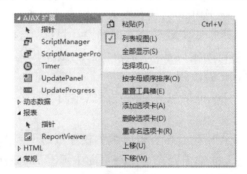

图 5-2　添加工具项

(3)　弹出"选择工具箱项"对话框，单击"浏览"按钮，如图 5-3 所示。

图 5-3　"选择工具箱项"对话框

(4)　在"打开"对话框中选择编译好的 AjaxControlToolkit.dll 文件，单击"打开"按钮，如图 5-4 所示。

图 5-4　打开编译后的文件

(5) 添加完成后，工具箱中会出现所有提供的 Ajax 控件，如图 5-5 所示。

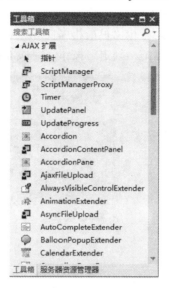

图 5-5　所有的 Ajax 控件

5.3.5　ASP.NET Ajax 控件简介

在 ASP.NET Ajax 框架中提供了各种 Ajax 控件。经常使用到的控件介绍如下。

- ScriptManager 控件：为启用了 Ajax 的 ASP.NET 网页管理客户端脚本。任何希望使用 Ajax 框架的页面必须添加 ScriptManager 控件或者 ToolkitScriptManager 控件。
- ToolkitScriptManager 控件：该控件与 ScriptManager 控件功能相同，是 Ajax Control Toolkit 自带的管理客户端脚本的控件。在使用 Ajax Control Toolkit 库中的控件时，建议使用 ToolkitScriptManager 控件，因为某些控件不支持 ScriptManager 控件。
- ScriptManagerProxy 控件：允许内容页和用户控件等嵌套组件在父元素中已定义了 ScriptManager 控件的情况下将脚本和服务引用添加到网页。
- Timer 控件：在定义的时间间隔执行回发。如果将 Timer 控件和 UpdatePanel 控件结合在一起使用，可以按照定义的间隔启用部分页更新。还可以使用 Timer 控件来定期刷新整个网页。
- UpdatePanel 控件：可用于生成功能丰富、以客户端为中心的 Web 应用程序。通过使用 UpdatePanel 控件，可以执行部分更新。
- UpdateProgress 控件：提供有关 UpdatePanel 控件中的部分更新的状态信息。
- CalendarExtender 控件：为文本框控件提供无须刷新的日期选择扩展下拉框。
- CascadingDropDown 控件：提供无刷新动态级联下拉菜单开发。

5.3.6　ASP.NET Ajax 应用举例

现在通过一个使用 CalendarExtender 控件的简单页面，学习 ASP.NET Ajax 控件的基本使用方式。

新建一个页面，放置一个 ToolkitScriptManager、一个文本框控件，将 CalendarExtender 控制控件拖动到文本框上或者按以下步骤操作：右击文本框，弹出的快捷菜单如图 5-6 所示，从中选择"添加扩展程序"命令，弹出"扩展程序向导"对话框，如图 5-7 所示，在对话框中选中 CalendarExtender 控件，单击"确定"按钮，完成 CalendarExtender 控件的添加。

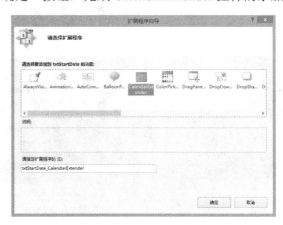

图 5-6　文本框快捷菜单　　　　　　　图 5-7　选择 CalendarExtender 控件

CalendarExtender 控件在设计时无可视化外观，可以通过属性窗口选择 CalendarExtender 控件，然后进行属性设置，如图 5-8 所示，也可以通过页面代码进行属性修改，修改后的代码如下所示：

```
<asp:ToolkitScriptManager ID="ToolkitScriptManager1" runat="server">
</asp:ToolkitScriptManager>
<asp:TextBox ID="txtStartDate" runat="server">
</asp:TextBox>
<asp:CalendarExtender ID="txtStartDate_CalendarExtender"
 TargetControlID="txtStartDate" runat="server">
</asp:CalendarExtender>
```

页面运行时，点击文本框，将弹出日历，如图 5-9 所示。

注意观察页面运行效果，与 ASP.NET 的日历控件不同的是，在选择年月和日期时，均没有进行服务器回发操作。

图 5-8　CalendarExtender 控件属性　　　　图 5-9　Ajax 日期下拉框控件的使用效果

5.4　上机练习

(1)　手工编写一个 Ajax 程序，在前台输入两个数字，在不刷新页面的前提下，将输入传递到后台程序，计算两个数字的和，并用 alert 显示。

(2)　修改第 1 题，在页面中选择需要的运算(加、减、剩、除)，并传递到后台，在后台中根据选择的运算方式，计算结果，并用 alert 显示。

(3)　将 ASP.NET Ajax Control Toolkit 安装进开发环境。

软件开发新课堂

第 6 章

SQL Server 2008 基础

学前提示

从当前的应用程序看，大多数采用 B/S 结构的都是动态的网站，而这些信息如果希望持久保存或实时更新，就要采用数据库来存储数据。数据库是按照数据结构来组织、存储和管理数据的仓库。通过对本章内容的学习，读者将会对数据库有个初步的了解，以便继续学习。

知识要点

- 关系数据库的基本概念
- 数据定义、操作、控制语言
- 数据的增、删、改、查
- SQL Server 2008 简介

6.1 关系数据库基础知识

在学习 ASP.NET 的同时，还需要了解数据库的相关知识，只要是大型的应用程序，都会考虑与数据库相关联，而所谓的数据库，很显然就成了存储数据的仓库。如果从不同的角度来描述数据库，则数据库的概念也就有不同的定义。

关系型数据库是利用数据库进行数据组织的一种方式，是现代流行的数据管理系统中应用最为普遍的一种，也是最有效率的数据组织方式之一。

要了解关系型数据库，首先应该知道关系模型的一些基本概念。

- 关系(Relation)：一个关系就是一个表文件，对应一张表，每个关系都有一个关系名称。
- 元组(Tuple)：表中的一行数据，称为元组，通常又称为记录。
- 属性(Attribute)：表中的一列数据，通常又称为字段。
- 关键字(Key)：可唯一标识元组的属性或属性集，通常又称为主键。
- 域(Domain)：属性的取值范围，指某个指定区域的值。
- 关系模式：对关系的描述。

为了维护数据库中数据的准确性和可靠性，关系型数据库制定了一组规范，称为关系型数据库的完整性，这些完整性主要包含四大方面。

(1) 实体完整性：实体完整性一般指行的完整性约束，确保行的唯一性。约束的方法有唯一约束、主键约束、标识列等。

(2) 域完整性：域完整性是针对某一具体关系数据库的约束条件，目的是确保一列内容的可靠性和准确性，例如性别只能填入"男"或"女"，约束的方法有限制数据类型、检查约束、外键约束、默认值、非空约束等。

(3) 引用完整性：引用完整性是针对有关系的两张表而言的。例如员工表和工资表，员工表中的员工编号就要跟工资表中的员工编号一一对应，员工表中没有的员工编号不应该出现在工资表中，这种约束的方法一般采用外键约束。

(4) 自定义完整性：属于自定义规则的完整性约束，约束的方法一般有存储过程、触发器等。

在软件的设计阶段，需要对数据库进行设计，而用户设计的数据库是良好的数据库还是糟糕的数据库，需要对数据进行增、删、改、查的操作之后才能知道，如果在使用数据库中的数据之前，我们对数据库进行规范化的设计，就可以使数据库具有一定的可靠性，规范化的数据库设计分为三大范式。

- 第一范式(1NF)：保证表中每一列的原子性，即每一列数据都是不可再分的最小的数据单元。
- 第二范式(2NF)：不仅满足第一范式，而且表中的每一列都要与主键相关。
- 第三范式(3NF)：不仅满足第二范式，而且表中的每一列都要与主键直接相关，而不是间接相关。

注意

在设计数据库的过程中，规范性虽然很重要，但在真正设计时，规范性和性能相比，更应该注重性能。

6.2　数据库操作语言

数据库的语言包括数据定义语言、数据操纵语言、数据控制语言等，下面分别来介绍一下这几种语言的应用。

6.2.1　数据定义语言(DDL)

数据定义语言(DDL)是指用来定义和管理数据库以及数据库中各种对象的语句，这些语句包括 CREATE、ALTER 和 DROP 等。在 SQL Server 2008 中，数据库对象包括表、视图、触发器、存储过程、规则、默认、用户自定义的数据类型等。这些对象的创建、修改和删除等都可以通过使用 CREATE、ALTER、DROP 等语句来完成。

在数据库中，所有的数据不是直接存入数据库的，而是很规整地存入表中，所以数据的定义语言可以用来创建数据库、表、视图、触发器、存储过程等。

要创建数据库，首先需要了解数据库的组成部分。数据库文件分为主数据文件、次要数据文件和日志文件，而必要的两个文件是主数据文件和日志文件，次要数据库文件是可选的，创建数据库文件需要指定很多参数，如果不指定，均采用默认参数。而需要自定义时，需要指定的参数如下。

- name：数据库的逻辑名称。
- filename：数据库的物理名称。
- size：数据库大小。
- maxsize：数据库最大容量。
- filegrowth：数据库容量增长值。

例如，用如下代码创建数据库：

```
CREATE DATABASE MyTest
ON PRIMARY
(
    NAME = 'MyTest_data',
    FILENAME = 'D:\Test\MyTest_data.mdf',
    SIZE = 10MB,
    MAXSIZE = 50MB,
    FILEGROWTH = 15%
)
LOG ON
(
    NAME = 'MyTest_log',
    FILENAME = 'D:\Test\MyTest_log.ldf',
    SIZE  = 2MB,
```

软件开发新课堂

```
    MAXSIZE = 10MB,
    FILEGROWTH = 2MB
)
```

以上代码将创建一个名为 MyTest 的数据库。主数据文件名为 MyTest_data，存放在 D 盘下面的 Test 文件夹中，主数据库文件的扩展名为 MDF，大小为 10MB，最大增长到 50MB，文件的增长率以百分比形式设置为每次增长 15%。日志文件的相关参数有——日志文件名为 MyTest_log，同样存放在 D 盘下面的 Test 文件夹中，大小 2MB，最大增长到 10MB，每次以 2MB 的形式增长，扩展名为 LDF，文件增长率可按照百分比或者固定大小增长。

注意

在创建数据库的过程中，可以省略主数据文件和日志文件的属性，如果省略，则采用默认值的形式；可以创建次要数据文件和多个日志文件，只需要在日志文件后加逗号并追加其属性即可。

例如创建数据库表，如下所示：

```
CREATE TABLE Student
(
    scode int IDENTITY(1,1) NOT NULL,
    sname varchar(8) NOT NULL,
    sgender char(2) NOT NULL,
    sage int NOT NULL,
    semail varchar(20),
    saddress varchar(50)
)
```

上述代码为创建表语句，表名为 Student，有 6 个字段，其中所带修饰 NOT NULL 表明该字段不能为空，属于必填字段，不加修饰的为选填字段，scode 列为自增字段，IDENTITY(1, 1)表示此列为自动增长标识列，初始值为 1，每次增长 1。

删除数据库或表的操作采用 DROP 进行删除，语法如下面的代码所示：

```
DROP DATABASE MyTest
DROP TABLE Student
```

6.2.2 数据操纵语言(DML)

数据操纵语言是指用来查询、添加、修改和删除数据库中数据的语言，这些语言包括 SELECT、INSERT、UPDATE、DELETE 等。

1. INSERT 语句

INSERT 语句是向数据库表中添加一行数据的语句，它的语法如下：

```
INSERT INTO 表名(列名) VALUES(值列表)
```

往表中添加数据时，需要注意以下几点：

● 列名之间或列值之间用逗号将各个数据分开，字符型数据要用单引号括起来。

- INTO 子句中可以不指定列名，则插入的新记录必须在每个属性列上均有值，且 VALUES 子句中值的排列顺序要与表中各属性列的排列顺序一致。
- 将 VALUES 子句中的值按照 INTO 子句中指定列名的顺序插入到表中，指定的列数目和值的数目相同。
- 如果表中某列不允许为空，在插入新数据时，一定要插入值。
- 表中的某列如果有默认值，可以采用默认值 DEFAULT 插入。
- 所插入数据的数据类型要与字段的数据类型相匹配。
- 如果表中某列为自动增长的标识列，不能为其插入任何数据。

例如，表 Student 的结构如下：

```
CREATE TABLE Student
(
    scode int IDENTITY(1, 1) NOT NULL,
    sname varchar(8) NOT NULL,
    sgender char(2) NOT NULL,
    sage int NOT NULL,
    semail varchar(20),
    saddress varchar(50)
)
```

如果要往表中插入数据，需要注意 scode 列为自动增长，按照规则，自动增长的标识列不能为其添加数据，sname、sgender、sage 三列约束为 NOT NULL，不允许为空，必须添加值，添加语句的写法如下所示：

```
INSERT INTO Student VALUES('张三', '男', 20, 'zhangsan@126.com', '北京')
```

在这条语句中，没有为 Student 表指定列名，所以应该插入全部数据，下面举几个常见的错误语句，代码如下：

```
--在没有指定列名的情况下，应该全部插入
INSERT INTO Student VALUES('张三','男',20)
--自动增长的标识列，不能显式地插入值
INSERT INTO Student VALUES(1,'张三','男',20,'zhangsan@126.com','北京')
--插入的字段，要跟数据表的类型和顺序相对应
INSERT INTO Student VALUES('张三',20,'男','zhangsan@126.com','北京')
--不允许为空的 sage 列，必须插入值
INSERT INTO Student(sname,sgender) VALUES('张三','男')
--如果表中有约束，不要违反约束，例如对电子邮件的约束
INSERT INTO Student VALUES('张三','男',20,'zhangsan','北京')
--不想添入的数据，可以采用默认值 DEFAULT，列数目要和值数目一致
INSERT INTO Student(sname,sgender,sage,semail) VALUES('张三','男',20)
```

如果要为 Student 表中添加多行数据,可以采用 INSERT 的另一种语法,INSERT INTO … SELECT UNION，方便用户插入多行常量值，语法如下：

```
INSERT INTO Student(sname,sgender,sage,semail,saddress)
SELECT '张三','男',20,'zhangsan@126.com','北京' UNION
SELECT '李四','女',24,'lisi@163.com','南京'
```

如果表中的数据需要备份或插入其他表中，也可以采用 INSERT 语法的另一种形式，

分为目标表存在和不存在两种类型，如果把数据插入到另一个表中，而这个表已存在，语法如下：

```
INSERT INTO StuInfo(sname,semail,saddress)
SELECT sname,semail,saddress
FROM Student
```

以上代码中必须要保证 StuInfo 表存在，才可以往表中插入数据，如果目标表不存在，想把数据备份到另一个表中，可以用如下的方法，而这种语法必须保证 StuInfo 表不存在：

```
SELECT sname,semail,saddress
INTO StuInfo
FROM Student
```

2. UPDATE 语句

UPDATE 语句用于修改数据库表中的特定记录或者字段的数据，其语法格式如以下代码所示：

```
UPDATE 表名 SET 列名 = 值 WHERE 条件
```

例如，在 Student 表中存储所有学员的信息，如果想更改学员"张三"的家庭住址为"上海"，则已知的条件为姓名是"张三"；要修改的列为"家庭住址"，希望修改的值为"上海"，那么语句如下：

```
UPDATE Student SET saddress = '上海' WHERE sname = '张三'
```

但如果本班有两名学员叫"张三"，则修改了两名学员的家庭住址。所以多数情况下，修改的条件应该为表中唯一的字段，如根据主键列、标识列或唯一约束的列修改。

在上述代码中指定了需要修改的数据行，写 UPDATE 更新语句时，可以去掉 WHERE 子句，例如，过新年了，大家都长大了一岁，那么 Student 表中的年龄列也应该在每行值的基础上加 1，如果都如上面的代码语句那样修改，在数据很多的情况下，将很难修改和维护，所以 UPDATE 语句允许不存在 WHERE 子句，如下所示：

```
UPDATE Student SET sage = sage + 1
```

同表中的数据行可以更新一列或者多列，如果更新多列，每列之间用逗号分隔，如学员姓名为"张三"，其学号为 1，希望更改 semail 邮箱地址为"xiaosan@163.com"，并且 saddress 家庭地址为"山东"，那么其语法如下所示：

```
UPDATE Student SET semail = 'xiaosan@163.com',saddress = '山东'
  WHERE scode = 1 and sname = '张三'
```

3. DELETE 语句

DELETE 语句可以删除表中的一行或多行记录，其语法格式如下所示：

```
DELETE FROM 表名 WHERE 条件
```

其中 WHERE 子句指定将删除的记录应当满足的条件，WHERE 子句省略时，则删除表中的所有记录，这种删除方式只能删除整行记录，不能删除整列。

例如，准备删除 Student 表中姓名为"张三"的学员，代码如下所示：

```
DELETE FROM Student WHERE sname = '张三'
```

如果删除 Student 表中家庭住址为"上海"或者"浙江"的人，则 SQL 语句应如下所示：

```
DELETE FROM Student WHERE saddress = '上海' or saddress = '浙江'
```

如果在写 SQL 语句时忘记加 WHERE 条件，则语句会变成删除表中的所有数据，但表结构不会删除，如下所示：

```
DELETE FROM Student
```

这条语句跟如下的代码意思等同：

```
TRUNCATE TABLE Student
```

二者都是删除表中所有数据，表结构不会删除，但后者删除表中的数据时，效率会比前者效率高，因为 TRUNCATE 语句不会把信息记录到日志文件内，而是直接删除，不可恢复。另外，如果使用 TRUNCATE TABLE 删除表中的数据，自动增长的标识列值将重新计算，但 DELETE FROM 删除表中的内容时，自动增长的标识列值将记录删除之前数据。

注意

> TRUNCATE 比 DELETE 删除速度更快，效率更高，不记录日志。用 TRUNCATE 删除的数据无法恢复，不要轻易使用。

6.2.3　数据控制语言(DCL)

数据控制语言(DCL)是用来设置或更改数据库用户或角色权限的语句，其中包括 GRANT、DENY、REVOKE 等语句。

1. GRANT 语句

GRANT 语句为授权语句，分为两种授权方式：语句权限与角色的授权，对象权限与角色的授权。授权的语法如下：

```
GRANT 权限 ON 表名 TO 用户
```

如果在数据库中有数据库用户 ZhangSan，希望让其对 Student 表中的数据进行查询和添加的操作，则授权语句应如下所示：

```
GRANT SELECT,INSERT ON Student TO ZhangSan
```

在上述代码中，GRANT 之后需要对权限加以描述，SELECT 和 INSERT 是查询和添加的权限，如果某用户具有删除和修改的权限，也可在后面追加 DELETE 和 UPDATE，若用户权限比较大，具有创建数据库、创建表等权限，则授权语句应如下所示：

```
GRANT CREATE DATABASE,CREATE TABLE TO ZhangSan
```

数据库管理员拥有系统权限，而作为数据库的普通用户，只对自己创建的基本表、视图等数据库对象拥有对象权限。如果要共享其他的数据库对象，则必须授予他一定的对象权限。

2. REVOKE 语句

REVOKE 语句是与 GRANT 语句相反的语句，它能够将以前在当前数据库内的用户或者角色上授予的权限删除，REVOKE 撤消权限也分为两种，语句权限与角色的撤消，对象权限与角色的撤消，其语法格式如下所示：

```
REVOKE 权限 FROM 用户
```

假设数据库存在用户 ZhangSan，并拥有 CREATE TABLE 的权限，收回用户权限的语句如下所示：

```
REVOKE CREATE TABLE FROM ZhangSan
```

所有授权的权利在必要的时候都可以由数据库管理员或者授权者收回，如果要撤消此用户在某张表上面的权限，仍然用 REVOKE 语句，语法如下所示：

```
REVOKE 权限 ON 表名 FROM 用户
```

例如，某数据库存在名为 ZhangSan 的数据库用户，并具有在表 Student 上的添加的权利，希望撤消 ZhangSan 对此表的 INSERT 权限，则语法如下所示：

```
REVOKE INSERT ON Student FROM ZhangSan
```

如果同时收回多个用户的同一个权利，可以在 FROM 之后添加多个用户名，每个用户名之间用逗号分隔。

3. DENY 语句

DENY 语句用于拒绝给当前数据库内的用户或者角色授予权限，其语法格式如下面的代码所示：

```
DENY 权限 ON 表名 TO 用户
```

如果有数据库用户 ZhangSan，拒绝在 Student 表中分配给用户添加、删除、修改和查询的权限，则 SQL 语句应如下所示：

```
DENY INSERT,DELETE,UPDATE,SELECT ON Student TO ZhangSan
```

6.2.4 存储过程

在 SQL Server 中的存储过程主要分为两大类：系统存储过程和用户自定义存储过程。

系统存储过程是 SQL Server 系统创建的存储过程，它的目的在于能够方便地从系统表中查询信息，或者完成与更新数据库表相关的管理任务或其他的系统管理任务。系统存储过程可以在任意一个数据库中执行，而所有的系统存储过程都放在系统数据库 master 中，系统过程的名称一般以 SP_开头或者 XP_开头。表 6-1 介绍了部分常用的系统存储过程。

表 6-1　常用的系统存储过程

系统存储过程	说　明
sp_databases	列出服务器上的所有数据库
sp_addtype	用于定义一个用户自定义数据类型
sp_helpdb	报告有关指定数据库或所有数据库的信息
sp_rename	用于修改当前数据库中用户对象的名称
sp_renamedb	更改数据库的名称
sp_configure	用于管理服务器配置选项设置
sp_tables	返回当前环境下可查询的对象的列表
sp_columns	返回某个表中若干列的信息
sp_help	查看某个表的所有信息
sp_helpconstraint	查看某个表的约束
sp_helpindex	查看某个表的索引
sp_stored_procedures	列出当前环境中的所有存储过程
sp_password	添加或修改登录账户的密码
sp_helptext	显示默认值、未加密的存储过程、用户定义的存储过程、触发器或视图的实际文本

使用系统的存储过程，使用 EXEC 调用，如果想查看当前服务器下有哪些数据库，或者希望更改数据库的名称，都可以利用存储过程来实现，实现步骤如下所示：

```
EXEC SP_databases
EXEC SP_renamedb 'MyDB', 'YourDB'
EXEC XP_cmdshell 'mkdir c:\db', NO_OUTPUT
```

在上述代码中，第一条语句是查看当前服务器下所有的数据库信息；第二条语句是更改数据库的名字，需要两个参数，"MyDB"是原数据库名称，"YourDB"是新的数据库名称；第三条语句调用了系统的存储过程 XP_cmdshell，主要作用是执行 DOS 命令，第二个参数可以省略，NO_OUTPUT 表示不需要返回值。

提示

　　一般在创建数据库之前，都会把数据库文件指定存放在某个磁盘下，需要用 XP_cmdshell 命令来创建文件夹。

另一种形式是用户自定义存储过程，自定义的存储过程类似于其他语言里的方法或函数，也可以具有参数和返回内容，但在 SQL 中统称为参数，并可区分为输入参数和输出参数，其语法如下所示：

```
CREATE  PROC[EDURE]  存储过程名
   @参数1  数据类型 = 默认值 OUTPUT,
   ... ,
```

```
@参数 n 数据类型 = 默认值 OUTPUT
AS
SQL 语句
GO
```

先来写一个最简单的存储过程，实现简单的计算器功能，需要输出 1+1 的值即可，这个存储过程不需要任何参数，所以在定义时，AS 语句之前的参数部分省略，语法如下面的代码所示：

```
CREATE PROCEDURE Sum_A
AS
PRINT 1 + 1
```

执行这个存储过程，用 EXEC 调用，加上存储过程的名称，代码如下所示：

```
EXEC Sum_A
```

则输出结果为 2。

但如果我们的计算器功能要求更强大一些，让用户调用时来决定到底在计算哪两个数之和，就需要在定义存储过程的时候加上相应的参数，参数即为用户调用时传递到存储过程内的数值，定义方式如下所示：

```
CREATE PROCEDURE Sum_B
@number1 int,
@number2 int
AS
PRINT @number1 + @number2
```

则调用时应传递相关参数，调用方法如下所示：

```
EXEC Sum_B 1,3
```

在调用时，跟第一个存储过程不同的地方就是 Sum_B 这个存储过程需要两个参数。在调用时，将 1 和 3 赋值给@number1 和@number2，存储过程中实现的就是相加并输出的操作，并且存储过程的参数可以定义默认值，这样我们每次调用时，都可以选择性地给参数赋值。定义和调用如下所示：

```
CREATE PROCEDURE Sum_B
@number1 int = 4,
@number2 int = 5
AS
PRINT @number1 + @number2
GO
--调用存储过程
EXEC Sum_B 1, 2            --分别给两个参数赋值
EXEC Sum_B 1              --只给第一个参数赋值，第二个参数采用默认值
EXEC Sum_B  @number2 = 6   --如果为第二个参数赋值，要加上参数的名称
EXEC Sum_B               --全部采用默认值的形式
```

存储过程的参数分为两种类型，即输入参数和输出参数。上面的都是输入参数，输出参数就是在输入参数的后面加 OUTPUT 关键字，相当于调用存储过程时存储过程的返回值

一样，定义和调用代码如下所示：

```
CREATE PROCEDURE Sum_C
@result int OUTPUT,
@number1 int,
@number2 int
AS
SET @result = @number1 + @number2
GO
--调用存储过程
DECLARE @result int
EXEC Sum_B @result OUTPUT, 1, 2
PRINT @result
```

如果存储过程有输出参数，按照规则，输出参数最好在输入参数之前，定义时加 OUTPUT 关键字；要在 AS 之后，在存储过程体中为输出参数赋值，调用的时候需要用 DECLARE 声明变量，并接收输出参数的值；定义和调用都需要 OUTPUT 关键字修饰。

6.2.5　其他语言元素

1. 注释

注释是程序代码中不执行的文本字符串。使用注释对代码进行说明，不仅能使程序易读易懂，而且有助于日后的管理和维护。在写程序之前，写注释通常用于记录程序名称、作者姓名和主要代码更改的日期。还可以对程序中的部分代码加以说明。

在 SQL Server 中，注释的类别分为两种：一种是单行注释，在每行的行头添加"--"，代表注释本行内容；另一种是多行注释，即/* ... */。其中的"/*"用在注释文字的开头，"*/"用在注释文字的结尾，利用它们可以在程序中标识多行文字为注释。当然，单行注释也可以使用/* ... */，我们只需将注释行以"/*"开头并以"*/"结尾即可。

常见的注释方法如下所示：

```
--此行为单行注释
/*此行为多行注释,
可回车注释多行内容*/
```

2. 变量

变量是一种语言中必不可少的组成部分，每种语言中都有定义变量的语法。在 Transact-SQL(可简写为 T-SQL)语言中，变量分为两种类型，一种是全局变量，系统定义好的变量，另一种是局部变量，也称为用户自定义变量。

局部变量是一个能够拥有特定数据类型的对象，它的作用范围仅限制在程序内部。局部变量的名称必须以"@"开头，必须满足 SQL Server 的命名规则，而且必须先用 DECLARE 命令声明后才可以使用，数据类型不能是 text、ntext 或 image 类型之一。

定义局部变量的语法形式如下所示：

```
DECLARE @变量名 数据类型
```

软件开发新课堂

使用 DECLARE 命令声明并创建局部变量之后，会将其初始值设为 NULL，如果想要设定局部变量的值，必须使用 SELECT 命令或者 SET 命令。其语法形式如下所示：

```
SET @变量名 = 值
SELECT @变量名 = 字段名 FROM 表名 WHERE 条件
```

SET 和 SELECT 两种语句都可以为变量赋值，但一般情况下，如果是固定常量值赋给局部变量，采用的方式为 SET 形式，如果为变量赋值的数据来源于表中的任何值，需要用 SELECT 查询后赋给变量，所以一般用 SELECT 语句赋值。

下面的代码为定义局部变量并赋值的例子：

```
DECLARE @age int
SET @age = 20
PRINT @age
```

另一种变量的类型称为全局变量，是 SQL Server 系统本身提供的变量。全局变量是 SQL Server 系统内部使用的变量，其作用范围并不仅仅局限于某一程序，而是任何程序均可以随时调用。全局变量通常存储一些 SQL Server 的配置设定值和统计数据。用户可以在程序中用全局变量来测试系统的设定值或者是 T-SQL 命令执行后的状态值。

全局变量有 3 个特征：

- 用户不能自定义全局变量，全局变量是由系统提供的。
- 全局变量以"@@"开头，调用时注意变量名称。
- 用户自定义的局部变量不要与全局变量名称相同。

表 6-2 中列出了部分全局变量。

表 6-2　全局变量

变　量	含　义
@@ERROR	最后一个 T-SQL 错误的错误号
@@IDENTITY	最后一次插入的标识值
@@LANGUAGE	当前使用的语言的名称
@@MAX_CONNECTIONS	可以创建的同时连接的最大数目
@@ROWCOUNT	受上一个 SQL 语句影响的行数
@@SERVERNAME	本地服务器的名称
@@TRANSCOUNT	当前连接打开的事务数
@@VERSION	SQL Server 的版本信息

3. 运算符

运算符是一些操作符号，它们能够用来执行算术运算、字符串连接、赋值和比较等操作。在 SQL Server 2008 中，常用运算符主要有以下几类：算术运算符、赋值运算符、比较运算符和逻辑运算符。

运算符中最简单的是赋值运算符，即"="，是将等于号后面的值赋给等于号前面的变量，如 SET @a = 29，就是把 29 赋值给@a 变量。

算术运算符可以在两个表达式上执行数学运算，算术运算符包括加(+)、减(−)、乘(*)、除(/)和取模(%)等符号。

比较运算符也称为关系运算符，用于比较两个表达式的大小。比较的结果返回值类型是布尔类型，即 TRUE 和 FALSE，TRUE 表示结果为真，FALSE 表示结果为假。除了 text、ntext 或 image 数据类型的表达式外，比较运算符可以用于所有的表达式。

逻辑运算符可以把多个逻辑表达式连接起来。逻辑运算符包括 AND、OR 和 NOT 等运算符。逻辑运算符和比较运算符一样，返回带有 TRUE 或 FALSE 值的布尔数据类型，而这三个运算符的优先级从高到低为：NOT→AND→OR。

在 SQL Server 2008 中，运算符的优先等级从高到低排列如下，如果优先等级相同，则按照从左到右的顺序进行运算。

(1) 括号：()
(2) 乘、除、求模运算符：* / %
(3) 加减运算符：+ −
(4) 比较运算符：= > < >= <= <> != !> !<
(5) 逻辑运算符：NOT AND OR

4．函数

在 T-SQL 语言中，函数用来执行一些特殊的运算，帮助用户完成某些操作，每个函数都有一个名称，在名称之后有一对小括号，如 getDate()函数。有些函数在小括号中需要一个或者多个参数。在 T-SQL 语言中提供了聚合函数、字符串函数、日期函数，数学函数和系统函数等。聚合函数一共有 5 个，即 SUM、AVG、MIN、MAX、COUNT。

其中 SUM 是对某列求和的函数，AVG 求某列的平均值，MIN 求某列的最小值，MAX 求某列的最大值，COUNT 计算此列一共包含多少非空值。

例如，查询 Student 表中一共多少名学员，语法结构如下所示：

```
SELECT COUNT(*) FROM Student
```

字符串函数主要针对数据库中数据类型为 CHAR、VARCHAR、NCHAR、NVARCHAR 等的数据，常用的字符串处理函数如表 6-3 所示。

表 6-3　字符串常用函数

函 数 名	含 义
CHARINDEX	用来寻找一个指定的字符串在另一个字符串中的起始位置
LEN	返回字符串长度
LTRIM	清除字符串左边的空格
RTRIM	清除字符串右边的空格
LEFT	从左边截取字符
RIGHT	从右边截取字符
LOWER	将字符串转换为小写
UPPER	将字符串转换为大写
REPLACE	替换字符串中的字符

以上这些字符串函数是最常用的，下面的代码列举了几个常用的例子：

```
SELECT LEN('数数多少个文字')
SELECT LTRIM('     去除左边空格')
SELECT RTRIM('去除右边空格     ')
SELECT LTRIM(RTRIM('          去除左右两端空格          '))
```

函数可以嵌套使用，如去除左右两端空格采用 LTRIM(RTRIM(' 语句 '))。

日期和时间函数用于对日期和时间数据进行各种不同的处理和运算，并返回一个字符串、数值或日期和时间值，常用的函数如表 6-4 所示。

表 6-4 日期函数

函　数	含　义
DATEADD	在日期的某个部分上添加指定数值
DATEDIFF	返回两个日期之差
DATENAME	返回日期 date 中 datepart 指定部分所对应的字符串
DATEPART	返回日期 date 中 datepart 指定部分所对应的整数值
DAY	返回指定日期的天数
GETDATE	返回当前的日期和时间
MONTH	返回指定日期的月份数
YEAR	返回指定日期的年份数

日期函数最常用的就是得到当前系统的时间，采用 GETDATE 函数，示例代码如下：

```
SELECT GETDATE()
SELECT DATEADD(mm, 2, '03/10/2009')
SELECT DATEDIFF(mm, '01/01/2009', '05/01/2009')
```

在上述代码中，第一条语句获取当前时间；第二条语句要求在第 3 个参数的时间上添加两个月，结果为 2009 年 5 月 10 日；第三条语句求两个时间之间在月上面的差距，结果为 4；可见在 SQL Server 中表示时间采用"月/日/年"的形式。

数学函数用于对数值表达式进行数学运算并返回结果。数学函数可以对 SQL Server 提供的数值数据进行处理。在 SQL Server 中，常用的数学函数如表 6-5 所示。

表 6-5 数学函数

函　数	含　义
ABS	取绝对值
ROUND	四舍五入为指定精度值
SQRT	求平方根
POWER	取数值表达式值的幂

续表

函　数	含　义
FLOOR	取小于或等于指定表达式的最大整数
CEILING	返回大于或等于所给数值表达式的最小整数

常用的数学函数用法如下所示：

```
SELECT ABS(-20)
SELECT POWER(3, 5)
SELECT ROUND(10.2837, 2)
SELECT SQRT(16)
```

在上述代码中，第一条语句求-20 的绝对值，返回 20；第二条语句求 3 的 5 次幂，返回值为 243；第三条语句取 10.2837 的精度为 2，最终结果为 10.28；第四条语句为求 16 的平方根，结果为 4。

系统函数用于返回有关 SQL Server 系统、用户、数据库和数据库对象的信息。系统函数可以让用户在得到信息后，使用条件语句，根据返回的信息进行不同的操作。常用的系统函数如表 6-6 所示。

表 6-6　系统函数

函　数	含　义
CONVERT	用来转变数据类型
DATALENGTH	返回表达式的字节数
HOST_NAME	返回当前用户所登录的计算机名字

在变量连接或者任何需要类型转换的位置，都可以见到 CONVERT 函数，这个函数的主要作用就是转换数据类型。用法如下：

```
SELECT CONVERT(int, '12345')
```

注意

CONVERT 进行类型转换时，注意类型要匹配。例如把数字 12 转换成字符串'12'，但如果把字符串'time'转换为整型，则会引发异常。

5. 流程控制语句

流程控制语句是指那些用来控制程序执行和流程分支的语句，在 SQL Server 2008 中，流程控制语句主要用来控制 SQL 语句、语句块或者存储过程的执行流程。

(1) IF … ELSE 语句是条件判断语句，其中，ELSE 子句是可选的，最简单的 IF 语句没有 ELSE 子句部分。IF … ELSE 语句用来判断当某一条件成立时执行某段程序，条件不成立时执行另一段程序。SQL Server 允许嵌套使用 IF … ELSE 语句，而且嵌套层数没有限制，如果 IF 或 ELSE 后面有多条语句，这些语句必须用 BEGIN 和 END 包围，如果只有一条语句，BEGIN 和 END 可以省略不写。

软件开发新课堂

IF ... ELSE 的语法如下所示：

```
IF(条件)
    BEGIN
    语句块 1
    END
ELSE
    BEGIN
    语句块 2
    END
```

例如，如果变量@a 的值为 1，则输出"很好"，否则输出"不怎么样"，代码如下：

```
DECLARE @a int
SET @a = 1
IF(@a = 1)
    BEGIN
    PRINT '很好'
    END
ELSE
    BEGIN
    PRINT '不怎么样'
    END
```

在上述代码中，我们定义了变量@a，并设初始值为 1，所以在判断的过程中，@a 的值为 1，结果 IF 成立，执行输出了"很好"。

(2) GO 语句是批处理(语句块)的结束语句。批处理(语句块)是一起提交并作为一个组执行的若干 SQL 语句。这条语句比较简单，一般在创建数据库、创建表、创建视图、创建存储过程、创建触发器、删除数据库、删除表、删除视图、删除存储过程、删除触发器等之后添加批处理语句块的结束语句 GO，让代码块作为一个逻辑单元提交。

(3) CASE 语句可以计算多个条件式，并将其中一个符合条件的结果表达式返回。它的语法结构如下所示：

```
CASE
    WHEN 条件 1 THEN 值 1
    WHEN 条件 2 THEN 值 2
    ...
    ELSE 值 N
END
```

(4) WHILE 是循环语句。如果条件为真，则继续循环，如果条件为假，则跳出循环。在循环语句中支持两个关键字，CONTINUE 和 BREAK，其中，CONTINUE 语句可以使程序跳过 CONTINUE 语句后面的语句，回到 WHILE 循环的第一行命令。BREAK 语句则使程序完全跳出循环，结束 WHILE 语句的执行，语法格式如下所示：

```
WHILE(条件)
BEGIN
    循环体
    BREAK
END
```

软件开发新课堂

（5）　GOTO 语句可以使程序直接跳到指定的标有标识符的位置处继续执行，而位于 GOTO 语句和标识符之间的程序将不会被执行。GOTO 语句和标识符可以用在语句块、批处理和存储过程中，标识符可以为数字与字符的组合，但必须以 "："结尾。如 "a1："。在 GOTO 语句行中，标识符后面不用跟 "："。GOTO 语句的语法形式如下所示：

```
GOTO label
...
label:
```

（6）　RETURN 语句用于无条件地终止一个查询、存储过程或者批处理，此时位于 RETURN 语句之后的程序将不会被执行。

6.3　数据库查询语言

数据库的查询在应用程序中最常用，查询语句为 SELECT 语句。先来了解一下 SELECT 语句的语法结构，代码如下所示：

```
SELECT [TOP 数量] 列名 FROM 表名 [WHERE 条件 GROUP BY 分组列名
  HAVING 分组后筛选条件 ORDER BY 排序列名 DESC/ASC]
```

SELECT 语句用于指定所选择的要查询的特定表中的列，它可以是星号(*)、表达式、列表、变量等。FROM 子句用于指定要查询的表或者视图。WHERE 子句用来限定查询的范围和条件。GROUP BY 子句是分组查询子句。HAVING 子句用于指定分组子句的条件。GROUP BY、HAVING 子句和集合函数一起，可以实现对每个组生成一行和一个汇总值。ORDER BY 子句可以根据一个列或者多个列来排序查询结果，在该子句中，既可以使用列名，也可以使用相对列号。ASC 表示升序排列，DESC 表示降序排列。

6.3.1　简单查询

如果数据库中存在 Student 表，结构如下所示：

```
CREATE TABLE Student
(
    scode int IDENTITY(1,1) NOT NULL,
    sname varchar(8) NOT NULL,
    sgender char(2) NOT NULL,
    sage int NOT NULL,
    semail varchar(20),
    saddress varchar(50)
)
```

可以依条件查询表中的数据内容：

```
--查询 Student 表中所有数据
SELECT * FROM Student
--查询 Student 表中的姓名和地址列
SELECT sname,saddress FROM Student
```

6.3.2 条件查询

当要在表中找出满足某些条件的行时，需使用 WHERE 子句指定查询条件，条件查询又可分为以下几方面内容。

- 比较大小和确定范围。
- 部分匹配查询。
- 空值查询。
- 查询的排序。

(1) 第一是比较大小和确定范围，如果想查询 Student 学生表中姓名为"张三"的学员，或者要查询 Student 表中年龄在 20 岁以上的学员名单，代码如下所示：

```
--查询姓名为张三的学员名单
SELECT * FROM Student WHERE sname = '张三'
--查询年龄在 20 岁以上的学员名单
SELECT * FROM Student WHERE sage > 20
```

查询班级内所有男生：

```
SELECT * FROM Student WHERE sgender = '男'
```

当 WHERE 子句需要指定一个以上的查询条件时，就需要使用逻辑运算符 AND、OR 和 NOT 将其连接成复合的逻辑表达式。其优先级由高到低为 NOT→AND→OR，用户可以使用括号改变优先级。

假设想查询名字为"张三"并且家庭住址在"大兴"的学员名单，查询语句如下：

```
--查询姓名为张三并且家庭住址在大兴的学员名单
SELECT * FROM Student WHERE sname = '张三' and saddress = '大兴'
```

SQL 语句中也有一个特殊的 BETWEEN ... AND 运算符，用于检查某个值是否在两个值之间(包括等于两端的值)。如查询班级学员年龄在 20 岁到 30 岁之间的所有人，代码如下：

```
--查询年龄在20~30之间的学员
SELECT * FROM Student WHERE sage BETWEEN 20 AND 30
--上述语句类似于下面这条语句
SELECT * FROM Student WHERE sage >= 20 AND sage <= 30
```

(2) 第二是部分匹配查询。当不知道完全精确的值时，用户还可以使用 LIKE 或 NOT LIKE 进行部分匹配查询(也称模糊查询)。LIKE 运算使我们可以使用通配符来执行基本的模式匹配，常用的通配符如表 6-7 所示。

表 6-7 通配符

通 配 符	说　　明
_	表示任意单个字符
%	表示任意长度的字符串
[ ]	与特定范围中的任意单字符匹配
[^]	与特定范围之外的任意单字符匹配

例如，根据上面的通配符，想查询本班所有姓"张"的学员，无论是两个汉字组成的名字，还是三个汉字组成的名称，只要是姓"张"的学员，就筛选出来，代码如下所示：

```
--查询所有姓"张"的学员
SELECT * FROM Student WHERE sname like '张%'
--查询所有名字中带"强"的学员
SELECT * FROM Student WHERE sname like '%强%'
--查询所有第二个字为"雪"的学员
SELECT * FROM Student WHERE sname like '_雪%'
```

(3) 第三是空值查询。某个字段没有值称之为具有空值(NULL)。通常没有为一个列输入值时，该列的值就是空值。空值不同于零和空格，它不占任何存储空间，例如有些学员没有电子邮件，则电子邮件列的值为空，在查询时代码如下：

```
--查询电子邮件为空的学员
SELECT * FROM Student WHERE semail IS NULL
--查询未记录家庭地址的学员
SELECT * FROM Student WHERE saddress IS NULL
```

我们查询的是某列为空的值，不能写成"列名=NULL"。

(4) 第四是查询的排序，当需要对查询结果排序时，应该在 SELECT 语句中使用 ORDER BY 子句。ORDER BY 子句包括了一个或多个用于指定排序顺序的列名，排序方式可以指定，DESC 为降序，ASC 为升序，默认时为升序。ORDER BY 子句必须出现在其他子句之后。

ORDER BY 子句支持使用多列。可以使用以逗号分隔的多个列作为排序依据——查询结果将先按指定的第一列进行排序，然后再按指定的下一列进行排序。

例如，查询 Student 表中所有数据，按姓名从小到大排序，代码如下：

```
--查询所有学员，按年龄从小到大排序
SELECT * FROM Student ORDER BY sage ASC
```

6.3.3　分组查询

GROUP BY 子句可以对某一列的相同值进行分组，每组在属性列或属性列组合上具有相同的聚合值。如果聚合函数没有使用 GROUP BY 子句，则只为 SELECT 语句报告一个聚合值。

如果要查询相同城市学员的平均年龄，那么重点就在城市和年龄上，因为是相同城市，所以肯定要把所有相同的城市分为一组，在这一组中查询年龄的平均值，语法如下所示：

```
--查询所有相同城市学员的平均年龄
SELECT AVG(sage) FROM Student GROUP BY saddress
```

6.3.4　连接查询

数据表之间的联系是通过表的字段值来体现的，这种字段称为连接字段。连接操作的目的就是通过加在连接字段的条件将多个表连接起来，以便从多个表中查询数据。前面的

软件开发新课堂

查询都是针对一个表进行的，当查询同时涉及两个以上的表时，称为连接查询。

连接查询分为内连接、外连接、交叉连接、全连接和子查询等几种类型，其中内连接和子查询最为常用。

1. 内连接

内连接是指两个表之间，因为某个公共字段相同而连接在一起的连接方式，内连接的语法如下：

```
SELECT 字段名 FROM 表1 INNER JOIN 表2 ON 表1.列名 = 表2.列名
```

例如，现有 Student 表和 SCore 成绩表，成绩表中有三列内容(sid 为考号、scode 为学号(外键)、score 为成绩)，如果要查询学员的姓名和成绩信息，以表格形式显示，姓名列从 Student 表中提取，成绩列从 Score 表中提取，希望一起显示出来，需要用到表连接的操作，而这种操作的值是一一对应的，所以用内连接，代码如下：

```
SELECT sname,score FROM Student INNER JOIN Score
  ON Student.scode = Score.scode
```

内连接还有另外一种类型，可以不采用 INNER JOIN ... ON 的形式，可以在 FROM 后追加两个表名，共同字段写在 WHERE 子句之后，代码如下：

```
SELECT sname,score FROM Student, Score WHERE Student.scode = Score.scode
```

2. 外连接

外连接的类型又分为左外连接和右外连接，左外连接以左表为主，左表中的数据全部提取出来，右表中相对应的数据提取出来，没有相对应的数据应以 NULL 填充。

例如，表1为左表，三行数据值分别为"1，2，3"，表2为右表，两行数据"1，4"，如果两表进行左连接，应以表1为主，查询出来的数据最多三条，即"1，2，3"，虽然"2，3"与右表没有相对应字段，会以 NULL 填充。

如果用右连接，以表2为主，查询出两条数据，"4"没有对应字段，以 NULL 填充。

语法结构如下：

```
SELECT sname,score FROM Student LEFT JOIN Score ON Student.scode = Score.scode
```

以上代码查询的就是所有学员的姓名列和成绩列，未参加考试的学员在 NULL 填充，但如果把 Student 和 Score 两表的位置互换，还能达到相同效果吗？答案是否定的，互换之前以 Student 表为主，互换后以 Score 表为主，相当于查询所有参加了考试学员的成绩，未参加考试的不筛选。

3. 子查询

返回一个值的子查询，当子查询的返回值只有一个时，可以使用比较运算符(=、>、<、>=、<=、!=)将父查询和子查询连接起来。

例如，查询"张三"的成绩，已知条件为"张三"，求成绩，代码如下所示：

```
SELECT score FROM Score WHERE scode = (SELECT scode FROM Student
  WHERE sname = '张三')
```

子查询的形式为——父查询(子查询)，所以先执行子查询，再执行父查询，在上面的代码中，子查询的作用是根据名字"张三"找到学号，父查询再根据找到的学号找成绩。但如果一个班中有两名学员叫"张三"，显然这个语法就不会成立，所以子查询如果返回一组值，不止一个值时，就不能直接使用比较运算符了，只能用 IN 代替返回一个值的"="，语法如下所示：

```
SELECT score FROM Score WHERE scode IN (SELECT scode FROM Student
  WHERE sname = '张三')
```

EXISTS 表示存在量词，带有 EXISTS 的子查询不返回任何实际数据，它只得到逻辑值"真"或"假"。当子查询的查询结果集合不为非空时，返回真，否则返回假。

例如，在我们创建数据库之前，先要判断一下数据库是否存在，如果存在，先删除再创建，代码如下所示：

```
--查询 MyDB 数据库是否存在，如果存在则删除
IF EXISTS (SELECT * FROM sysdatabases WHERE name = 'MyDB')
    DROP DATABASE MyDB
--查询 Student 表是否存在，如果存在则删除
IF EXISTS (SELECT * FROM sysobjects WHERE name = 'Student')
    DROP TABLE Student
```

6.4　SQL Server 2008 数据类型基础

在 SQL Server 2008 中，每个列、局部变量、表达式和参数都有其各自的数据类型。

SQL Server 提供系统数据类型集，定义了可与 SQL Server 一起使用的所有数据类型；另外用户还可以使用 Transact-SQL 或.NET 框架定义自己的数据类型，它是系统提供的数据类型的别名。每个表可以定义至多 250 个字段，除文本和图像数据类型外，每个记录的最大长度限制为 1962 个字节。

数据类型大致分为位类型、整型、浮点类型、字符串类型、二进制类型、日期类型和货币类型等。

1. 位类型

数据类型 Bit 称为位类型，位类型的值在数据表中存储时只能存储 0 或 1，但显示出来的值为 True 和 False，其中 True 代表 1，False 代表 0，在做逻辑判断时，通常用 Bit 类型代表真或假、是或否的值。

2. 整型

整型有 Int、Bigint、Smallint、Tinyint 四种，其中最常用的为 Int 类型，它的取值范围是-2147483648 ~ 2147483647 之间的所有整数值，存储量为 4 个字节，Bigint 为长整型，它可以存储-9223372036854775808 ~ 9223372036854775807 范围之间的所有整型数据，存储量为 8 个字节，Smallint 为短整型，可以存储-32768 ~ 32767 范围之间的所有正负整数。每个smallint 类型的数据占用 2 个字节的存储空间。Tinyint 比短整型更小，适合存储年龄信息，

可以存储从 0 到 255 范围之间的所有正整数，每个 tinyint 类型的数据占用 1 个字节的存储空间。

3. 浮点类型

浮点类型即数学中的小数，浮点类型有 Decimal、Numeric、Real、Float 等，其中 Decimal 数据类型和 Numeric 数据类型完全相同，它们可以提供小数所需要的实际存储空间，但也有一定的限制，可以用 2~17 个字节来存储 $-10^{38}+1 \sim 10^{38}-1$ 之间的固定精度和小数位的数字。也可以将其写为 Decimal(p, s) 的形式，p 和 s 确定了精确的总位数和小数位。其中 p 表示可供存储的值的总位数，默认设置为 18；s 表示小数点后的位数，默认设置为 0。

例如 decimal(8, 3)，表示共有 8 位数，其中整数 5 位，小数 3 位。

另外 Real 数据类型可以存储正的或者负的十进制数值，最大可以有 7 位精确位数。它的存储范围是 -3.40E+38 ~ 3.40E+38。每个 Real 类型的数据占用 4 个字节的存储空间。

还有一种浮点类型是 Float，可以精确到第 15 位小数，范围是 -1.79E+308 ~ 1.79E+308。如果不指定 Float 数据类型的长度，它占用 8 个字节的存储空间。

4. 货币类型

货币类型的数据分为两种——Money 和 SmallMoney。其中 Money 用于存储货币值，存储在 Money 数据类型中的数值以一个正数部分和一个小数部分存储在两个 4 字节的整型值中，存储范围是 -9223372136854775808 ~ 9223372136854775807，精确到货币单位的千分之十。SmallMoney 与 Money 数据类型类似，但范围比 Money 数据类型小，其存储范围是 -2147483468 ~ 2147483467 之间，精确到货币单位的千分之十。当为 Money 或 SmallMoney 的表输入数据时，必须在有效位置前面加一个货币单位符号。

5. 日期和时间数据类型

日期和时间数据类型最常用的是 DateTime 类型，它用于存储日期和时间的结合体。DateTime 数据类型所占用的存储空间为 8 个字节，其中前 4 个字节用于存储基于 1900 年 1 月 1 日之前或者之后的日期数，数值分正负，负数存储的数值代表在基数日期之前的日期，正数表示基数日期之后的日期，时间的毫秒值存储在后面的 4 个字节中。另一种类型是 SmallDateTime，与 DateTime 数据类型类似，但其日期时间范围较小，它存储从 1900 年 1 月 1 日之后的日期。SmallDateTime 数据类型使用 4 个字节存储数据，其精度为 1 分钟。

6. 字符数据类型

字符数据类型也是 SQL Server 中最常用的数据类型之一，它可以用来存储各种字母、数字符号和特殊符号。在使用字符数据类型时，需要在其前后加上英文单引号，字符类型分为 Char、Varchar、Text、Nchar、Nvarchar、Ntext 等，后三种类型属于 Unicode 字符数据类型。

7. Char 等类型

Char 类型定义形式为 Char(n)，当用 Char 数据类型存储数据时，每个字符和符号占用一个字节的存储空间。n 表示所有字符所占的存储空间，n 的取值为 1~8000。若不指定 n

值，系统默认 n 的值为 1。若输入数据的字符串长度小于 n，则系统自动在其后添加空格来填满设定好的空间；若输入的数据过长，将会截掉其超出部分。如果定义了一个 Char 数据类型，而且允许该列为空，则该字段被当作 Varchar 来处理。

Varchar 类型定义形式为 Varchar(n)，可以存储长达 255 个字符的可变长度字符串，与 Char 类型不同的是，Varchar 类型的存储空间是根据存储在表的每一列值的字符数变化的。例如定义 Varchar(10)，则它对应的字段最多可以存储 10 个字符，但是在每一列的长度达到 10 个字节之前，系统不会在其后添加空格来填满设定好的空间，因此使用 Varchar 类型可以节省空间。

只有在固定长度的列上，才会采用 Char 类型来存储数据。

Text 类型用于存储文本数据，其容量在实际应用时要根据硬盘的存储空间而定。

8. Nchar 等类型

Nchar 类型的定义形式为 Nchar(n)，它与 Char 数据类型类似，不同的是 Nchar 数据类型 n 的取值为 1~4000。Nchar 数据类型采用 Unicode 标准字符集，Unicode 标准用两个字节为一个存储单位，其一个存储单位的容量就大大增加了，可以将全世界的语言文字都包含在内，在一个数据列中就可以同时出现中文、英文、法文等，而不会出现编码冲突。

Nvarchar 类型的定义形式为 Nvarchar(n)。它与 Varchchar 数据类型相似，Nvarchar 数据类型也采用 Unicode 标准字符集，n 的取值范围为 1~4000。

Ntext 与 Text 数据类型类似，存储在其中的数据通常是直接能输出到显示设备上的字符，显示设备可以是显示器、窗口或者打印机。Ntext 数据类型采用 Unicode 标准字符集，因此其理论上的容量为 1073741823 个字节。

9. 二进制数据类型

二进制数据类型包括 Binary、Varbinary、Image 三种类型。

Binary 类型的定义形式为 Binary(n)，数据的存储长度是固定的，二进制数据类型的最大长度为 8000，常用于存储图像等数据。

Varbinary 类型的定义形式为 Varbinary(n)，数据的存储长度是变化的，它为实际所输入数据的长度加上 4 字节。其他含义跟 Binary 类似。

Image 类型用于存储照片、目录图片或者图画，其存储数据的模式与 Text 数据类型相同，通常存储在 Image 字段中的数据不能直接用 Insert 语句直接输入。

10. 自定义数据类型

前面介绍的是 SQL Server 提供的数据类型，而用户也可以根据自己的需要来自定义数据类型。SQL Server 允许用户自定义数据类型，用户自定义数据类型是建立在 SQL Server 系统数据类型基础上的，当用户定义一种数据类型时，需要指定该类型的名称、建立在其上的系统数据类型以及是否允许为空等。SQL Server 为用户提供了两种方法来创建自定义数据类型，第一种是使用 SQL Server 管理平台创建用户自定义数据类型，方法如下。

在 SQL Server 管理平台中，打开指定的服务器和数据库项，如图 6-1 所示，选择并展开"可编程性"→"类型"项，用鼠标右击，从弹出的快捷菜单中选择"用户定义数据类型"命令，出现"新建用户定义数据类型"对话框，如图 6-2 所示。

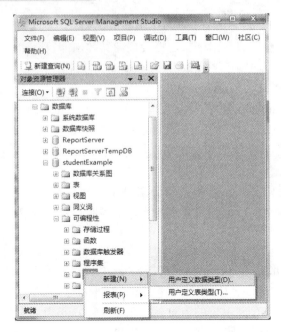

图 6-1 选择"用户定义数据类型"命令

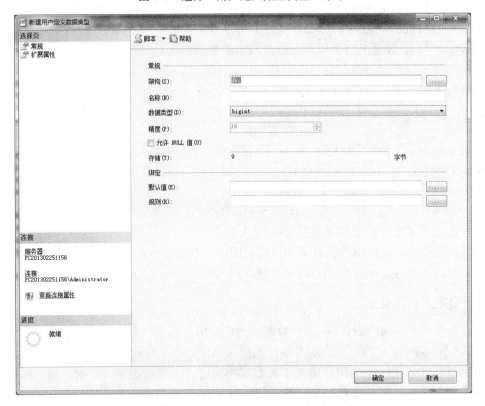

图 6-2 "新建用户定义数据类型"对话框

第二种方法是利用系统存储过程创建用户自定义数据类型。名为 sp_addtype 的系统存储过程为用户提供了用 T-SQL 语句创建自定义数据类型的途径,其语法形式如下所示:

```
--定义数据类型语法
EXEC SP_addtype 类型名称,数据类型,是否为空
--例如需要自定义一个地址数据类型,语法为
EXEC SP_addtype address, 'varchar(50)','NOT NULL'
```

6.5　SQL Server 2008 系统数据库介绍

SQL Server 2008 有 4 个系统数据库，分别为 Master、Model、Msdb、Tempdb。

其中 Master 数据库是 SQL Server 系统最重要的数据库，它记录了 SQL Server 系统的所有系统信息。这些系统信息包括所有的登录信息、系统设置信息、SQL Server 的初始化信息和其他系统数据库及用户数据库的相关信息。因此，如果 Master 数据库不可用，则 SQL Server 无法启动。

Model 数据库用作在 SQL Server 实例上创建的所有数据库的模板。因为每次启动 SQL Server 时都会创建 Tempdb，所以 Model 数据库必须始终存在于 SQL Server 系统中。当发出 CREATE DATABASE(创建数据库)命令时，将通过复制 Model 数据库中的内容来创建数据库的第一部分，然后用空页填充新数据库的剩余部分。如果修改 Model 数据库，之后创建的所有数据库都将继承这些修改。例如可以设置权限或数据库选项或者添加对象，如表、函数或存储过程。

Msdb 数据库是代理服务数据库，为其报警、任务调度和记录操作员的操作提供存储空间。

Tempdb 是一个临时数据库，它为所有的临时表、临时存储过程及其他临时操作提供存储空间。Tempdb 数据库由整个系统的所有数据库使用，不管用户使用哪个数据库，他们所建立的所有临时表和存储过程都存储在 Tempdb 上。SQL Server 每次启动时，Tempdb 数据库被重新建立。当用户与 SQL Server 断开连接时，其临时表和存储过程自动被删除。

6.6　SQL Server 2008 的安装

先在网上下载 SQL Server 2008 的安装包，如果系统为 Windows Server 2003 或者 Windows Server 2008，下载企业版即可。对于 Windows 8、Windows 7、Windows Vista 和 Windows XP 系统，应选择开发版或者个人版的安装包，SQL Server 2008 的安装步骤如下。

(1) 插入 SQL Server 安装媒体，然后双击根文件夹中的 setup.exe。

当安装程序启动后，首先检测是否有.NET Framework 3.5 环境。如果没有，会弹出安装此环境的对话框，此时可以根据提示安装.NET Framework 3.5。Windows Installer 4.5 也是必需的，并且可能由安装向导进行安装。如果系统提示您重新启动计算机，则重新启动计算机，然后再次启动 SQL Server 2008 setup.exe。

(2) 将打开的"SQL Server 安装中心"窗口，如图 6-3 所示。该对话框涉及计划一个安装,设定安装方式(包括全新安装,从以前版本的 SQL Server 升级)，以及用于维护 SQL Server 安装的许多其他选项。

软件开发新课堂

(3) 单击安装中心左边的"安装"条目，如图 6-4 所示。然后从"安装"选项列表中选择第一个项目，即"全新 SQL Server 独立安装或向现有安装添加功能"，这样就开始了 SQL Server 2008 的安装。

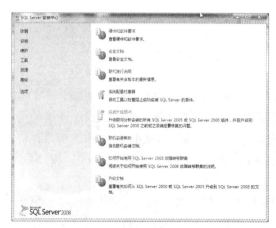

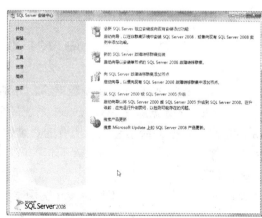

图 6-3　"SQL Server 安装中心"计划窗口　　　图 6-4　"SQL Server 安装中心"安装窗口

进入"安装程序支持规则"页面。系统配置检查器将在计算机上进行快速的系统检查。在 SQL Server 的安装过程中，要使用大量的支持文件，若检查过程中出现问题，就会提示错误，将错误解决后才能安装。若快速系统检查过程中有一个警告，仍可以继续安装。安装程序支持规则无问题的界面如图 6-5 所示。

(4) 单击"确定"按钮，进入"产品密钥"页面，单击相应的单选按钮，以指示您是安装免费版本的 SQL Server，还是您拥有该产品生产版本的 PID 密钥，如图 6-6 所示。

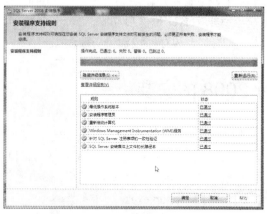

图 6-5　"安装程序支持规则"无问题　　　　图 6-6　"产品密钥"页面

如果没有密钥，可以在"指定可用版本"部分，选择 Express 个人版，如图 6-7 所示；如果有密钥，则选中"输入产品密钥"选项，并输入产品的密钥。

(5) 单击"下一步"按钮，在显示页面中选中"我接受许可条款"复选框后，单击"下一步"按钮继续安装，如图 6-8 所示。

图 6-7　指定 SQL Server 安装版本

图 6-8　"许可条款"页面

（6）如果计算机上尚未安装 SQL Server 必备组件，则安装向导将安装它们。在显示的"安装程序支持文件"页面中，单击"安装"按钮开始安装，如图 6-9 所示。

（7）安装完成后，重新进入"安装程序支持规则"页面，单击"显示详细信息"按钮，如图 6-10 所示。系统配置检查器将在安装继续之前检验计算机的系统状态。检查完成后，单击"下一步"按钮继续。

图 6-9　"安装程序支持文件"页面

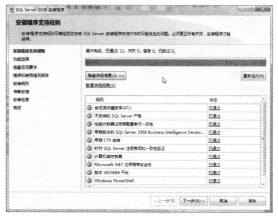

图 6-10　检查系统配置

（8）进入"功能选择"页面，如图 6-11 所示。用户根据需要从"功能"选项组中选中相应的复选框来选择要安装的组件，这里为全选。在"功能选择"页上选择要安装的组件。选择功能名称后，右侧窗格中会显示每个组件组的说明。可以选中任意复选框的组合。还可以使用此页底部的字段为共享组件指定自定义目录。若要更改共享组件的安装路径，可更新对话框底部字段中所提供的路径名，或单击"浏览"按钮导航到另一个安装目录。默认安装路径为"C:\Program Files\Microsoft SQL Server\"。

（9）单击"下一步"按钮指定"实例配置"，如图 6-12 所示。如果选中"命名实例"单选按钮，那么还需要指定实例名称。一般采用默认设置即可。

图 6-11　"功能选择"页面　　　　　　　图 6-12　"实例配置"页面

(10) 单击"下一步"按钮，进入检查"磁盘空间要求"页面，如图 6-13 所示。

(11) 单击"下一步"按钮，指定"服务器配置"。在"服务账户"选项卡中为每个 SQL Server 服务单独配置用户名、密码以及启动类型，如图 6-14 所示。

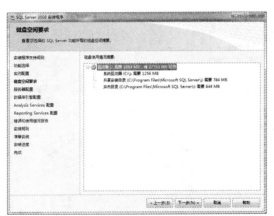

图 6-13　"磁盘空间要求"页面　　　　　图 6-14　"服务器配置"页面

在"服务器配置 - 服务账户"页上指定 SQL Server 服务的登录账户。此页上配置的实际服务取决于您选择安装的功能。可以为所有 SQL Server 服务分配相同的登录账户，也可以分别配置每个服务账户。还可以指定服务是自动启动、手动启动还是禁用。设置好后单击"下一步"按钮。

(12) 单击"下一步"按钮指定"数据库引擎配置"，在"账户设置"选项卡中指定身份验证模式、内置的 SQL Server 系统管理员账户和 SQL Server 管理员，如图 6-15 所示。

使用"数据库引擎配置 - 账户设置"页指定以下事项。

为 SQL Server 实例选择 Windows 身份验证或混合模式身份验证。如果选择"混合模式身份验证"，则必须为内置 SQL Server 系统管理员账户提供一个强密码。

在设备与 SQL Server 成功建立连接之后，用于 Windows 身份验证和混合模式身份验证的安全机制是相同的。

必须至少为 SQL Server 实例指定一个系统管理员。若要添加用以运行 SQL Server 安装程序的账户，应单击"添加当前用户"按钮。若要向系统管理员列表中添加账户或从中删除账户，应单击"添加"或"删除"按钮，然后编辑将拥有 SQL Server 实例的管理员权限的用户、组或计算机的列表。完成对该列表的编辑后，单击"确定"按钮。验证配置对话框中的管理员列表。这里选择"混合模式"，并设置相应的内置数据库管理员 sa 的密码及添加当前用户为管理员，如图 6-16 所示，单击"下一步"按钮。

图 6-15　"数据库引擎配置"

图 6-16　账户设置

(13) 上面的安装步骤(1)~(12)是 SQL Server 2008 的核心设置。接下来的安装步骤取决于前面选择组件的多少。分别是 Analysis Services 配置、Reporting Services 配置、错误和使用情况报告设置页面。

(14) 前面设置好后，进入"安装规则"页面，检查是否符合安装规则，如图 6-17 所示。

(15) 在出现的"准备安装"页面中显示安装过程中指定的安装选项的树视图。若要继续，应单击"安装"按钮，如图 6-18 所示。

图 6-17　显示安装规则

图 6-18　准备安装

(16) 安装完成后，"完成"页会提供指向安装日志文件摘要以及其他重要说明的链接。

6.7   SQL Server 2008 的使用

本节需要学会在 SQL Server 2008 中创建数据库、数据库表,添加约束等操作,而每一项操作都有两种以上的操作方法,一种是在 SQL Server 管理器中创建,另一种就是用上面介绍的一些 T-SQL 语言,以写代码的形式进行创建。

6.7.1   创建、管理数据库

数据库的存储结构分为逻辑存储结构和物理存储结构两种。数据库的逻辑存储结构指的是数据库由哪些性质的信息所组成,SQL Server 的数据库不仅仅是数据的存储,所有与数据处理操作相关的信息都存储在数据库中。实际上,SQL Server 的数据库是由表、视图、索引等各种不同的数据库对象所组成的,它们分别用来存储特定信息并支持特定功能,构成数据库的逻辑存储结构。数据库的物理存储结构则是讨论数据库文件如何在磁盘上存储。数据库在磁盘上是以文件为单位存储的,由数据库文件和事务日志文件组成,一个数据库至少应该包含一个数据库文件和一个事务日志文件。

数据库文件包括主要数据库文件、次要数据库文件和事务日志文件。为了便于分配和管理,SQL Server 允许将多个文件归纳为同一组,并赋予此组一个名称,这就是文件组。与数据库文件一样,文件组也分为主要文件组和次要文件组。

创建数据库时,可以有两种形式,一种是手动创建,另一种是用代码创建,这里首先以手动方式创建一个 MyDB 数据库,步骤如下。

(1) 打开数据库,以 Windows 或 SQL Server 方式登录,然后选择数据库,单击鼠标右键,从弹出的快捷菜单中选择"新建数据库"命令,如图 6-19 所示。

(2) 弹出"新建数据库"对话框,如图 6-20 所示,为新数据库命名,并设置其可选项,单击"确定"按钮,完成操作。

图 6-19   创建数据库

图 6-20   "新建数据库"对话框

　　另一种形式就是以 Transact-SQL 语言使用 CREATE DATABASE 命令来创建数据库。
该命令的语法如下所示：

```
--创建数据库语法
CREATE DATABASE 数据库的名称
ON [PRIMARY]                --主数据文件
(
    NAME = VALUE,           --逻辑文件名称
    FILENAME = VALUE,       --物理文件名称
    SIZE = VALUE,           --文件大小
    MAXSIZE = VALUE,        --最大值
    FILEGROWTH = VALUE      --文件增长率
)
LOG ON                      --日志文件
(
    NAME = VALUE,           --逻辑文件名称
    FILENAME = VALUE,       --物理文件名称
    SIZE = VALUE,           --文件大小
    MAXSIZE = VALUE,        --最大值
    FILEGROWTH = VALUE      --文件增长率
)
```

　　这里仍以创建名为 **MyDB** 的数据库为例，希望把主数据文件和日志文件存储在 **D** 盘的
Test 文件夹下，代码如下所示：

```
CREATE DATABASE MyDB
ON PRIMARY
(
    NAME = 'MyDB_data',
    FILENAME = 'D:\Test\MyDB_data.mdf',
    SIZE = 10MB,
    MAXSIZE = 50MB,
    FILEGROWTH = 15%
)
LOG ON
(
    NAME = 'MyDB_log',
    FILENAME = 'D:\Test\MyDB_log.ldf',
    SIZE  = 2MB,
    MAXSIZE = 10MB,
    FILEGROWTH = 2MB
)
```

　　这段创建数据库的语句，可以简写成 CREATE DATABASE MyDB，省略后面的描述内
容，所有参数均采用默认值的方式。主数据文件和日志文件内的参数属性可选，每一个属
性之间用逗号分隔，其中数据库名称最长为 128 个字符。主数据文件逻辑文件名 NAME 一
般命名规范是在数据库名后加“_data”，而日志逻辑文件名称，则在数据库名后加“_log”。
FILENAME 属性指定物理文件名，即存储路径。主数据文件扩展名为“MDF”，日志文件
扩展名为“LDF”。SIZE 指定数据库的初始容量大小。MAXSIZE 指定操作系统文件可以

增长到的最大尺寸，如果没有指定，则文件可以不断增长，直到充满磁盘。FILEGROWTH
指定文件每次增加容量的大小，当指定数据为 0 时，表示文件不增长。

6.7.2 修改数据库

利用 SQL Server 管理平台修改数据库。在 SQL Server 管理平台中，右击所要修改的数据库，从弹出的快捷菜单中选择"属性"命令，如图 6-21 所示，出现如图 6-22 所示的数据库属性设置对话框。可以看到，修改或查看数据库属性时，属性页比创建数据库时多了两个，即"选项"和"权限"页。

图 6-21　数据库属性设置步骤

图 6-22　"数据库属性"设置对话框

在修改的过程中，可以修改数据库的大小及相关参数，在"选项页"列表中选择"文件"选项，如图 6-23 所示。还可以为数据库用户设置权限，如图 6-24 所示。

图 6-23　"文件"页

图 6-24　"权限"页

6.7.3　删除数据库

利用 SQL Server 管理平台可以删除数据库。在 SQL Server 管理平台中右击所要删除的数据库，从弹出的快捷菜单中选择"删除"命令即可，如图 6-25 所示。系统会弹出确认是否要删除数据库的对话框，如图 6-26 所示，单击"确定"按钮，则删除该数据库。

图 6-25　删除数据库的操作

图 6-26　数据库删除确认对话框

要在 SQL Server 中删除数据库，还可以使用 DROP 语句，DROP 语句可以一次性删除一个或多个数据库。

DROP 语句的语法结构如下：

```
--删除数据库语法
DROP DATABASE 数据库名称
```

删除数据库的示例如下：

```
--删除 MyDB 数据库
DROP DATABASE MyDB
```

6.7.4　创建、管理数据表

表是包含数据库中所有数据的数据库对象。

表定义为列的集合，数据在表中是按行和列的格式组织排列的，每行代表唯一的一条记录，而每列代表记录中的一个域。

创建表也有两种形式，利用管理器创建或利用 SQL 语句创建，在 SQL Server 管理平台中展开指定的服务器和数据库，打开想要创建新表的数据库，右击"表"对象，如图 6-27 所示，从弹出的快捷菜单中选择"新建表"命令，结果如图 6-28 所示。可以对表结构进行设置，并设置主键及字段属性，非常直观地修改数据库结构和添加数据。在表中任意行上右击，则弹出一个快捷菜单，如图 6-29 所示，可以选择某个命令对某列进行约束。

图 6-27　新建表的操作

图 6-28　新建表的界面

图 6-29　设置列约束

使用 CREATE 命令创建表非常灵活，它允许对表设置几种不同的选项，包括表名、存放位置和列的属性等，创建语法如下所示：

```
--创建表的语法结构
CREATE TABLE 表名
(
    列名 数据类型 列描述信息
    ...
)
```

下面演示创建名为 Student 的表：

```
--创建名为 Student 的表
CREATE TABLE Student
(
    scode int IDENTITY(1,1) NOT NULL,
    sname varchar(8) NOT NULL,
    sgender char(2) NOT NULL,
    sage int NOT NULL,
    semail varchar(20),
    saddress varchar(50)
)
```

表创建完成后，为了保证数据的完整性和准确性，需要在表上添加约束信息，约束是 SQL Server 提供的自动保持数据库完整性的一种方法，它通过限制字段中数据、记录中数据和表之间的数据来保证数据的完整性。在 SQL Server 中，对于基本表的约束，分为列约束和表约束。

列约束是对某一个特定列的约束，包含在列定义中，直接跟在该列的其他定义之后，用空格分隔，不必指定列名。

表约束与列定义相互独立，不包括在列定义中，通常用于对多个列一起进行约束，与列定义用“,”分隔，定义表约束时必须指出要约束的那些列的名称。

完整性约束的基本语法格式如下所示：

```
--添加约束语法
ALTER TABLE 表名 ADD CONSTRAINT 约束名 约束类型
```

在 SQL Server 2008 中有 6 种约束：主键约束(Primary Key Constraint)、唯一约束(Unique Constraint)、检查约束(Check Constraint)、默认约束(Default Constraint)、外键约束(Foreign Key Constraint)和空值(NULL)约束。

1. 主键(Primary Key)约束

主键的创建操作方法有两种：
- SQL Server 管理平台操作法。
- Transact-SQL 语句操作法。

在 SQL Server 管理平台中，如果对某列设置主键，主键列要求唯一并且不允许为空值，所以要选择适合的列作为主键列，如图 6-30 所示。

图 6-30　设置主键

如果使用 Transact-SQL 语句操作法设置主键约束，其语法形式如下所示：

```
--添加主键约束语法
ALTER TABLE Student ADD CONSTRAINT PK_scode PRIMARY KEY (scode)
```

2. 唯一约束

唯一约束用于指定一个或者多个列的组合值具有唯一性，以防止在列中输入重复的值。定义了 UNIQUE 约束的那些列称为唯一键，系统自动为唯一键建立唯一索引，从而保证了唯一键的唯一性。

当使用唯一约束时，被约束的字段允许为空值，但一个表中只能有一个值为空，可以把唯一约束定义在多个字段上，系统为其自动创建唯一索引，默认情况下，创建的索引类型为非聚集索引。

创建唯一约束的方法有两种：

● 通过管理平台创建。

● 使用 Transact-SQL 语句完成唯一约束的操作。

通过 SQL Server 管理平台可以完成创建和修改唯一约束的操作。

在右键快捷菜单中选择"索引/键"命令，如图 6-31 所示，弹出如图 6-32 所示的对话框，即可从中进行设置。

另一种形式是采用 SQL 语句创建唯一约束，语法结构如下所示：

```
--添加唯一约束语法
ALTER TABLE Student ADD CONSTRAINT UQ_scode UNIQUE (scode)
```

3. 检查约束

检查约束对输入列或者整个表中的值设置检查条件，以限制输入值，保证数据库数据的完整性。

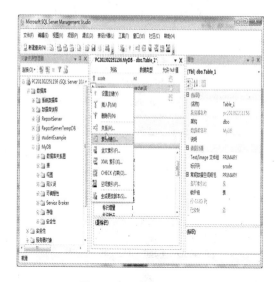
图 6-31　设置唯一约束

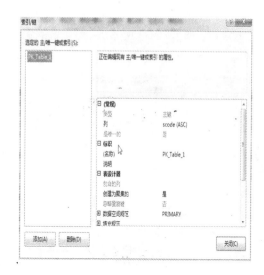
图 6-32　"索引/键"对话框

　　一个表中可以定义多个检查约束，在 CREATE TABLE 语句中，每个字段只能定义一个检查约束，当执行 INSERT 语句或者 UPDATE 语句时，检查约束将验证数据，检查约束中不能包含子查询。

　　创建检查约束常用的操作方法有如下两种：

● 　使用管理平台创建。

● 　采用 Transact-SQL 语句创建。

　　如果使用 SQL Server 管理平台创建检查约束，只需要在设计表的过程中，在某字段上右击，如图 6-33 所示，从弹出的快捷菜单中选择"CHECK 约束"命令，弹出"CHECK 约束"对话框，单击"添加"按钮之后，输入约束名称及表达式。

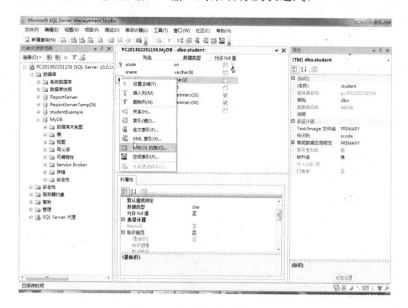
图 6-33　创建检查约束的操作

单击"表达式"右侧的按钮(见图 6-34)之后，弹出输入表达式对话框，在对话框中输入约束即可，如图 6-35 所示。

图 6-34 "CHECK 约束"对话框　　　　图 6-35 创建 CHECK 约束表达式

下面演示用 Transact-SQL 语句创建检查约束，检查年龄列必须在 18~40 岁之间，则语法形式如下所示：

```
--添加检查约束语法
ALTER TABLE Student ADD CONSTRAINT CK_sage CHECK (sage between 18 and 40)
```

4. 默认(Default)约束

默认约束指定在插入操作中如果没有提供输入值时，则系统自动指定值。每个字段只能定义一个默认约束，如果定义的默认值比字段的长度长，那么输入到表中的默认值将被截断。

创建默认约束常用的操作方法有如下两种：

● 使用管理平台创建。

● 使用 Transact-SQL 语句创建。

使用 SQL Server 管理平台创建默认约束，如图 6-36 所示。

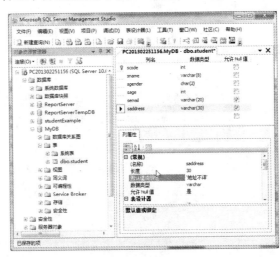

图 6-36 创建默认约束

创建默认约束的 Transact-SQL 语句语法形式如下所示：

```
--添加默认约束语法
ALTER TABLE Student ADD CONSTRAINT DEFAULT '地址不详' FOR saddress
```

5. 外键约束

外键(Foreign Key)是用于建立和加强两个表数据之间的连接的一列或多列。外键约束用于强制引用完整性。

外键从句中的字段数目和每个字段指定的数据类型都必须与 REFERENCES 从句中的字段相匹配，外键约束不能自动创建索引，需要用户手动创建，一个表中最多可以有 31 个外部键约束，并且主键和外键的数据类型必须严格匹配。

创建外键约束常用的操作方法有如下三种：

● 在管理平台中添加外键约束。
● 创建关系图，添加主外键约束。
● 使用 Transact-SQL 语句设置外键约束。

在 SQL Server 管理平台中添加外键约束的步骤为，如图 6-37 所示，选择快捷菜单中的"关系"命令后，弹出"外键关系"对话框，如图 6-38 所示。

同样单击"添加"按钮，并在"常规"列表中选择"表和列规范"，单击右侧的按钮，弹出"表和列"对话框，如图 6-39 所示，输入关系名称，选择主键表和外键表，单击"确定"按钮即可创建成功。

第二种方式就是新建数据库关系图，以完成添加主外键的操作，步骤如下。

先在准备建关系的表所在数据库对象中找到数据库关系图，然后单击鼠标右键，从弹出的快捷菜单中选择"新建数据库关系图"命令，如图 6-40 所示。

将出现如图 6-41 所示的界面，选择 Student 和 Score 表，单击"添加"按钮，添入关系图中，然后将主键以拖拉的方式拖到外键位置，形成如图 6-42 所示的模式，两表关系创建成功，保存关系图即可。

图 6-37　创建外键约束的操作

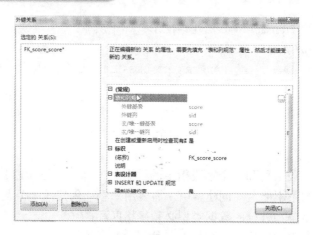

图 6-38 "外键关系"对话框

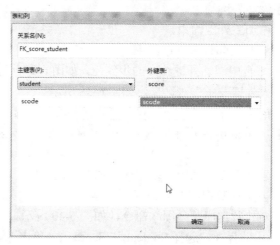

图 6-39 创建外键约束表达式对话框

图 6-40 新建数据库关系图

图 6-41　向关系图中添加表

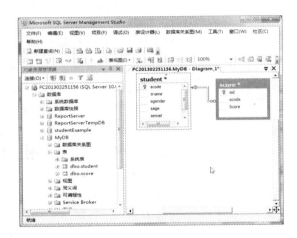

图 6-42　建立两表之间的关系

最后一种形式是使用 Transact-SQL 语句设置外键约束，其语法形式如下：

```
--添加外键约束语法
ALTER TABLE Score ADD CONSTRAINT FK_stuNo
 FOREIGN KEY(scode) REFERENCES Student(scode)
```

6.7.5　删除表

在 SQL Server 管理平台中，展开指定的数据库和表，右击要删除的表，从弹出的快捷菜单中选择"删除"命令，则出现"删除对象"对话框，如图 6-43 所示。

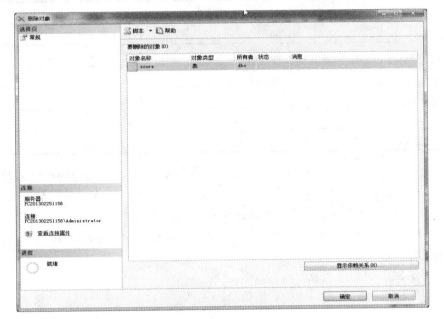

图 6-43　"删除对象"对话框

利用 DROP TABLE 语句删除表，删除的语法如下所示：

```
--删除数据表语法
DROP TABLE 表名
```

下面给出删除 Student 表的示例代码：

```
--删除 Student 表
DROP TABLE Student
```

6.8 上机练习

(1) 在 SQL Server 2008 中用 T-SQL 语句创建名为 MyDemo 的数据库，并设置其自动增长率为 15%，不限制最大大小。

(2) 在 MyDemo 数据库中用两种形式分别创建 Jobs 和 Employees 表，表结构如下：

Jobs 表的结构

字段名称	数据类型	描 述
jobsId	int	主键，标识列，工号
jobsName	varchar(20)	职位名称
Salary	float	工资
employeeId	int	员工号，外键，引用 Employees 表

Employees 表的结构

字段名称	数据类型	描 述
employeeId	int	员工号，主键
employeeName	varchar(8)	员工姓名
employeeAge	tinyint	员工年龄
employeeTelephone	varchar(13)	员工电话
employeeEmail	varchar(20)	员工电子邮件地址
employeeAddress	varchar(50)	员工家庭地址

(3) 为两表增加约束，Jobs 表的 jobsId 为主键约束，Jobs 表的 employeeId 为外键约束，Employees 表的 employeeId 为主键约束，Employees 表的 employeeAge 要求设置在 20~60 岁之间的检查约束，Employees 表的 employeeTelephone 要求格式为"****-*******"或者"***-*******"，或者为手机号码，为 Employees 表中的 employeeEmail 设置检查约束，要求必须包含"@"符号和"."符号。

(4) 用 T-SQL 语句向两表中添加数据。

(5) 用 T-SQL 语句查询表中的数据信息。

第 7 章

数据访问服务器控件

学前提示

使用 ASP.NET 创建网站时，数据的显示和操作是非常重要且很繁琐的一项任务，此时就需要相应的数据控件帮助开发人员快速实现数据库操作。

在以前的网站开发中，数据库访问操作的实现过程相对复杂，需要开发人员编写较多的代码以完成相关的操作。现在通过使用 ASP.NET 提供的数据访问控件，只需要利用向导配置，即可完成数据库访问操作，方便了小型数据库应用程序的开发。

本章将学习 ASP.NET 数据库访问服务器控件的相关知识。

知识要点

- 使用 SqlDataSource 控件访问数据库
- 使用 GridView 控件以表格形式显示数据
- 使用 FormView 控件完成数据的添加与修改
- 使用 DetailsView 控件显示详细数据

7.1　SqlDataSource 控件

通过使用 SqlDataSource 控件，实现了在页面上以配置 Web 控件的方式访问位于某个关系数据库中的数据，可以直接访问的数据库包括 Microsoft SQL Server 和 Oracle，以及所有可以通过 OLE DB 和 ODBC 数据源访问的数据库。可以将 SqlDataSource 控件和用于显示数据的控件(如 GridView、FormView 和 DetailsView 控件)结合使用，通过使用控件实现在编写很少的代码或不编写代码的状态下就能在 ASP.NET 网页中显示和操作数据。

SqlDataSource 控件通过使用 ADO.NET 类实现与 ADO.NET 支持的任何数据库进行交互。ADO.NET 支持的数据库包括 Microsoft SQL Server 数据库(使用 System.Data.SqlClient 提供程序)、支持 OLEDB 协议的数据库(使用 System.Data.OleDb 提供程序)、支持 ODBC 协议的数据库(使用 System.Data.Odbc 提供程序)和 Oracle 数据库(使用 System.Data.OracleClient 提供程序)。使用 SqlDataSource 控件，可以直接在 ASP.NET 页中访问和操作数据，而无需直接使用 ADO.NET 类。只需提供用于连接到数据库的连接字符串，并定义使用数据的 SQL 语句或存储过程即可。

7.1.1　SqlDataSource 控件的属性

在使用 SqlDataSource 控件连接数据库完成读取数据的操作时，至少要为该控件设置两个属性：ConnectionString 与 SelectCommand。

ConnectionString 属性用于设置数据库连接字符串。SelectCommand 属性设置用于查询数据的 SQL 语句，SqlDataSource 控件连接数据库的示例代码如下：

```
<asp:SqlDataSource ID="SqlDataSource2" runat="server"
  ConnectionString="Data Source=(local);
  Initial Catalog=Northwind;Integrated Security=True"
  ProviderName="System.Data.SqlClient"
  SelectCommand="SELECT * FROM [Alphabetical list of products]">
</asp:SqlDataSource>
```

在上面这段连接数据库的代码中使用了 Windows 认证方式登录数据库，这种认证方式适合于开发 Web 服务器和数据库服务器在同一台机器上面部署的内部信息系统，并且要求用于登录 Web 服务器的用户名有足够的权限访问数据库，使用这种认证方式连接数据库可以简化数据库连接字符串。

当 Web 服务器与数据库服务器不在同一台服务器，或者更为常见的情况下 Web 应用程序和别的应用一起共享一台服务器时，Web 服务器与数据库是使用不同的用户登录，而且如果是在租用的共享空间中部署 Web 应用，空间管理员不会给用户分配系统的超级用户权限，而是单独给每个用户分配一个文件管理账户和一个数据库登录账户，这时程序也不能使用上面这种方式登录数据库。需要使用管理员分配的数据库账户登录数据库。

下面的代码给出了用管理员分配的用户名登录数据库的连接字符串：

```
<asp:SqlDataSource ID="SqlDataSource3" runat="server"
  ConnectionString="Data Source=(local);Initial Catalog=Northwind;
```

```
User ID=sa" ProviderName="System.Data.SqlClient"
SelectCommand="SELECT * FROM [Alphabetical list of products]">
</asp:SqlDataSource>
```

在上面这段代码中，DataSource 属性指定了要连接的数据库服务器地址，Initial Catalog 属性用于设置要连接的服务器的数据库名称，User ID/Password 属性指定用于连接数据库时使用的用户名和密码，ProviderName 属性指定使用哪个提供程序连接数据库，SqlDataSource 控件默认使用 System.Data.SqlClient 提供程序。SelectCommand 属性指定查询使用的 SQL 语句，相关的属性还有 InsertCommand、UpdateCommand、DeleteCommand，分别指定用于添加数据、修改数据和删除数据的 SQL 语句。

为了方便重用连接字符串，也可以在使用向导配置数据访问控件时将连接字符串存于配置文件中，具体方法在介绍数据源控件配置时将会详细介绍，使用配置文件后，数据库控件的代码如下：

```
<asp:SqlDataSource ID="SqlDataSource4" runat="server"
ConnectionString="<%$ ConnectionStrings:NorthwindConnectionString %>"
SelectCommand="SELECT * FROM [Alphabetical list of products]">
</asp:SqlDataSource>
```

7.1.2 SqlDataSource 控件的事件

SqlDataSource 控件用于实现与数据库的连接，并发送相关的 SQL 语句到数据库，得到返回结果，表 7-1 列出了常用的事件。

表 7-1 SqlDataSource 控件的常用事件

名　称	说　明
DataBinding	当服务器控件绑定到数据源时触发(继承自 Control)
Deleted	完成删除操作后触发
Deleting	执行删除操作前触发
Disposed	当从内存释放服务器控件时触发，这是请求 ASP.NET 页时服务器控件生存期的最后阶段(继承自 Control)
Filtering	执行筛选操作前触发
Init	当服务器控件初始化时发生；初始化是控件生存期的第一步(继承自 Control)
Inserted	完成插入操作后发生
Inserting	执行插入操作前发生
Load	当服务器控件加载到 Page 对象中时发生(继承自 Control)
PreRender	在加载 Control 对象之后、呈现之前发生(继承自 Control)
Selected	数据检索操作完成后发生
Selecting	执行数据检索操作前发生
Unload	当服务器控件从内存中卸载时发生(继承自 Control)
Updated	完成更新操作后发生
Updating	执行更新操作前发生

软件开发新课堂

7.1.3 配置数据连接

下面通过一个实例介绍 SqlDataSource 控件的配置方式。

（1）新建一个项目，打开默认首页，放置一个 SqlDataSource 控件到页面上，如图 7-1 所示。

图 7-1　SqlDataSource 控件

（2）添加这个控件后，会自动打开控件任务面板，如图 7-2 所示。

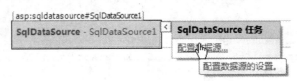

图 7-2　控件任务面板

（3）在任务面板中单击"配置数据源"选项，启动数据源配置向导。在向导的第一步中单击"新建连接"按钮，如图 7-3 所示。

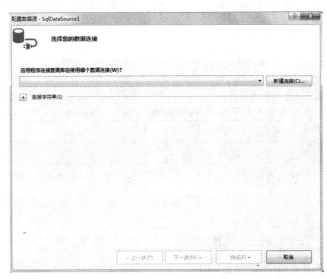

图 7-3　数据源配置向导

（4）在弹出的"选择数据源"对话框中列出了所有支持的数据源类型，由于 ADO.NET 的封装性，各种数据库的操作方式几乎没有区别，本例使用 SQL Server 2008 自带的 Northwind 数据库作为例子开发，如读者安装的 SQL Server 2008 中没有附带 Northwind 数据库，可在微软网站找到 Northwind 数据库的 SQL Server 2008 版，下载并安装后即可使用。这里选择 Microsoft SQL Server 数据源，单击"确定"按钮，如图 7-4 所示。

（5）在打开的"添加连接"对话框中配置服务器为本地 SQL Server 服务器，数据库为

软件开发新课堂

Northwind 数据库，如图 7-5 所示。

图 7-4 选择数据库类型

图 7-5 配置数据库连接

（6）单击"测试连接"按钮，弹出"测试连接成功"信息对话框，说明数据库连接配置成功，如图 7-6 所示。单击两次"确定"按钮，完成数据库连接配置。

（7）数据库连接设置完成后回到数据源配置向导，在数据源下拉框中已经出现前面配置的数据源。单击"下一步"按钮，如图 7-7 所示。

（8）如果是第一次为项目配置数据源，系统会提示"是否保存数据连接字符串"。一般情况下一个项目中会多次使

图 7-6 数据库连接配置成功

用相同的数据库设置，所以一般在这里需要将连接字符串保存起来，方便以后使用。输入一个数据库连接字符串的名称，然后单击"下一步"按钮，如图 7-8 所示。

图 7-7　选择数据库连接

图 7-8　保存连接字符串

(9)　在"配置 Select 语句"界面中，可以配置需要读取的数据表，现在只是讲解数据源控件的设置方法，在这里就选择默认的数据表，如图 7-9 所示。单击 WHERE 按钮可以添加查询条件，设置好查询条件后单击"确定"按钮，如图 7-10 所示。

(10) 在"配置 Select 语句"界面中，单击 ORDER BY 按钮可以设置排序方式，如图 7-11 所示；单击"高级"按钮可以为数据源控件启动生成数据操作语句功能，如图 7-12 所示。

(11) 数据源配置完成后，单击"下一步"按钮，进入"测试查询"界面，此时如果数据表内容显示出来，就说明的数据源配置正确，如图 7-13 所示。

图 7-9 Select 语句配置

图 7-10 添加查询条件

图 7-11 添加排序设置

图 7-12 高级 SQL 生成选项

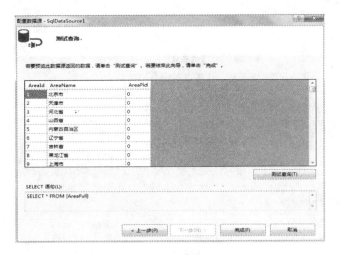

图 7-13 测试查询成功

(12) 如在前面为数据源控件配置查询条件时有参数，单击"测试查询"按钮时会出现查询参数设置对话框，如图 7-14 所示。测试无误后单击"完成"按钮，数据源配置完成。

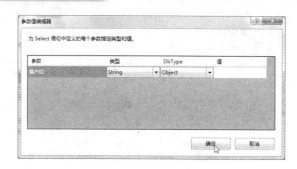

图 7-14　配置查询参数

查看页面源代码，可以看到配置的数据源代码，如下所示：

```
<asp:SqlDataSource ID="SqlDataSource1" runat="server"
 ConnectionString="<%$ ConnectionStrings:NorthwindConnectionString %>"
 SelectCommand="SELECT * FROM [Customers]"
 DeleteCommand="DELETE FROM [Customers] WHERE [CustomerID] = @CustomerID"
 InsertCommand="INSERT INTO [Customers] ([CustomerID], [CompanyName],
[ContactName], [ContactTitle], [Address], [City], [Region], [PostalCode],
[Country], [Phone], [Fax]) VALUES (@CustomerID, @CompanyName, @ContactName,
@ContactTitle, @Address, @City, @Region, @PostalCode, @Country, @Phone,
@Fax)"
 UpdateCommand="UPDATE [Customers] SET [CompanyName] = @CompanyName,
[ContactName] = @ContactName, [ContactTitle] = @ContactTitle, [Address] =
@Address, [City] = @City, [Region] = @Region, [PostalCode] = @PostalCode,
[Country] = @Country, [Phone] = @Phone, [Fax] = @Fax WHERE [CustomerID] =
@CustomerID">
    <DeleteParameters>
        <asp:Parameter Name="CustomerID" Type="String" />
    </DeleteParameters>
    <UpdateParameters>
        <asp:Parameter Name="CompanyName" Type="String" />
        <asp:Parameter Name="ContactName" Type="String" />
        <asp:Parameter Name="ContactTitle" Type="String" />
        <asp:Parameter Name="Address" Type="String" />
        <asp:Parameter Name="City" Type="String" />
        <asp:Parameter Name="Region" Type="String" />
        <asp:Parameter Name="PostalCode" Type="String" />
        <asp:Parameter Name="Country" Type="String" />
        <asp:Parameter Name="Phone" Type="String" />
        <asp:Parameter Name="Fax" Type="String" />
        <asp:Parameter Name="CustomerID" Type="String" />
    </UpdateParameters>
    <InsertParameters>
        <asp:Parameter Name="CustomerID" Type="String" />
        <asp:Parameter Name="CompanyName" Type="String" />
        <asp:Parameter Name="ContactName" Type="String" />
        <asp:Parameter Name="ContactTitle" Type="String" />
        <asp:Parameter Name="Address" Type="String" />
        <asp:Parameter Name="City" Type="String" />
        <asp:Parameter Name="Region" Type="String" />
```

软件开发新课堂

```
            <asp:Parameter Name="PostalCode" Type="String" />
            <asp:Parameter Name="Country" Type="String" />
            <asp:Parameter Name="Phone" Type="String" />
            <asp:Parameter Name="Fax" Type="String" />
        </InsertParameters>
    </asp:SqlDataSource>
```

7.2　GridView 控件

从 ASP.NET 2.0 开始，在开发工具中加入了许多新的功能和控件，与 ASP.NET 1.0/1.1 相比，在各方面都有了很大的提高，包括增加了不少数据控件，其中的 GridView 控件功能十分强大。本节为读者介绍 ASP.NET 4.5 中 GridView 控件的使用。

如果读者使用 ASP.NET 1.0/1.1 开发过 Web 应用，就会发现其中提供的 DataGrid 控件功能十分强大而且方便实用，但感觉在操作上依然不太方便，例如要用 ADO.NET 编写代码，用于数据的连接并绑定到 DataGrid 控件，还需要编写代码实现编辑、删除、新增数据等常用操作。在 ASP.NET 4.5 中，对 DataGrid 仍然是支持的，但是提供的 GridView 控件的开发界面更为友好，而且功能比 DataGrid 更为强大，开发者在使用过程中需要编写的代码得到了最大程度的精简。

首先看看 Visual Studio 2012 工具箱中 GridView 控件的图标，如图 7-15 所示。

图 7-15　工具箱中的 Gridview 控件

7.2.1　GridView 控件的常用属性

表 7-2 列出了 GridView 控件的常用属性。

表 7-2　GridView 控件的常用属性

名　称	说　明
BackImageUrl	背景图片
EmptyDataText	没有任何数据时显示的文字
GridLines	网格线的样式
ShowHeader	是否显示页首连接
ShowFooter	是否显示页尾连接
AllowSorting	是否允许排序
AutoGenerateColumns	是否自动产生数据列，自动绑定数据源中存在的列

名　称	说　明
AutoGenerateDeleteButton	是否自动产生删除按钮
AutoGenerateEditButton	是否自动产生编辑按钮
AutoGenerateSelectButton	是否自动产生选择按钮
EnableSortingAndPagingCallbacks	是否启用排序和分页的异步支持
EnableTheming	是否启用主题
EnableViewState	是否启用 ViewState 状态
DataKeyNames	主键值的字段名称，是 string[]数据类型
DataMember	绑定的数据源清单
DataSourceID	数据源控件的 ID
Caption	设置标题文字
CaptionAlign	标题文字的对齐方式
AlternatingRowStyle	设置交换数据行的外观
EditRowStyle	设置编辑模式下数据行的外观
EmptyDataRowStyle	设置空数据行的外观
FooterStyle	设置页尾数据行的外观
HeaderStyle	设置页首数据行的外观
PagerStyle	设置页面导航栏的外观
RowStyle	设置数据行的外观
SelectedRowStyle	设置已选择数据行的外观

7.2.2　显示数据

下面介绍如何使用 GridView 控件显示在 7.1.3 节中配置的数据源控件中的数据。

(1) 在工具箱中找到 GridView 控件，如图 7-16 所示。

图 7-16　工具箱中的 GridView 控件

(2) 插入后的 GridView 控件如图 7-17 所示。

在"选择数据源"下拉框中选择前面配置的数据源控件，数据源设置完成后，控件显示出数据源包含的全部字段，如图 7-18 所示。

(3) 在"GridView 任务"面板中单击"编辑列"选项，打开"字段"对话框，选中一

个字段后可以修改该列的属性，如图 7-19 所示。

图 7-17 插入后的 GridView 控件

图 7-18 配置 GridView 控件数据源

图 7-19 "字段"对话框

(4) 在"GridView 任务"面板中单击"自动套用格式"选项，打开"自动套用格式"

对话框，这里可以为控件选择默认的外观界面，如图 7-20 所示。

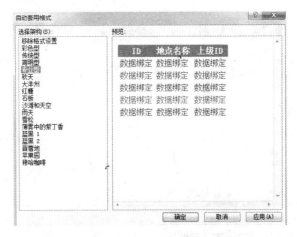

图 7-20   "自动套用格式"对话框

7.2.3　排序设计

GridView 控件提供了对数据排序功能的支持，在数据源支持排序功能的前提下，通过适当的配置可以实现单击一列的标题，按照该列对数据进行排序。

如果使用 SqlDataSource 控件访问数据库，只需在"GridView 任务"面板中选中"启用排序"选项就可以启用 GridView 控件的排序功能，如图 7-21 所示。

如果使用其他方式访问数据库，数据源可能没有提供默认的数据排序实现，这样在 GridView 控件中启用排序功能后，还需要在方法面板中重载 Sorting 方法，如图 7-22 所示。然后在代码中手工实现对数据的排序。

图 7-21　启动控件排序

图 7-22　重载排序方法

7.2.4　分页设计

GridView 控件提供了内置的数据分页功能，如果程序使用 SqlDataSource 控件访问数据库，在 GridView 控件的"GridView 任务"面板中选中"启用分页"选项就可以启用 GridView 控件对数据的分页功能，如图 7-23 所示。

如果使用其他方式访问数据库，数据源可能没有提供默认的数据分页实现，启动控件的分页功能后，需要在方法面板中重载 PageIndexChanged 方法，如图 7-24 所示。然后在代码中实现数据分页功能。启动数据排序及分页功能后的 GridView 控件如图 7-25 所示。

图 7-23　启用分页　　　　　　　图 7-24　重载 PageIndexChanged 方法

图 7-25　启动数据排序及分页后的 GridView 控件的运行界面

7.2.5　GridView 控件的数据绑定类型

表 7-3 列出了 GridView 控件支持的所有的数据绑定类型。

表 7-3　GridView 控件支持的数据绑定类型

类　　型	描　　述
BoundField	默认的列类型。显示字段的文本值
ButtonField	作为命令按钮显示一个字段的值。可以选择链接按钮或按钮开关样式

续表

类　型	描　述
CheckBoxField	作为一个复选框显示一个字段的值。通常用来生成布尔值
CommandField	ButtonField 的增强版本，表示一个特殊的命令，诸如 Select、Delete、Insert 或 Update。该属性对 GridView 控件几乎没什么用；该字段是为 DetailsView 控件定制的
HyperLinkField	作为超链接显示一个字段的值。单击该超链接时，浏览器导航到指定的 URL
ImageField	作为一个<img> HTML 标签的src属性显示一个字段的值。绑定字段的内容应该是物理图像的 URL
TemplateField	为列中的每一项显示用户定义的内容。当需要创建一个定制的列字段时，则使用该列类型。模板可以包含任意多个数据字段，还可以结合文字、图像和其他控件

7.3　FormView 控件

FormView 控件可以用于显示数据源中的单个记录。FormView 控件和 DetailsView 控件之间的差别在于 DetailsView 控件使用表格进行界面布局，记录的每个字段各自显示为一行。而在 FormView 控件中，不指定用于显示记录的界面布局，而让开发人员创建一个模板，其中包含用于显示记录中各个字段的控件。该模板中包含用于创建页面的格式、控件和绑定表达式。

FormView 控件常用于实现数据更新和插入功能。还可以用于主/从数据显示模式中，将主控件中的选定记录在 FormView 控件中显示。

FormView 控件依赖于数据源控件的功能，执行更新、插入和删除记录的任务。同时如果在 FormView 控件使用的数据源返回了多条记录，FormView 控件一次仅显示其中的一条数据记录。

FormView 控件可以自动对其关联数据源中的数据以一次一个记录的方式进行分页显示。但前提是数据由实现 ICollection 接口的对象或支持分页的数据源进行读取。

FormView 控件公开多个可以处理的事件。这些事件在对关联的数据源控件执行插入、更新和删除操作之前和之后引发。

7.3.1　FormView 控件常用的模板属性

可以通过创建模板来为 FormView 控件生成用户界面(UI)，分别为显示、添加、删除等操作指定不同的模板。

可以为显示、插入和编辑模式创建一个 ItemTemplate 模板。可以使用 PagerTemplate 模板控制分页显示方式，还可以使用 HeaderTemplate 和 FooterTemplate 模板分别定义 FormView 控件的页眉和页脚。通过使用 EmptyDataTemplate 模板指定在数据源不返回任何数据时显示的模板。

软件开发新课堂

7.3.2　显示数据

下面介绍如何通过 FormView 控件显示 7.1.3 节中配置的数据源控件中的数据。

(1)　在工具箱中找到 FormView 控件，如图 7-26 所示。

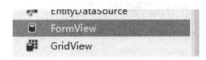

图 7-26　工具箱中的 FormView 控件

(2)　插入一个 FormView 控件到页面中，打开控件任务面板，如图 7-27 所示。将数据源选择为 7.1.3 节中配置的数据源控件，如图 7-28 所示。

图 7-27　插入的 FormView 控件

图 7-28　设置 FormView 控件的数据源

(3)　打开模板编辑状态后，在任务面板的"显示"下拉框中可以选择不同的模板，进入对应模板的编辑状态，如图 7-29 所示。

图 7-29　选择显示模板

(4) 在模板中插入的任何控件，在选中控件后，打开任务面板，都会出现"编辑 DataBindings"选项，如图 7-30 所示。

图 7-30　控件任务面板

(5) 单击"编辑 DataBindings"选项，出现数据绑定对话框，左边列出所有可绑定的属性列表，选择属性后可以在右侧设置将属性绑定到哪个字段，如图 7-31 所示。

图 7-31　字段绑定对话框

7.3.3　编辑数据

FormView 控件内置数据编辑功能，在模板编辑模式可以切换至 EditItemTemplate，修改编辑模板，如图 7-32 所示。数据绑定方式与前面一样。

图 7-32　设置编辑模板

7.4　DetailsView 控件

另一种查看数据的方式是一次显示一条记录，ASP.NET 为此专门提供了一个控件：DetailsView。该控件允许执行编辑、删除和插入记录操作。

7.4.1　DetailsView 控件的功能

与 GridView 控件一样，DetailsView 控件也是派生自 BaseDataBoundControl 类。因此它与 GridView 有许多相同的属性。表 7-4 列出的是所有 DetailsView 控件新增的常用属性。

表 7-4　DetailsView 控件的常用属性

属　性	类　型	值	说　明
AllowPaging	Boolean	true、false	用于指定是否启用分页功能。默认为 false
AlternatingRowStyle	TableItemStyle		派生自 WebControls.Style 类，设置交替行的样式属性
AutoGenerateDeleteButton	Boolean	true、false	是否为每一行自动添加一个 Delete 按钮。默认值为 false
AutoGenerateEditButton	Boolean	true、false	是否为每一行自动添加一个 Edit 按钮。默认值为 false
AutoGenerateInsertButton	Boolean	true、false	是否为每一行自动添加一个 Select 按钮。默认值为 false
AutoGenerateRows	Boolean	true、false	指定是否显示自动生成的绑定字段
Caption	String		指定在控件上方显示的标题文字
CaptionAlign	TableCaption-Align	Bottom、Left、NotSet、Right、Top	设定 caption 元素的放置位置
CellPadding	Integer		设置单元格内容和边框之间的像素数
CellSpacing	Integer		设置单元格之间的像素数
CurrentMode	DetailsView-Mode	Edit、Insert、ReadOnly	返回控件的当前编辑模式。如果未设置，则使用 DefaultMode 属性。默认值为 ReadOnly
DataItem	Object		返回控件中显示的当前项的引用
DataItemCount	Integer		返回数据源中的项的数量
DataItemIndex	Integer		返回数据源中的当前项的索引，从 0 开始
DataKey	DataKey		返回当前项的主键

续表

属　性	类　型	值	说　明
DataKeyNames	String		主键字段的数组
DataMember	String		设定多成员数据源中的数据成员
DataSource	Object		为控件设置数据源
DefaultMode	DetailsView-Mode	Edit、Insert、ReadOnly	默认的控件编辑模式。默认值为 ReadOnly
EditRowStyle	TableItemStyle		派生自 WebControl.Style 类，设置目前选中的编辑行的样式
EmptyDataRowStyle	TableItemStyle		派生自 WebControls.Style 类，设置空数据行的样式
EmptyDataTemplate	ITemplate		当某行没有数据时，用户定义的显示内容
EmptyDataText	String		当控件绑定到一个空的数据源时，显示的文本
EnablePagingCallbacks	Boolean	true、false	如果为 true，分页将使用客户端回调。默认值为 false
FieldHeaderStyle	TableItemStyle		字段标题部分的样式属性
Fields	DataControl-FieldCollection		返回控件中所有字段的集合
FooterStyle	TableItemStyle		派生自 WebControls.Style 类，指定页脚部分的样式属性
FooterTemplate	ITemplate		用户定义的呈现页脚行时显示的内容
FooterText	String		页脚行中显示的文本
GridLines	GridLines	Both、Horizontal、None、Vertical	设置显示哪些网格线。默认值为 None
HeaderStyle	TableItemStyle		派生自 WebControls.Style 类，标题部分的样式属性
HeaderTemplate	ITemplate		用户定义的呈现标题行时显示的内容
HeaderText	String		标题行中显示的文本

软件开发新课堂

续表

属　性	类　型	值	说　明
HorizontalAlign	HorizontalAlign	Center、Justify、Left、NotSet、Right	设置容器中项的水平对齐，例如单元格。默认值为 NotSet
InsertRowStyle	TableItemStyle		派生自 WebControls.Style 类，插入行的样式属性
PageCount	Integer		显示数据所需要的页面数
PageIndex	Integer		当前页的索引，从 0 开始
PagerSettings	PagerSettings	Mode、FirstPageText、PageButtonCount、Position、PreviousPageText、NextPageText、LastPageText、FirstPageImageUrl、PreviousPage-ImageUrl、NextPageImageUrl、LastPageImageUrl、Visible	返回一个 PagerSetting 对象，这样可以设置分页按钮
PagerStyle	TableItemStyle		派生自 WebControls.Style 类，设置 Pager 行的样式属性
PagerTemplate	ITemplate		用户定义的要显示的 Pager 行的内容
Rows	GridViewRow-Collection		返回由控件中的数据组成的 DetailsViewRow 对象的集合
RowStyle	TableItemStyle		派生自 WebControls.Style 类，控件中行的默认样式属性
SelectedValue	Object		返回当前选中行的 DataKey 值
TopPagerRow	GridViewRow		将顶部的 Pager 行作为一个 DetailsViewRow 对象返回

DetailsView 可以触发许多与用户交互相关的事件。

7.4.2　显示数据

下面通过一个例子来介绍 DetailsView 控件的使用方法。本例中还是使用在 7.1.3 节中配置的数据源控件。

(1) 在工具箱中找到 DetailsView 控件并拖放进页面中，如图 7-33 所示。

(2) 插入控件后弹出控件任务面板，如图 7-34 所示。

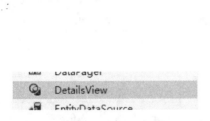

图 7-33　工具箱中的 DetailsView 控件　　　图 7-34　DetailsView 的控件任务面板

(3) 在任务面板中设置数据源为前面配置的数据源 SqlDataSource1，DetailsView 控件显示出数据源包含的所有字段，如图 7-35 所示。

图 7-35　设置控件数据源

(4) 在"DetailsView 任务"面板中单击"编辑列"选项，弹出"编辑字段"对话框，选中一个字段后可以修改该列的属性，如图 7-36 所示。

图 7-36　"字段"对话框

（5）选中任务面板中的"启用分页"选项，即可分页显示所有记录，如图 7-37 所示。运行界面如图 7-38 所示。

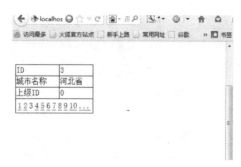

图 7-37　启用分页选项　　　　　　　图 7-38　DetailsView 控件的运行界面

7.4.3　DetailsView 与 GridView 的联合使用

DetailsView 控件可以与 GridView 控件配合使用，使用 GridView 显示出数据库表中所有记录的主要字段，单击查看详细后，在 DetailsView 控件中显示当前记录的全部字段。这里简单介绍开发过程。

（1）打开在 7.2.2 小节介绍 GridView 控件时创建的页面，并启用 GridView 控件的内容选定功能，如图 7-39 所示。

图 7-39　启用内容选定功能

（2）配置一个新的数据源控件，配置控件数据表为和 GridView 控件的数据源一样的数据表，如图 7-40 所示。然后在条件配置中添加查询条件，即编号字段等于 GridView 控件的选择值，如图 7-41 所示。

（3）插入一个 DetailsView 控件，将数据源设置为上一步添加的数据源，完成页面开发，如图 7-42 所示。

运行效果为在 GridView 控件单击一条记录的"选择"连接后，DetailsView 控件中会显示出该条记录的详细信息，如图 7-43 所示。

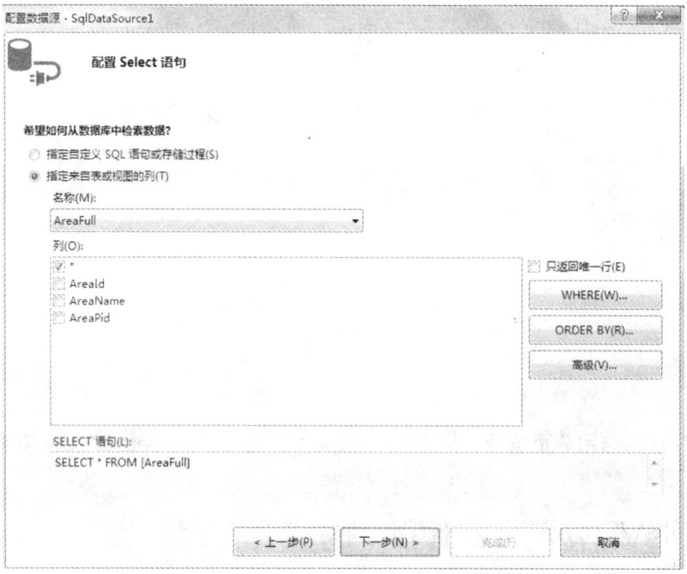

图 7-40　配置 Select 语句

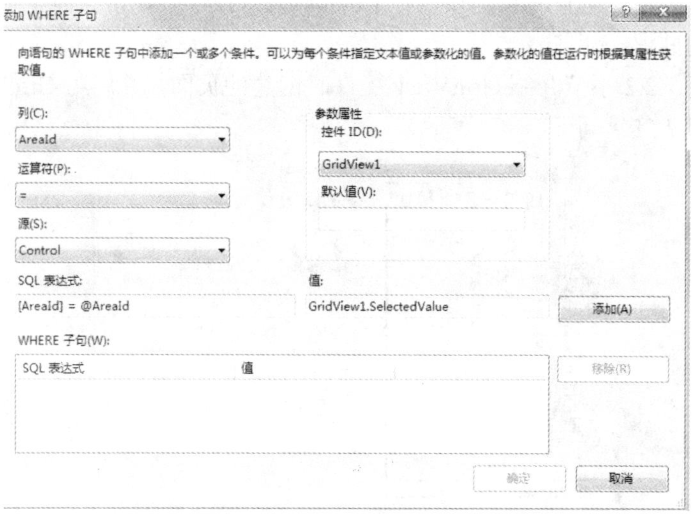

图 7-41　配置查询条件

图 7-42　选择控件数据源

图 7-43 页面运行的效果

7.5 综合应用实例

下面通过一个简单的实例，来介绍 GridView 与 DetailsView 控件的使用。与其他控件的配合使用参见前面的介绍及本书实例部分的介绍。

首先在 Visual Studio 2012 中建立一个 ASP.NET(C#)项目，然后按下面的步骤开发。

(1) 在 Visual Studio 2012 工作区右边的"解决方案资源管理器"窗口中的 App_Data 目录上单击鼠标右键，然后从弹出的快捷菜单中选择"添加"→"新建项"命令，如图 7-44 所示。

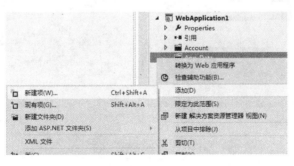

图 7-44 添加新项

(2) 弹出"添加新项"对话框，在"模板"列表中选择"SQL Server 数据库"，在"名称"文本框中输入数据库文件名，在"语言"下拉框中选择"Visual C#"，单击"确定"按钮，完成数据库添加，如图 7-45 所示。

(3) 添加表后，出现服务器资源面板，在"表"对象上单击鼠标右键，从弹出的快捷

菜单中选择"添加新表"命令，如图 7-46 所示。

（4）工作区出现"新建表"界面，输入如图 7-47 所示的字段，保存创建的表格。

图 7-45　"添加新项"对话框

图 7-46　添加表

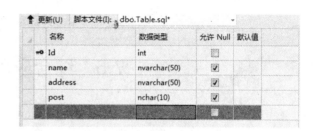

图 7-47　"新建表"界面

（5）在项目中添加一个页面，在页面中放置一个 SqlDataSource 控件，启动配置向导，在"选择您的数据库连接"步骤中选择数据库为第 2 步添加的数据库，如图 7-48 所示。

图 7-48　选择数据库

（6）　对于第一次配置数据源，系统会询问是否保存数据连接字符串，因为一般的程序会多次使用相同的数据库设置，在这里一般要保存起来，方便连接字符串的重用，输入数据库连接字符串名称后，单击"下一步"按钮，如图 7-49 所示。

图 7-49　保存数据源连接

（7）　出现"配置 Select 语句"界面，选择前面建立的表格的所有字段，如图 7-50 所示。单击"高级"按钮，在高级对话框中选中两个复选框，单击"确定"按钮，如图 7-51 所示。回到"配置 Select 语句"对话框，单击"下一步"按钮。

（8）　在"测试查询"界面中单击"完成"按钮完成数据源的配置，如图 7-52 所示。

（9）　在页面中插入一个 GridView 控件，配置数据源为上一步中添加的数据源控件，如图 7-53 所示。

图 7-50　"配置 Select 语句"界面

图 7-51　高级 SQL 生成选项

图 7-52　"测试查询"界面

图 7-53　设置 GridView 控件的数据源

(10) 在"GridView 任务"面板中选中"启用编辑"与"启用删除"复选框，打开控件的数据编辑与删除功能，如图 7-54 所示。

(11) 在"GridView 任务"面板中单击"编辑列"连接，打开"字段"对话框，删除"id"字段(使之不显示)，然后单击"确定"按钮，如图 7-55 所示。完成编辑后的控件界面如图 7-56 所示。

图 7-54　启动数据编辑与删除

图 7-55　字段编辑对话框

图 7-56　完成后的 GridView 控件界面

(12) 在页面中插入一个 DetailsView 控件，数据源设置为与 GridView 控件相同的数据源，如图 7-57 所示。

(13) 在 DetailsView 控件任务面板中选中"启用插入"复选框，打开数据添加功能，如图 7-58 所示。

图 7-57　DetailsView 控件

图 7-58　启用数据插入功能

(14) 在属性面板中将 DetailsView 控件的默认显示视图设置为"Insert", 如图 7-59 所示。实例开发完成, 运行界面如图 7-60 所示。

图 7-59 修改默认显示界面

图 7-60 实例的运行效果

7.6 上 机 练 习

(1) 配置一个 SqlDataSource 数据源, 访问 Northwind 数据库的产品表。

(2) 添加一个 GridView 控件, 显示在上一题中配置的数据源中的数据, 并设置控件外观为"彩色"类型。

(3) 在上一题完成的页面中添加一个 DetailsView 控件, 用于显示在 GridView 控件中选定记录的详细信息。

第 **8** 章

ADO.NET 与数据库的访问

学前提示

通过上一章的学习，了解了一些数据访问服务的控件，这些控件能够帮助用户方便地绑定数据，而这些数据多来源于数据库，本章主要介绍 ADO.NET 与数据库的相关访问操作，ADO.NET 是一组用于与数据源进行交互的面向对象类库，主要用于访问数据库中的数据。ADO.NET 也是在.NET 编程环境中推荐优先使用的数据访问接口。

知识要点

- ADO.NET 的相关组件
- 数据访问组件的介绍
- 数据存储组件的介绍

8.1　ADO.NET 概述

　　ADO.NET 的名称起源于 ADO(ActiveX Data Objects)，这是一个应用非常广泛的类库，在微软的 COM 平台中，任何语言访问数据库时都使用 ADO 这个接口，后来微软将 ADO 更名为 ADO.NET，并更新了 ADO.NET 中的类，希望在.NET 编程环境中优先使用 ADO.NET 这个数据访问接口。

　　ADO.NET 提供多种语言的数据库连接访问类，是一组用于和数据源进行交互的面向对象类库。ADO.NET 增强了对非连接编程模式的支持，而数据源并不一定必须为数据库，ADO.NET 同样也能够与文本文件、XML 文件，甚至是 Excel 表格进行交互。接受数据的组件也并不一定必须是 ADO.NET 组件，它可以是基于一个 Microsoft Visual Studio 的解决方案，也可以是任何运行在其他平台上的应用程序。

　　ADO.NET 进行交互的数据库可以是不同形式的数据库，如 SQL Server、Access 甚至是 Oracle 等数据库。但连接不同的数据库(即不同的数据源)时应采用不同的命名空间和不同的类去操作，一些老式的数据源可以使用 ODBC 协议，许多新的数据源都可以使用 OLEDB 协议，并且现在还不断地出现更多的数据源，如连接 SQL Server 的数据源是 SQLClient，连接 Oracle 的 OracleClient 等，这些数据源都可以通过.NET 的 ADO.NET 类库进行连接。

8.1.1　认识 ADO.NET

　　ADO.NET 对象模型中有 5 个主要的组件，分别是 Connection 对象、Command 对象、DataAdapter 对象、DataSet 对象，以及 DataReader 对象。这些组件中负责建立连接和操作数据的部分我们称为数据操作组件，分别由 Connection 对象、Command 对象、DataAdapter 对象及 DataReader 对象组成。DataSet 对象是作为数据源之间桥梁的，属于数据存储组件。

8.1.2　ADO.NET 的组件结构

　　通过以上对 ADO.NET 的介绍，对它的用途有了一定的了解，如图 8-1 所示为 ADO.NET 组件的整体结构。

图 8-1　ADO.NET 组件的结构

　　ADO.NET 中包含了两个组件，一个是数据访问组件(即.NET 框架数据提供程序)，另一个是数据存储组件(即数据集 DataSet)，而数据访问组件中又包括 4 个对象，即 Connection、Command、DataReader、DataAdapter。

- Connection 连接对象：主要用于管理与数据源的连接。
- Command 命令对象：允许用户与数据源交流并发送命令给它，它能够执行对数据库中的数据进行增、删、改、查的操作。
- DataReader 读取器对象：是为了快速读取只能"向前"的数据。
- DataAdapter 适配器对象：与 DataSet 配合使用，实现对数据库的断开式访问。

　　而数据的存储组件中仅包含 DataSet 一个对象，就相当于内存中的临时数据库，称为数据集对象。

　　DataSet 之所以被称为一个临时数据库，是因为它的结构与数据库的结构很类似，数据集中可以存储很多表结构，即 DataTable 对象，表中又有列和行，即 DataColumn 对象和 DataRow 对象，还能对表结构实施完整性约束及建立表关系，并且在使用 DataSet 的同时，不用反复访问数据库，从而提高了效率。

8.2　与数据库的连接

　　ASP.NET 可以灵活地与数据库进行连接。一种简单的方法是使用数据源控件，通过这些控件可以将数据访问封装到只需设置连接和查询信息配置的控件中。另外，也可以使用 ADO.NET 类或 LINQ 查询自己编写执行数据访问的代码。

　　ADO.NET 提供程序包含可以与特定类型的数据库或数据存储区进行通信的类。例如，一个提供程序可以与 SQL Server 数据库进行通信，而另一个提供程序可以与 Oracle 数据库进行通信。

　　.NET 框架中包含的提供程序如下。

- System.Data.SqlClient：命名空间中提供用于与 SQL Server 进行连接的.NET 框架数据提供程序。此提供程序为 SqlDataSource 控件的默认提供程序；如果在程序中使用 SqlDataSource 控件连接至 SQL Server 数据库，则无须显式指定提供程序。
- System.Data.OleDb：命名空间中提供用于与支持 OLE DB 协议的与数据库进行连接的.NET 框架数据提供程序。
- System.Data.Odbc：命名空间中提供用于与支持 ODBC 协议的与数据库进行连接的.NET 框架数据提供程序。
- System.Data.OracleClient：命名空间中用于和 Oracle 进行连接的.NET 框架数据提供程序。

　　可以在 Web.config 文件中将提供程序指定为连接字符串的一部分，也可以指定为页面上的单个数据源控件的属性。

　　连接字符串包含相关信息，当提供程序与特定数据库进行通信时，需要这些信息。可以将连接字符串存储在 Web.config 文件中，并在数据源控件的配置中引用相关配置项，在编写配置信息时，应注明连接数据库的字符串，及访问字符串时的名称，采用的方式类似于 HashTable 集合中的键值对的形式。

配置信息的写法如下所示：

```
<connectionStrings>
    <add name="connectionString" connectionString=" Data Source=
    .\SQLEXPRESS;Initial Catalog=WebTest;Integrated Security=True"
    providerName="System.Data.SqlClient" />
</connectionStrings>
```

下面具体来看一下连接数据库用到的几个 ADO.NET 对象。

8.3 ADO.NET 对象的使用

ADO.NET 主要分为两个组件，一个是数据访问组件，专用于访问数据库，另一个是数据的存储组件，用于作为数据库跟应用程序之间数据交互的临时存储，数据访问组件中包含 Connection 对象、Command 对象、DataAdapter 对象、DataReader 对象；数据存储组件有 DataSet 对象。

8.3.1 Connection 对象

Connection 对象用来与数据库建立连接。用于在 ADO.NET 中创建一个 Connection 连接对象，代表应用程序可以跟数据库进行连接，即可以从数据库中提取数据，下面首先介绍一下 Connection 对象的属性，如表 8-1 所示。

表 8-1 Connection 对象的属性

属　　性	说　　明
ConnectionString	连接数据源的字符串
ConnectionTimeout	尝试建立连接的时间，超过时间则产生异常
Database	将要打开的数据库的名称
DataSource	包含数据库的位置和文件
Provider	OLEDB 数据提供程序的名称
ServerVersion	OLEDB 数据提供程序提供的服务器版本
State	显示当前 Connection 对象的状态

.NET 框架支持两种数据提供程序：

- 在 System.Data.OleDB 命名空间中实现了 OleDbConnection 对象。
- 在 System.Data.SqlClient 命名空间中实现了 SqlConnection 对象。

OleDbConnection 对象使用 OLEDB 提供程序连接数据库，任何支持 OLEDB 提供程序的数据库都能够使用 OLEDB，SQL Server 也可以使用这种方式连接。

但是在连接数据库的过程中，SqlConnection 专门用来连接 SQL Server 数据库，所以一般不用 OLEDB 去连接 SQL Server 数据库，用 SqlConnection 的效率更高。表 8-2 中列出了 SqlConnection 类的方法。

表 8-2　SqlConnection 对象的方法

方　法	说　明
BeginTransaction	开始一个数据库事务。允许指定事务的名称和隔离级
ChangeDatabase	改变当前连接的数据库。需要一个有效的数据库名称
Close	关闭数据库连接。使用该方法关闭一个打开的连接
CreateCommand	创建并返回一个与该连接关联的 SqlCommand 对象
Dispose	调用 Close
GetSchema	检索指定范围(表、数据库)的模式信息
Open	打开一个数据库连接

其中最常用到的是 ConnectionString 属性以及 Open 和 Close 方法，在使用的过程中要首先创建对象，创建的方式如下所示：

```
SqlConnection connection = new SqlConnection(@"Data Source=
.\SQLEXPRESS;Initial Catalog=Test;Integrated Security =True");
```

这其中，Data Source 指定数据库服务器的名称，Initial Catalog 指定数据库的名称，WebTest 为此例要连接的数据库名字，Integrated Security=True 的意思是采用 Windows 登录方式登录，如果采用 SQL Server 的方式登录，就换成 uid 用户名和 pwd 密码即可，连接字符串中每部分使用分号间隔。

8.3.2　DataAdapter 对象

DataAdapter 对象可以用于检索和更新数据库，或从数据源中获取数据，填充 DataSet 对象中的表，以及对 DataSet 对象进行相关的更改，然后将修改提交回数据库，DataAdapter 可以称为 DataSet 和数据库之间的桥梁，是.NET 提供程序的重要的组成部分，.NET 框架支持两种数据提供程序：

- 在 System.Data.OleDB 命名空间中实现 OleDbDataAdapter 对象。
- 在 System.Data.SqlClient 命名空间中实现 SqlDataAdapter 对象。

使用 DataAdapter 对象在一个 DataSet 对象和一个数据源之间交换数据时，可以使用 DataAdapter 对象的 4 个属性指定想要执行的操作，这个 DataAdapter 属性将执行一条 SQL 语句或调用一个存储过程，DataAdapter 对象可用的属性如表 8-3 所示。

表 8-3　DataAdapter 对象的属性

属　性	说　明
SelectCommand	用于设置从记录集中选择记录的命令
InsertCommand	用于设置向记录集中添加记录的命令
DeleteCommand	用于设置从记录集中删除记录的命令
UpdateCommand	用于设置从记录集中更新记录的命令

DataAdapter 对象的方法如表 8-4 所示。

表 8-4　DataAdapter 对象的方法

方　法	说　明
Fill	用于在 DataSet 中添加或刷新行
Update	用于把 DataSet 记录集中的更新数据提交回数据库
Dispose	销毁 DataAdapter 对象
FillSchema	用于将 DataTable 添加到 DataSet 中

下面的代码为创建 SqlDataAdapter 对象的方法：

```
SqlConnection connection = new SqlConnection(@"Data Source=.\SQLEXPRESS;
  Initial Catalog=Test;Integrated Security=True");
SqlDataAdapter dataAdapter =
  new SqlDataAdapter("SELECT * FROM userinfo", connection);
DataSet ds = new DataSet();
dataAdapter.Fill(ds, "userinfo");
```

通过上面这个例子可以看出，dataAdapter 这个对象执行了一条 SQL 语句，取出表中的所有数据，通过 Fill 方法填充到了数据集中，并取新表名为"userinfo"。

8.3.3　DataReader 对象

DataReader 对象提供一种使用只读、只进的方式从数据库中读取数据。创建 DataReader 对象的方式只有一种，就是通过 Command 对象的 ExecuteReader()方法来创建，而不是使用对象的构造函数创建。

这个对象有两个主要特征：首先，只能读取数据，没有修改删除等功能；其次，这个对象是采用向前的读取数据的方式读取的，不能回头读取上一条记录。DataReader 对象不能保存数据，只是将数据传递到相应控件上进行显示。DataReader 对象也有很多属性和方法，表 8-5 列出了 DataReader 的属性。

表 8-5　DataReader 的属性

属　性	说　明
HasRows	判断 DataReader 中是否包含一行或多行记录
Item	DataReader 中列的值
IsClosed	数据读取器的当前状态
FieldCount	当前行中的列数
NextResult	使数据读取器前进到下一个结果
IsDBNull	表示某列中是否包含不存在的或缺少的值

DataReader 的常用方法如表 8-6 所示。

表 8-6　DataReader 的方法

方　法	说　明
Read	读取 DataReader 中的下一条记录
Open	打开 DataReader 对象
Close	关闭 DataReader 对象
GetName	获取指定列的名称
GetValues	获取当前行的集合中的所有属性列

DataReader 对象同样属于.NET 数据提供程序之一，所以在访问不同的数据库驱动时，使用不同的前缀，在 System.Data.OleDB 命名空间中实现 OleDbDataReader 对象，在 System.Data.SqlClient 命名空间中实现 SqlDataReader 对象。

可以通过一段代码来深入了解一下 DataReader 对象。例如想查看一下编号为 1001 的职员的姓名，采用 DataReader 来获取，示例代码如下：

```
string name = string.Empty;
SqlConnection connection = new SqlConnection(@"Data Source=
 .\SQLEXPRESS;Initial Catalog=Test;Integrated Security=True");

SqlCommand command = new SqlCommand(
 "SELECT name FROM userinfo WHERE id = '1001'", connection);

connection.Open();
SqlDataReader reader = command.ExecuteReader();
if (reader.Read())
{
    name = reader["name"].ToString();
}
reader.Close();
connection.Close();
```

在写这段代码的时候要注意一点，用到 Command 对象的时候，数据库一定要处于显式打开状态，资源用完之后，要关闭数据库；在关闭之前首先要把读取器关闭，一定要注意先后顺序，而读取器不用显式地打开。在读取数据的时候，是采用 reader["name"]这种方式读取的，name 是列的名字，还可以用索引的方式代替，切记索引从 0 开始，即写为 reader[0]，如果有第二列，就用 reader[1]去获得，以此类推。

8.3.4　Command 对象

Command 对象是 ADO.NET 中的重要对象之一，Command 对象实现对数据库的增删改查等操作，可以通过构造函数来创建 Command 对象，通过 Command 对象不但可以执行 SQL 语句，还能够执行存储过程，这取决于 Command 对象的 CommandType 属性的值，默认值是 Text，用于执行普通 SQL 语句。该对象的属性包括了针对数据库执行某个语句时的所有必要的信息，属性如表 8-7 所示。

表 8-7 Command 对象的属性

属　性	说　明
Name	Command 对象的程序化名称
Connection	对 Connection 对象的引用，方便与数据库通信
CommandType	用于执行的命令类型
CommandText	命令对象包含的 SQL 语句文本或存储过程的名称
Parameters	Command 对象可以包含零个或多个参数

执行 Command 命令的方式也有几种形式，它们之间有很大的区别，在执行不同的 SQL 命令的时候，采用不同的方法去执行，而方法执行结束后返回的结果也是不同的，表 8-8 列出了 Command 对象的常用方法。

表 8-8 Command 对象的常用方法

方　法	说　明
ExecuteReader	用于执行查询命令，返回一个 DataReader 对象
ExecuteNonQuery	用于执行增、删、改语句，返回受影响的行数
ExecuteScalar	用于执行查询命令，返回第一行第一列的记录值，多用于判断表中是否有记录或聚合函数的使用
ExecuteXMLReader	用于执行查询命令，返回 XMLReader 对象，要求查询或存储过程以 XML 格式返回结果

基于以上几种方法，来看两个例子。

如果要往数据库中添加数据，用到的 SQL 语句应为"insert into 表名 values(值列表)"，而对于 Command 对象来说，执行增、删、改方法的是 ExecuteNonQuery()，增、删、改的代码片段如下：

```
SqlConnection connection = new SqlConnection(@"Data Source=
 .\SQLEXPRESS;Initial Catalog=Test;Integrated Security=True");
SqlCommand command = new SqlCommand(
 "INSERT INTO userinfo VALUES ('1002','admin')", connection);
connection.Open();
int count = command.ExecuteNonQuery();
if (count > 0)
{
    Response.Write("添加成功！");
}
else
{
    Response.Write("添加失败！");
}
connection.Close();
```

执行增、删、改的 SQL 语句时，返回的是受影响的行数，所以可以通过返回值断定语

句执行是否成功，如果受影响行数为 0 行，说明指令没有执行成功，如果受影响行数为 1 行或者更多，就说明 SQL 语句执行正确。

如果执行的是查询的方法，又把查询分为两种情况，一种是只返回一行一列的情况，即为聚合函数限定的 SQL 语句，还有另外一种类型是返回多行多列的值。这两种查询都可以用 Command 执行并返回结果，但这两种类型的查询语句分别采用不同的方法执行，返回一行一列的查询用 ExecuteScalar()方法执行，多行多列的查询用 ExecuteReader()方法执行。

如果有一条 SQL 语句，需要查询一个公司一共有多少名员工，就应该用 Command 对象的 ExecuteScalar()方法，因为 SQL 语句必定为聚合 Count 所限定，关键代码如下：

```
SqlConnection connection = new SqlConnection(@"Data Source=
  .\SQLEXPRESS;Initial Catalog=Test;Integrated Security=True");
SqlCommand command =
  new SqlCommand("SELECT COUNT(*) FROM userinfo", connection);
connection.Open();
int count = (int)command.ExecuteScalar();
Response.Write("我公司一共有" + count + "名职员");
connection.Close();
```

8.4　综 合 实 例

下面这个例子，是实现一个职员信息查询系统，要求把所有的职员信息显示在浏览器中，但并不是所有人都能够浏览职员信息，只有在职的员工可以浏览。

经过需求分析得知，需要做一个登录界面对浏览者进行判断，并且需要数据库来存储所需的数据，登录成功后显示出数据库中的所有职员信息，不需要对数据进行修改和删除的操作，整个工程需要两个界面，一个是作为登录的界面 index.aspx；另一个是作为浏览的界面 view.aspx。

在开始之前，先来了解一下数据库及表的信息，现在公司有一个名为 Test 的数据库，数据库库中有一张 UserInfo 职员表，包含 6 列信息，UID 代表职员的编号，为主键自动增长，从 1000 开始；UName 代表姓名；UPassword 代表密码；UGender 代表性别；UEmail 代表电子邮箱；UAddress 代表用户住址等信息。了解了数据库的主要结构后，下一步开始实现系统的功能。

index.aspx 的设计界面如图 8-2 所示。

职员查询系统登录

用户名：

密　码：

登录　　　重置

图 8-2　index.aspx 的设计界面

软件开发新课堂

相关代码如下：

```
<form id="form1" runat="server">
    <table style="border: 1px double #FF0000; width: 300px; height: 179px;
      top: 169px; left: 446px; position: absolute;">
    <tr>
    <td align="left" valign="top">
               
         
    <B>职员查询系统登录</B>
    <br /><br />
     用户名：    
    <asp:TextBox ID="txtName" runat="server" Width="148px"></asp:TextBox>
    <br /><br />
     密   码：    
    <asp:TextBox ID="txtPwd" runat="server" Width="150px"
      TextMode="Password"></asp:TextBox><br />
    <asp:Button ID="btnLogin" runat="server" style="top: 122px;
      left: 50px; position: absolute; height: 26px; right: 171px"
      Text="登录" Width="73px" onclick="btnLogin_Click" /><br />
    <asp:Button ID="btnCancel" runat="server" style="top: 122px;
      left: 160px; position: absolute; height: 26px" Text="重置"
      Width="73px" onclick="btnCancel_Click" />
    </td></tr>
    </table>
    <p> </p>
</form>
```

而在单击界面登录的时候，需要连接数据库，应该把连接数据库的字符串保留在配置文件 Web.config 中，在配置文件中找到、并替换成如下代码：

```
<connectionStrings>
    <add name="connectionString" connectionString="Data Source=
      .\SQLEXPRESS;Initial Catalog=Test;Integrated Security=True"/>
</connectionStrings>
```

在 connectionStrings 标签中，name 属性代表方便访问的名称，connectionString 属性则是连接数据库的相应字符串，在访问的过程中，可以通过 connectionString 键去访问到值 "Data Source=.\SQLEXPRESS;Initial Catalog=Test;Integrated Security=True"，具体访问及相关代码如下：

```
using System;
using System.Configuration;
using System.Data;
using System.Linq;
using System.Web;
using System.Web.Security;
using System.Web.UI;
using System.Web.UI.HtmlControls;
using System.Web.UI.WebControls;
using System.Web.UI.WebControls.WebParts;
```

```csharp
using System.Xml.Linq;
using System.Data.SqlClient; //如果连接数据库，就必须引用此命名空间

public partial class _Default : System.Web.UI.Page
{
    protected void Page_Load(object sender, EventArgs e)
    { }
    protected void btnLogin_Click(object sender, EventArgs e) // "登录" 按钮
    {
        string Uname = txtName.Text.Trim(); //取 "姓名" 文本框中的值
        string Upassword = txtPwd.Text.Trim(); //取 "密码" 文本框中的值
        if (Uname == "") //判断姓名是否为空
        {
            ClientScript.RegisterStartupScript(this.GetType(), "用户名为空",
              "<script language='javascript'>
              alert('姓名不允许为空! ')</script>"); //客户端对话框提示
            return;
        }
        if(Upassword == "")  //判断密码是否为空
        {
            ClientScript.RegisterStartupScript(this.GetType(), "密码为空",
              "<script language='javascript'>
              alert('密码不允许为空! ')</script>"); //客户端提示
            return;
        }
        SqlConnection connection = new SqlConnection(ConfigurationManager
          .ConnectionStrings["connectionString"].ToString());
        //创建连接对象
        string sql = string.Format("SELECT COUNT(*) FROM userinfo
          WHERE UName = '{0}' and UPassword = '{1}'",
          Uname,Upassword); //需要执行的 SQL 语句
        SqlCommand command = new SqlCommand(sql, connection);
        //命令对象的创建
        connection.Open(); //打开数据库
        int count = (int)command.ExecuteScalar(); //执行查询
        connection.Close(); //关闭数据库
        if (count > 0) //判断执行成功跳转页面
        {
            Response.Redirect("view.aspx");
        }
        else
        {
            //否则客户端提示，并清空文本框
            ClientScript.RegisterStartupScript(this.GetType(), "无此用户",
              "<script language='javascript'>
              alert('对不起，您输入的信息不正确，请重新输入! ')</script>");
            txtName.Text = "";
            txtPwd.Text = "";
        }
    }
    //重置按钮事件，作用是清空文本框的内容
```

```
protected void btnCancel_Click(object sender, EventArgs e)
{
    txtName.Text = "";
    txtPwd.Text = "";
}
}
```

根据这些代码，可以实现一个登录的功能，如果所输入的用户名和密码正确，即可登录，并跳转到 view.aspx 页面，转到此页面后，显示内容如图 8-3 所示。

用户名	密码	性别	邮箱	地址
admin	admin	男	admin@126.com	北京
张三	12345	女	zhangsan@163.com	天津

图 8-3 view.aspx 页面的样式

页面中采用的是 DataGrid 控件，在此应用了样式，页面代码如下所示：

```
<form id="form1" runat="server">
  <div>
  <asp:GridView ID="showUserList" runat="server"
    AutoGenerateColumns="False"
    BackColor="White" BorderColor="#E7E7FF" BorderStyle="None"
    BorderWidth="1px" CellPadding="3" GridLines="Horizontal"
    style="top: 140px; left: 385px; position: absolute;
      height: 130px; width: 527px">
  <FooterStyle BackColor="#B5C7DE" ForeColor="#4A3C8C" />
  <RowStyle BackColor="#E7E7FF" ForeColor="#4A3C8C" />
  <Columns>
      <asp:BoundField DataField="UName" HeaderText="用户名" />
      <asp:BoundField DataField="UPassword" HeaderText="密码" />
      <asp:BoundField DataField="UGender" HeaderText="性别" />
      <asp:BoundField DataField="UEmail" HeaderText="邮箱" />
      <asp:BoundField DataField="UAddress" HeaderText="地址" />
  </Columns>
  <PagerStyle BackColor="#E7E7FF" ForeColor="#4A3C8C"
    HorizontalAlign="Right" />
  <SelectedRowStyle BackColor="#738A9C" Font-Bold="True"
    ForeColor="#F7F7F7" />
  <HeaderStyle BackColor="#4A3C8C" Font-Bold="True"
    ForeColor="#F7F7F7" />
  <AlternatingRowStyle BackColor="#F7F7F7" />
  </asp:GridView>
  </div>
</form>
```

这个页面主要用来显示职员信息，要读取职员信息，还需要连接数据库，从数据库中进行提取，系统要求的是页面加载完成时已经显示了这些信息，所以要在页面加载事件中

读取数据，具体代码如下：

```
using System;
using System.Collections;
using System.Configuration;
using System.Data;
using System.Linq;
using System.Web;
using System.Web.Security;
using System.Web.UI;
using System.Web.UI.HtmlControls;
using System.Web.UI.WebControls;
using System.Web.UI.WebControls.WebParts;
using System.Xml.Linq;
using System.Data.SqlClient;

public partial class Default2 : System.Web.UI.Page
{
    protected void Page_Load(object sender, EventArgs e)  //页面加载事件
    {
        SqlConnection connection = new SqlConnection(ConfigurationManager
          .ConnectionStrings["connectionString"].ToString());
        string sql = "SELECT * FROM userinfo";
        SqlDataAdapter adapter =
          new SqlDataAdapter(sql, connection); //适配器对象
        DataSet dataSet = new DataSet();       //创建数据集对象
        adapter.Fill(dataSet, "userinfo"); //填充数据集，表名为 userinfo
        //对控件进行绑定，showUserList 为 DataGrid 控件的名称
        showUserList.DataSource = dataSet.Tables[0];
        showUserList.DataBind();
    }
}
```

通过以上的例子，还可以继续扩展，从而实现增、删、改、查的任意功能。

8.5　ObjectDataSource 控件

第 7 章介绍的 SqlDataSource 控件将数据库中的数据直接绑定到页面控件上，使用过程中更容易操作，而且无需直接使用 ADO.NET 类，但是不利于团队开发，下面介绍另外一种数据绑定控件，即 ObjectDataSource，它可以绑定某个返回数据集、二维数组、普通集合、泛型集合等方法。

8.5.1　三层结构的搭建

在使用 ObjectDataSource 之前，必须先自定义访问 ADO.NET 的方法，而在开发过程中，通常是通过三层模板生成工具 CodeSmith 来辅助生成的，这样就需要自定义三层生成模板，在程序中，通过 Web 应用程序和类库把对数据库的访问分为数据访问层、业务逻辑层和表

示层。

下面通过一个实例介绍三层的搭建方式。

第 1 步 新建一个 Web 项目，在解决方案资源管理器中，在该项目的解决方案上单击鼠标右键，从弹出的快捷菜单中选择"添加"→"新建项目"命令，如图 8-4 所示。

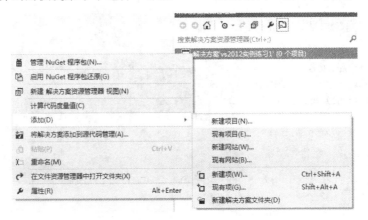

图 8-4 新建项目

第 2 步 弹出"添加新项目"对话框，如图 8-5 所示。

图 8-5 "添加新项目"对话框

第 3 步 在左侧选择"Visual C#"选项，在中间选择"类库"，给类库命名，我们需要添加三个类库，一个存放实体类，命名后缀是"Model"；一个存放数据访问层的数据访问类，命名后缀是"DAL"；另一个存放业务逻辑层的业务类，命名后缀是"BLL"，搭建好后，解决方案管理器布局如图 8-6 所示。

第 4 步 添加引用关系，类库的名称不同，意味着命名空间不同，我们需要在各层中添加引用，以便可以应用到相应类库中的类文件，一个类库相应产生一个 DLL 文件，称为类库文件，引用关系为：表示层引用业务逻辑层，业务逻辑层引用数据访问层，而模型层被其他三个层引用，创建引用关系，需要在解决方案资源管理器的相应项目中找到"引用"，

单击鼠标右键，从弹出的快捷菜单中选择"添加引用"命令，弹出"引用管理器"对话框，如图 8-7 所示，单击"浏览"按钮，选择相应的 DLL 文件路径，单击"确定"按钮，即可引用进来。

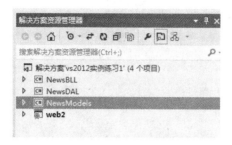

图 8-6　三层搭建

图 8-7　添加引用

第 5 步　连接数据库，需要在 SQL Server 中建好数据库及表信息，此处我们创建一个简单的表结构，管理员信息表拥有 3 个字段：管理员编号 adminId、管理员姓名 adminName、管理员密码 adminPwd。建好数据库后，先在 Model 模型层中创建实体类，键入如下代码：

```
using System;
using System.Collections.Generic;
using System.Text;
namespace News.Model
{
    [Serializable()]
    public class Admin
    {
        private int adminId;
        private string adminName = String.Empty;
        private string adminPwd = String.Empty;
        public Admin() { }
        public int AdminId
```

```
{
    get { return this.adminId; }
    set { this.adminId = value; }
}
public string AdminName
{
    get { return this.adminName; }
    set { this.adminName = value; }
}
public string AdminPwd
{
    get { return this.adminPwd; }
    set { this.adminPwd = value; }
}
}
}
```

第 6 步　在表示层添加配置文件 Web.Config，在配置文件中修改 connectionStrings 节点，访问数据库的字符串，可以从菜单栏中选择"数据"→"添加新数据源"命令，从弹出的对话框中选择"数据库"，单击"下一步"按钮，在"新建连接"界面输入服务器名称和数据库名称后，取得连接数据库字符串，并修改节点代码为：

```
<connectionStrings>
    <add name="ConnectionString" connectionString="Data Source=
    .\sqlexpress;Initial Catalog=news;Integrated Security=True"
    providerName="System.Data.SqlClient" />
</connectionStrings>
```

第 7 步　在数据访问层中添加 System.Configuration 的引用，用于访问连接数据库的字符串，并添加数据库的访问类 DBHelper，用于编写对数据库的增、删、改、查的方法，代码如下所示：

```
using System;
using System.Collections.Generic;
using System.Text;
using System.Data;
using System.Data.SqlClient;
using System.Configuration;
namespace News.DAL
{
    public static class DBHelper
    {
        private static SqlConnection connection;
        public static SqlConnection Connection
        {
            get
            {
                string connectionString = ConfigurationManager
                    .ConnectionStrings ["ConnectionString"].ConnectionString;
                if (connection == null)
                {
```

```
            connection = new SqlConnection(connectionString);
            connection.Open();
        }
        else if (connection.State == System.Data.ConnectionState.Closed)
        {
            connection.Open();
        }
        else if (connection.State == System.Data.ConnectionState.Broken)
        {
            connection.Close();
            connection.Open();
        }
        return connection;
    }
}
public static int ExecuteCommand(string safeSql)
{
    SqlCommand cmd = new SqlCommand(safeSql, Connection);
    int result = cmd.ExecuteNonQuery();
    return result;
}
public static int ExecuteCommand(string sql, params SqlParameter[] values)
{
    SqlCommand cmd = new SqlCommand(sql, Connection);
    cmd.Parameters.AddRange(values);
    return cmd.ExecuteNonQuery();
}
public static int GetScalar(string safeSql)
{
    SqlCommand cmd = new SqlCommand(safeSql, Connection);
    int result = Convert.ToInt32(cmd.ExecuteScalar());
    return result;
}
public static int GetScalar(string sql, params SqlParameter[] values)
{
    SqlCommand cmd = new SqlCommand(sql, Connection);
    cmd.Parameters.AddRange(values);
    int result = Convert.ToInt32(cmd.ExecuteScalar());
    return result;
}
public static SqlDataReader GetReader(string safeSql)
{
    SqlCommand cmd = new SqlCommand(safeSql, Connection);
    SqlDataReader reader = cmd.ExecuteReader();
    return reader;
}
public static SqlDataReader GetReader(string sql,
 params SqlParameter[] values)
{
    SqlCommand cmd = new SqlCommand(sql, Connection);
    cmd.Parameters.AddRange(values);
```

软件开发新课堂

```
            SqlDataReader reader = cmd.ExecuteReader();
            return reader;
        }
        public static DataTable GetDataSet(string safeSql)
        {
            DataSet ds = new DataSet();
            SqlCommand cmd = new SqlCommand(safeSql, Connection);
            SqlDataAdapter da = new SqlDataAdapter(cmd);
            da.Fill(ds);
            return ds.Tables[0];
        }
        public static DataTable GetDataSet(string sql, params SqlParameter[] values)
        {
            DataSet ds = new DataSet();
            SqlCommand cmd = new SqlCommand(sql, Connection);
            cmd.Parameters.AddRange(values);
            SqlDataAdapter da = new SqlDataAdapter(cmd);
            da.Fill(ds);
            return ds.Tables[0];
        }
    }
}
```

第8步　在数据访问层DAL中创建对管理员Admin表进行操作的数据访问类,实现增、删、改、查的方法,具体代码如下所示:

```
using System;
using System.Collections.Generic;
using System.Text;
using System.Data;
using System.Data.SqlClient;
using News.Model;
namespace News.DAL
{
    public static partial class AdminService
    {
        //此方法用于添加管理员
        public static Admin AddAdmin(Admin admin)
        {
            string sql =
    "INSERT Admin (AdminName, AdminPwd) VALUES (@AdminName, @AdminPwd)";
            sql += " ; SELECT @@IDENTITY";
            try
            {
                SqlParameter[] para = new SqlParameter[]
                {
                    new SqlParameter("@AdminName", admin.AdminName),
                    new SqlParameter("@AdminPwd", admin.AdminPwd)
                };
                int newId = DBHelper.GetScalar(sql, para);
                return GetAdminByAdminId(newId);
```

```
        }
        catch (Exception e)
        {
            Console.WriteLine(e.Message);
            throw e;
        }
    }
    //此方法用于删除管理员
    public static void DeleteAdmin(Admin admin)
    {
        DeleteAdminByAdminId(admin.AdminId);
    }
    //根据管理员 ID 删除管理员
    public static void DeleteAdminByAdminId(int adminId)
    {
        string sql = "DELETE Admin WHERE AdminId = @AdminId";
        try
        {
            SqlParameter[] para = new SqlParameter[]
            {
                new SqlParameter("@AdminId", adminId)
            };
            DBHelper.ExecuteCommand(sql, para);
        }
        catch (Exception e)
        {
            Console.WriteLine(e.Message);
            throw e;
        }
    }
    //根据用户名和密码查询管理员信息
    public static IList<Admin> TestAdmin(Admin admin)
    {
        string sqlAll = "SELECT * FROM Admin where AdminName like '"
            + admin.AdminName + "' and AdminPwd like '" + admin.AdminPwd
            + "'";
        return GetAdminsBySql(sqlAll);
    }
    //修改管理员信息
    public static void ModifyAdmin(Admin admin)
    {
        string sql = "UPDATE Admin SET " + "AdminName = @AdminName, "
            + "AdminPwd = @AdminPwd " + "WHERE AdminId = @AdminId";
        try
        {
            SqlParameter[] para = new SqlParameter[]
            {
                new SqlParameter("@AdminId", admin.AdminId),
                new SqlParameter("@AdminName", admin.AdminName),
                new SqlParameter("@AdminPwd", admin.AdminPwd)
            };
```

软件开发新课堂

```
            DBHelper.ExecuteCommand(sql, para);
        }
        catch (Exception e)
        {
            Console.WriteLine(e.Message);
            throw e;
        }
    }
    //查询所有管理员信息
    public static IList<Admin> GetAllAdmins()
    {
        string sqlAll = "SELECT * FROM Admin";
        return GetAdminsBySql(sqlAll);
    }
    //根据管理员编号查询单一管理员信息
    public static Admin GetAdminByAdminId(int adminId)
    {
        string sql = "SELECT * FROM Admin WHERE AdminId = @AdminId";
        try
        {
            SqlDataReader reader = DBHelper.GetReader(sql,
              new SqlParameter("@AdminId", adminId));
            if (reader.Read())
            {
                Admin admin = new Admin();
                admin.AdminId = (int)reader["AdminId"];
                admin.AdminName = (string)reader["AdminName"];
                admin.AdminPwd = (string)reader["AdminPwd"];
                reader.Close();
                return admin;
            }
            else
            {
                reader.Close();
                return null;
            }
        }
        catch (Exception e)
        {
            Console.WriteLine(e.Message);
            throw e;
        }
    }
    //根据指定 SQL 语句查询, 并返回集合
    private static IList<Admin> GetAdminsBySql(string safeSql)
    {
        List<Admin> list = new List<Admin>();
        try
        {
            DataTable table = DBHelper.GetDataSet(safeSql);
            foreach (DataRow row in table.Rows)
```

```
            {
                Admin admin = new Admin();
                admin.AdminId = (int)row["AdminId"];
                admin.AdminName = (string)row["AdminName"];
                admin.AdminPwd = (string)row["AdminPwd"];
                list.Add(admin);
            }
            return list;
        }
        catch (Exception e)
        {
            Console.WriteLine(e.Message);
            throw e;
        }
    }
    //带参数的 SQL 语句赋值并查询
    private static IList<Admin> GetAdminsBySql(
      string sql, params SqlParameter[] values)
    {
        List<Admin> list = new List<Admin>();
        try
        {
            DataTable table = DBHelper.GetDataSet(sql, values);
            foreach (DataRow row in table.Rows)
            {
                Admin admin = new Admin();
                admin.AdminId = (int)row["AdminId"];
                admin.AdminName = (string)row["AdminName"];
                admin.AdminPwd = (string)row["AdminPwd"];
                list.Add(admin);
            }
            return list;
        }
        catch (Exception e)
        {
            Console.WriteLine(e.Message);
            throw e;
        }
    }
  }
}
```

第 9 步　在业务逻辑层中创建对数据访问层实施调用的业务逻辑类，调用数据访问类的增删改查的方法，具体代码如下所示：

```
using System;
using System.Collections.Generic;
using System.Text;
using News.DAL;
using News.Model;
namespace News.BLL
{
```

软件开发新课堂

```
public static partial class AdminManager
{
    //添加管理员
    public static Admin AddAdmin(Admin admin)
    {
        return AdminService.AddAdmin(admin);
    }
    //删除管理员
    public static void DeleteAdmin(Admin admin)
    {
        AdminService.DeleteAdmin(admin);
    }
    //修改管理员信息
    public static void ModifyAdmin(Admin admin)
    {
        AdminService.ModifyAdmin(admin);
    }
    //实现登录
    public static IList<Admin> TestAdmin(Admin admin)
    {
        return AdminService.TestAdmin(admin);
    }
    //查询所有管理员
    public static IList<Admin> GetAllAdmins()
    {
        return AdminService.GetAllAdmins();
    }
    //根据管理员编号查询管理员
    public static Admin GetAdminByAdminId(int adminId)
    {
        return AdminService.GetAdminByAdminId(adminId);
    }
}
}
```

三层结构已经搭建好了，读者可以在表示层新建 Web 页面，使用业务逻辑层的方法。

8.5.2　ObjectDataSource 的使用

在上一小节中，我们已经把三层结构搭建完整了，并且把数据访问层和业务逻辑层的代码填写完整了，下面就需要在页面上应用已写好的代码，这些方法要在前台应用，我们需要使用 ObjectDataSource 控件，下面介绍 ObjectDataSource 的配置方式。

第 1 步　新建一个项目，打开默认首页，放置一个 ObjectDataSource 控件到页面上，如图 8-8 所示。

第 2 步　添加这个控件后，会自动打开控件任务面板，如图 8-9 所示。

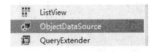

图 8-8　ObjectDataSource 控件　　　　　　　　图 8-9　控制任务面板

　　第 3 步　在任务面板中单击"配置数据源"选项，启动数据源配置向导。在向导的第一步中单击"选择业务对象"下拉菜单，如图 8-10 所示，从中选择 NewsBLL 业务逻辑层的 AdminManager 类，单击"下一步"按钮。

图 8-10　数据源配置向导

　　第 4 步　在弹出的对话框中，先选择 SELECT 选项页，选择业务逻辑层的查询所有管理员的方法，方法签名为 GetAllAdmins()，返回 IList<Admin>，继续选择 UPDATE 选项页，选择修改管理员信息的方法，方法签名为 ModifyAdmin(Admin admin)，选择 INSERT 选项页，选择添加管理员信息的方法，方法签名为 AddAdmin(Admin admin)，返回 Admin，然后选择 DELETE 选项页，选择删除管理员方法，方法签名为 DeleteAdmin(Admin admin)，如图 8-11 所示，全部选择后，单击"完成"按钮。

图 8-11　配置数据源

第5步　数据源已经配置好，生成代码如下所示：

```
<asp:ObjectDataSource ID="ObjectDataSource1" runat="server"
 DataObjectTypeName="News.Model.Admin" DeleteMethod="DeleteAdmin"
 InsertMethod="AddAdmin" SelectMethod="GetAllAdmins"
 TypeName="News.BLL.AdminManager"
 UpdateMethod="ModifyAdmin"></asp:ObjectDataSource>
```

8.6　上机练习

(1)　在 SQL Server 数据库中创建表，在应用程序中输入用户名和密码，实现登录功能，提示成功和失败，界面如下所示：

(2)　在第 2 章练习题 2 的基础上，设计数据库，完成会员注册功能。

(3)　查看会员表所有信息，用 DataGrid 控件在浏览器中显示。

第 **9** 章

主题与母版

学前提示

使用 ASP.NET 提供的母版页功能，可以为应用程序中的所有页面创建一个布局模板。单个母版页可以为应用程序中的所有页面(或一组页面)定义公用的外观和标准行为。当用户请求内容页时，内容页与母版页合并，以将母版页的布局与内容页的内容组合在一起输出。

知识要点

- 主题的基础知识
- 母版页的基础知识
- 母版页的应用

9.1 主　题

Web 应用程序的外观控制是开发过程中一个重要的环节。相对于传统的桌面应用程序，Web 应用的外观控制更为复杂，不但需要在代码中对字体、边框、颜色和大小进行控制，还需要保证在不同的页面间保持一致。如果在程序代码中控制页面显示外观，实现效果常常不能令人满意，且加重了程序员的负担。问题在于用于显示数据的 HTML 标签和用于控制界面外观的 HTML 标签混排在同一文件中，使网页代码变得复杂。

随着程序规模的扩大，使用这种方式实现的网页在可维护性方面的各种问题逐渐暴露出来。由于使用这种方式实现的网站中界面控制代码和程序代码一起分散在各个页面中，给修改和维护相关代码带来了不便。因为这些问题，开发人员逐渐开始使用 CSS 控制页面外观。在这种方式下，程序员只需要在页面的指定标签加入美工制定的 CSS 样式名称就可以实现程序开发。随着 Web 应用需求的进一步提高，对程序与界面分离提出了更高的要求，于是出现了 DIV+CSS 的页面控制方式。在这种方式下程序员只需要按照指定的层次结构编写标签即可，无须做任何界面设计，所有的界面设计全部由设计人员在 CSS 中进行控制，进一步降低了程序员页面开发的工作量。

ASP.NET 中的主题功能是针对 DIV+CSS 模式的一种特定实现，在主题文件中使用与控件标签一致的语法为页面中的不同控件定义外观样式。这样在页面中定义样式后，所有在主题文件中定义过样式的控件的外观就与主题文件中定义的一致。

9.1.1 什么是主题

主题是页面和控件外观属性设置的集合，这些属性用来定义页面和控件的外观，为 Web 应用程序中特定目录下的所有页、整个 Web 应用程序中的所有页面或服务器上的所有 Web 应用提供一致的外观界面。

主题由一组元素组成，这些元素包括外观、级联样式表(CSS)、图像和其他资源。主题将至少包含外观元素。主题定义在网站或 Web 服务器的特殊目录中。

(1) 外观文件

外观文件是主题定义的核心内容，用于为页面中的各种文件定义不同的外观样式。外观文件的扩展名为.skin，其中包含了对各个控件(例如 Button、Label、TextBox 或 Calendar 控件)的外观属性设置。控件外观设置语法与控件标记语法接近，但其中只包含用于对显示界面进行控制的部分属性。下面的示例为控制 Button 控件的外观样式：

```
<asp:button runat="server" BackColor="blue" ForeColor="black" />
```

该代码将 Button 控件的背景色设置为蓝色，文字颜色设置为黑色。

所有.skin 文件都需要创建在主题文件夹中。一个.skin 文件中可以包含一个或多个控件类型外观定义。可以将每个控件的外观定义放在单独的文件中，也可以在一个文件中定义所有控件的外观。

(2) CSS 文件

可以在主题文件中包含一个或多个 CSS 样式文件。在应用主题文件以后，无需再像以

前那样为每个页面设置 CSS 样式文件引用。只需要在主题文件中指定该主题应用的 CSS 文件，该 CSS 文件就会被所有应用该主题的页面所使用。

主题还可以包含图形和脚本文件等其他文件。例如，页面主题的一部分可能包括 TreeView 控件的外观。还可以在主题中包含用于表示展开按钮和折叠按钮的图形。

通常在一个页面的制作过程中，CSS 用于为页面和页面上的界面元素(如表格、DIV 等)定义显示外观，外观控件用于设置各种控件的外观样式。

ASP.NET 提供两种类型的控件外观——默认外观和已命名外观。

当向页面应用主题时，默认外观自动应用于同一类型的所有控件。如果控件没有设置 SkinID 属性，则使用默认外观。例如，如果为 Calendar 控件创建一个默认外观，则该控件外观适用于使用本主题的页面上的所有 Calendar 控件。

注意

外观是严格按控件类型来匹配的，因此 Button 控件外观适用于所有 Button 控件，但不适用于 LinkButton 控件或其他从 Button 对象派生的控件。

已命名外观是设置了 SkinID 属性的外观。已命名外观不会自动按类型应用于控件。而是在程序中通过控件的 SkinID 属性将已命名外观显式应用于控件。通过创建命名外观，可以为应用程序中同一控件的不同实例设置不同的外观。

通常，主题的资源文件与该主题的外观文件位于同一个文件夹中，但它们也可以位于 Web 应用程序目录中的其他地方，例如，主题文件夹的某个子文件夹中。若要引用主题文件夹的某个子文件夹中的资源文件，需要使用相对路径。

下面的代码为引用资源文件的方法：

```
<asp:Image runat="server" ImageUrl="ThemeSubfolder/filename.ext" />
```

也可以将资源文件放在主题文件夹以外的位置。然后使用波形符(~)语法来引用资源文件，Web 应用程序将自动查找相应的图像。

例如，如果将主题的资源放在应用程序的某个子文件夹中，则可以使用"~/子文件夹/文件名.ext"的路径来引用这些资源文件，如下所示：

```
<asp:Image runat="server" ImageUrl="~/AppSubfolder/filename.ext" />
```

提示

在大型网站中，将资源文件放在单独的目录中更便于管理。

9.1.2　主题的分类

定义主题之后，可以使用@Page 指令的 Theme 或 StyleSheetTheme 属性将该主题放置在单个页上；或者通过设置应用程序配置文件中的 pages 元素，将主题用于应用程序中的所有页。如果在 Machine.config 文件中定义了 pages 元素，主题将应用于服务器上全部 Web 应用程序中的所有页面。

页面主题是一个主题文件夹，其中包含控件外观、样式表、图形文件和其他资源，该

文件夹是作为网站\App_Themes 文件夹的子文件夹创建的。每个主题都是\App_Themes 文件夹的一个不同子文件夹。

下面的示例演示了一个典型的页面主题文件目录结构，它定义了两个分别命名为 BlueTheme 和 PinkTheme 的主题：

```
App_Themes
    BlueTheme
        Controls.skin
        BlueTheme.css
    PinkTheme
        Controls.skin
        PinkTheme.css
```

全局主题是可以应用于服务器上的所有网站的主题。当维护同一个服务器上的多个网站时，可以使用全局主题定义服务器上一系列网站的整体外观。

全局主题与页面主题类似，因为它们都包括属性设置、样式表设置和图形。但是，全局主题存储在对 Web 服务器具有全局性质的 Themes 文件夹中。服务器上的任何网站以及任何网站中的任何页面都可以引用全局主题。

9.1.3 创建主题文件

下面简单介绍创建主题文件的方法。

(1) 在工程中添加文件，文件类型选择为"外观文件"，输入外观文件名称。单击"添加"按钮，如图 9-1 所示。

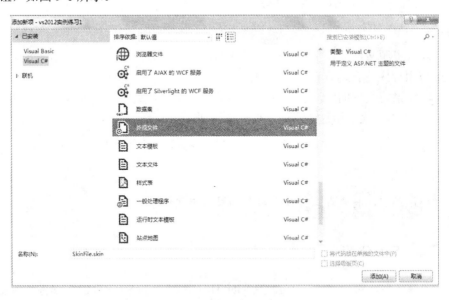

图 9-1　添加外观文件

(2) 系统弹出对话框，询问用户是否添加主题目录，然后将文件放入该目录。单击"是"按钮，如图 9-2 所示。

图 9-2　添加主题目录

(3) 弹出样式文件编辑窗口，如图 9-3 所示。

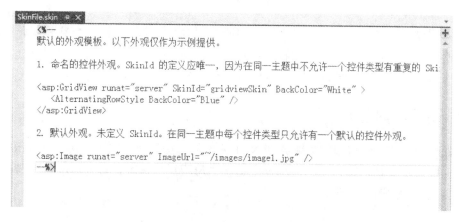

图 9-3　样式文件编辑窗口

这里输入如下所示的样式代码完成样式文件的创建：

```
<asp:Label BackColor="red" runat="server" />
```

9.1.4　设置应用主题的方法

如果已经将主题样式文件放在正确的目录下，在 ASPX 文件的 DOCUMENT 属性面板中的 StyleSheetThema 属性选项里能看到前面添加的样式文件的名称，如图 9-4 所示。

在页面上设置使用一个样式文件后，页面中所有在样式文件中有定义的控件，外观都会设置为样式文件中定义的外观，如图 9-5 所示。

图 9-4　设置页面样式

图 9-5　应用样式后的控件

9.2 母 版 页

母版页是 ASP.NET 对网站开发的一项增强功能。利用母版页，可以创建单个网页模板并在应用程序中将该模板用作多个网页的基础，这样就无须从头创建所有新网页。

为了在浏览器中显示页面，母版页有两个独立的部件，即母版页和内容网页。母版页定义公用布局和导航栏，以及附加到该母版页的所有内容页的公用内容。内容网页是一个特有的网页。在浏览器中呈现网页时，母版页提供公用内容，而内容网页则提供该网页所特有的内容。

首先创建单个母版页，用于定义网站中所有网页或特定网页组的公共外观和行为。然后，可以创建各个要在网页上显示特有内容的内容网页。母版页会与内容网页合并，生成最终呈现的网页，它合并来自母版页的布局和来自内容网页的内容。

9.2.1 创建母版页

创建母版页的方法与添加其他 ASP.NET 元素的方法类似，在"解决方案资源管理器"窗口中选择添加文件，在弹出的对话框中选择"母版页"选项，输入母版页的名称，单击"添加"按钮，如图 9-6 所示。

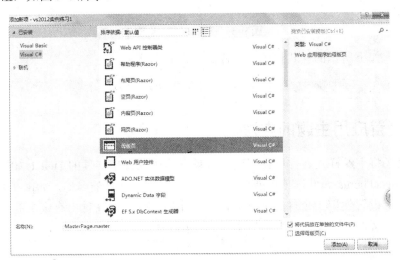

图 9-6　添加母版页

9.2.2 设计母版页的布局

母版页的作用是为网站的所有页面提供完全一致的外观设计，如果读者以前用过 Dreamweaver 的模板页面就会知道。母版页的设计方式是首先设计一个模板页面，然后与在 Dreamweaver 中一样在模板页面中插入可编辑区域。Microsoft Visual Studio 2012 中的可编辑区域工具的图标如图 9-7 所示。插入到页面中的可编辑区域如图 9-8 所示。

软件开发新课堂

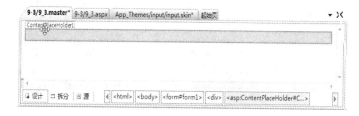

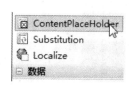

图 9-7　可编辑区域工具　　　　　　　图 9-8　插入到页面中的可编辑区域

在本章中的实例母版页使用如下所示的模板代码：

```
<div id="container">
<h1>我的首页</h1>
<div id="menu">
    <ul>
        <li>介绍</li>
        <li>下载</li>
        <li>首页</li>
    </ul>
</div>
<div id="content">
    <asp:ContentPlaceHolder ID="ContentPlaceHolder2" runat="server">
    </asp:ContentPlaceHolder>
</div>
</div>
```

母版页中引用的 CSS 文件如下所示：

```
body {
    background-color: #FFF;
    font-family: arial,"bitstream vera sans",sans-serif;
    font-size: 1em;
    text-align: center;
}
#container {margin: 0 auto; text-align: left; width: 40em;}
#menu {color: #456; float: left; width: 7em;}
#content {border-left: 1px dashed #456; margin-left: 8em; padding: 1em;}
h1,h2,h3,h4,h5 {
    color: #234;
    letter-spacing: 0.2em;
    line-height: 2em;
    font-weight: 900;
    text-align: center;
}
h1 {border-bottom: 1px dashed #456; font-size: 1.5em;}
h2 {font-size: 1.3em;}
h3 {font-size: 1.2em;}
h4 {font-size: 1.1em;}
h5 {font-size: 1em;}
h6 {
    border-top: 1px dashed #456; color: #234;
```

软件开发新课堂

213

```
    font-weight: 100; text-align: center;
}
ul,li {list-style: square inside;}
p {text-align: justify; text-indent: 1em;}
.left {float: left;}
.right {float: right;}
.clear {clear: both;}
```

母版页的实现效果如图 9-9 所示。

图 9-9　母版页的页面效果

9.2.3　使用母版页创建内容页

前面介绍了创建母版作为页面模板的方法，本节简单介绍使用母版页创建内容页面的方法。首先在开发工具中创建一个标准的 ASPX 页面文件，创建时注意要选中"选择母版页"选项，如图 9-10 所示。

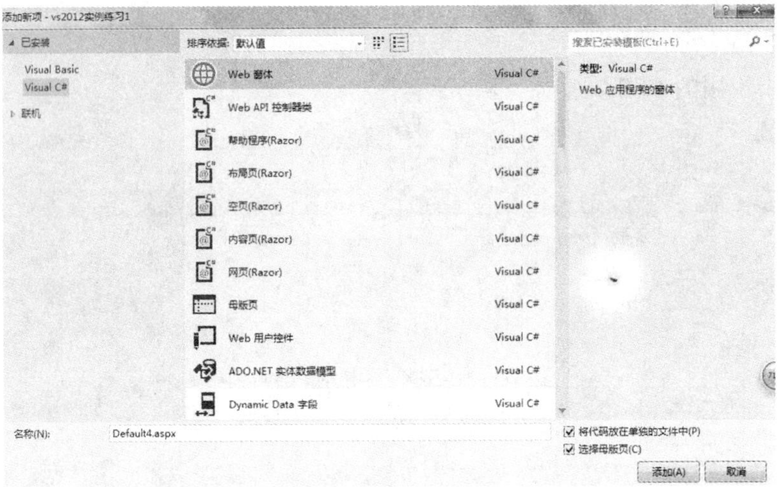

图 9-10　添加新项目

在上一步新建文件时选择了"选择母版页"选项，所以单击"添加"按钮后，系统会弹出对话框，提示开发人员选择使用的母版页。这里选择前面创建的母版页，并单击"确定"按钮，如图 9-11 所示。

创建页面后可以看到，新页面已经使用了母版页，而且只有在母版页面中定义的可编辑区域部分才可以插入内容，如图 9-12 所示。

使用母版页创建完成后的浏览页面，其效果与使用普通方式创建的页面完全一样，如图 9-13 所示。

图 9-11 选择母版页

图 9-12 使用母版页创建的页面

图 9-13 使用母版页创建的页面

9.3 母版页的嵌套

母版页也可以嵌套,即让一个母版页引用另外一个母版,也作为其父母版页。利用母版页嵌套功能可以创建组件化的母版页。例如,大型站点可能包含一个用于定义站点外观的总体母版页。然后,不同的站点内容合作伙伴又可以定义各自的子母版页,这些子母版页引用站点母版页,并相应添加该合作伙伴的内容的外观。

与任何母版页一样,子母版页的文件扩展名同样是.master。子母版页通常会包含一些内容控件,这些控件将映射到父母版页上的内容占位符。就这方面而言,子母版页的布局方式与所有内容页类似。但是,子母版页会包含内容占位符,用于在其子页提供可编辑区域。

下面介绍子母版页的创建方法。

在前面的项目中添加一个母版页面。选中"选择母版页"选项,如图 9-14 所示。

与创建内容页一样,系统会询问使用哪个母版页,这里选择所使用的父母版页,选择上一节创建的母版页,单击"确定"按钮,如图 9-15 所示。

软件开发新课堂

215

图 9-14　创建子母版页

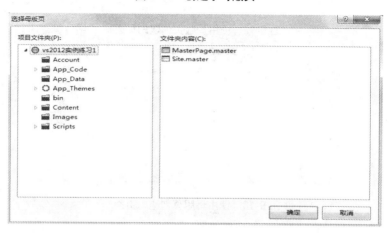

图 9-15　选择父母版页

在父母版页的可编辑区中输入子母版页的公共内容，并插入一个新的可编辑区，保存子母版页，如图 9-16 所示。

图 9-16　子母版页设计视图

使用新的母版页创建一个内容页面，可以看到模板内容为父母版页和子母版页内容的重叠，而可编辑部分为在子母版页中定义的可编辑区域，如图 9-17 所示。

在可编辑区域中输入页面内容，完成内容页面制作。在浏览器中打开创建的内容页，可以看到完全生成了 HTML 页面，看不出嵌套母版页，如图 9-18 所示。打开页面源代码内容，也看不到母版页的痕迹，所有代码均完整生成了 HTML。

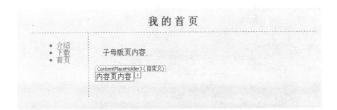

图 9-17 内容页面编辑

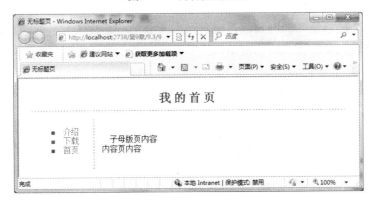

图 9-18 页面运行效果

内容页的 HTML 代码如下：

```
<!DOCTYPE html PUBLIC "-//W3C//DTD XHTML 1.0 Transitional//EN"
 "http://www.w3.org/TR/xhtml1/DTD/xhtml1-transitional.dtd">
<html xmlns="http://www.w3.org/1999/xhtml">
    <head>
        <title>无标题页</title>
        <link href="style.css" rel="stylesheet" type="text/css" />
    </head>
<body>
    <form name="aspnetForm" method="post" action="Default3.aspx"
      id="aspnetForm">
      <div>
          <input type="hidden" name="__VIEWSTATE" id="__VIEWSTATE"
        value="/wEPDwULLTEwMDUyNjYzMjhkZPLLEtdv90C/wyvOMTR/TUkcA9Oi" />
      </div>
      <div>
        <div id="container">
            <h1>我的首页</h1>
                <div id="menu">
                    <ul>
                        <li>介绍</li>
                        <li>下载</li>
                        <li>首页</li>
                    </ul>
                </div>
            <div id="content">输入介绍内容</div>
            <h6 class="clear"> </h6>
        </div>
```

```
        </div>
      </form>
   </body>
</html>
```

9.4 综合实例

　　如果想做一个风格统一的网站，母版页是很重要的一项技术，目前的很多网站都采用了母版，例如比较大型的商业购物网站淘宝和拍拍，都采用了母版形式，下面就模仿拍拍来做一个母版页面。

　　(1) 建立网站，命名为 WebDemo，并把相关的图片放到 images 文件夹中，复制到站点下，如图 9-19 所示。

图 9-19　创建 WebDemo 站点

　　(2) 在解决方案中单击鼠标右键，从弹出的快捷菜单中选择"添加新项"命令，在弹出的"添加新项"对话框中选择"母版页"选项，更名为"PaiPaiMaster.master"，单击"添加"按钮，添入工程中，如图 9-20 所示。

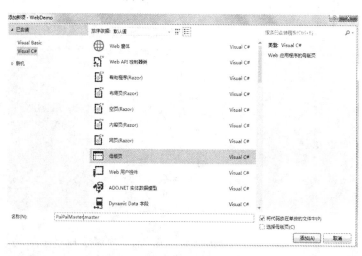

图 9-20　创建 PaiPaiMaster 母版页

(3) 设计母版页，如图 9-21 所示。

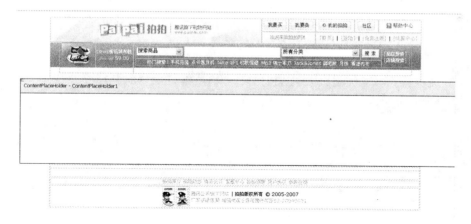

图 9-21 设计母版页

关键代码如下：

```
<%@ Master Language="C#" autoEventWireup="true"
  CodeFile="PaiPaiMaster.master.cs" Inherits="PaiPaiMaster" %>
<!DOCTYPE html PUBLIC "-//W3C//Dtd XHTML 1.0 transitional//EN"
  "http://www.w3.org/tr/xhtml1/Dtd/xhtml1-transitional.dtd">
<html xmlns="http://www.w3.org/1999/xhtml" >
<head runat="server">
<title> </title>
<meta http-equiv="Content-Type" content="text/html; charset=gb2312">
<link rel="stylesheet" type="text/css" href="css/public.css" />
<style type="text/css">
.throughline {text-decoration: line-through; font-family: "宋体"}
.serach {color: #FFF;}
.findInto {
    width: 240px;
    border: 1px solid #bbbbbb;
    color: #808080;
    height: 22px;
    padding: 3px 0 0 4px;
    font-family: "宋体"
}
.findGoto {
    background:url(images/publicpic/headFind.gif);
    height: 22px; width: 47px; border: none; cursor: hand
}
</style>
</head>
<body>
<div id="head" align="center">
<table width="957" border="0" cellpadding="0" cellspacing="0"
  background="images/publicpic/headBg.gif">
<tr>
```

```html
<td width="544" rowspan="2" background="images/publicpic/naviBg.JPG">
<a href="#">
<img src="images/publicpic/logo.JPG" width="290" height="60" border="0">
</a></td>
<td width="69" height="33" >
<a href="#">
<img src="images/publicpic/ibuy.gif"  width="58" height="22" border="0">
</a></td>
<td width="69">
<a href="#">
<img src="images/publicpic/sell.gif" width="58" height="22" border="0">
</a></td>
<td width="100">
<a href="#"><img src="images/publicpic/mypp.gif" width="83" height="22"
  border="0">
</a></td>
<td width="63">
<a href="#">
<img src="images/publicpic/bbs.gif" width="45" height="22" border="0">
</a></td>
<td width="112">
<img src="images/publicpic/help.gif" width="13" height="13"
  align="absmiddle">
<a href="../helpcenter/framset.html" target="_blank">
<font size="-1" color="#FF0000">帮助中心</font>
</a></td>
</tr>
<tr>
<td height="30" colspan="2">
<font color="#FF6262">欢迎来到拍拍网！</font>
</td>
<td colspan="3"><font size="-1">
<a href="../index.html" target="_blank">[首页]</a>
| <a href="../login/login.html">[登录]</a>
| <a href="../register/regist.html" target="_blank">[免费注册]</a>
| <a href="#">[结算中心]</a></font>
</td>
</tr>
<tr>
<td height="59" colspan="6" >
<table width="908" height="67" border="0" align="center" cellpadding="0"
  cellspacing="0">
<tr>
<td width="173">
<table width="191" border="0" cellspacing="0" cellpadding="0">
<tr>
<td width="94" style="padding-bottom:3px">
<img src="images/publicpic/sport_115.gif">
</td>
<td width="97">
<a href="#" class="serach">Levis 情侣帆布鞋<br>
<span class="throughline" style="color:#c0c0c0">299.00</span>59.00</a>
</td>
```

```html
</tr>
</table></td>
<td><table height="52" cellpadding="0" cellspacing="0">
<tr>
<td width="125">
<select style="width:120px" name="keywordtype">
    <option value="goods" selected="selected">搜索商品</option>
    <option value="1">搜索店铺(按名称)</option>
    <option value="2">搜索店主(按Q号)</option>
    <option value="3">搜索店主(按昵称)</option>
</select>
</td>
<td width="248">
<input name="desc" type="text" size="30" class="findInto">
</td>
<td width="204">
<select name="Path" style="width:200px">
    <option value="" selected="selected">所有分类</option>
    <option value="">充值卡- 手机卡- 电话卡</option>
    <option value="">网络游戏虚拟商品</option>
    <option value="">腾讯QQ专区</option>
    <option value="">数码相机- 摄像机- 冲印</option>
</select>
</td>
<td width="55" >
<input type="submit" name="image" value=" " class="findGoto" />
</td>
<td width="73" rowspan="2">
<a style="color:#fff" href="#" class="serach" >[高级搜索]</a><br />
<a style="color:#fff" href="#"  class="serach">[店铺搜索]</a>
</td>
</tr>
<tr>
<td colspan="4" style="color:#FFF; margin-top:2px">
热门搜索:
<a href="#" class="serach">手机充值</a>
<a href="#" class="serach">点卡售货机</a>
<a href="#" class="serach">Nike</a>
<a href="#" class="serach">aF1</a>
<a href="#" class="serach">初秋保湿</a>
<a href="#" class="serach">Mp3</a>
<a href="#" class="serach">瑞士军刀</a>
<a href="#" class="serach">Jack&Jones</a>
<a href="#" class="serach">御宅族</a>
<a href="#" class="serach">月饼</a>
<a href="#" class="serach">情迷内衣</a>
</td>
</tr>
</table></td>
</tr>
</table></td>
</tr>
</table>
```

软件开发新课堂

```
</div>
<asp:ContentPlaceHolder ID="ContentPlaceHolder1" runat="server">
</asp:ContentPlaceHolder>
<div id="foot">
<table width="957" align="center" style=" text-align:center">
<tr>
<td colspan="2"><hr width="950" size="1" noshade="noshade"></td>
</tr>
<tr>
<td colspan="2">
<a href="#">拍拍简介</a>
<a href="#">拍拍动态</a>
<a href="#">商务合作</a>
<a href="#">客服中心</a>
<a href="#">拍拍招聘</a>
<a href="#">用户协议</a>
<a href="#">版权说明</a>
</td>
</tr>
<tr>
<td width="35%" align="right"><img src="images/publicpic/ploice1.gif"
  width="31" height="50"><img src="images/publicpic/ploice2.gif"></td>
<td align="left" style="padding-left:5px; width: 58%;">
<a href="#">腾讯公司旗下网站</a> | 拍拍版权所有&copy; 2005-2007<br>
<a href="#">广东省通管局</a><a href="#">增值电信业务经营许可证 B2-20040031</a>
</td></tr>
</table>
</div>
</body>
</html>
```

(4) 母版页设计完毕后,在解决方案中单击鼠标右键,从弹出的快捷菜单中选择"添加新项"命令,在弹出的"添加新项"对话框中选择"Web 窗体",更名为 Login.aspx,并选中"选择母版页"复选框,如图 9-22 所示。

图 9-22　应用母版页

(5) 在当前站点下，选择刚建好的母版页 PaiPaiMaster.master，如图 9-23 所示。

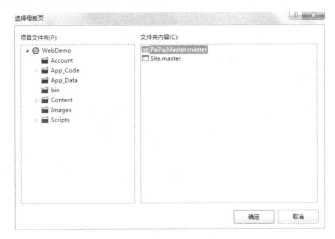

图 9-23　选择母版

(6) 在母版页中编辑可编辑区域内容，并完成登录功能，如图 9-24 所示。

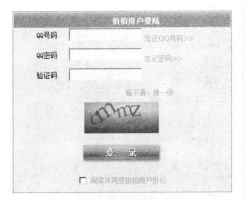

图 9-24　编辑可编辑区域内容并完成登录功能

关键代码如下：

```
<%@ Page Language="C#" MasterPageFile="~/PaiPaiMaster.master"
  autoEventWireup="true" CodeFile="Login.aspx.cs" Inherits="Login"
  Title="Untitled Page" %>
<asp:Content ID="Content1" ContentPlaceHolderID="ContentPlaceHolder1"
  Runat="Server">
<div align="center">
<form action="../index.html" method="post">
<table>
<tr>
<td width="418" style="padding-top:30px">
<table width="381" cellpadding="0" cellspacing="0" class="loginMain"
  align="center">
<tr>
```

```html
<td colspan="2" style="padding-left:50px;
  background-image:url(images/login_head.gif);
  padding-top:14px; height:3px;
  line-height:4px; font-size:13px; color:#fff; font-weight:bold;">
  拍拍用户登录</td>
</tr>
<tr>
<td width="120" class="lefttd" style="height: 26px">QQ 号码</td>
<td style="width: 379px; height: 26px;" align="left">
<input type="text" class="inputMain">
<a href="#">忘记 QQ 号码&gt;&gt;</a></td>
</tr>
<tr>
<td class="lefttd">QQ 密码</td>
<td style="width: 379px" align="left">
<input type="text" class="inputMain">
<a href="#">忘记密码&gt;&gt;</a>
</td>
</tr>
<tr>
<td width="120" class="lefttd">验证码</td>
<td style="width: 379px" align="left">
<input type="text" class="inputMain">
</td>
</tr>
<tr>
<td height="22"> </td>
<td style="width: 379px" ><a href="#" >看不清，换一张 </a></td>
</tr>
<tr>
<td colspan="2" align="center" style="height: 38px">
<img src="images/code.jpg"></td>
</tr>
<tr>
<td colspan="2" align="center">
<input type="submit" value=""
  style="background-image:url(images/login_submit.gif);border:0px;
  margin: 10px; padding: 0px; height: 30px; width: 137px; font-size: 14px;
  cursor:hand;">
</td>
</tr>
<tr>
<td colspan="2" align="center">
<input type="checkbox" value="">
<a href="#">阅读并同意拍拍用户协议</a>
</td>
</tr>
```

```
</table>
</td>
<td width="320" style="padding-top:10px">
<table border="0" cellpadding="0" cellspacing="0">
<tr>
<td width="451" style="padding-left:10px">
<img src="images/right.jpg"></td>
</tr>
<tr>
<td style="width:230px;padding:10px 0 0 40px">
<img src="images/arrow.gif">
<a href="#">观看"购物全过程"演示</a><br>
<img src="images/arrow.gif">
<a href="#">如何开通网上银行？</a><br>
<img src="images/arrow.gif">
<a href="#">卖家百科之"新手卖家篇"</a>
</td>
</tr>
</table>
</td>
</tr>
</table>
</form>
</div>
</asp:Content>
```

(7)　编辑结束后，可以运行网页，效果如图 9-25 所示。通过这个母版，还可以完成任何其他页面内容，并实现风格统一的页面。

图 9-25　示例网页的运行效果

9.5 上机练习

(1) 定义一个主题，将 LinkButton 控件上面的文字修改为绿色。

(2) 为上一题定义的主题添加 CSS 样式，让链接显示出下划线。

(3) 找一个自己做的网站，提取出公告内容，制作成母版页。

(4) 利用第 3 题定义的母版页制作一个内容页面。

(5) 利用第 3 题定义的母版页制作一个子母版页。

(6) 利用第 5 题定义的子母版页制作一个内容页面。

第 10 章

成员角色及登录管理

学前提示

ASP.NET 提供的角色管理功能可用于管理用户授权，能够指定应用程序中的不同用户可访问哪些资源。角色管理可将用户分配到不同角色来实现对用户进行分组。

通过 ASP.NET 角色管理的使用，可以简化权限控制模块的代码编写工作量。在以往的 Web 应用开发中，角色管理模块的开发需要花费大量的时间和精力，才能达到理想的效果。现在使用 ASP.NET 角色管理功能，不但降低了相关的开发量，而且相关的配置方法操作简便，更适于系统管理员进行权限分配。

知识要点

- ASP.NET 成员资格管理基础
- ASP.NET 角色管理基础
- 使用 ASP.NET 网站管理工具配置成员资格管理程序

10.1   使用成员资格管理

ASP.NET 提供了多个与实现角色及登录管理功能有关的 API、类及控件，本节对这些与角色管理相关的内容进行介绍。

10.1.1   成员资格介绍

每一个完善的管理信息系统都应该包含与用户管理、角色管理有关的功能，主要包括用户注册、密码控制、用户登录、身份验证等功能的具体实现。在 ASP 和 ASP.NET 1.x 时代，程序员经常需要为了在不同的应用程序中实现这些常用的功能而反复地做着重复性的工作，从 ASP.NET 2.0 开始，开发框架为这些常用功能提供了封装好的控件及类库，简化了与用户管理有关功能模块的开发。

ASP.NET 4.5 继承了以往版本强大的身份验证功能，通过内置成员资格 API 与 SQL Server 数据库的有效结合，将大量复杂、繁琐的身份验证代码封装为不同的类库，为开发用户权限管理功能提供了方便。

成员资格管理主要实现以下几个方面的功能。

- 用户管理：通过内置的成员类与成员管理工具为创建用户、用户登录、权限管理等功能提供了 API 接口。通过这些 API 不但降低了应用程序权限管理部分的开发难度、提高了开发效率，而且通过使用内置成员资格功能提供的强密码等安全管理功能，提高了应用程序的安全性。
- 角色管理：通过角色管理，可以简化权限管理工作，对权限设置只需要分配各个不同角色拥有的权限，并将不同用户分配到不同角色即可完成权限分配，不必为每个用户单独分配权限，简化了权限控制。
- 基于目录的权限分配：通过将相关文件放在同一目录，并为目录分配访问权限，实现权限控制。这样可以简化权限分配与开发工作。

10.1.2   成员资格类

在 ASP.NET 应用程序中是通过使用 Membership 类实现用户登录信息验证和用户管理功能的。Membership 类可以独立使用，通过前面章节介绍的 Web 服务器控件进行调用，也可以与 10.3 节将要介绍的身份验证一起使用，完成创建一个完整的 Web 应用程序或网站所需的用户身份验证功能的开发。

.NET 工具箱中的 7 个登录控件为应用程序封装了 Membership 类的常用操作，从而为用户权限管理提供了一种便捷的实现方式，如图 10-1 所示。

Membership 类提供的功能包括：

- 创建新用户。将用户提交的成员资格信息(用户名、密码、电子邮件地址及支持数据)存储在 Microsoft SQL Server 或其他类似的数据存储区。
- 对访问网站的用户进行身份验证。可以以编程方式对用户进行身份验证，也可以

使用 Login 控件，只需很少的代码或无需代码即可实现身份验证系统。

● 管理密码功能。包括创建、更改、检索和重置密码等。可以选择配置 ASP.NET 成员资格以要求一个密码提示问题及其答案来对忘记密码的用户的密码重置和检索请求进行身份验证。同时，内置的密码管理功能默认提供强密码验证功能，用户创建的密码必须满足规定的强度。

图 10-1　工具箱中的用户验证控件

表 10-1 列出了 Membership 类提供的主要方法，通过使用这些方法，可以完成用户管理的大部分工作。

表 10-1　Membership 类提供的主要方法

方　　法	说　　明
CreateUser	在指定的数据库中添加新用户
DeleteUser	从数据库中删除指定的用户
FindUsersByEmail	返回一个用户集合，这些用户的电子邮件地址匹配给定的电子邮件地址
FindUsersByName	返回一个用户集合，这些用户的用户名匹配给定的用户名
GeneratePassword	生成指定长度的随机密码
GetAllUsers	返回数据库中包含的所有用户集合
GetNumberOfUsersOnline	返回一个整数，表示登录到应用程序中的用户数。给用户计数的时间窗口在 Machine.config 或 Web.config 文件中指定
GetUser	从数据库中返回某个用户的信息
GetUserNameByEmail	根据搜索的电子邮件地址，从数据库中提取特定记录的用户名
UpdateUser	在数据库中更新某个用户的信息
ValidateUser	返回一个布尔值，表示某组凭证是否有效

成员资格管理依赖于数据库中存储的相关信息。

.NET 框架包括一个 SqlMembershipProvider 类(将用户信息存储在 Microsoft SQL Server 数据库中)和一个 ActiveDirectoryMembershipProvider 类(允许在 Active Directory 或 Active Directory 应用程序模式 ADAM 服务器上存储用户信息)，以实现据库中的成员资格配置信息与程序的交互。还可以编写一个自定义成员资格程序，实现登录功能与其他数据源进行通信，完成身份验证。自定义成员资格提供程序需要继承 MembershipProvider 抽象类。

默认情况下，ASP.NET 成员资格可支持所有 ASP.NET 应用程序。默认成员资格提供程

序为 SqlMembershipProvider，默认实例配置为连接到 Microsoft SQL Server 的一个本地实例。

提示

使用成员资格提供程序可以完成大部分权限控制功能。

10.1.3 配置 ASP.NET 应用程序以使用成员资格

在 Visual Studio 2012 中创建 Web 工程时不会自动创建角色管理数据库，需要开发人员手工创建，下面介绍添加角色管理数据库的方法。

(1) 启动 Visual Studio 2012，打开需要创建角色管理功能的网站项目，选择"项目"(或者"网站")菜单下的"ASP.NET 配置"命令，如图 10-2 所示。Visual Studio 2012 会启动"网站管理工具"，如图 10-3 所示。

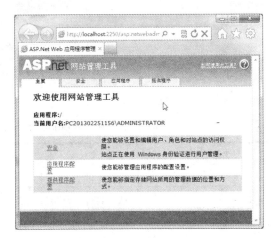

图 10-2 "ASP.NET 配置"命令　　　　图 10-3 ASP.NET 网站管理工具

(2) 在 ASP.NET 网站管理工具中选择"安全"选项卡，进入网站角色管理工具界面，如图 10-4 所示。

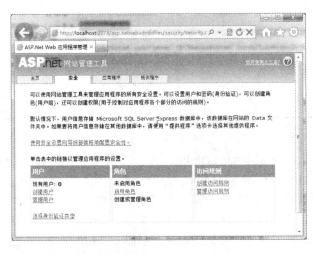

图 10-4 网站角色管理工具界面

（3）在网站角色管理工具界面中单击"选择身份验证类型"链接，在打开的页面中选择"通过 Internet"，单击"完成"按钮，如图 10-5 所示。完成后回到项目窗口，可以看到 Visual Studio 2012 创建了默认使用的 SQL Server 权限数据库，如图 10-6 所示。

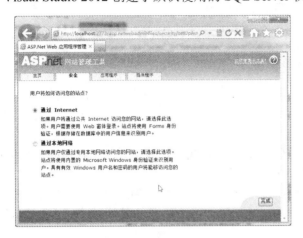

图 10-5　选择身份验证类型

图 10-6　创建了 aspnetdb.mdf 数据库

提示

如果是内部信息系统，选择"使用本地网络"验证方式可以提高程序的安全性。

10.2　使用角色管理授权

上一节介绍了 ASP.NET 成员资格管理的基本知识，本节介绍如何通过成员资格管理功能进行用户角色管理。

10.2.1　角色管理介绍

前面介绍了 ASP.NET 4.5 通过成员资格管理功能，可以轻松实现以前需要手工编码实现的用户管理、权限分配功能。但是如果在程序中仍然需要程序员编写代码根据访问者输入的用户名进行权限判断工作，编程实现还是会比较困难，管理也很复杂。

ASP.NET 4.5 中的权限管理模块提供了角色管理功能，可以帮助开发人员快速实现角色的管理与分配工作。

利用 ASP.NET 提供的角色管理功能，可以根据用户组(称为角色)来管理应用程序的授权。通过将用户分配到不同角色，可以根据不同角色来控制用户对 Web 应用程序的不同资源的访问，而无需通过对用户名授权来控制对页面的访问。例如，人事管理系统中某个员工可能具有如"经理"、"员工"、"董事"等角色，而系统为每个角色都指定了不同的权限。

用户可以属于多个角色。例如，在一个论坛网站中，一些用户可能具有"成员"和"版主"双重角色。可以定义每个角色在站点上具有不同的权限，而具有双重角色的用户将具

有这两个角色的权限并集。

10.2.2　角色管理类

.NET 的角色管理 API 中包含多个用于角色管理的类，例如：

- Roles
- RoleProvider
- RoleManagerModule

其中，我们重点要掌握的是 Roles 类。

Roles 类的主要功能如下。

(1) 创建和管理角色。该类提供实现创建角色、管理角色、获得系统中存在的所有角色以及判断系统中是否存在指定角色等功能的方法。

(2) 用户管理。主要提供用户信息的添加、修改、删除功能，同时提供为用户指定角色、删除角色、判断一个用户是否属于一个角色等功能的方法，为开发大型系统的权限模块提供了方便。

表 10-2 列出了 Roles 类的所有方法及其说明，本书的程序比较简单，不会在程序中大量使用 Roles 类，所以这里不再详细介绍各个方法的调用方法，读者在开发过程中如需要手工实现身份验证，可以参考 MSDN 文档中的说明进行开发。

表 10-2　Roles 类的成员方法及其说明

Roles 方法	说　明
AddUsersToRole	给某个角色添加一组用户
AddUsersToRoles	给一组角色添加一组用户
AddUserToRole	给某个角色添加某个用户
AddUserToRoles	给一组角色添加某个用户
CreateRole	给指定的数据库添加新角色
DeleteCookie	删除客户机上用于存储用户所属角色的 Cookie
DeleteRole	从数据库中删除某个角色。使用这个方法的相应参数，还可以控制在角色包含用户时是否删除角色
FindUsersInRole	返回一组用户，用户名匹配给定的角色名
GetAllRoles	返回数据库中存储的所有角色集合
GetRolesForUser	返回包含某个用户的角色集合
IsUserInRole	返回一个布尔值，表示用户是否包含在某个角色中
RemoveUserFromRole	从某个角色中删除某个用户
RemoveUserFromRoles	从一组角色中删除某个用户
RemoveUsersFromRole	从某个角色中删除一组用户
RemoveUsersFromRoles	从一组角色中删除一组用户
RoleExists	返回一个布尔值，表示数据库中是否有某个角色

软件开发新课堂

10.3 实现基本成员角色管理

前面介绍了 ASP.NET 成员管理功能的基本概念、启用成员管理功能的方法以及主要的成员管理 API 说明。本节通过几个常用功能实现的讲解，介绍成员管理 API 与 ASP.NET 配置管理工具的基本使用方法。

10.3.1 实现用户身份验证

下面的代码通过成员管理 API 实现用户登录功能：

```
//获得用户输入的用户名与密码，代码略，查看前面的章节
if (Membership.ValidateUser(UserName, Password))//根据输入的用户名、密码信息，
  //调用 ASP.NET 提供的成员管理 API，认证用户信息，如果通过，则执行下面这段代码
{
  FormsAuthenticationTicket authTicket =
    new FormsAuthenticationTicket(1, Login1.UserName, DateTime.Now,
      DateTime.Now.AddMinutes(60), false, ""); //建立身份验证票对象
  string encryptedTicket =
    FormsAuthentication.Encrypt(authTicket); //加密票据
  HttpCookie authCookie = new HttpCookie(FormsAuthentication
    .FormsCookieName, encryptedTicket); //得到 Cookie 对象
  Response.Cookies.Add(authCookie); //将票据对象添加进 Cookie
  Response.Redirect("admin/default.aspx"); //跳转到后台首页
}
else
{
    //输出登录失败信息，代码略，查看前面的章节
}
```

提示

这段代码要认真掌握，ASP.NET 权限管理的登录程序大多在此基础上完善而成。此外，通过成员资格控制的任何程序均可修改该代码来实现复杂的用户登录功能。

10.3.2 创建新用户并分配角色权限

创建新用户有两种实现方式，一种是网站管理员通过 ASP.NET 配置管理工具进行创建，另一种为用户通过注册页面进行注册。下面分别介绍这两种情况的使用方法。

首先介绍如何使用 ASP.NET 工具创建用户。

(1) 启动 ASP.NET 网站配置工具，在主界面中选择"创建用户"链接，如图 10-7 所示。

(2) 在"创建用户"页面中输入用户的基本信息，并指定用户的角色(假设已经创建过角色。关于角色的创建，后面还会有专门的介绍)，如图 10-8 所示。单击"创建用户"按钮，如果用户信息填写符合系统要求，并且用户名没有与系统中存在的用户重名，系统会提示创建用户成功，如图 10-9 所示。

软件开发新课堂

单击表中的链接以管理应用程序的设置。

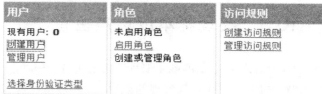

图 10-7　"创建用户"链接

通过在本页上输入用户的 ID、密码和电子邮件地址来添加用户。

图 10-8　"创建用户"页面

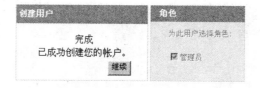

图 10-9　用户创建成功的提示

> **提示**
>
> .NET 的安全机制要求设置的密码必须符合要求的强度。

很多时候需要在程序中提供用户注册功能，例如网站提供各种个性化服务，需要实现在用户注册、登录以后可以使用网站的所有功能。

如果是通过使用 ASP.NET 角色管理功能进行权限控制，那么无需编程实现，利用 ASP.NET 提供的控件即可完成用户注册功能。

从工具箱中插入一个 CreateUserWizard 控件到页面中，如图 10-10 所示。

插入后，出现控件界面及任务面板，如图 10-11 所示。

如果在程序中使用的是 ASP.NET 内置的权限管理功能，那么在这里不需要编写任何代码，直接运行就可以实现用户注册功能，并且拥有强密码验证、用户名重复判断等功能。

运行后的用户注册页面如图 10-12 所示。注册成功的提示页面如图 10-13 所示。

软件开发新课堂

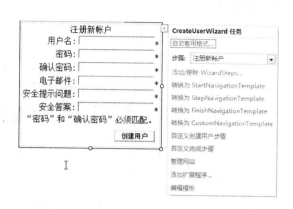

图 10-10　CreateUserWizard 控件　　　　　图 10-11　CreateUserWizard 控件界面

图 10-12　用户注册页面

图 10-13　注册成功页面

10.3.3　显示用户列表和删除用户

上一节介绍了创建用户的方法，管理员还应该能够实现对用户信息进行修改与删除，ASP.NET 在网站管理工具中提供了用户管理功能。

(1)　在网站管理工具中，单击"管理用户"链接，如图 10-14 所示。

(2)　在用户管理页面中可以进行用户信息的修改和删除，同时如果用户信息较多，用户管理页面提供了用户查询功能，如图 10-15 所示。

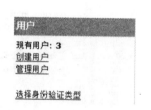

图 10-14　"管理用户"链接

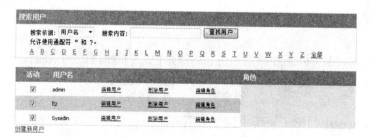

图 10-15　用户管理页面

10.3.4　更新用户信息

管理员通过在用户管理页面单击用户名后面的"编辑用户"链接进入本页面，在这里可以修改用户的基本资料，还可以设置用户所拥有的角色权限，如图 10-16 所示。

图 10-16　编辑用户信息界面

10.3.5　创建角色

前面介绍过 ASP.NET 使用的是基于角色的权限管理机制，所以在权限管理过程中，定义角色以及为角色分配权限是主要的任务。通过在 ASP.NET 网站配置工具中单击"启用角色"链接，可以打开 ASP.NET 内置的角色管理功能，如图 10-17 所示。

图 10-17　启用角色管理功能

第一次使用角色管理功能时，系统会要求添加第一个系统角色，输入角色名称并单击"添加角色"按钮，则完成角色创建任务，如图 10-18 所示。

图 10-18　添加角色

10.3.6　显示角色列表和删除角色

启用角色管理功能后，在 ASP.NET 网站配置工具页面中会出现"创建或管理角色"链接，如图 10-19 所示。

在角色管理页面中可以添加新的角色、删除角色，删除时有一个限制——该角色下面必须没有用户信息，否则不能删除该角色。单击"管理"链接，可以管理该角色下面的用户信息，如图 10-20 所示。

在角色管理页面中列出了系统中创建的所有用户信息，可以通过切换勾选与不勾选状态，设置用户是否属于本角色，如果用户较多，系统提供了查询功能，可以查询用户信息，如图 10-21 所示。

您可以选择添加角色或组，这让您可以允许或拒绝用户组对网站中特定文件夹的访问。例如，您可以
创建"经理"、"销售人员"或"成员"等角色，每种角色对特定文件夹都具有不同的访问权限。

图 10-19　"创建或管理角色"链接

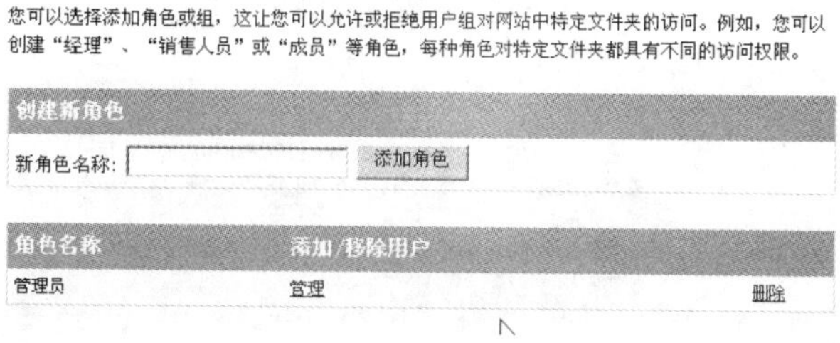

图 10-20　角色管理界面

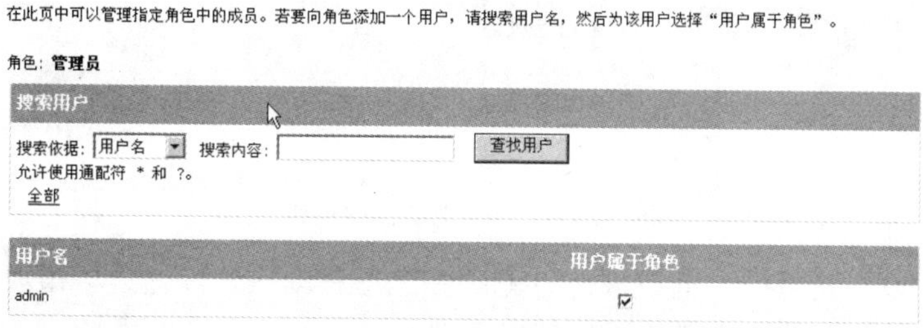

在此页中可以管理指定角色中的成员。若要向角色添加一个用户，请搜索用户名，然后为该用户选择"用户属于角色"。

角色：**管理员**

搜索用户

搜索依据：用户名　搜索内容：　　　　　　　　　　查找用户
允许使用通配符 * 和 ?。
全部

用户名	用户属于角色
admin	☑

图 10-21　用户角色管理界面

10.3.7　设置角色权限

前面创建了用户信息和系统角色，并将不同用户分配进了不同的角色中，下面介绍如何实现权限设置的最后一步，如何为不同的角色分配不同的访问权限，实现访问控制功能。

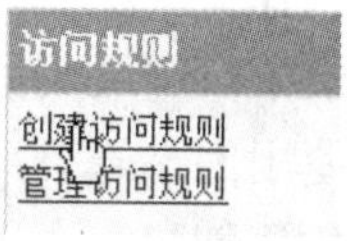

(1) 在网站管理工具的"安全选项卡"中单击"创建访问规则"链接，进入访问规则配置界面，如图 10-22 所示。

图 10-22　"创建访问规则"链接

(2) 在创建访问权限页面左边选择本条权限用于对哪个目录进行权限控制，中间部分设置进行权限控制的用户、角色或用户群，在页面右边选择本条权限允许还是拒绝指定用户对本目录的访问。

设置完成后单击"完成"按钮完成权限设置，如图 10-23 所示。

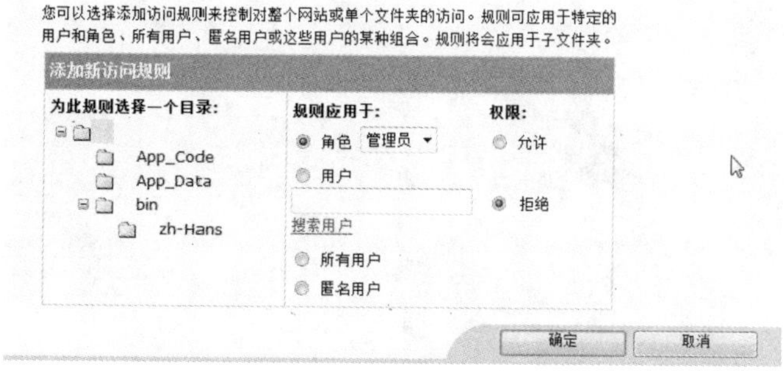

您可以选择添加访问规则来控制对整个网站或单个文件夹的访问。规则可应用于特定的
用户和角色、所有用户、匿名用户或这些用户的某种组合。规则将会应用于子文件夹。

添加新访问规则

为此规则选择一个目录：
App_Code
App_Data
bin
zh-Hans

规则应用于：
◉ 角色 管理员 ▾
◯ 用户
　　　　　　　
搜索用户
◯ 所有用户
◯ 匿名用户

权限：
◯ 允许
◉ 拒绝

确定　　取消

图 10-23　创建访问规则页面

软件开发新课堂

(3) 在 ASP.NET 网站配置工具界面中点击"管理访问规则"链接，打开管理访问权限页面，如图 10-24 所示。

图 10-24　访问规则管理页面

在这里，可以对目录的访问权限进行删除和上下移动操作。通过单击"添加新访问规则"链接，也可以打开前面介绍的添加管理规则页面。

10.4　上 机 练 习

(1) 创建一个 ASP.NET 网站，启用网站的角色管理功能。

(2) 创建三个页面，其中一个登录页面在网站首页，另外两个页面发布在网站下面的独立子目录中，登录页面上放置一个登录控件，其他两个文件中添加标识文件名称的内容。

(3) 使用网站管理工具创建两个用户角色，分别命名为"管理员"和"注册用户"，并为每种角色创建一个用户。

(4) 设置用户权限，匿名访客只能打开登录页面，输入管理员用户登录密码后进入管理员文件夹的首页，输入注册用户登录密码后，进入注册用户文件夹的首页。

第 **11** 章

ASP.NET 的安全性

学前提示

对于 Web 开发人员来说，保证网站的安全是一个关键而又复杂的问题。保护网站的安全性需要仔细地进行规划，网站管理员和程序员必须清楚地了解有关保证网站安全的各种选项与代码编写方式。本章主要向读者介绍.NET 安全机制的底层实现原理，和常见编码漏洞的防范方法，通过本章的学习，读者能够掌握如何合理地编写和配置程序，避免出现常见的安全漏洞。

知识要点

- .NET 提供的两种不同身份验证方式的区别
- SQL 注入攻击示例及防范方法
- 合理使用错误信息页面
- 授权 URL 的基础知识

11.1 身 份 验 证

身份验证是从用户输入获取登录凭证(如用户名和密码)并通过一定方式验证这些凭证的过程。如果输入的登录凭证有效，就将提交这些凭据的用户视为通过身份验证的用户。在身份得到验证后，授权功能将确定访问者提供的身份验证信息是否可以访问给定资源。

ASP.NET 通过身份验证提供程序(即包含验证请求方凭据所需代码的代码模块)来实现身份验证。ASP.NET 3.5 默认提供 4 种身份验证方式：Windows 身份验证、Forms 身份验证、Passport 身份验证、None 身份验证。其中 Windows 身份验证为系统默认的验证方式，Forms 身份验证是基于 Web 的系统中最常用的验证方式。下面详细介绍这两种身份验证方式。

11.1.1 基于 Windows 的身份验证

在 ASP.NET 应用程序中，Windows 身份验证将 IIS 所提供的用户标识视为已经通过身份验证的用户。使用 Windows 身份验证的优点是它需要的编码最少。在将请求传递给 ASP.NET 之前，CLR 使用 Windows 身份验证模拟 IIS 验证的 Windows 用户账户。这里唯一的缺点是在基于互联网的应用系统中，由于客户与服务器不在一个域，就难以使用基于 Windows 的身份验证，这种方式比较适合在开发内部应用系统时使用。

在 ASP.NET 中，使用 WindowsAuthenticationModule 模块来实现 Windows 身份验证。该模块根据 IIS 所提供的系统登录凭据构造一个 WindowsIdentity 用户标识，并将该标识设置为该应用程序的当前 User 属性值。

Windows 身份验证是 ASP.NET 应用程序的默认身份验证机制，并指定为身份验证配置元素 authentication 的默认模式。要更改 IIS 的默认设置，可以在 Web.config 文件中添加如下所示的代码，启动基于 Windows 的身份验证：

```
<system.web>
    <authentication mode="Windows"/>
</system.web>
```

尽管 Windows 身份验证模式根据 IIS 所提供的凭据将当前的 User 属性值设置为 WindowsIdentity，但在这种方式下，不会修改提供给操作系统的 Windows 标识。Windows 标识用于进行权限检查(如 NTFS 文件权限检查)或者使用集成安全性方式连接到 SQL Server 数据库。默认情况下，此 Windows 标识是 ASP.NET 进程的标识。在 Microsoft Windows 7 和 Windows XP Professional 上，为本地 ASP.NET 账户。在 Windows Server 2003 / Windows Server 2008 上，此标识是 ASP.NET 应用程序所属的 IIS 应用程序池的标识。默认情况下是 NETWORKSERVICE 账户。

通过启用账户模拟功能，可以将 ASP.NET 应用程序的 Windows 标识配置为 IIS 所提供的 Windows 标识。也就是指示 ASP.NET 应用程序模拟 IIS 为 Windows 操作系统验证的所有任务(包括文件和网络访问)提供的标识。

若要为 Web 应用程序启用模拟功能，需要在该应用程序的 Web.config 文件中将 identity 元素的 impersonate 属性设置为 true，代码如下所示：

```
<system.web>
    <authentication mode="Windows"/>
    <identity impersonate="true"/>
</system.web>
```

通过使用 NTFS 文件系统和访问控制列表(ACL)保护 ASP.NET 应用程序文件，可以提高应用程序的安全性。使用 ACL 可以指定哪些用户和哪些用户组可以访问应用程序文件。

11.1.2 基于 Forms 的身份验证

Forms 身份验证使开发者可以使用自己编写的代码实现对用户身份进行验证，然后将身份验证结果及相关信息保存在 Cookie、Session 或页的 URL 中。

Forms 身份验证通过 FormsAuthenticationModule 类参与到 ASP.NET 页面的生命周期中。可以通过 FormsAuthentication 类访问 Forms 身份验证信息。

若要使用 Forms 身份验证作为系统身份验证模块实现，可以创建一个登录页。该登录页既收集用户的凭据，又包含用于对这些凭据进行身份验证的代码。通常，可以对应用程序进行配置，以便在用户尝试访问受保护的资源(如要求身份验证的页)时，将请求重定向到登录页。如果用户的凭据有效，则可以调用 FormsAuthentication 类的方法，以使用适当的身份验证票证(Cookie)将请求重定向回到最初请求的资源。如果不需要进行重定向，则只需获取 Forms 身份验证 Cookie 或对其进行设置即可。在后续的请求中，用户的浏览器会随同请求一起传递相应的身份验证 Cookie，从而绕开登录页。

通过使用 authentication 配置元素，可以对 Forms 身份验证进行配置。最简单的情况是使用登录页。在配置文件中，指定一个 URL 以将未经身份验证的请求重定向到登录页。然后在 Web.config 文件或单独的文件中定义有效的凭据。如下代码示例给出了配置文件的一部分：

```
<authentication mode="Forms">
    <forms name="SavingsPlan" loginUrl="/Login.aspx">
        <credentials passwordFormat="SHA1">
            <user name="Kim"
                password="07B7F3EE06F278DB966BE960E7CBBD103DF30CA6"/>
            <user name="John"
                password="BA56E5E0366D003E98EA1C7F04ABF8FCB3753889"/>
        </credentials>
    </forms>
</authentication>
```

其中为 Authenticate 方法指定了登录页和身份验证凭据。

密码已经使用 HashPasswordForStoringInConfigFile 方法进行加密。

在身份验证成功之后，FormsAuthenticationModule 模块会将 User 属性的值设置为对已经经过身份验证的用户的引用。下面这行代码演示如何以编程方式读取经过 Forms 身份验证的用户的标识：

```
String authUser2 = User.Identity.Name;
```

11.2　安全代码的编写

除了对不同用户使用不同的权限控制方式以外，程序代码的合理性也是关系系统安全的重要方面。不合理的程序结构往往成为攻击者利用的对象。

本节介绍在 ASP.NET Web 应用中经常遇到的两类攻击方式及其防范方法。

11.2.1　防止 SQL 注入

利用 SQL 语句的一些特性攻击网站是最常见的攻击方式。这种攻击方式相对简单，只需要熟悉 SQL 语言，就可以攻击网站应用系统。这也是最容易避免的攻击方式，对用户输入的数据不是直接使用，而是进行适当的检验与修改再进入数据库，就可以避免这类攻击，下面先看一个简单的示例程序，然后介绍如何避免这类攻击的简单方法。

这里的一些编程方式存在明显的问题，通常程序员都不会把它用到实际开发中，所以不会出现这类漏洞，这里列出来是希望读者在开发大型应用时注意到这类细节，大型系统由于代码实现方式比较复杂，若不注意，有可能会留下此类漏洞。

建立一个新项目，打开已经创建的默认首页，在页面中放置一个输入框控件、一个按钮控件、一个 GridView 控件和一个 SQL 数据源控件，如图 11-1 所示。

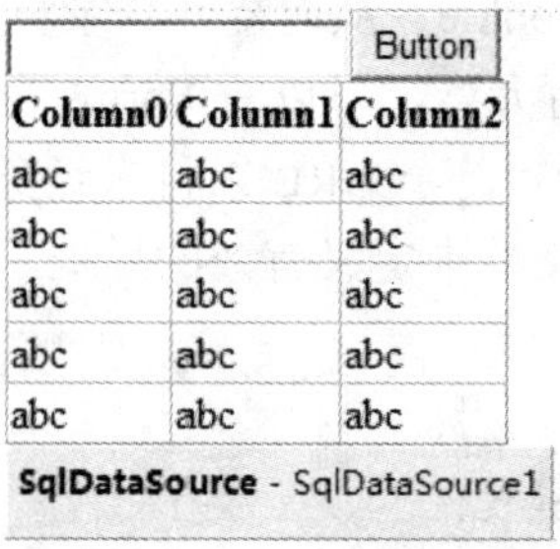

		Button
Column0	**Column1**	**Column2**
abc	abc	abc
abc	abc	abc
abc	abc	abc
abc	abc	abc
abc	abc	abc

SqlDataSource - SqlDataSource1

图 11-1　测试页面设计

关于数据源控件的配置，在其他章节中已有详细介绍，这里不做展开，在这里配置数据源连接到 Access 自带的 Northwind 数据库中的订单表，如图 11-2、11-3 所示。

配置完成后，将 GridView 控件数据源设置为配置的这个数据源，然后运行程序，效果如图 11-4 所示。

现在为程序添加按条件查询功能，双击按钮控件，编写如下所示的程序代码，完成对数据的查询功能：

```
protected void Button1_Click(object sender, EventArgs e)
{
    SqlDataSource1.SelectCommand += " where 货主名称='" + TextBox1.Text + "'";
    GridView1.DataBind();
}
```

　　程序运行结果如图 11-5 所示。

　　现在看上去程序运行一切都正常了，但是如果希望访问者必须输入名称才能查看信息，即在数据源控件的配置中删除默认的 SQL 语句，网站默认打开的是空白页面，要用户输入姓名后才可以查看信息，那么这样能保证系统安全吗？

图 11-2　配置数据源

图 11-3　配置 SQL 语句

软件开发新课堂

订单ID	客户ID	雇员ID	订购日期	到货日期	货主名称	货主地址	货主城市
10248	VINET	5	1996/7/4 0:00:00	1996/8/1 0:00:00	余小姐	光明北路 124 号	北京
10249	TOMSP	6	1996/7/5 0:00:00	1996/8/16 0:00:00	谢小姐	青年东路 543 号	济南
10250	HANAR	4	1996/7/8 0:00:00	1996/8/5 0:00:00	谢小姐	光化街 22 号	秦皇岛
10251	VICTE	3	1996/7/8 0:00:00	1996/8/5 0:00:00	陈先生	清林桥 68 号	南京
10252	SUPRD	4	1996/7/9 0:00:00	1996/8/6 0:00:00	刘先生	东管西林路 87 号	长春
10253	HANAR	3	1996/7/10 0:00:00	1996/7/24 0:00:00	谢小姐	新成东 96 号	长治
10254	CHOPS	5	1996/7/11 0:00:00	1996/8/8 0:00:00	林小姐	汉正东街 12 号	武汉
10255	RICSU	9	1996/7/12 0:00:00	1996/8/9 0:00:00	方先生	白石路 116 号	北京
10256	WELLI	3	1996/7/15 0:00:00	1996/8/13 0:00:00	何先生	山大北路 237 号	济南
10257	HILAA	4	1996/7/16 0:00:00	1996/8/13 0:00:00	王先生	清华路 78 号	上海
10258	ERNSH	1	1996/7/17 0:00:00	1996/8/14 0:00:00	王先生	经三纬四路 48 号	济南
10259	CENTC	4	1996/7/18 0:00:00	1996/8/15 0:00:00	林小姐	青年西路甲 245 号	上海
10260	OTTIK	4	1996/7/19 0:00:00	1996/8/16 0:00:00	徐文彬	海淀区明成路甲 8 号	北京
10261	QUEDE	4	1996/7/19 0:00:00	1996/8/16 0:00:00	刘先生	花园北街 754 号	济南
10262	RATTC	8	1996/7/22 0:00:00	1996/8/19 0:00:00	王先生	浦东临江北路 43 号	上海
10263	ERNSH	9	1996/7/23 0:00:00	1996/8/20 0:00:00	王先生	复兴路 12 号	北京
10264	FOLKO	6	1996/7/24 0:00:00	1996/8/21 0:00:00	陈先生	石景山路 462 号	北京
10265	BLONP	2	1996/7/25 0:00:00	1996/8/22 0:00:00	方先生	学院路甲 66 号	武汉
10266	WARTH	3	1996/7/26 0:00:00	1996/9/6 0:00:00	成先生	幸福大街 83 号	北京
10267	FRANK	4	1996/7/29 0:00:00	1996/8/26 0:00:00	余小姐	黄河西口大街 324 号	上海
10268	GROSR	8	1996/7/30 0:00:00	1996/8/27 0:00:00	刘先生	泰山路 72 号	青岛
10269	WHITC	5	1996/7/31 0:00:00	1996/8/14 0:00:00	黎先生	即墨路 452 号	青岛
10270	WARTH	1	1996/8/1 0:00:00	1996/8/29 0:00:00	成先生	朝阳区光华路 523 号	北京
10271	SPLIR	6	1996/8/1 0:00:00	1996/8/29 0:00:00	唐小姐	山东路 645 号	上海
10272	RATTC	6	1996/8/2 0:00:00	1996/8/30 0:00:00	王先生	海淀区学院路 31 号	北京
10273	QUICK	3	1996/8/5 0:00:00	1996/9/2 0:00:00	刘先生	八一路 43 号	济南
10274	VINET	6	1996/8/6 0:00:00	1996/9/3 0:00:00	余小姐	丰台区方庄北路 87 号	北京

图 11-4　页面初始运行界面

订单ID	客户ID	雇员ID	订购日期	到货日期	货主名称	货主地址	货主城市
10248	VINET	5	1996/7/4 0:00:00	1996/8/1 0:00:00	余小姐	光明北路 124 号	北京
10267	FRANK	4	1996/7/29 0:00:00	1996/8/26 0:00:00	余小姐	黄河西口大街 324 号	上海
10274	VINET	6	1996/8/6 0:00:00	1996/9/3 0:00:00	余小姐	丰台区方庄北路 87 号	北京
10295	VINET	2	1996/9/2 0:00:00	1996/9/30 0:00:00	余小姐	海淀区明成大街 29 号	北京
10337	FRANK	4	1996/10/24 0:00:00	1996/11/21 0:00:00	余小姐	成四大街 29 号	天津
10342	FRANK	4	1996/10/30 0:00:00	1996/11/13 0:00:00	余小姐	明光大街 79 号	重庆
10387	SANTG	1	1996/12/18 0:00:00	1997/1/15 0:00:00	余小姐	霸王东路 24 号	重庆
10396	FRANK	1	1996/12/27 0:00:00	1997/1/10 0:00:00	余小姐	城东路 62 号	海口
10488	FRANK	8	1997/3/27 0:00:00	1997/4/24 0:00:00	余小姐	乌木街甲 48 号	大连
10520	SANTG	7	1997/4/29 0:00:00	1997/5/27 0:00:00	余小姐	常保阁东 85 号	大连
10560	FRANK	8	1997/6/6 0:00:00	1997/7/4 0:00:00	余小姐	胜成街 54 号	常州
10623	FRANK	8	1997/8/7 0:00:00	1997/9/4 0:00:00	余小姐	光明北路 21 号	天津
10639	SANTG	7	1997/8/20 0:00:00	1997/9/17 0:00:00	余小姐	广渠路 72 号	北京
10653	FRANK	1	1997/9/2 0:00:00	1997/9/30 0:00:00	余小姐	滨海路 434 号	天津
10670	FRANK	4	1997/9/16 0:00:00	1997/10/14 0:00:00	余小姐	广发大街 53 号	北京
10675	FRANK	5	1997/9/19 0:00:00	1997/10/17 0:00:00	余小姐	联合北路 49 号	常州
10717	FRANK	1	1997/10/24 0:00:00	1997/11/21 0:00:00	余小姐	津门北路 7 号	天津
10737	VINET	2	1997/11/11 0:00:00	1997/12/9 0:00:00	余小姐	龙山路 47 号	青岛
10739	VINET	3	1997/11/12 0:00:00	1997/12/10 0:00:00	余小姐	玉新街 23 号	天津
10791	FRANK	6	1997/12/23 0:00:00	1998/1/20 0:00:00	余小姐	表东路 34 号	天津

图 11-5　添加查询条件的界面

答案是不能，假设一个正常用户想要攻击网站，得到网站的所有记录，那么他只要在输入框中输入：

```
谢小姐' or '1'='1
```

页面上将显示出数据库中的所有记录，如图 11-6 所示。

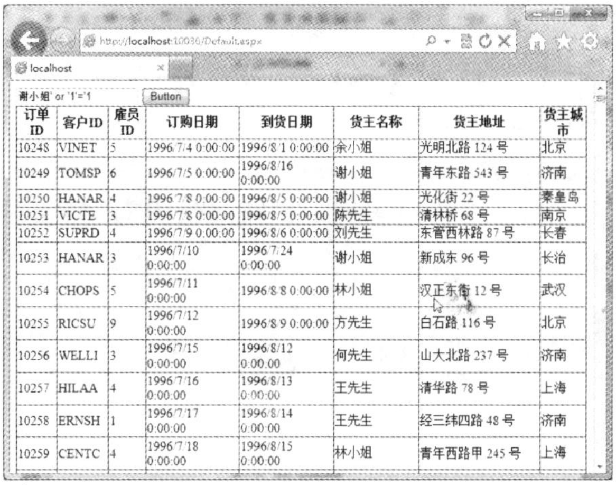

图 11-6 SQL 攻击的结果

问题在于程序中没有对输入信息进行控制，所以当用户输入"谢小姐' or '1'='1'"作为查询条件后，SQL 语句实际上成为如下所示的形式：

```
SELECT [订单 ID], [客户 ID], [雇员 ID], [订购日期], [到货日期], [发货日期], [货主名称], [货主地址], [货主城市] FROM [订单] where 货主名称='谢小姐' or '1'='1'
```

查询条件中增加了"or '1'='1'"，所"货主名称='谢小姐'"实际上已经不起作用了。

如果说上一个例子输入不能说明有多大问题，那么我们针对本例没有对输入和显示的字段数量做任何限制的特点，再设计一个如下所示的查询输入条件：

```
谢小姐' union select  "" AS [订单 ID], "" AS [客户 ID], "" AS [雇员 ID]，"" AS [订购日期], 类别 ID AS [到货日期], 类别名称 AS [货主名称], 类别名称 AS [货主地址], 类别名称 AS [货主城市] from 类别
```

这个输入条件使用了数据库的 union 操作合并两个表，并对字段名进行了重新设置，运行查询条件，可以看到，系统已经将另一个表的数据显示在页面了，如图 11-7 所示。

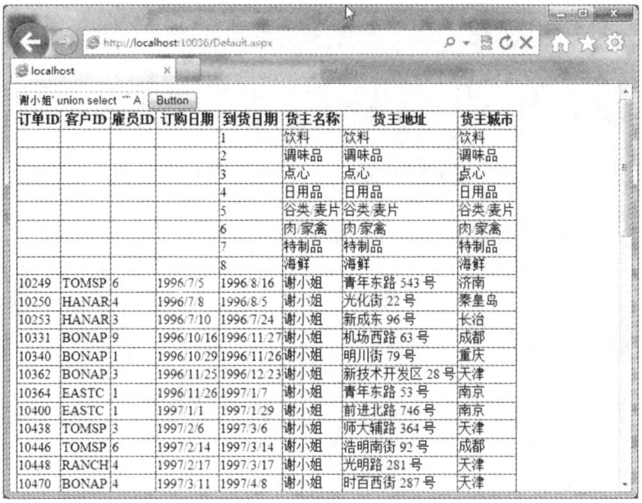

图 11-7 SQL 注入查询结果

软件开发新课堂

245

现在已经找到问题的原因，就是用户的输入条件改变了程序员编写 SQL 语句时的本意，而在数据库中只有单个单引号可以改变 SQL 语句的本意，下面就通过简单的字符串替换操作，消除简单 SQL 注入，代码如下所示：

```
SqlDataSource1.SelectCommand +=
  " where 货主名称='" + TextBox1.Text.Replace("'", "''") + "'";
```

运行界面如图 11-8 所示。

图 11-8　消除 SQL 注入后的页面

11.2.2　合理使用错误页面

通常，Web 应用程序在发布后，为了给用户一个友好界面和使用体验，同时保证程序的安全性，都会在程序发生错误时跳转到一个自定义的错误页面，而不是将 ASP.NET 的详细异常信息暴露给用户。

简单的错误处理页面可以通过 Web.config 来设置，代码如下所示：

```
<customErrors mode="RemoteOnly" defaultRedirect="GenericErrorPage.htm">
    <error statusCode="403" redirect="NoAccess.htm" />
    <error statusCode="404" redirect="FileNotFound.htm" />
</customErrors>
```

如果想通过编程的方式在系统中记录错误原因，可以通过 Page_Error 事件来处理，具体使用方式这里不做展开。

另一种方式是通过配置 Global.asax 文件来实现自定义错误处理，这种方式较为方便，另外，如果能结合使用一个单独的界面更加友好的页面，可以比较友好地显示错误信息。

首先在 Global.asax 中添加用于错误处理信息的程序代码：

```
void Application_Error(object sender, EventArgs e)
{
    Exception objErr = Server.GetLastError().GetBaseException();
    string error = "发生异常页: " + Request.Url.ToString() + "<br>";
    error += "异常信息: " + objErr.Message + "<br>";
    Server.ClearError();
    Application["error"] = error;
    Response.Redirect("~/ErrorPage/ErrorPage.aspx");
}
```

然后编写 ErrorPage.aspx 页面，用于显示错误详情，代码如下所示：

```
protected void Page_Load(object sender, EventArgs e)
{
```

```
ErrorMessageLabel.Text = Application["error"].ToString();
}
```

当最终用户使用应用程序的时候，用户并不想知道错误的原因，这个时候，可以通过使用复选框来选择是否呈现错误的原因。可将 Label 放在一个 div 中，然后用复选框来决定是否呈现 div，代码如下所示：

```
<script language="JavaScript" type="text/Javascript">
<!--
function CheckError_onclick() {
    var chk = document.getElementById("CheckError");
    var divError = document.getElementById("errorMsg");
    if(chk.checked)
    {
        divError.style.display = "inline";
    }
    else
    {
        divError.style.display = "none";
    }
}
// -->
</script>
```

11.3 使用 URL 授权

授权决定了是否应给某个用户对特定资源的访问权限，与前面章节中介绍的 ASP.NET 权限管理机制类似。ASP.NET 中提供了两种方式来实现对给定资源的访问权限控制。

- 文件授权：文件授权由 FileAuthorizationModule 类执行。在用户访问网站时，它检查.aspx 或.asmx 文件处理程序的访问控制列表(ACL)，并以此确定用户是否具有对请求文件的访问权限。ACL 权限用于验证用户的 Windows 标识(若已启用 Windows 身份验证)或 ASP.NET 进程的 Windows 标识。
- URL 授权：URL 授权由 UrlAuthorizationModule 类执行，它将用户和角色映射到 ASP.NET 应用程序中的特定 URL 地址。这个模块可用于有选择地允许或拒绝特定用户或角色对应用程序的任意部分(通常为目录)的访问权限。

通过 URL 授权，程序可以控制允许或拒绝某个用户名或角色对特定目录的访问权限。要完成此功能，需要在该目录的配置文件中创建一个 authorization 节。若要启用 URL 授权，需将配置文件的 authorization 节中的 allow 或 deny 元素中指定一个用户或角色列表。为目录建立的权限也会应用到其子目录，除非子目录中的配置文件重写这些权限。

如下所示的代码为 authorization 节的语法结构示例：

```
<authorization>
    <[allow|deny] usersrolesverbs />
</authorization>
```

allow 或 deny 元素是必需的。必须指定 users 或 roles 属性。可以同时包含二者，但这不是必需的。verbs 属性可选。

allow 和 deny 元素分别授予访问权限和撤消访问权限。每个元素都支持如表 11-1 所示的属性。

表 11-1　allow 和 deny 元素的权限设置

属　　性	说　　明
users	标识此元素的目标身份(用户账户)。 用问号(?)标识匿名用户。可以用星号(*)指定所有经过身份验证的用户
roles	为被允许或被拒绝访问资源的当前请求标识一个角色(RolePrincipal 对象)
verbs	定义操作所要应用到的 HTTP 谓词，如 GET、HEAD 和 POST。默认值为 "*"，它指定了所有谓词

下面的示例对 Kim 标识和 Admins 角色的成员授予访问权限,对 John 标识(除非 Admins 角色中包含 John 标识)和所有匿名用户拒绝访问权限，代码如下所示：

```
<authorization>
    <allow users="Kim"/>
    <allow roles="Admins"/>
    <deny users="John"/>
    <deny users="?"/>
</authorization>
```

下面的代码为如何配置 authorization 节，以允许 John 标识的访问权限并拒绝所有其他用户的访问权限：

```
<authorization>
    <allow users="John"/>
    <deny users="*"/>
</authorization>
```

可以使用逗号分隔的列表为 users 和 roles 属性指定多个实体，代码如下：

```
<allow users="John, Kim, contoso\Jane"/>
```

下面的示例代码给出了如何允许所有用户对某个资源执行 HTTP GET 操作，但是只允许 Kim 标识执行 POST 操作：

```
<authorization>
    <allow verbs="GET" users="*"/>
    <allow verbs="POST" users="Kim"/>
    <deny verbs="POST" users="*"/>
</authorization>
```

规则应用如下：

应用程序级别的配置文件中包含的规则优先级高于继承的规则。系统通过构造一个 URL 的所有规则的合并列表，其中最近(层次结构中距离最近)的规则位于列表头，来确定哪条规则优先。

　　给定应用程序的一组合并的规则，ASP.NET 从列表头开始检查规则，直至找到第一个匹配项为止。ASP.NET 的默认配置包含向所有用户授权的<allow users="*">元素(默认情况下，最后应用该规则)。如果其他授权规则都不匹配，则允许该请求。如果找到匹配项并且它是 deny 元素，则向该请求返回 401 HTTP 状态代码。如果 allow 元素匹配，则模块允许进一步处理该请求。

　　还可以在配置文件中创建一个 location 元素，以指定特定文件或目录，location 元素中的设置将应用于这个文件或目录。

11.4　上 机 练 习

(1)　使用 Windows 认证方式实现一个用户登录程序。

(2)　修改第 1 题，使用 Forms 认证方式实现。

(3)　制作一个带有 SQL 注入漏洞的登录代码，解释漏洞原因并修补漏洞。

第 **12** 章

学生成绩查询系统

学前提示

本章要开发的学生成绩查询系统主要是为学生和教师建立一个基本的平台，教师可以录入成绩并保存在系统中，学生可以登录系统，以查询自己每门课程的成绩。本例程序实现了一个基本的学生信息系统平台的原型，读者可以通过扩充本例，实现一个完整的学生信息管理系统。

本例在实现过程中大量地使用了 ASP.NET 提供的控件进行开发，读者可以通过本实例的学习，掌握前面学习的各种控件在实际项目中的使用方式。本章前面部分详细给出了系统的用例设计图和数据库 E-R 模型设计图，这是目前在信息系统开发的分析与设计阶段中使用的主要建模方法；特别是用例图，已经成为面向对象分析方法的主要建模手段。读者应该掌握在设计开发中如何使用这两种建模方式来描述系统模型。

知识要点

- 系统分析与用例图设计的基本方法
- 数据库访问控件和数据显示控件的使用
- ASP.NET 的数据绑定方式
- 用户登录功能的实现方式
- 成绩查询系统的实现流程

12.1　系　统　概　述

　　本章通过实现一个简单的学生成绩查询系统，介绍 ASP.NET 4.5 及使用 Microsoft Visual Studio 2012 进行应用程序开发的基础知识。

　　利用 Microsoft Visual Studio 2012 提供的种类丰富、功能强大的内置控件，对于大部分页面的设计来说，开发人员可以不用编写代码或只编写少量的几行代码就可以完成。

　　成绩查询系统的主要功能是——教师登录系统录入学生成绩，学生登录系统查询成绩。当然这只是系统的基本功能，一般的成绩查询系统会与学籍管理、考试系统等一同构成整个学生信息管理系统。

　　本例的主要目的是介绍学生成绩程序系统的实现方式，让读者在前面教程部分学习的基础上尽快掌握 ASP.NET 4.5 及 Microsoft Visual Studio 2012 下的 Web 应用程序开发方法，功能部分只实现了最简单的一些模块，集中向读者介绍 ASP.NET 数据库应用程序的开发。

12.2　需　求　分　析

　　成绩查询系统的主要功能为——提供学生成绩信息查询功能，同时让管理员维护学生信息与成绩信息。

　　学生可以登录系统，查询自己的成绩、修改密码。

　　考虑到学生信息的重要性，学生不能直接修改联系方式等重要信息，而是提交变更请求，以便让管理员或教师审核后进行更改。

　　本例主要让读者熟练掌握 ASP.NET 程序开发，而不是复杂逻辑的实现方法，所以在程序中只考虑设置一个管理员，并且不区分教师与管理员角色。管理员登录系统后可以添加和维护学生信息与成绩信息、审核变更请求。

　　一般情况下，学生成绩查询系统都会与考试系统、学生档案系统、教师档案系统、毕业资格审核系统等关联，读者应该通过本例的学习，掌握学生信息管理系统的设计思路与开发方法，再根据实际需要与其他系统结合，实现功能完善的学校信息系统。

12.3　用　例　图

　　根据前面的需求分析的结果，可以把学生成绩管理系统的功能分为学生前台查询和教师后台管理两个功能模块，每个模块实现的主要功能如下。

- 前台：学生登录、查询成绩、修改密码、提交变更请求。
- 后台：管理员登录、学生信息添加、学生信息维护、学生成绩录入、学生变更请求审核。

　　根据上述分析，绘制本例的用例图，如图 12-1 所示。

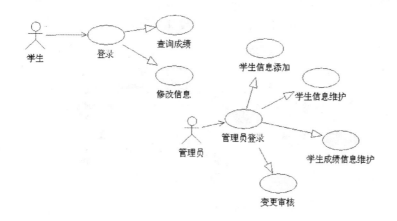

图 12-1　成绩查询系统用例图

12.4　系统总体设计

本例的主要目的是通过简单的实例，让读者掌握如何运用 Microsoft Visual Studio 2012 开发 ASP.NET 数据库应用程序，熟练掌握前面介绍的各种 ASP.NET 4.5 数据库访问控件、数据源绑定控件和基本服务器端控件的使用方法。

本例在实现过程中对数据库的大部分操作都使用 ASP.NET 内置控件完成，以便向读者介绍如何运用 ASP.NET 4.5 提供的功能强大的数据库访问控件，实现不需要编写一行代码就能完成各种数据库操作功能。

但是，本例不同于其他网站类应用程序，并不是简单的添加、查询、修改、删除功能就可以实现本例的全部页面，很多页面需要编写实现一定功能的业务逻辑代码，并且在这些代码中需要执行手工编写的 SQL 语句，所以在本例的开发中引入了 SQLHelper(数据库访问助手类)，用来简化数据库操作。

12.5　开 发 环 境

本系统采用如下环境开发。

- 操作系统：Windows 7。
- 开发工具：Microsoft Visual Studio 2012。
- UML 建模工具：Rational Rose。
- 数据库设计工具：PowerDesigner 12。
- 数据库环境：SQL Server LocalDB(Microsoft Visual Studio 2012 附带)。

12.6　数据库结构

数据库设计得好坏，将直接关系到信息系统开发的成败。

结合前面的需求分析、用例图，遵循数据库设计原则，本例的数据库结构设计如图 12-2 所示。

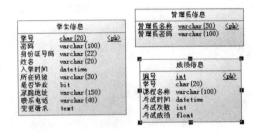

图 12-2　成绩查询系统的数据库设计

图 12-2 中，各个表及字段的英文名称如下。

学生信息(stdInfo)：stdXh、stdMm、stdSfzhm、stdXm、stdRxsj、stdSzbj、stdSfby、stdJtdz、stdLxdh、stdBgqq。

成绩信息(achievement)：aeid、stdXh、aeKcmc、aeKssj、aeKscs、aeKscj。其中编号字段设置为自动增长。

管理员信息(administrator)：adminuser、adminpass。

数据库结构的设计对信息系统的成功开发至关重要，在编码之前，一定要规划完整。

12.7　项目及数据库的环境构建

创建项目的操作步骤如下。

(1)　启动 Microsoft Visual Studio 2012，界面如图 12-3 所示。

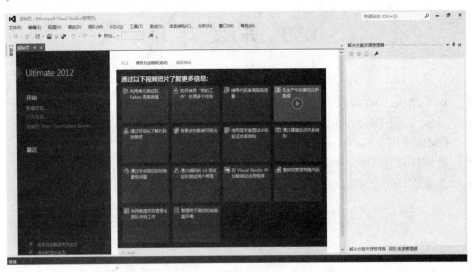

图 12-3　Microsoft Visual Studio 2012 界面

（2）从菜单栏中选择"文件"→"网站"命令，打开"新建网站"对话框，如图 12-4 所示。

图 12-4　"新建网站"对话框

（3）选择"ASP.NET 空网站"模板，语言选择"Visual C#"，设置好项目保存路径，然后单击"确定"按钮创建项目，如图 12-5 所示。

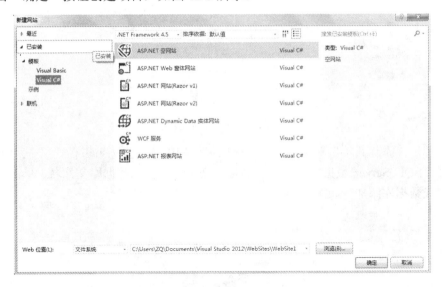

图 12-5　"新建网站"对话框设置

现在系统建立好了一个新项目，如图 12-6 所示。

提示

可以使用 C#和 VB.NET 两种语言开发 ASP.NET 应用程序，但目前的实际项目中 90% 都是使用为 Web 程序优化设计的 C#语言。

（4）在 Microsoft Visual Studio 2012 工作区右边的"解决方案资源管理器"窗口中，新建 APP_Data 文件夹，用鼠标右击"App_Data"目录，在弹出的快捷菜单中选择"添加新项"命令，如图 12-7 所示。

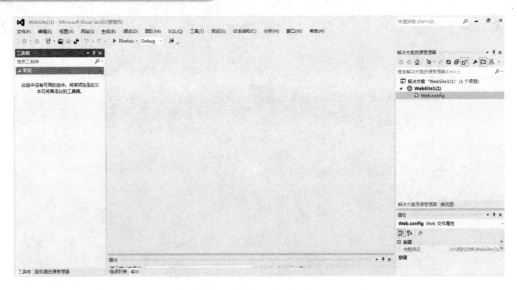

图 12-6　系统建立的新项目

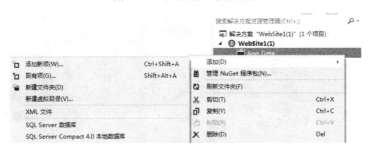

图 12-7　添加新项

（5）弹出"添加新项"对话框。在左侧的树结构中选择"Visual C#"，在中间的列表框中选择"SQL Server 数据库"，在"名称"文本框中输入数据库文件名，单击"添加"按钮，完成数据库添加，如图 12-8 所示。

图 12-8　"添加新项"对话框

添加完成后,可以看到 App_Data 目录中已经列出了添加的数据库,如图 12-9 所示。

(6) 单击"解决方案资源管理器"下面的"服务器资源"选项卡,切换到服务器资源管理器,如图 12-10 所示。

图 12-9 添加完数据库

图 12-10 服务器资源管理器

(7) 右键单击"数据连接"中的数据库名"stuInfo.mdf",在弹出的快捷菜单中选择"刷新"命令,Microsoft Visual Studio 2012 自带的 LocalDB 就会连接数据库,如图 12-11 所示。

(8) 在"表"对象上单击鼠标右键,从弹出的快捷菜单中选择"添加新表"命令,如图 12-12 所示。现在工作区出现如图 12-13 所示的新建表界面,在上面输入对应的字段并保存即可创建表格。

图 12-11 展开后的数据库

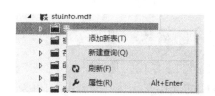

图 12-12 添加新表

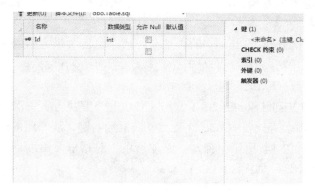

图 12-13 新建表界面

用同样的方法可以实现本例需要的全部表格。

提示

使用 PowerDesigner 设计生成的 SQL 语句,可以通过在图 12-12 中选择"新建查询"命令,在查询分析器中执行。

12.8 数据访问层实现

本例通过 ASP.NET 内置的数据库连接字符串保存数据库连接，实现数据库连接字符串只在一处保存，方便数据库连接字符串的修改，简化程序部署操作。

12.8.1 数据库连接字符串的添加

下面是在 Web.config 配置文件中添加的数据库连接字符串，这些代码可以用 Microsoft Visual Studio 2012 自动生成，具体方法后面会介绍到，读者可以熟悉一下这段代码，以便进行程序部署时，修改数据库连接字符串。这里需要注意一下 name 属性的值，在下一节中需要用到。代码如下：

```
<connectionStrings>
    <add name="stdInfoConnectionString" connectionString="Data Source=
    (LocalDb)\v11.0;AttachDbFilename=|DataDirectory|\stdInfo.mdf;
    Integrated Security=True;Connect Timeout=30;User Instance=True"
    providerName="System.Data.SqlClient" />
</connectionStrings>
```

12.8.2 公共数据库访问类 SqlHelper 的实现

本例的主要代码是使用 ASP.NET 控件实现的，但是对于登录、修改状态等操作，使用 ADO.NET 类库直接执行 SQL 语句更为方便，所以在本系统开发过程中从 DAAB(Data Access Application Block)提出了一个 SqlHelper 类，用以简化数据库相关操作的编程实现，由于原类比较复杂，而本例数据库操作相对简单，很多方法并不会用到，在这里对该类进行了适当简化。

DAAB 是微软 Enterprise Library 的一部分，该库包含大量大型应用程序开发需要使用的类库，读者以后要开发大型应用程序时，可以学习使用该开发库。

为项目添加公用数据库访问类的步骤如下。

(1) 在 Microsoft Visual Studio 2012 工作区右边的"解决方案资源管理器"窗口中新建一个 App_Code 文件夹，在 App_Code 目录上单击鼠标右键，从弹出的快捷菜单中选择"添加新项"命令。如图 12-14 所示。弹出"添加新项"对话框，里面列出了所有可以创建在 App_Code 中的文件类型，如图 12-15 所示。

图 12-14 添加新项

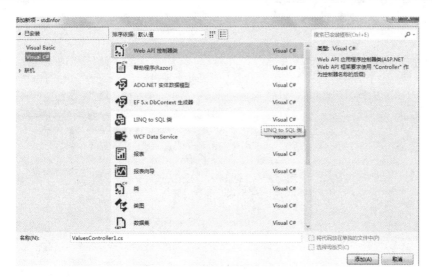

图 12-15　"添加新项"对话框

(2)　在"添加新项"对话框的中间列表框中选择"类",在"文件名"文本框中输入"sqlHelp.cs",单击"确定"按钮,如图 12-16 所示。

图 12-16　添加 SQL 助手类

(3)　在 sqlHelp.cs 文件中输入如下所示的代码,完成数据库访问助手类的开发:

```
using System.Data.Sql;
using System.Data.SqlClient;
/// <summary>
///数据库访问助手类
/// </summary>
public class sqlHelp
{
    //获取数据库连接字符串,属于静态变量且只读,项目中所有文档可以直接使用,但不能修改
    public static readonly string ConnectionStringLocalTransaction =
    ConfigurationManager.ConnectionStrings["stdInfoConnectionString"]
```

```
.ConnectionString;

/// <summary>
///执行一个不需要返回值的 SqlCommand 命令，通过指定专用的连接字符串
/// 使用参数数组形式提供参数列表
/// </summary>
/// <remarks>
/// 使用示例:
///  int result = ExecuteNonQuery(connString,
/// CommandType.StoredProcedure, "PublishOrders",
/// new SqlParameter("@prodid", 24));
/// </remarks>
/// <param name="connectionString">一个有效的数据库连接字符串</param>
/// <param name="commandType">SqlCommand 命令类型(存储过程，T-SQL 语句等)
/// </param>
/// <param name="commandText">存储过程的名字或者 T-SQL 语句</param>
/// <param name="commandParameters">以数组形式提供 SqlCommand 命令中用到的参
/// 数列表</param>
/// <returns>返回一个数值表示此 SqlCommand 命令执行后影响的行数</returns>
public static int ExecuteNonQuery(string connectionString, CommandType
 cmdType, string cmdText, params SqlParameter[] commandParameters)
{
    SqlCommand cmd = new SqlCommand();
    using (SqlConnection conn = new SqlConnection(connectionString))
    {
        //通过 PrePareCommand 方法将参数逐个加入到 SqlCommand 的参数集合中
        PrepareCommand(cmd, conn, null, cmdType, cmdText,
         commandParameters);
        int val = cmd.ExecuteNonQuery();
        //清空 SqlCommand 中的参数列表
        cmd.Parameters.Clear();
        return val;
    }
}


/// <summary>
/// 执行一条返回结果集的 SqlCommand 命令，通过专用的连接字符串
/// 使用参数数组提供参数
/// </summary>
/// <remarks>
/// 使用示例:
/// SqlDataReader r = ExecuteReader(connString,
///  CommandType.StoredProcedure, "PublishOrders",
///  new SqlParameter("@prodid", 24));
/// </remarks>
/// <param name="connectionString">一个有效的数据库连接字符串</param>
/// <param name="commandType">SqlCommand 命令类型(存储过程，T-SQL 语句等)
/// </param>
/// <param name="commandText">存储过程的名字或者 T-SQL 语句</param>
/// <param name="commandParameters">
/// 以数组形式提供 SqlCommand 命令中用到的参数列表</param>
```

```
/// <returns>返回一个包含结果的 SqlDataReader</returns>
public static SqlDataReader ExecuteReader(string connectionString,
  CommandType cmdType, string cmdText,
  params SqlParameter[] commandParameters)
{
    SqlCommand cmd = new SqlCommand();
    SqlConnection conn = new SqlConnection(connectionString);
    //在这里使用 try/catch 处理是因为如果方法出现异常，则 SqlDataReader 就不存在，
    //CommandBehavior.CloseConnection 的语句就不会执行，
    //触发的异常由 catch 捕获。
    //关闭数据库连接，并通过 throw 再次引发捕捉到的异常
    try
    {
        PrepareCommand(cmd, conn, null, cmdType, cmdText,
          commandParameters);
        SqlDataReader rdr = cmd.ExecuteReader(
          CommandBehavior.CloseConnection);
        cmd.Parameters.Clear();
        return rdr;
    }
    catch
    {
        conn.Close();
        throw;
    }
}


/// <summary>
/// 执行一条返回第一条记录第一列的 SqlCommand 命令，通过专用的连接字符串
/// 使用参数数组提供参数
/// </summary>
/// <remarks>
/// 使用示例:
///  Object obj = ExecuteScalar(connString, CommandType.StoredProcedure,
/// "PublishOrders", new SqlParameter("@prodid", 24));
/// </remarks>
/// <param name="connectionString">一个有效的数据库连接字符串</param>
/// <param name="commandType">SqlCommand 命令类型(存储过程，T-SQL 语句等)
/// </param>
/// <param name="commandText">存储过程的名字或者 T-SQL 语句</param>
/// <param name="commandParameters">
/// 以数组形式提供 SqlCommand 命令中用到的参数列表</param>
/// <returns>返回一个 object 类型的数据，可以通过 Convert.To{Type}方法转换类型
/// </returns>
public static object ExecuteScalar(string connectionString, CommandType
  cmdType, string cmdText, params SqlParameter[] commandParameters)
{
    SqlCommand cmd = new SqlCommand();
    using (SqlConnection connection =
      new SqlConnection(connectionString))
    {
```

```
            PrepareCommand(cmd, connection, null, cmdType, cmdText,
              commandParameters);
            object val = cmd.ExecuteScalar();
            cmd.Parameters.Clear();
            return val;
        }
    }
    /// <summary>
    /// 为执行命令准备参数
    /// </summary>
    /// <param name="cmd">SqlCommand 命令</param>
    /// <param name="conn">已经存在的数据库连接</param>
    /// <param name="trans">数据库事务处理</param>
    /// <param name="cmdType">SqlCommand 命令类型(存储过程，T-SQL 语句等)
    /// </param>
    /// <param name="cmdText">Command text，T-SQL 语句
    /// 例如 Select * from Products</param>
    /// <param name="cmdParms">返回带参数的命令</param>
    private static void PrepareCommand(SqlCommand cmd, SqlConnection conn,
      SqlTransaction trans, CommandType cmdType, string cmdText,
      SqlParameter[] cmdParms)
    {
        //判断数据库连接状态
        if (conn.State != ConnectionState.Open)
            conn.Open();

        cmd.Connection = conn;
        cmd.CommandText = cmdText;

        //判断是否需要事务处理
        if (trans != null)
            cmd.Transaction = trans;

        cmd.CommandType = cmdType;

        if (cmdParms != null)
        {
            foreach (SqlParameter parm in cmdParms)
                cmd.Parameters.Add(parm);
        }
    }
}
```

12.9　前台程序代码

学生成绩查询系统的前台主要是为学生提供成绩查询、密码修改、提交变更请求服务。根据前面的需求分析和用例图，学生成绩查询系统前台主要包含 3 个页面。

- Default.aspx：学生登录页面。本系统要求所有学生根据自己的学号和密码登录系

统后才能够查看自己的成绩信息。

- showSource.aspx：成绩显示页面。读取登录时系统保存的学号，根据学号查询出所有该学生的成绩信息，并显示在页面上。
- ModifyInfo.aspx：学生信息修改页面。学生用户只能修改自己的登录密码，而对其他信息的修改需提交变更请求，由教师或管理员查看、审核后进行修改。

12.9.1　学生登录

成绩信息和每个学生密切相关，属于学生的个人信息，因此系统要求学生必须根据学号和分配的密码登录系统后才能查询，下面首先介绍登录页面的开发过程。

(1) 在 Microsoft Visual Studio 2012 工作区右边的"解决方案资源管理器"窗口中，右键单击网站名，在弹出的菜单中依次选择"添加"→"添加新项"命令，出现"添加新项"对话框，如图 12-17 所示。在窗口中选择"Web 窗体"，语言选择"Visual C#"，名称使用默认的"Default.aspx"，然后单击"添加"按钮，将在资源管理器中添加一个新 Web 页面。双击 Default.aspx 文件，并单击左下角的"设计"选项卡，将页面切换到设计状态。

(2) 本系统开发过程中需要访问数据库，如果前面读者没有在 Web.config 文件中手工添加数据库连接，现在就需要使用 Microsoft Visual Studio 2012 提供的工具进行添加。从工具箱中拖放一个 SqlDataSource 数据源访问控件到 Default.aspx 文件页面，如图 12-18 所示。

图 12-17　添加新 Web 窗体　　　　　　图 12-18　数据源访问控件

> **提示**
> 在考虑程序实现方式之前，使用 SqlDataSource 控件生成数据库连接，可以方便程序与数据库的连接。

(3) 打开数据源控件的任务面板，单击"配置数据源"选项，如图 12-19 所示。

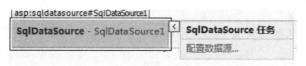

图 12-19　SqlDataSource 控件任务面板

(4) 出现 SqlDataSource 数据源配置向导对话框，如图 12-20 所示，开始配置数据源控件。由于这里是本例第一次配置数据源控件，可以看到在下拉列表框中还没有出现数据库连接。单击"新建连接"按钮，建立新的数据库连接。

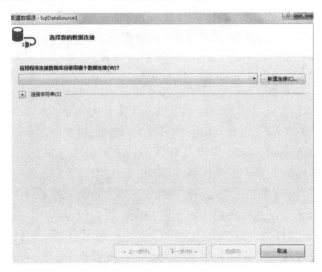

图 12-20　选择数据连接

(5) 在出现的"选择数据源"对话框中选择"Microsoft SQL Server 数据库文件"选项，单击"继续"按钮，如图 12-21 所示。

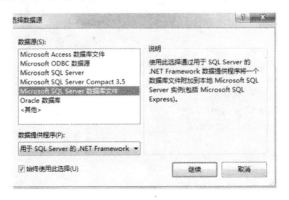

图 12-21　选择数据源类型

　　"Microsoft SQL Server 数据库文件"数据源常用于连接 SQL Server LocalDB 数据库。

(6) 出现"添加连接"对话框，如图 12-22 所示。在"数据库文件名"文本框中输入上一节中建立的数据库文件，如图 12-23 所示。单击"测试连接"按钮，系统弹出如图 12-24 所示的对话框，说明数据源配置成功，两次单击"确定"按钮，完成数据库连接配置。

(7) 回到选择数据库连接的对话框，在"应用程序连接数据库应使用哪个数据连接"下拉列表框中选择上一步建立的数据库连接。单击"下一步"按钮，如图 12-25 所示。

图 12-22 数据库连接设置　　　　　　图 12-23 设置好后的"添加连接"对话框

图 12-24 数据库连接配置正确

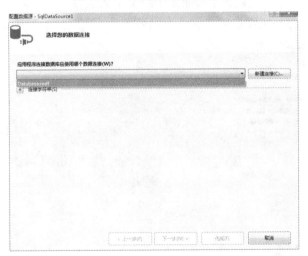

图 12-25 选择数据库连接

(8) 由于这是第一次为项目配置数据源，系统会提示"是否保存数据连接字符串"。本例中会多次使用相同的数据库设置，在这里需要将连接字符串保存起来，方便以后使用。

输入一个数据库连接字符串的名称，注意这里输入的连接字符串名称要与前面介绍的
SqlHelper 类使用的连接名称一致。

单击"下一步"按钮，如图 12-26 所示。

图 12-26　保存数据库连接

注 意

在配置数据库连接时一定要将连接字符串保存在配置文件中，否则部署程序时会出现
不一致问题。

(9)　出现"配置 Select 语句"对话框，如图 12-27 所示。本页面不需要数据库连接控件，
配置数据源控件的目的完全是为了方便添加连接字符串，在这一步选中"achievement"表
的所有列，单击"下一步"按钮。在后面的步骤中全部选择默认设置。在最后一步单击"完
成"按钮，完成后即可在页面中删除这个数据源控件。

图 12-27　配置查询语句

(10) 从工具箱中插入一个 Login 控件到页面上，如图 12-28 所示，用于编写用户登录界面。Login 控件界面如图 12-29 所示。

图 12-28　工具箱中的登录控件　　　　图 12-29　添加到页面的登录控件

(11) 选中登录控件，打开属性面板，在面板中选中 DestinationPageUrl 属性，单击输入框后面的▦按钮，如图 12-30 所示。

(12) 弹出"选择 URL"对话框，如图 12-31 所示。选择学生登录后可以访问的页面，单击"确定"按钮。现在可能读者只建立了登录系统一个页面，那么这一步可以放在下一节成绩查询页面制作完成后进行设置，不影响本页面接下来的开发步骤。

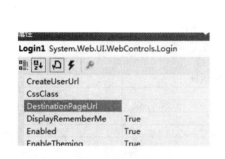

图 12-30　设置登录成功后调整的页面　　　　图 12-31　选择成绩查看页面

 提示

　　实际开发中，可以根据程序的规模选择先开发权限系统，还是先开发系统。

(13) 选中登录控件，在属性面板中找到 UserNameLabelText 属性，把用户名输入框前面的提示文字改为"学号："，如图 12-32 所示。

图 12-32　修改用户名前面的标签

(14) 在"属性面板"中单击"事件"选项卡，打开事件重载面板，在 Authenticate 事件

上双击鼠标，重载登录验证事件，如图 12-33 所示。弹出代码编辑窗口，可以在这里添加程序，实现用户登录验证功能，如图 12-34 所示。

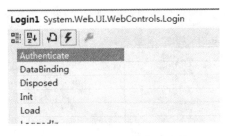

图 12-33 重载登录验证事件

```csharp
using System;
using System.Collections.Generic;
using System.Linq;
using System.Web;
using System.Web.UI;
using System.Web.UI.WebControls;

public partial class Default2 : System.Web.UI.Page
{
    protected void Page_Load(object sender, EventArgs e)
    {

    }
    protected void Login1_Authenticate(object sender, AuthenticateEventArgs e)
    {

    }
}
```

图 12-34 登录页面代码视图

(15) 在代码部分的最上面添加两条 using 语句，导入实现登录功能需要的数据库访问 ADO.NET 类的命名空间：

```csharp
//引入 ADO.NET 命名空间
using System.Data.Sql;
using System.Data.SqlClient;
```

(16) 在 Authenticate 方法中加入如下代码，完成登录验证：

```csharp
protected void Login1_Authenticate(object sender, AuthenticateEventArgs e)
{
    //获得登录控件的各个属性值
    string stdXh = Login1.UserName;
    string password = Login1.Password;
    //生成 SQL 语句和参数对象
    string sql =
      "select count(*) from stdInfo where stdXh=@stdXh and stdMm=@stdMm";
    SqlParameter[] param = {
        new SqlParameter("@stdXh", SqlDbType.Char),
        new SqlParameter("@stdMm", SqlDbType.VarChar)
    };
    param[0].Value = stdXh;
    param[1].Value = password;
```

```
//执行 SQL 语句
int usercount = ((int)(sqlHelp.ExecuteScalar(sqlHelp
    .ConnectionStringLocalTransaction, CommandType.Text, sql, param)));
//判断登录是否成功
if (usercount > 0)
{
    e.Authenticated = true; //设置登录判断变量
    //如果登录成功，将学号保存在 Session 中，供后面成绩查询页面读取
    Session["stdXh"] = stdXh;
}
else
    e.Authenticated = false; //设置登录判断变量
}
```

登录页面全部开发完成，运行效果如图 12-35 所示。

图 12-35　登录页面的运行效果

12.9.2　学生成绩查询

学生登录以后进入成绩查询页面。成绩查询页面的主要功能为：根据登录时保存的学号，查询并显示出该学生的所有考试成绩。下面介绍成绩查询页面的开发步骤。

(1) 在项目根目录中添加一个 showSource.aspx 文件，在文件中插入一个 SqlDataSource 数据源控件，如图 12-36 所示。

图 12-36　数据源控件

(2) 打开 SqlDataSource 数据源控件的任务面板，单击"配置数据源"选项，如图 12-37 所示。

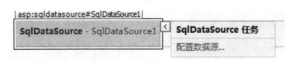

图 12-37　数据源控件任务面板

软件开发新课堂

（3）弹出 SqlDataSource 配置向导对话框，如图 12-38 所示。SqlDataSource 配置向导会在"应用程序连接数据库应使用哪个数据连接"下拉框中自动列出项目中已建立的所有数据库连接。选择编写上一个页面时已经建立的连接并单击"下一步"按钮，如图 12-39 所示。

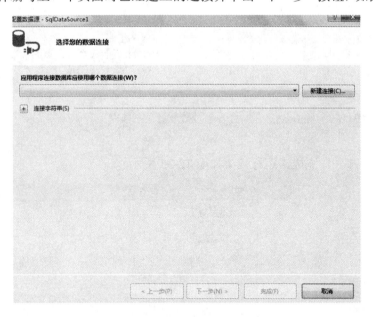

图 12-38　数据源配置向导对话框

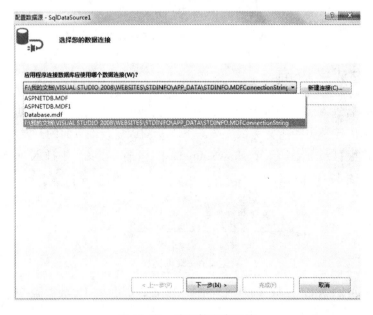

图 12-39　选择数据库连接

（4）配置向导出现"配置 Select 语句"界面，在这里选择"指定来自表或视图的列"，指定表名称为"achievement"表，并在"列"列表框中选择"*"，读取成绩表的所有列，如图 12-40 所示。选择完成后，单击 WHERE 按钮设置查询条件。

图 12-40　选择读取成绩表数据

(5)　弹出条件设置对话框，如图 12-41 所示。设置查询条件为从数据库中读取学员编号等于 Session 中保存的学号的所有记录，如图 12-42 所示。单击"添加"按钮完成条件添加，结果如图 12-43 所示。单击"确定"按钮完成 WHERE 语句配置。

图 12-41　条件设置对话框

(6)　回到"配置 Select 语句"对话框，可以看到下面的"SELECT 语句"文本框中已经正确显示添加了上一步中配置的 SELECT 条件语句，此时单击"下一步"按钮，如图 12-44 所示。

(7)　出现"测试查询"界面，单击"完成"按钮，完成数据源控件的配置，如图 12-45 所示。

(8)　从工具箱中拖放一个 GridView 控件到页面中，该控件用于显示成绩列表，如图 12-46 所示。

图 12-42　设置学号查询条件

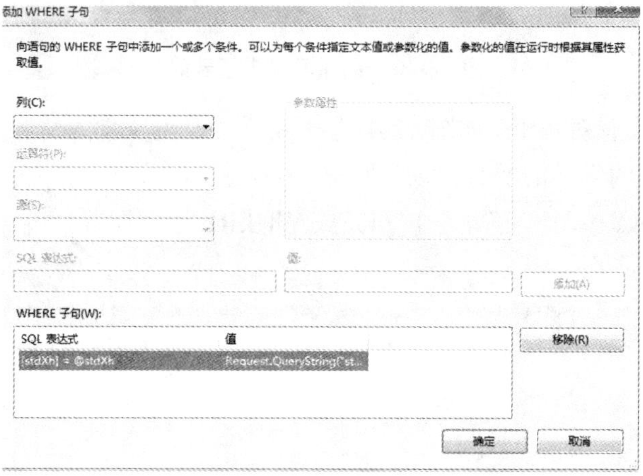

图 12-43　学号查询条件设置完成

图 12-44　查询语句配置完成

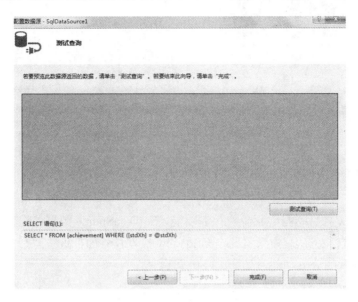

图 12-45　数据源配置完成

图 12-46　表格数据显示控件

> **提示**
>
> 使用 GridView 控件可以快速实现表格形式的数据显示。

(9) 添加 GridView 控件到页面中后，会自动打开 GridView 控件任务面板，如图 12-47 所示。选择 GridView 控件数据源为前面步骤建立的数据源控件，如图 12-48 所示。设置好 GridView 的数据源属性后，在 GridView 控件中包含了在指定的数据源控件配置中包含的所有字段，如图 12-49 所示。

图 12-47　GridView 控件任务面板

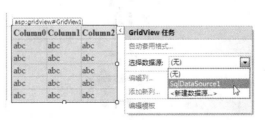

图 12-48　为添加的 GridView 设置数据源

图 12-49　设置好数据源后的控件界面

(10) GridView 控件本身包括分页控制功能，SqlDataSource 数据源控件也内置了实现分页读取数据的功能，在开发中只需要在 GridView 控件任务面板选中"启用分页"复选框，框架就会启用内置的分页功能，如图 12-50 所示。

图 12-50　启动控件自动分页功能

(11) 在 GridView 任务面板中单击"编辑列"链接，打开"字段"编辑对话框，如图 12-51 所示。

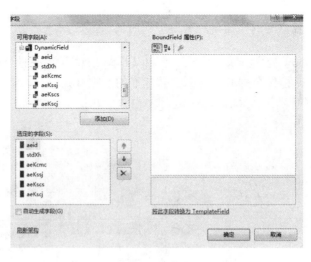

图 12-51　GridView 控件字段编辑对话框

(12) 在"选定的字段"列表框中列出了数据源控件包含的全部字段，选择其中一个字

段，左边出现该字段的全部属性，如图 12-52 所示。

图 12-52 字段属性列表

(13) 选中第一个字段，在属性列表中找到 HeaderText 属性，将属性值修改为字段的中文名称，如图 12-53 所示。用同样的方法修改其他字段的 HeaderText。

图 12-53 设置字段标题

(14) 修改"考试时间"字段的 DataFormatString 属性值为"{0:yyyy-MM-dd}"，完成日期数据的显示格式设置，如图 12-54 所示。

(15) 打开 GridView 控件的任务模板，选中"启用分页"复选框，启动 GridView 的分页功能，如图 12-55 所示。

 注意

> 只有绑定到 SqlDataSource 数据源控件的 GridView 控件才能实现自动分页和排序。

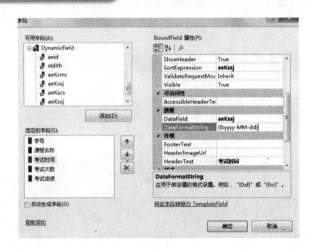

图 12-54　时间格式设置

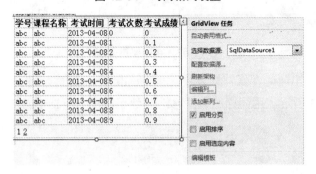

图 12-55　字段设置完成的界面

（16）在 GridView 控件任务面板中单击"自动套用格式"链接，打开格式设置对话框。这里选择"彩色型"样式，单击"确定"按钮，如图 12-56 所示。设置完成格式以后的界面如图 12-57 所示。

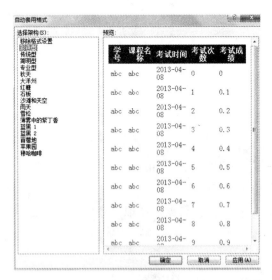

图 12-56　"自动套用格式"对话框

图 12-57　自动套用格式设置完成

(17) 放置一个 Label 控件到页面上，用于显示登录用户的学号信息，如图 12-58、12-59 所示。

图 12-58　工具箱中的标签控件　　　　图 12-59　标签控件的插入位置

(18) 在属性面板中将 Label 控件的 ID 属性修改为"labUser"，如图 12-60 所示。

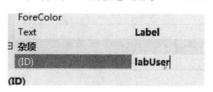

图 12-60　标签控件的属性设置

(19) 在页面空白处双击鼠标左键，进入代码视图，会自动定位到 Page_Load 方法，输入如下代码，实现判断访问此页面时是否已经登录，并显示学号提示信息：

```
protected void Page_Load(object sender, EventArgs e)
{
    //加载页面时判断用户是否登录
    if (Session["stdXh"]==null || Session["stdXh"].ToString().Length==0)
        Response.Redirect("Default.aspx");
    //如果已经登录显示提示信息
    labUser.Text = "学号为<b><font color=red>["
      + Session["stdXh"].ToString() + "]</font></b>的学生的所有考试成绩";
}
```

成绩查询页面开发完成，最终运行效果如图 12-61 所示。

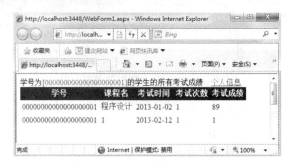

图 12-61 成绩查询页面的效果

12.9.3 提交联系方式及其他信息变更请求

系统使用过程中，学生可能希望修改某些信息，例如自己更换了手机号码或者其他类似情况下都需要修改自己的信息。考虑到很多信息对于与本系统的正常运行至关重要，同时可能与其他系统有密切的联系，如果信息修改失误可能产生严重影响，在本页面中只允许学生修改密码，对于其他信息需提交变更请求，待管理员或教师审核后进行修改。

下面介绍提交联系方式及其他信息变更请求页面的开发步骤。

(1) 在项目根目录下新建一个 ModifyInfo.aspx 文件，并打开文件。

(2) 在页面中插入一个 SqlDataSource 数据源控件，插入后会自动打开"任务面板"，如图 12-62 所示。

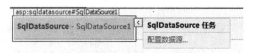

图 12-62 配置数据源控件

(3) 在任务面板中选择"配置数据源"选项，打开"配置数据源"对话框。在"应用程序连接数据库应使用哪个数据连接"下拉列表框中选择在首页开发过程中已经建立的数据库连接，单击"下一步"按钮，如图 12-63 所示。

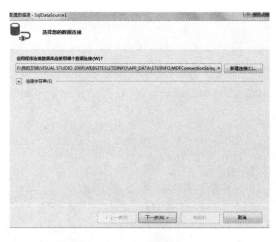

图 12-63 选择数据库连接

(4)　出现"配置 Select 语句"界面，这里选择 stdInfo 表的所有列，单击 WHERE 按钮配置查询条件，如图 12-64 所示。

图 12-64　查询学生信息表

(5)　弹出查询条件配置对话框，如图 12-65 所示。配置查询条件为学号等于在 Session 中保存的学号，如图 12-66 所示。单击"添加"按钮，完成条件的添加，如图 12-67 所示。单击"确定"按钮，完成条件语句的配置。

(6)　配置完成 WHERE 条件后，回到"配置 Select 语句"对话框，可以看到对话框下面"Select 语句"文本框中的内容为完成上一步配置后的 SQL 语句，单击"下一步"按钮，如图 12-68 所示。弹出"测试查询"对话框，数据源配置完成，单击"完成"按钮完成数据源的配置，如图 12-69 所示。

图 12-65　查询条件设置对话框

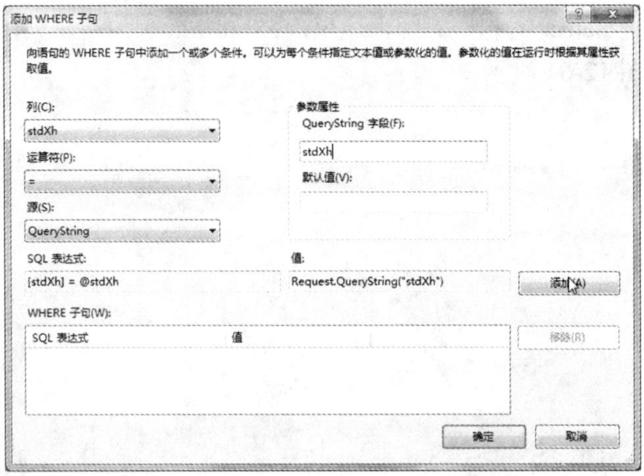

图 12-66　添加查询条件

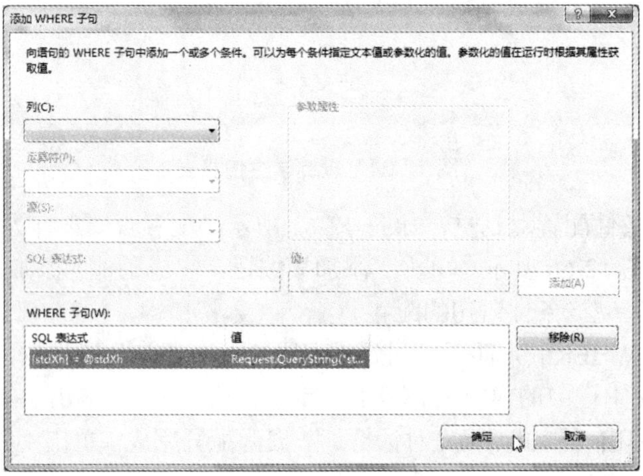

图 12-67　查询条件添加完成

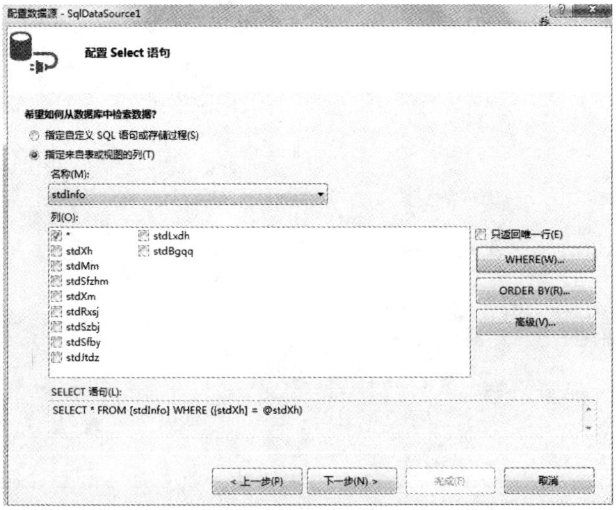

图 12-68　SQL 语句配置完成

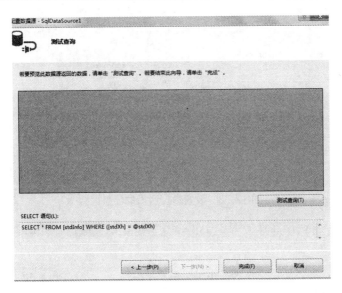

图 12-69　数据源设置完成

> **提示**
>
> 在"测试查询"对话框中单击"测试查询"按钮，可以查看前面配置的 SQL 语句的查询结果。

（7）从工具箱中插入一个 DetailsView 控件到页面上，如图 12-70 所示。

（8）选中 DetailsView 控件，单击控件右上角的小三角按钮，如图 12-71 所示。在弹出的任务面板中打开"选择数据源"下拉框，将数据源设置为前面步骤插入的数据源控件。如图 12-72 所示。设置完成后可以看到 DetailsView 控件中显示出数据源控件包括的全部字段，如图 12-73 所示。

图 12-70　工具箱中的 DetailsView 控件

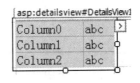

图 12-71　数据详细信息显示控件

图 12-72　设置数据显示控件数据源

图 12-73　设置数据源后的任务面板

(9) 在 DetailsView 控件任务面板中单击"编辑字段"链接，弹出"字段"对话框，如图 12-74 所示。

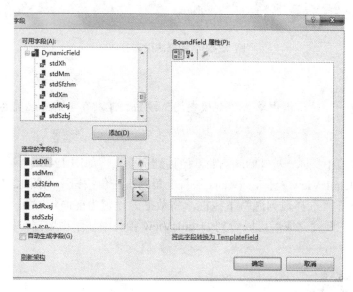

图 12-74　"字段"对话框

(10) 在"选定的字段"列表框中单击第一行，对话框右边出现该行的属性，如图 12-75 所示。修改 HeaderText 属性值为"学号"。用同样的方法将所有列的标题均改为对应的中文名称，单击"确定"按钮。DetailsView 控件中所有列前面的标题文字都变成了中文，如图 12-76 所示。

(11) 从工具箱中插入一个 FormView 控件到页面上，如图 12-77 所示。

(12) 打开 FormView 控件的任务面板，设置 FormView 控件的数据源为前面创建的数据源，如图 12-78 所示。数据源设置完成后可以看到 FormView 控件中显示出数据源控件的全部字段，如图 12-79 所示。

(13) 在 FormView 控件的任务面板中，单击"模板编辑"链接，进入模板编辑状态，如图 12-80 所示。

(14) 在模板编辑状态，打开任务面板，切换当前编辑模板为"EditItemTemplate"，进入修改模板编辑状态，如图 12-81 所示。

图 12-75 设置字段标题

图 12-76 完成后的界面

图 12-77 FormView 控件

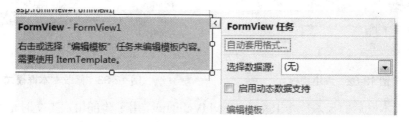

图 12-78 设置数据源

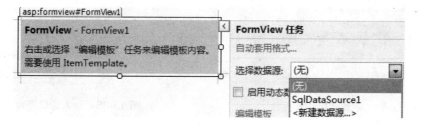

图 12-79 FormView 任务面板

图 12-80　FormView 模板编辑界面

图 12-81　切换当前编辑模板

(15) 删除最后一个文本框之前的全部内容，并将文本框前面的提示文字改为"变更请求"，如图 12-82 所示。

(16) 选中"变更请求"的文本框，在属性面板中将 TextMode 属性修改为"MultiLine"，让文本框可以输入多行文字，如图 12-83 所示。

图 12-82　编辑模板

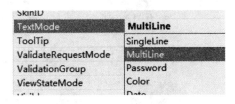

图 12-83　修改文本框模式

(17) 在文本框后面插入一个 RequiredFieldValidator，用于验证用户提交时是否在文本框中输入了内容，如图 12-84 所示。位置插入在变更请求文本框后面，如图 12-85 所示。

图 12-84　字段必填验证控件

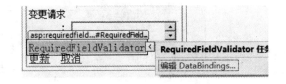

图 12-85　输入验证控件

(18) 设置输入验证控件的 ControlToValidate 属性为变更请求文本框的 ID，表示当变更请求文本框为空时显示验证控件，并阻止程序继续往下执行，如图 12-86 所示。

(19) 设置控件的 ErrorMessage 属性为"*"，这样当验证失败是会在验证控件的位置显示字符串"*"，如图 12-87 所示。

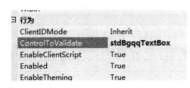

図 12-86　设置验证对象控件　　　　図 12-87　设置验证失败时显示的内容

(20) 结束模板编辑状态，选中 FormView 控件，在属性面板中设置控件的 DefaultMode 属性为"Edit"，控件就会在运行时默认显示编辑视图，如图 12-88 所示。

(21) 将属性面板切换到"事件"选项卡，在 ItemUpdating 后面的文本框上面双击鼠标左键，开发环境会自动重载该方法，并将代码窗口定位到该方法所在的代码段，如图 12-89 所示。

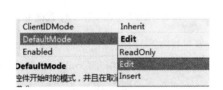

图 12-88　修改 FormView 控件默认的显示视图　　　　图 12-89　重载修改数据事件

(22) 在 ItemUpdating 方法中编写如下代码，完成变更请求提交功能的开发：

```
//修改事件，修改变更请求
protected void FormView1_ItemUpdating(
 object sender, FormViewUpdateEventArgs e)
{
    e.Cancel = true; //取消修改事件发到系统框架
    //获得输入信息，并组成 SQL 语句
    string bgqq = ((TextBox)FormView1.FindControl("stdBgqqTextBox")).Text;
    string stdXh = Session["stdXh"].ToString();
    string sql = "update stdInfo set stdBgqq=@bgqq where stdXh=@stdXh";
    SqlParameter[] param = {
        new SqlParameter("@bgqq", SqlDbType.Text),
        new SqlParameter("@stdXh", SqlDbType.Char)
    };
    param[0].Value = bgqq;
    param[1].Value = stdXh;
    //执行 SQL 语句，修改数据库
    sqlHelp.ExecuteNonQuery(sqlHelp.ConnectionStringLocalTransaction,
      CommandType.Text, sql, param);
    //重新加载本页面，刷新数据
    Response.Redirect("ModifyInfo.aspx?stdXh=" + stdXh);
}
```

提示

使用 FormView 控件可以自定义不同操作的页面。

(23) 在页面最下方插入一个表格，放入 3 个文本框和 1 个 LinkButton 控件，用于开发密码修改页面，如图 12-90 所示。其中 3 个文本框控件的 ID 属性分别设置为 txtOldPassword、txtNewPassword、txtComfigPassword。

(24) 在属性面板中修改后两个密码输入文本框的 TextMode 属性值为"Password"，如图 12-91 所示。

图 12-90 修改密码界面设计

图 12-91 更改密码输入框样式

(25) 从工具箱插入三个 RequiredFieldValidator(见图 12-92)控件和一个 CompareValidator 控件，用于实现登录验证。其中三个 RequiredFieldValidator 控件的 ControlToValidate 属性分别设置为三个文本框控件的 ID(见图 12-93)，ErrorMessage 属性设置为"*"。

而 CompareValidator 控件的 ControlToCompare 属性设置为新密码文本框的 ID，ControlToValidate 属性值设置为确认密码文本框的 ID。再在页面下放插入一个 LinkButton 并将 Text 属性值设置为"修改密码"，修改密码界面设计完成，如图 12-94 所示。

图 12-92 添加输入验证控件

图 12-93 设置验证对象控件

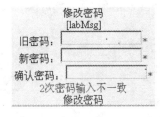

图 12-94 修改密码界面设计

(26) 双击"修改密码"按钮，进入代码视图，输入如下代码，完成修改密码操作：

```
//在代码部分的最上面添加两个 using 语句,
//导入页面代码所需要的数据库 ADO.NET 类的命名空间
using System.Data.Sql;
using System.Data.SqlClient;
//修改密码按钮处理事件
protected void LinkButton1_Click(object sender, EventArgs e)
{
    //获得输入的新旧密码与登录时保存的用户名
    string oldPassword = txtOldPassword.Text.Replace("'", "");
    string newPassword = txtNewPassword.Text.Replace("'", "");
    string stdXh = Session["stdXh"].ToString();
    //查询数据库, 验证旧密码是否正确
    string sql =
      "select count(*) from stdInfo where stdXh=@stdXh and stdMm=@stdMm";
    SqlParameter[] param = {
        new SqlParameter("@stdXh", SqlDbType.Char),
        new SqlParameter("@stdMm", SqlDbType.VarChar)
    };
    param[0].Value = stdXh;
    param[1].Value = oldPassword;
    int usercount = ((int)(sqlHelp.ExecuteScalar(sqlHelp
      .ConnectionStringLocalTransaction, CommandType.Text, sql, param)));
    if (usercount <= 0) //如果查询不出记录, 表示旧密码错误
    {
        labMsg.Text = "旧密码错误";
    }
    else
    {
        //执行数据库操作修改密码
        string updatesql =
          "update stdInfo set stdMm=@stdMm where stdXh=@stdXh";
        SqlParameter[] updateParam = {
            new SqlParameter("@stdMm", SqlDbType.VarChar),
            new SqlParameter("@stdXh", SqlDbType.Char)
        };
        updateParam[0].Value = newPassword;
        updateParam[1].Value = stdXh;
        if (sqlHelp.ExecuteNonQuery(sqlHelp
          .ConnectionStringLocalTransaction, CommandType.Text, updatesql,
          updateParam) > 0)
        {
            labMsg.Text = "修改成功";
        }
        else
        {
            labMsg.Text = "操作错误";
        }
    }
}
```

(27) 打开 showSource.aspx 页面，在显示用户名的标签控件后面插入一个 HyperLink 控件，如图 12-95 所示。

图 12-95 超链接控件

(28) 修改 HyperLink 控件的 NavigateUrl 属性值为 "~/ModifyInfo.aspx"、Text 属性值为 "修改个人信息"，如图 12-96 所示。至此，修改个人信息页面全部开发完成，运行效果如图 12-97 所示。

图 12-96 设置连接控件属性   图 12-97 学生信息修改页面的效果

12.10 后台代码实现

后台代码实现的功能为——教师或管理员登录以后可以添加、修改学生信息，进行学生信息变更请求审核以及添加学生成绩信息。后台包含 8 个页面，全部放在 admin 目录下。

- login.aspx：后台登录页面。
- menu.htm：后台目录页面。
- Default.aspx：后台首页。
- addStdInfo.aspx：添加学生信息。
- manageStdInfo.aspx：管理学生信息。
- ModifyStdInfo.aspx：修改学生信息。
- achievement.aspx：添加考试成绩。
- modifyAdminPassword.aspx：修改管理员密码。

下面分别介绍各个页面的实现过程。

12.10.1 管理员登录

系统管理员或者教师只有在输入管理密码后才能登录后台系统完成各种管理操作。由于本系统权限控制功能比较简单,考虑到系统开发的简单性,本例没有采用 ASP.NET 内置的权限管理功能,而是直接编写权限控制部分的实现逻辑。下面介绍管理员登录页面的开发过程。

(1) 在项目中新建一个文件夹,如图 12-98 所示。设置新文件夹的名称为"admin",后面与后台相关的页面均放入本文件夹,如图 12-99 所示。

图 12-98 为项目添加新文件夹

(2) 在 admin 目录下新建一个"login.aspx"文件,打开这个文件,在页面上放置一个 Login 控件,设置 Login 控件的自动套用格式,完成登录界面的设计,如图 12-100 所示。

(3) 选中登录控件,在"属性"面板中将登录控件的 TitleText 属性设置为"管理员登录",如图 12-101 所示。将 DestinationPageUrl 设置为"Default.aspx",

图 12-99 新文件夹名称为 admin

这是登录成功以后显示的后台首页,后面会介绍该页面的开发,如图 12-102 所示。

(4) 将属性面板切换到"事件"选项卡,在 Authenticate 事件后面的文本框上双击,重载该方法,如图 12-103 所示。

(5) 在代码视图顶部的 using 部分加入下面两行代码,引入 ADO.NET 名字空间:

```
using System.Data.Sql;
using System.Data.SqlClient;
```

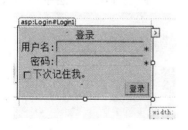

图 12-100 后台登录页面设计

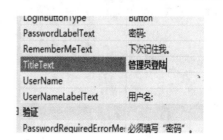

图 12-101 设置登录控件属性

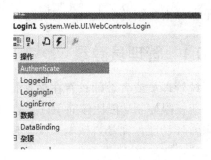

图 12-102　设置登录成功跳转页面　　　　图 12-103　重载登录验证事件

（6）在登录控件的 Authenticate 事件代码中输入如下代码，完成登录验证工作：

```csharp
protected void Login1_Authenticate(object sender, AuthenticateEventArgs e)
{
    //获得登录控件的各个属性值
    string adminuser = Login1.UserName;
    string adminpass = Login1.Password;
    //生成 SQL 语句和参数对象
    string sql = "select count(*) from administrator "
      + "where adminuser=@adminuser and adminpass=@adminpass";
    SqlParameter[] param = {
        new SqlParameter("@adminuser", SqlDbType.Char),
        new SqlParameter("@adminpass", SqlDbType.VarChar)
    };
    param[0].Value = adminuser;
    param[1].Value = adminpass;
    //执行 SQL 语句
    int usercount = ((int)(sqlHelp.ExecuteScalar(sqlHelp
      .ConnectionStringLocalTransaction, CommandType.Text, sql, param)));
    //判断登录成功
    if (usercount > 0)
    {
        e.Authenticated = true;
        Session["adminuser"] = adminuser;
    }
    else
        e.Authenticated = false;
}
```

（7）在后面的开发中，后台除登录页面的所有页面的 Page_Load 方法中均加入如下代码，实现登录验证：

```csharp
protected void Page_Load(object sender, EventArgs e)
{
    //判断用户是否登录
    if (Session["adminuser"] == null
      || Session["adminuser"].ToString().Length == 0)
        Response.Redirect("login.aspx");
}
```

软件开发新课堂

> 使用自定义的程序处理用户登录时，在每个需要控制权限的页面中，都需要添加权限判断代码。

后台登录页面开发完成，运行效果如图 12-104 所示。

图 12-104　登录页面的效果

12.10.2　学生信息的添加

在录入学生成绩之前，必须先将学生基本信息及登录信息添加到学生信息库，这样学生才能查询录入的成绩信息。下面介绍添加学生页面的实现过程。

(1) 在 admin 目录下新建一个"addStdInfo.aspx"文件，并打开该文件。

(2) 从工具箱中放置一个 FormView 控件到页面中，用于进行信息添加页面的开发，如图 12-105 所示。

(3) 插入 FormView 控件后会自动弹出任务面板，如图 12-106 所示。单击任务面板中的"编辑模板"链接，进入模板编辑状态，如图 12-107 所示。

图 12-105　FormView 控件

(4) 进入模板编辑状态后，在任务面板中单击"显示"列表，选择"InsertItemTemplate"切换到插入模板编辑状态，如图 12-108 所示。

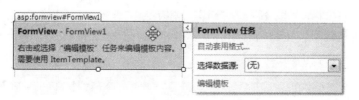

图 12-106　FormView 控件任务面板

图 12-107　FormView 模板编辑状态

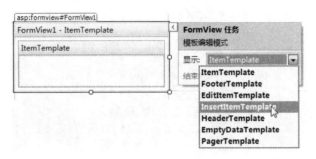

图 12-108　设置插入模板

(5)　从工具箱中拖放一些 TextBox 控件到 InsertItemTemplate 模板中。在每个 TextBox 控件前面输入该字段对应的中文名称作为提示信息，如图 12-109 所示。将文本框控件的名称设置为"txt+首字母大写的字段名称"。例如学号文本框名称为"txtStdXh"，如图 12-110 所示。

图 12-109　编辑模板控件布局

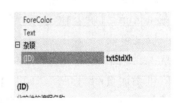

图 12-110　设置文本框控件 ID

(6)　将两个密码输入框的 TextMode 属性设置为"Password"，如图 12-111 所示。

(7)　按照先前其他页面开发中使用的添加验证控件的方法，为前面 5 个文本框控件添加必填验证控件。在确认密码文本框后面插入一个 CompareValidator 控件，设置方法和前台修改密码页面的设置方法一样，如图 12-112 所示。

(8)　进入代码视图，在输入日期的文本框控件后面加入正则表达式验证控件，验证用户输入的日期格式是否正确：

```
<asp:RegularExpressionValidator ID="RegularExpressionValidator2"
  runat="server" ControlToValidate="txtStdRxsj" ErrorMessage="日期格式不对"
  ValidationExpression="\d{4}-\d{2}\d{2}">
</asp:RegularExpressionValidator>
```

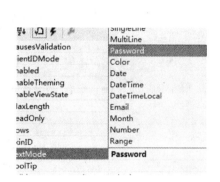

图 12-111　设置密码控件的文本模式　　　　图 12-112　密码验证控件的设置

(9)　结束模板编辑状态，修改 FormView 控件的 DefaultMode 属性为"Insert"，让控件默认显示插入视图，如图 12-113 所示。添加页面设计完成，如图 12-114 所示。

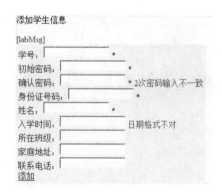

图 12-113　修改 FormView 控件的默认视图　　　　图 12-114　添加学生信息界面的设计

(10) 进入 FormView 控件模板编辑状态，双击"添加"按钮，在打开的代码视图中输入如下代码完成添加学生信息页面的开发：

```
protected void btnAdd_Click(object sender, EventArgs e)
{
    //获得 FormView 控件中各个属性控件的值
    string StdXh = ((TextBox)FormView1.FindControl("txtStdXh")).Text;
    string StdMm = ((TextBox)FormView1.FindControl("txtStdMm")).Text;
    string StdSfzhm = ((TextBox)FormView1.FindControl("txtStdSfzhm")).Text;
    string StdXm = ((TextBox)FormView1.FindControl("txtStdXm")).Text;
    string StdRxsj = ((TextBox)FormView1.FindControl("txtStdRxsj")).Text;
```

```
string StdSzbj = ((TextBox)FormView1.FindControl("txtStdSzbj")).Text;
string StdLxdh = ((TextBox)FormView1.FindControl("txtStdLxdh")).Text;
string StdJtdz = ((TextBox)FormView1.FindControl("txtStdJtdz")).Text;
if (StdXh.Length != 20)  //验证学号是否符合格式
{
    labMsg.Text = "学号必须为20位数字字符串！";
}
else
{
    //查询学号是否存在
    string sql = "select count(*) from stdInfo where stdXh=@stdXh";
    SqlParameter[] param = new SqlParameter[] {
        new SqlParameter("@stdXh", SqlDbType.Char)
    };
    param[0].Value = StdXh;
    int usercount = ((int)(sqlHelp.ExecuteScalar(sqlHelp
      .ConnectionStringLocalTransaction,
      CommandType.Text, sql, param)));
    if (usercount == 0)
    {
        //添加学生记录
        string insertsql = "insert into stdInfo(stdXh, stdMm, stdSfzhm,
          stdXm, stdRxsj, stdSzbj, stdSfby, stdJtdz, stdLxdh)";
        insertsql += " values(@stdXh,@stdMm,@stdSfzhm,@stdXm,@stdRxsj,
          @stdSzbj,0,@stdJtdz,@stdLxdh)";
        SqlParameter[] insertParam = new SqlParameter[] {
            new SqlParameter("@stdXh", SqlDbType.Char),
            new SqlParameter("@stdMm", SqlDbType.Char),
            new SqlParameter("@stdSfzhm", SqlDbType.Char),
            new SqlParameter("@stdXm", SqlDbType.Char),
            new SqlParameter("@stdRxsj", SqlDbType.DateTime),
            new SqlParameter("@stdSzbj", SqlDbType.Char),
            new SqlParameter("@stdJtdz", SqlDbType.Char),
            new SqlParameter("@stdLxdh", SqlDbType.Char)
        };
        insertParam[0].Value = StdXh;
        insertParam[1].Value = StdMm;
        insertParam[2].Value = StdSfzhm;
        insertParam[3].Value = StdXm;
        insertParam[4].Value = StdRxsj;
        insertParam[5].Value = StdSzbj;
        insertParam[6].Value = StdJtdz;
        insertParam[7].Value = StdLxdh;
        //执行添加语句
        if (sqlHelp.ExecuteNonQuery(sqlHelp
          .ConnectionStringLocalTransaction, CommandType.Text,
          insertsql, insertParam) > 0)
        {
            labMsg.Text = "添加成功";
        }
        else
```

```
            {
                labMsg.Text = "操作错误";
            }
        }
        else
        {
            labMsg.Text = "学号已经存在";
        }
    }
}
```

运行效果如图 12-115 所示。

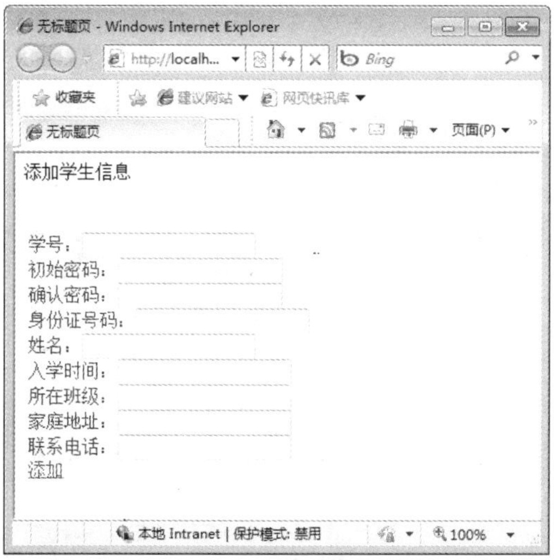

图 12-115　"添加学生信息"运行界面

12.10.3　学生信息维护

对于添加后的学生信息，可能因为学生已经毕业需要删除学生信息，或者学生提交了变更请求修改一些信息，所以需要维护。本页面实现列出所有学生信息，管理员可以删除学生信息和打开修改学生信息页面。下面介绍学生信息维护页面的开发过程。

(1)　在 admin 目录中添加文件"manageStdInfo.aspx"。打开页面，添加一个数据源控件，配置 Select 语句为从 stdInfo 表中读取除密码以外的所有字段，如图 12-116 所示。在高级选项中选中生成删除语句，如图 12-117 所示。

(2)　插入一个 GridView 控件到页面中，如图 12-118 所示。设置数据源为上一步配置好的数据源控件，并启用删除功能，如图 12-119 所示。

(3)　打开 GridView 控件的列编辑窗口，将各个字段的标题修改为中文。默认情况下逻辑型数据会自动生成可选复选框控件，需要将"是否毕业"字段的 ReadOnly 属性设置为"True"以禁止修改复选框内容，如图 12-120 所示。再为控件设置自动套用格式，设置完成后的界面如图 12-121 所示。

295

图 12-116　学生列表数据源控件查询语句设置

图 12-117　生成删除语句

图 12-118　插入 GridView 控件

图 12-119　设置控件数据源完成

图 12-120　"是否毕业"复选框设置为只读

图 12-121　设置自动套用格式完成后的页面

提示

添加只读复选框是在.NET 中显示布尔类型数据的常用方式之一。

(4) 切换到.aspx 文件源代码视图，找到如下代码段：

```
<asp:CommandField ShowDeleteButton="True" />
```

在这行代码下面加入下面这段代码，完成修改链接的添加，修改页面会在后面开发：

```
<asp:HyperLinkField DataNavigateUrlFields="stdXh"
 DataNavigateUrlFormatString="ModifyStdInfo.aspx?stdXh={0}"
 HeaderText="修改" Text="修改" />
```

将入学时间代码段修改成如下代码，粗体表示为需要添加的代码，用以完成日期格式化操作：

```
<asp:BoundField DataField="stdRxsj" HeaderText="入学时间"
 SortExpression="stdRxsj" DataFormatString="{0:yyyy-MM-dd}" />
```

学生信息维护页面开发完成，运行效果如图 12-122 所示。

图 12-122　学生信息维护页面

12.10.4　审核学生资料变更请求及学生信息修改

学生提交变更请求以后，教师在本页面查看请求内容，可以根据实际情况修改学员信息。下面介绍本页面的开发过程。

(1)　在 admin 目录中添加一个页面，并在页面中添加一个 SQL 数据源控件，如图 12-123 所示。启动配置向导。在"配置 Select 语句"对话框之前的步骤和前面一样。

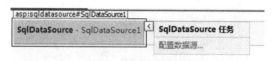

图 12-123　修改学生信息页面

(2)　在"配置 Select 语句"界面，选择从学员信息表中读取除密码以外的所有字段，如图 12-124 所示。单击 WHERE 按钮，配置查询条件为学号等于 URL 参数中的"stdXh"字段，单击"确认"按钮完成查询条件的配置，如图 12-125 所示。

图 12-124　数据源控件设置

图 12-125　查询条件配置

(3) 回到"配置 Select 语句"对话框。单击"高级"按钮，弹出"高级 SQL 生成选项"对话框，选中"生成 INSERT、UPDATE 和 DELETE 语句"复选框，单击"确定"按钮，如图 12-126 所示。完成以后一直单击"下一步"按钮。在最后一步单击"完成"按钮，完成数据源配置。

(4) 从工具箱中拖放一个 FormView 控件到页面上，如图 12-127 所示。设置控件数据源为上一步创建的数据源，如图 12-128 所示。

图 12-126　生成数据操作命令

图 12-127　FormView 控件

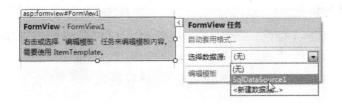

图 12-128　选择数据源

(5) 选中 FormView1 控件，在属性面板中将控件的默认显示视图设置为编辑视图，如图 12-129 所示。

(6) 打开 FormView1 控件的属性面板，如图 12-130 所示。单击"编辑模板"链接，进

入模板编辑状态。

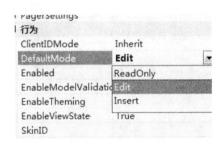

图 12-129　修改默认视图

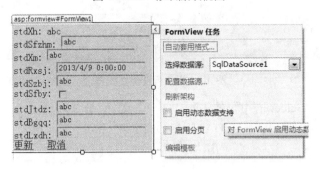

图 12-130　FormView 任务面板

(7)　切换当前编辑模板为编辑模板,如图 12-131 所示。将各个文本框前面的英文名称改为中文,去掉密码输入框,完成模板编辑,如图 12-132 所示。

图 12-131　切换模板视图

图 12-132　设置完成的控件

(8)　选中 FormView1 控件,将属性面板切换至"事件"面板,双击 ItemUpdated 事件,如图 12-133 所示。系统会重载该方法,并转入代码视图,定位到该方所在的代码段。

(9)　在 ItemUpdated 方法中加入如下代码段,这样修改数据完成后系统会转入学生信息管理页面:

```
//修改数据执行成功以后执行本方法
protected void FormView1_ItemUpdated(object sender,
    FormViewUpdatedEventArgs e)
{
    Response.Redirect("manageStdInfo.aspx"); //转入学生管理页面
}
```

(10) 打开学生信息管理界面，进行 GridView1 控件列编辑。添加一个 "HyperLinkField"列，如图 12-134 所示。并设置列链接到相关的信息页面，如图 12-135 所示。修改学生信息页面开发完毕，运行效果如图 12-136 所示。

图 12-133　增加事件

图 12-134　添加链接域

图 12-135　设置链接

图 12-136　修改学生信息页面

12.10.5　学生成绩信息的查看和添加

每次考试、测试结束以后，教师可以进入本页面输入学生成绩，供学生前台查询。下面介绍成绩查询页面的开发过程。

(1) 在 admin 目录中添加一个页面 "achievement.aspx"，界面设计如图 12-137 所示。其中下拉框的名称为 ddlXtdXh。4 个文本框的名称为 txtAeKcmc、txtAeKssj、txtAeKscs、txtAeKscj。

(2) 选中下拉框控件，打开任务面板，单击 "选择数据源"链接，如图 12-138 所示。

(3) 弹出 "选择数据源"对话框，如图 12-139 所示。在 "选择数据源"下拉框中选择"<新建数据源...>"选项，如图 12-140 所示。

(4) 弹出数据源设置对话框，选择 "数据库"图标，单击 "确定"按钮，如图 12-141所示。

图 12-137　成绩修改页面设计

图 12-138　下拉列表框任务面板

图 12-139　"选择数据源"对话框

图 12-140　新建数据源

图 12-141　选择数据源类型

（5）在数据源控件配置向导的"配置 Select 语句"对话框中，选择读取所有的学号和姓名信息，如图 12-142 所示。

图 12-142　设置数据源查询语句

（6）完成数据源配置后，回到数据源配置对话框，选择在下拉框中显示的字段为学生姓名，提供选择值的字段为学号。单击"确定"按钮，如图 12-143 所示。

图 12-143　设置下拉框数据源

（7）双击"添加学员"按钮，输入以下代码实现成绩信息的添加：

```
//添加学生成绩信息
protected void btnAdd_Click(object sender, EventArgs e)
{
    //获得各个输入控件的值保存在变量中
    string stdXh = ddlXtdXh.SelectedValue;
    string aeKcmc = txtAeKcmc.Text;
    string aeKssj = txtAeKssj.Text;
```

```
string aeKscs = txtAeKscs.Text;
string aeKscj = txtAeKscj.Text;
//查询输入学号指定课程、指定参数的考试成绩是否已经录入
string sql = "select count(*) from achievement "
  + "where stdXh=@stdXh and aeKcmc=@aeKcmc and aeKscs=@aeKscs";
SqlParameter[] param = new SqlParameter[]{
    new SqlParameter("@stdXh", SqlDbType.Char),
    new SqlParameter("@aeKcmc", SqlDbType.Char),
    new SqlParameter("@aeKscs", SqlDbType.Int)
};
param[0].Value = stdXh;
param[1].Value = aeKcmc;
param[2].Value = aeKscs;
int aetcount = ((int)(sqlHelp.ExecuteScalar(sqlHelp
  .ConnectionStringLocalTransaction,
  CommandType.Text, sql, param)));
if (aetcount <= 0) //插入成绩
{
    string insertSql = "insert into achievement(stdXh, aeKcmc, aeKssj,
      aeKscs, aeKscj) values(@stdXh, @aeKcmc, @aeKssj,
      @aeKscs, @aeKscj)"; //成绩添加语句
    //准备插入参数
    SqlParameter[] insertParam = new SqlParameter[] {
        new SqlParameter("@stdXh", SqlDbType.Char),
        new SqlParameter("@aeKcmc", SqlDbType.Char),
        new SqlParameter("@aeKssj", SqlDbType.DateTime),
        new SqlParameter("@aeKscs", SqlDbType.Int),
        new SqlParameter("@aeKscj", SqlDbType.Float)
    };
    insertParam[0].Value = stdXh;
    insertParam[1].Value = aeKcmc;
    insertParam[2].Value = aeKssj;
    insertParam[3].Value = aeKscs;
    insertParam[4].Value = aeKscj;
    if (sqlHelp.ExecuteNonQuery(sqlHelp
      .ConnectionStringLocalTransaction, CommandType.Text,
      insertSql, insertParam) > 0) //执行插入语句
    {
        labMessage.Text = "添加成绩成功";
    }
    else
    {
        labMessage.Text = "操作错误";
    }
}
else
{
    labMessage.Text = "学号为【" + stdXh + "】学生 【" + aeKcmc
      + "】课程 第" + aeKscs + "次考试成绩已经录入！";
}
}
```

运行效果如图 12-144 所示。

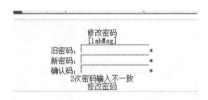

图 12-144 添加成绩运行界面

12.10.6 管理员密码修改

本页面实现修改管理员密码的功能，由于没有使用内置的权限管理功能，这里就需自己实现密码修改页面。页面控件和学生页面的修改密码部分完全一样，可参考前面的介绍设计本页面。页面效果如图 12-145 所示。

```
                修改密码
                [labMsg]
旧密码：   [_____]   *
新密码：   [_____]   *
确认码：   [_____]   *
              2次密码输入不一致
                修改密码
```

图 12-145 密码修改页面的设计视图

双击"修改密码"链接按钮，编写如下代码，完成修改密码页面的开发：

```csharp
protected void LinkButton1_Click(object sender, EventArgs e)
{
    //获得输入的新旧密码，及登录时保存的用户名
    string adminuser = (string)Session["adminuser"];
    string oldPassword = txtOldPassword.Text.Replace("'", "");
    string newPassword = txtNewPassword.Text.Replace("'", "");
    //查询数据库，验证旧密码是否正确
    string sql = "select count(*) from administrator "
      + "where adminuser=@adminuser'and adminpass=@adminpass";
    SqlParameter[] param = new SqlParameter[] {
        new SqlParameter("@adminuser", SqlDbType.VarChar),
        new SqlParameter("@adminpass", SqlDbType.VarChar)
    };
    param[0].Value = adminuser;
    param[1].Value = oldPassword;
    int usercount = ((int)(sqlHelp.ExecuteScalar (sqlHelp
```

```
    .ConnectionStringLocalTransaction, CommandType.Text, sql, param)));
if (usercount <= 0)
{
    labMsg.Text = "旧密码错误";
}
else
{
    //执行数据库操作效果密码
    string updatesql = "update administrator set adminpass=@adminpass"
      + " where adminuser=@adminuser";
    SqlParameter[] updateParam = {
        new SqlParameter("@adminpass", SqlDbType.VarChar),
        new SqlParameter("@adminuser", SqlDbType.Char)
    };
    updateParam[0].Value = newPassword;
    updateParam[1].Value = adminuser;
    if (sqlHelp.ExecuteNonQuery(sqlHelp
      .ConnectionStringLocalTransaction, CommandType.Text, updatesql,
      updateParam) > 0)
    {
        labMsg.Text = "修改成功";
    }
    else
    {
        labMsg.Text = "操作错误";
    }
}
}
```

运行结果如图 12-146 所示。

图 12-146 "修改密码"运行界面

12.10.7 后台首页及目录页

管理员登录以后，系统会自动打开 admin 目录下的 Default.aspx 页面，这是后台管理的
首页，是一个 HTML 框架页面，左边显示 menu.aspx，里面包含所有后台页面的链接，单击

以后在 Default.aspx 的右边框架显示对应的页面，这两个页面都是 HTML 页面，下面给出代码。

在 admin 目录下建立一个 menu.aspx 页面，作为首页左边显示的目录页，在 menu.aspx 中添加如下 HTML 代码：

```html
<html>
    <head>
        <title>无标题页</title>
    </head>
    <body>
        <table style="width:100%;">
            <!--添加学生信息连接-->
            <tr>
                <td>
                    <div align="center">
                        <a href="addStdInfo.aspx" target="mainFrame">
                            学生信息添加
                        </a>
                    </div>
                </td>
            </tr>
            <!--管理学生信息连接-->
            <tr>
                <td>
                    <div align="center">
                        <a href="manageStdInfo.aspx" target="mainFrame">
                            学生信息管理
                        </a>
                    </div>
                </td>
            </tr>
            <!--管理学生信息连接-->
            <tr>
                <td>
                    <div align="center">
                        <a href="achievement.aspx" target="mainFrame">
                            成绩信息添加
                        </a>
                    </div>
                </td>
            </tr>
            <!--修改管理密码连接-->
            <tr>
                <td>
                    <div align="center">
                        <a href="modifyAdminPassword.aspx" target="mainFrame">
                            管理员密码修改
```

```
            </a>
          </div>
        </td>
      </tr>
    </table>
  </body>
</html>
```

在 admin 目录下新建一个 Default.aspx 作为后台首页，编写如下代码：

```
<%@ Page Language="C#" AutoEventWireup="true" CodeFile="Default.aspx.cs"
  Inherits="admin_Default" %>
<!DOCTYPE html PUBLIC "-//W3C//DTD XHTML 1.0 Transitional//EN"
  "http://www.w3.org/TR/xhtml1/DTD/xhtml1-transitional.dtd">
<html xmlns="http://www.w3.org/1999/xhtml">
  <head runat="server">
    <title>学生成绩查询后台系统</title>
  </head>
  <frameset cols="180,*" frameborder="no" border="0" framespacing="0">
    <frame src="menu.htm" name="leftFrame" scrolling="No"
      noresize="noresize" id="leftFrame" />
    <frame src="manageStdInfo.aspx" name="mainFrame" id="mainFrame" />
  </frameset>
  <noframes>
    <body>
        浏览器不支持框架页面！
    </body>
  </noframes>
</html>
```

双击页面，添加如下登录验证代码：

```
protected void Page_Load(object sender, EventArgs e)
{
    if (Session["adminuser"] == null
      || Session["adminuser"].ToString().Length == 0)
      Response.Redirect("login.aspx");
}
```

成绩查询系统全部开发完成。后台首页运行效果如图 12-147 所示。

图 12-147　后台管理首页面

12.11　程 序 部 署

到目前为止，已经完成了学生信息管理系统的全部程序开发工作，下一步就是将程序部署到服务器上，注意服务器上必须安装 Microsoft .NET Framework 4.5 及 SQL Server 2008 的任意一个版本，才能正确运行本程序，作者这里使用的环境为 Windows 7 + SQL Server 2008 Express + IIS7 + Microsoft .NET Framework 4.5，如读者的环境不同，可参照其他资料进行设置。

12.11.1　数据库的安装

在服务器上安装应用程序之前，首先需要将数据库安装到服务器的 SQL Server 数据库中，下面介绍如何在 SQL Server 2008 Express 中安装学生信息数据库。

(1)　将本书光盘代码拷入电脑，取消只读属性，在 App_Data 目录上单击鼠标右键，从弹出的快捷菜单中选择"属性"命令，如图 12-148 所示。

图 12-148　目录的右键快捷菜单

提示

数据库必须去掉只读属性才能正确访问。

(2)　在弹出的属性对话框中选择"安全"选项卡，如图 12-149 所示。在"安全"选项卡中单击"编辑"按钮，打开权限编辑对话框，如图 12-150 所示。

(3)　在权限编辑对话框中单击"添加"按钮，出现"选择用户或组"对话框，如图 12-151 所示。

(4)　在"选择用户或组"对话框中单击"高级"按钮，出现"选择用户或组"高级界面，如图 12-152 所示。

图 12-149 目录属性的"安全"选项卡

图 12-150 权限编辑对话框

图 12-151 "选择用户或组"对话框

图 12-152 "选择用户或组"高级界面

（5）在上一步的对话框中单击"立即查找"按钮，对话框内出现所有本地系统用户，如图 12-153 所示，这里使用的是 Windows 7 系统，选中 IISUSER 用户，单击"确定"按钮，如果使用 2003 或其他系统，可参见相关的教程进行设置。

图 12-153　出现所有本地系统用户

(6) 回到如图 12-154 所示的对话框，单击"确定"按钮。

(7) 属性窗口出现添加的用户，把 ASP.NET 用户设置为完全控制，如图 12-155 所示。

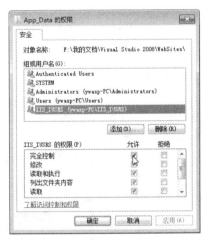

图 12-154　设置已添加用户　　　　图 12-155　设置 ASP.NET 用户权限

注意

　　如果是在服务器上使用标准版的 SQL Server 数据库，请建立数据库后修改 Web.config 中的下面这段代码：

```
<connectionStrings>
    <add name="stdInfoConnectionString" connectionString="DataSource=
    .\SQLEXPRESS; AttachDbFilename=|DataDirectory|\stdInfo.mdf;
    Integrated Security=True;
    User Instance=True" providerName="System.Data.SqlClient" />
</connectionStrings>
```

具体见前面的教程部分。

12.11.2　IIS 服务器的设置

正式的网站一定是部署在 Windows 服务器版的 IIS 上运行的，下面简单介绍如何在 IIS 上架设本程序，作者已经按照上一步设置好数据库环境。

(1) 启动 IIS。展开要建立目录的网站，因为作者使用的是 Windows 7 操作系统，这里会有一个"默认网站"，如图 12-156 所示。

图 12-156　IIS 启动界面

(2) 在"默认网站"上面单击鼠标右键，从弹出的快捷菜单中选择"添加虚拟目录"命令，如图 12-157 所示。

图 12-157　新建虚拟目录

(3) 弹出"添加虚拟目录"对话框，如图 12-158 所示。

(4) 在"虚拟目录别名"设置界面的"别名"文本框中输入需要的别名，例如这里输入"stdInfo"，在"物理路径"文本框中输入文件存放的路径，单击"确认"按钮完成网站配置，如图 12-159 所示。

(5) 出现配置"网站内容目录"的界面，单击"浏览"按钮，选择学生成绩查询系统的存放路径，单击"下一步"按钮，如图 12-160 所示。

(6) 出现学生相册管理系统的首页面，如图 12-161 所示。

图 12-158　虚拟目录创建向导

图 12-159　为成绩查询目录填写一个名称

图 12-160　浏览网站

图 12-161　成绩查询系统首页

12.12 总　　结

本例通过详细的步骤讲解，向读者介绍了使用 Microsoft Visual Studio 2012 以及 ASP.NET 4.5 开发应用程序的方法。使用 Microsoft Visual Studio 2012 开发基于数据库的应用程序的方便性已经接近传统数据库专用开发工具的水平，而且它同时支持 B/S 与 C/S 架构程序的开发，这是大部分工具所不及的。

本例也使用了用例图和数据库结构图进行数据库系统的设计，这是目前信息系统分析与设计中使用的两种主要建模方法，读者应结合其他资料仔细学习这两种方法及相关工具的使用。

另外，本例列出了 sqlHelp 数据库访问助手类，该类减轻了 ADO.NET 数据库编程的负担。另外，读者也可以下载一份该类的完整版本，来学习源代码，这对提高编程调用 ADO.NET 的能力很有帮助。

12.13 上 机 练 习

(1) 在成绩查询页面上方添加一个"年"下拉列表框和一个"月"下拉列表框，并在 Page_Load 事件中添加代码实现查询功能。

(2) 增加修改考试成绩页面，教师如果发现成绩输入有误，可以在该页面进行修改。

(3) 修改学生信息管理方式，让学生可以直接修改自己的所有信息。

第13章

网站相册系统

学前提示

本章通过一个简单的相册管理系统的开发过程，主要向读者介绍.NET实现文件操作的基本方法和数据库相关控件的使用方法，以更好地理解前面学习的基础知识。在每个网站应用程序中会涉及对文件的一些操作，例如向服务器上传文件、删除服务器上面的文件等。在以往的Web开发工具中，文件操作通常是以第三方插件、类库等形式出现，使用不便且为程序部署带来很多麻烦。在ASP.NET 4.5中内置了文件上传控件与文件操作类，简化了在网站中对文件系统的操作。本章通过ASP.NET新增的各种与文件操作相关的控件和类库，开发一个网站相册系统实例，帮助读者学习相关的内容。

知识要点

- ASP.NET文件上传控件的使用
- ASP.NET文件操作类的使用
- 直接使用ADO.NET类实现数据库操作
- 在ADO.NET中通过SqlParameter实现参数化查询

13.1　系 统 概 述

在以信息分享、用户参与为主题的 Web 2.0 时代，越来越多不同类型的传统网站已经升级为能够实现用户参与的 Web 2.0 类型的网站。

本章通过实现一个简单的网站相册系统，向读者介绍使用 Microsoft Visual Studio 2012 在 ASP.NET 4.5 平台下开发 Web 2.0 应用程序的关键技术。尤其是利用 Microsoft Visual Studio 2012 提供的功能强大的内置控件，能帮助开发人员更加简便地实现 Web 2.0 中强调的各种用户参与、用户上传内容的功能。

通过本章的学习，读者能够掌握如何用 ASP.NET 实现对文件系统的各种操作。

13.2　需 求 分 析

本例要开发一个简单的相册管理系统，实现网站相册系统的核心功能。

通过分析一般图片类网站与共享类网站所实现的功能，确定本系统需要实现下列功能。

- 匿名访客可以浏览网站的全部图片内容。
- 注册用户可以建立不同的相册。
- 注册用户可以上传照片到自己的相册并实现对相册的管理。
- 网站维护人员如发现有人上传非法内容，可以进行删除。

这些需求中的最后一点需要说明的是，删除功能有一个附加要求——实现级联删除。即删除相片数据的同时删除相片文件，删除相册后自动删除包含的相片以及删除用户后自动删除用户的所有相册、相片和文件，以防止数据库或文件系统出现大量无用信息，影响系统快速、稳定运行。

13.3　用　例　图

根据前面的需求分析，设计网站相册系统的用例图，如图 13-1 所示。

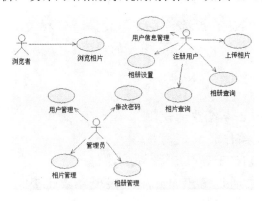

图 13-1　网站相册系统用例图

用例图能够帮助分析人员更好地与用户进行沟通。

13.4　系统总体设计

本例的主要目的是要让读者掌握如何运用 Microsoft Visual Studio 2012 开发 ASP.NET 应用程序，同时掌握 ASP.NET 中几种常用控件的使用方法。

ASP.NET 代码可以分为 3 层结构，如图 13-2 所示。其中 ASPX 页面完成数据显示、输入处理等表示层功能，ASP.NET 提供的各种控件可以简化表示层页面的开发工作。ASPX.CS 文件完成系统业务逻辑功能实现。ADO.NET 类库完成访问数据库操作。

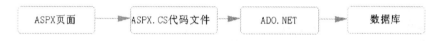

图 13-2　ASP.NET 的 3 层代码结构

本例的整体程序结构尽量使用 ASP.NET 内置控件进行开发，只有在少数部分为了便于实现，使用编写 ADO.NET 代码的方式来实现。并且为方便 ADO.NET 部分的开发，还加入了 SqlHelper 数据库访问助手类。

13.5　开　发　环　境

本系统采用如下环境开发。
- 操作系统：Windows 7。
- 开发工具：Microsoft Visual Studio 2012。
- UML 建模工具：Rational Rose。
- 数据库设计工具：PowerDesigner 12。
- 数据库环境：SQL Server LocalDB(Microsoft Visual Studio 2012 附带)。

13.6　数据库结构

对一个 Web 2.0 的网站来说，数据库设计的好坏至关重要。在系统概述中介绍过 Web 2.0 网站的特点是信息格式多样性和信息更新频繁，所以对数据库设计提出两个明显的需求。

(1) 简单。一个真正成功的网站需要接受数量巨大的并发访问量，如果按照以前数据库设计规范中的各种"范式"进行规范化设计，会对网站的性能有严重影响。同时网站需要具有快速适应变化的能力，这也要求网站具有简单而容易修改的数据库设计。

(2) 容易分割。对于希望开发成功的网站应用的设计者而言，肯定希望自己开发的网站拥有巨大的流量。但是随着流量的增加，数据库的负载也会加重，如何实现数据的分布

存储，就成为首要问题，如果在数据库设计时即考虑到存储分割问题，以后遇到该类问题时，维护工作量会大幅度地减低。

根据以上的原则和需求分析，本例数据库设计如图 13-3 所示。

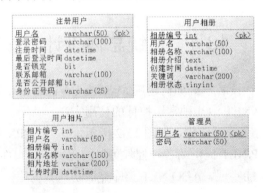

图 13-3　相册系统的数据库设计

在图 13-3 中，各个表及字段的英文名称如下。

- 注册用户(userinfo)：username、userpass、regTime、letLoginTime、isLock、eMail、isOpen、userPost。
- 用户相册(userPhotoSet)：psId、username、photoSetName、photoSetContent、createTime、photoSetKey、photoSetState。
- 用户相片(userPhotos)：photoId、username、psId、photoName、photoUrl、postTime。
- 管理员(adminuser)：adminname、adminpass。

13.7　开发环境搭建

创建项目的操作步骤如下。

(1) 启动 Microsoft Visual Studio 2012，界面如图 13-4 所示。

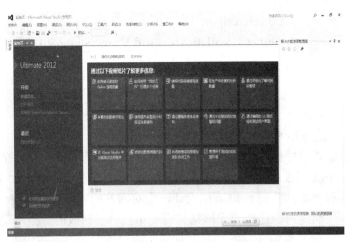

图 13-4　Microsoft Visual Studio 2012 的启动界面

（2）从菜单栏中选择"文件"→"新建网站"命令，弹出"新建网站"对话框，选择模板为"ASP.NET Web 窗体网站"，语言选择"Visual C#"，如图 13-5 所示，设置完保存路径后，单击"确定"按钮。

图 13-5　"新建网站"对话框

（3）在 Visual Studio 2012 工作区右边"解决方案资源管理器"窗口中的 App_Data 目录上单击鼠标右键，在弹出的快捷菜单中选择"添加新项"命令，如图 13-6 所示。

图 13-6　添加新项

（4）弹出"添加新项"对话框，在"模板"列表中选择"SQL Server 数据库"，在"名称"文本框中输入数据库文件名，并选择"Visual C#"，单击"确定"按钮，完成数据库的添加，如图 13-7 所示。添加完成后可以看到 App_Data 目录中已经列出了添加的数据库。

提示

本书所有实例均采用 C#语言开发。

（5）单击"解决方案管理器"下面的"服务器资源"选项卡，切换到服务器资源管理器。右击"数据连接"中的数据库名"photoData.mdf"，在弹出的快捷菜单中选择"刷新"命令，Microsoft Visual Studio 2012 自带的 LocalDB 就会连接数据库。窗口中列出所有 SQL Server LocalDB 数据库可以创建的对象类型，如图 13-8 所示。

（6）在"表"对象上单击鼠标右键，从弹出的快捷菜单中选择"添加新表"命令，如图 13-9 所示。现在工作区出现如图 13-10 所示的新建表界面，在上面输入对应的字段并保存即可。用同样的方法即可建立本例需要的表格。

图 13-7　添加数据库

图 13-8　服务器资源窗口

图 13-9　选择"添加新表"命令

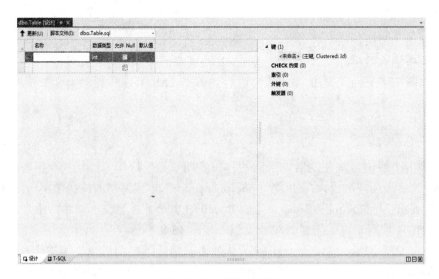

图 13-10　新建表界面

13.8　数据访问层的实现

本例的主要功能是采用 ASP.NET 控件实现的，但是对于登录、修改状态等操作，使用 ADO.NET 代码直接执行 SQL 语句更为方便，所以在本系统开发过程中，使用从 DAAB(Data Access Application Block)中提出的一个 sqlHelp 类，用以简化与数据库相关操作的实现。

由于原类比较复杂，而本例对数据库操作相对简单，很多方法并不会用到，所以对该类进行了适当简化。

DAAB 是微软 Enterprise Library 的一部分，该库包含大量开发大型企业级应用程序所需要使用的类库，读者以后要开发大型应用程序时，可以学习使用该开发库。

> 将数据库操作独立，是开发 Web 应用程序时应遵循的原则之一。

为项目添加公用数据库访问类的步骤如下。

(1)　在工程的根目录上单击鼠标右键，从弹出的快捷菜单中选择"添加"→"添加 ASP.NET 文件夹"→"App_Code"命令，添加代码目录，如图 13-11 所示。

图 13-11　添加代码目录

(2)　在上一步添加的 App_Code 目录上单击鼠标右键，从弹出的快捷菜单中选择"添加"→"添加新项"命令，如图 13-12 所示。

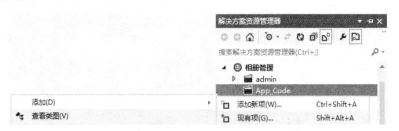

图 13-12　添加新项

(3)　在"添加新项"对话框的列表中选择"类"，语言选择"Visual C#"，然后在"文件名"文本框中输入"sqlHelper.cs"，单击"确定"按钮，如图 13-13 所示。

图 13-13　添加 SQL 助手类

(4)　在 sqlHelper.cs 文件中输入如下所示的代码，完成数据库访问助手类的开发：

```
using System.Data.Sql;
using System.Data.SqlClient;
/// <summary>
///数据库服务助手类
/// </summary>
public class sqlHelper
{
    //获取数据库连接字符串，属于静态变量且只读，项目中所有文档可直接使用，但不能修改
    //stdInfoConnectionString 为连接字符串的名称，在后面添加连接字符串后进行修改
    public static readonly string ConnectionStringLocalTransaction =
      ConfigurationManager.ConnectionStrings["stdInfoConnectionString"]
      .ConnectionString;
    /// <summary>
    ///执行一个不需要返回值的 SqlCommand 命令，通过指定专用的连接字符串。
    /// 使用参数数组形式提供参数列表
    /// </summary>
    /// <remarks>
    /// 使用示例：
    ///  int result =
    /// ExecuteNonQuery(connString, CommandType.StoredProcedure,
    /// "PublishOrders", new SqlParameter("@prodid", 24));
    /// </remarks>
    /// <param name="connectionString">一个有效的数据库连接字符串</param>
    /// <param name="commandType">SqlCommand 命令类型(存储过程，T-SQL 语句等)
    /// </param>
    /// <param name="commandText">存储过程的名字或者 T-SQL 语句</param>
    /// <param name="commandParameters">
    /// 以数组形式提供 SqlCommand 命令中用到的参数列表</param>
```

```
/// <returns>返回一个数值表示此 SqlCommand 命令执行后影响的行数</returns>
public static int ExecuteNonQuery(string connectionString,
  CommandType cmdType, string cmdText,
  params SqlParameter[] commandParameters)
{
    SqlCommand cmd = new SqlCommand();
    using (SqlConnection conn = new SqlConnection(connectionString))
    {
        //通过 PrePareCommand 方法将参数逐个加入到 SqlCommand 的参数集合中
        PrepareCommand(cmd, conn, null, cmdType, cmdText,
          commandParameters);
        int val = cmd.ExecuteNonQuery();
        //清空 SqlCommand 中的参数列表
        cmd.Parameters.Clear();
        return val;
    }
}
/// <summary>
/// 执行一条返回结果集的 SqlCommand 命令，通过专用的连接字符串。
/// 使用参数数组提供参数
/// </summary>
/// <remarks>
/// 使用示例:
///  SqlDataReader r = ExecuteReader(connString,
/// CommandType.StoredProcedure, "PublishOrders",
/// new SqlParameter("@prodid", 24));
/// </remarks>
/// <param name="connectionString">一个有效的数据库连接字符串</param>
/// <param name="commandType">SqlCommand 命令类型(存储过程，T-SQL 语句等)
/// </param>
/// <param name="commandText">存储过程的名字或者 T-SQL 语句</param>
/// <param name="commandParameters">
/// 以数组形式提供 SqlCommand 命令中用到的参数列表</param>
/// <returns>返回一个包含结果的 SqlDataReader</returns>
public static SqlDataReader ExecuteReader(string connectionString,
  CommandType cmdType, string cmdText,
  params SqlParameter[] commandParameters)
{
    SqlCommand cmd = new SqlCommand();
    SqlConnection conn = new SqlConnection(connectionString);
    // 在这里使用 try/catch 处理是因为如果方法出现异常，则 SqlDataReader 就不存在，
    // CommandBehavior.CloseConnection 的语句就不会执行，
    // 触发的异常由 catch 捕获。
    // 关闭数据库连接，并通过 throw 再次引发捕捉到的异常
    try
    {
        PrepareCommand(cmd, conn, null, cmdType, cmdText,
          commandParameters);
        SqlDataReader rdr = cmd.ExecuteReader(
          CommandBehavior.CloseConnection);
        cmd.Parameters.Clear();
```

软件开发新课堂

323

```
        return rdr;
    }
    catch
    {
        conn.Close();
        throw;
    }
}
/// <summary>
/// 执行一条返回第一条记录第一列的 SqlCommand 命令，通过专用的连接字符串。
/// 使用参数数组提供参数
/// </summary>
/// <remarks>
/// 使用示例：
///  Object obj = ExecuteScalar(connString, CommandType.StoredProcedure,
/// "PublishOrders", new SqlParameter("@prodid", 24));
/// </remarks>
/// <param name="connectionString">一个有效的数据库连接字符串</param>
/// <param name="commandType">SqlCommand 命令类型(存储过程，T-SQL 语句等)
/// </param>
/// <param name="commandText">存储过程的名字或者 T-SQL 语句</param>
/// <param name="commandParameters">
/// 以数组形式提供 SqlCommand 命令中用到的参数列表</param>
/// <returns>返回一个 object 类型的数据，可以通过 Convert.To{Type}方法转换类型
/// </returns>
public static object ExecuteScalar(string connectionString,
  CommandType cmdType, string cmdText,
  params SqlParameter[] commandParameters)
{
    SqlCommand cmd = new SqlCommand();
    using (SqlConnection connection =
      new SqlConnection(connectionString))
    {
        PrepareCommand(cmd, connection, null, cmdType, cmdText,
          commandParameters);
        object val = cmd.ExecuteScalar();
        cmd.Parameters.Clear();
        return val;
    }
}
/// <summary>
/// 为执行命令准备参数
/// </summary>
/// <param name="cmd">SqlCommand 命令</param>
/// <param name="conn">已经存在的数据库连接</param>
/// <param name="trans">数据库事务处理</param>
/// <param name="cmdType">SqlCommand 命令类型(存储过程，T-SQL 语句等)
/// </param>
/// <param name="cmdText">Command text, T-SQL 语句，
/// 例如 Select * from Products</param>
/// <param name="cmdParms">返回带参数的命令</param>
```

```
private static void PrepareCommand(SqlCommand cmd, SqlConnection conn,
  SqlTransaction trans, CommandType cmdType, string cmdText,
  SqlParameter[] cmdParms)
{
    //判断数据库连接状态
    if (conn.State != ConnectionState.Open)
        conn.Open();
    cmd.Connection = conn;
    cmd.CommandText = cmdText;
    //判断是否需要事务处理
    if (trans != null)
        cmd.Transaction = trans;
    cmd.CommandType = cmdType;
    if (cmdParms != null)
    {
        foreach (SqlParameter parm in cmdParms)
        cmd.Parameters.Add(parm);
    }
}
}
```

13.9 前台程序代码

相册系统前台要实现的功能为，访问者可以浏览其他注册用户上传到网站的公开相册和相片信息，注册后可以上传自己的相片到网站上面。

前台主要包括下面几个文件。

- Default.aspx：相册系统首页。
- userReg.aspx：用户注册页面。
- userMain.aspx：用户首页，包括用户信息管理和相册管理功能。
- addPhoto Set.aspx：添加相册。
- modifyPhotosInfo.aspx：修改相册信息。
- photoAdmin.aspx：相册相片管理及上传。

本系统所采用的模板自动生成了系列文件及文件夹，这些文件中包含用户登录及管理功能，为便于读者从头学习系统的建立，包括登录功能的实现，在15章将讲解自动生成用户管理页面的使用，在进行下面操作前应删除自动生成的文件中除 Web.config 及 App_Data 以外的文件及文件夹。

13.9.1 系统首页实现

首页实现的主要功能为，显示最新添加相册、最新上传相片和提供用户登录功能。下面介绍系统首页的实现步骤。

(1) 右键单击网站名，在弹出的快捷菜单中依次选择"添加"→"添加新项"，出现添加新项窗口，如图13-14所示。在窗口中选择"Web 窗体"，语言选择"Visual C#"，

软件开发新课堂

名称使用默认的 Default.aspx 文件，然后单击"添加"按钮，将在资源管理器中添加一个新的 Web 页面。

（2）双击 Default.aspx 文件，并单击左下角的"设计"选项卡，将页面切换到设计状态。在页面上插入一个隐藏线格式的表格，用于页面布局，表格形式如图 13-15 所示。

图 13-14　添加新 Web 窗体　　　　　　　　图 13-15　首页布局表格

提示

使用 Macromedia Dreamweaver 设好页面布局，再复制到 Microsoft Visual Studio 2012 中，可以简化页面设计过程。

（3）在上一步骤插入的表格中，向左上方单元格插入一个 Login 控件，如图 13-16 所示。该控件提供了登录功能所需控件的整体实现，控件外观如图 13-17 所示。

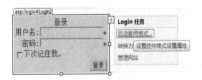

图 13-16　Login 控件　　　　　　　　　图 13-17　Login 控件外观

（4）从工具箱中拖入 3 个 DataList 控件到页面中，如图 13-18 所示。页面布局设置为如图 13-19 所示。

图 13-18　DataList 控件　　　　　　　　图 13-19　首页控件布局

（5）在工具箱中找到 SqlDataSource 数据源控件，如图 13-20 所示。在每一个 DataList 控件上方插入一个 SqlDataSource 数据源控件。

（6）打开第一个数据源控件的任务面板，单击"配置数据源"，如图 13-21 所示。

图 13-20　SqlDataSource 数据源控件　　　　图 13-21　数据源控件任务面板

（7）弹出"SqlDataSource 配置"向导对话框，"SqlDataSource 配置"向导会在"应用程序连接数据库应使用哪个数据连接"下拉列表框中自动列出 App_Data 目录下的数据文件。选择前面建立的数据库文件，单击"下一步"按钮，如图 13-22 所示。

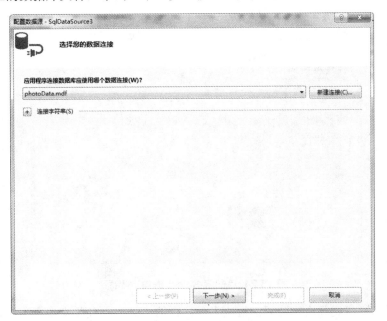

图 13-22　选择数据库文件

（8）由于这是第一次为项目配置数据源，所以系统会提示"是否保存数据链接字符串"。本例中会多次使用相同的数据库设置，在这里需要将连接字符串保存起来，方便以后使用。输入一个数据库链接字符串的名称，注意这里输入的数据库名称要与前面介绍的 SqlHelper 类使用的连接名称一致。然后单击"下一步"按钮，如图 13-23 所示。

图 13-23　保存链接字符串

(9) 进入"配置 Select 语句"界面,因为本例需要实现的查询语句相对复杂,无法使用开发环境提供的简单查询语句生成工具,这里选择"指定自定义 SQL 语句或存储过程"单选按钮,单击"下一步"按钮,如图 13-24 所示。

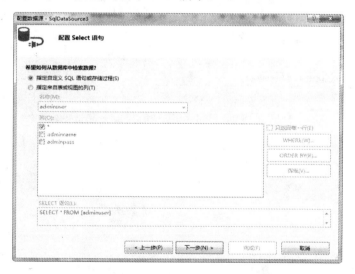

图 13-24　"配置 Select 语句"界面

(10) 在"定义自定义语句或存储过程"对话框的"SQL 语句"文本框中输入查询语句:"select top 10 * from userPhotoSet where photoSetState=0 order by createTime desc",单击"下一步"按钮,如图 13-25 所示。

(11) 在"测试查询"对话框中,单击"完成"按钮,完成数据源配置,如图 13-26 所示。

(12) 打开左下方的数据源配置界面,将 SQL 语句配置为"select top 10 * from userPhotos order by photoId desc",其他步骤选择为与上一个数据源一样的配置,如图 13-27 所示。

图 13-25 查询语句设置

图 13-26 测试查询

图 13-27 相片单击排行数据源配置

(13) 打开右边的数据源控件配置界面，将数据源设置为从相册表中读取数据，如图13-28所示；并设置排序规则为按编号降序排列，如图 13-29 所示。

图 13-28　相册列表数据源查询语句配置

图 13-29　相册列表数据源排序规则设置

注意

这里的排序功能是调用数据库中的对应方法实现的，比在显示控件中设置排序方式的效率高很多。

(14) 设置 3 个 DataList 控件的数据源为前面添加的对应数据源控件，如图 13-30 所示。

图 13-30　选择数据源

(15) 单击编辑窗口下方的"源"按钮，切换到源代码界面，如图 13-31 所示。

图 13-31　切换编辑状态

(16) 将显示最新创建相册的 DataList 控件的模板代码设置如下：

```
<!-- DataKeyField 属性设置为表的主键 -->
<asp:DataList ID="DataList1" runat="server" DataKeyField="psId"
  DataSourceID="SqlDataSource1">
    <!-- 表格头部模板 -->
    <HeaderTemplate>
        <table width="200" border="0">
    </HeaderTemplate>
    <!-- 表格内容显示模板 -->
    <ItemTemplate>
        <tr>
            <!-- 显示名称及创建时间 -->
            <td><%# Eval("photoSetName") %></td>
            <td>(<%# Eval("createTime") %>)</td>
        </tr>
    </ItemTemplate>
    <!-- 表格结束模板 -->
    <FooterTemplate>
        </table>
    </FooterTemplate>
</asp:DataList>
```

(17) 将显示最新上传相片的 DataList 控件的模板代码设置如下：

```
<!-- DataKeyField 属性设置为表的主键 -->
<asp:DataList ID="DataList2" runat="server" DataKeyField="photoId"
  DataSourceID="SqlDataSource2">
<!-- 表格头部模板 -->
<HeaderTemplate>
    <table width="200" border="0">
</HeaderTemplate>
<!-- 表格内容显示模板 -->
<ItemTemplate>
    <tr>
        <td>
        <div align="center">
        <img src="upphoto/<%# Eval("photoUrl") %>"
          width="160" height="160" alt="" />
        </div>
        </td>
    </tr>
    <tr>
        <td>
        <div align="center">
        <%# Eval("photoName") %>(<%# Eval("username") %>)
```

```
        </div>
        </td>
    </tr>
</ItemTemplate>
<!-- 表格结束模板 -->
<FooterTemplate>
    </table>
</FooterTemplate>
</asp:DataList>
```

(18) 将显示相册列表的 DataList 控件的模板代码设置如下：

```
<!-- DataKeyField 属性设置为表的主键 -->
<asp:DataList ID="DataList3" runat="server" DataKeyField="psId"
  DataSourceID="SqlDataSource3">
<!-- 表格头部模板 -->
<HeaderTemplate>
    <table width="500" border="0">
        <thead>
            <tr>
                <td><div align="center">相册名称</div></td>
                <td><div align="center">创建用户</div></td>
                <td><div align="center">创建时间</div></td>
                <td><div align="center">相册状态</div></td>
                <td><div align="center">关键词</div></td>
            </tr>
        </thead>
    <tbody>
</HeaderTemplate>
</HeaderTemplate>
<!-- 表格内容显示模板 -->
<ItemTemplate>
    <tr>
        <td><div align="center"><%# Eval("photoSetName") %></div></td>
        <td><div align="center"><%# Eval("username") %></div></td>
        <td><div align="center"><%# Eval("createTime") %></div></td>
        <td><div align="center"><%# Eval("photoSetState") %></div></td>
        <td><div align="center"><%# Eval("photoSetKey") %></div></td>
    </tr>
</ItemTemplate>
<!-- 表格结束模板 -->
<FooterTemplate>
    </tbody>
    </table>
</FooterTemplate>
</asp:DataList>
```

(19) 选中登录控件，打开属性面板，在面板中选中 DestinationPageUrl 属性，单击输入框后面的 按钮，如图 13-32 所示。

图 13-32　设置登录成功后跳转的页面

(20) 弹出"选择 URL"对话框，选择用户登录后访问的页面，单击"确定"按钮，如图 13-33 所示。如果现在读者只创建了登录系统一个页面，那么这一步可以放在下一节用户管理页面开发完成后设置，不影响本页面接下来的开发步骤。

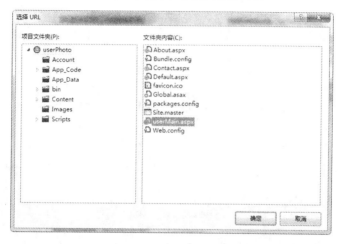

图 13-33　选择用户首页

(21) 在"属性"面板中单击"事件"选项卡，打开事件重载面板，在"Authenticate"事件上双击鼠标，重载登录验证事件，如图 13-34 所示。弹出代码编辑窗口，可以在这里添加程序，以实现登录验证功能，如图 13-35 所示。

(22) 在代码部分的最上面添加两个 using 语句，导入实现登录功能需要的数据库访问 ADO.NET 类的命名空间：

```
using System.Data.Sql;
using System.Data.SqlClient;
```

图 13-34　重载登录验证事件

图 13-35　登录页面代码视图

要在程序中使用 ADO.NET 访问数据库，必须添加上述两行代码。

(23) 在 Authenticate 方法中加入如下代码，完成登录验证：

```
protected void Login1_Authenticate(object sender, AuthenticateEventArgs e)
{
    //获得输入用户名与密码信息
    string username = Login1.UserName.Replace("'", "");
    string userpass = Login1.Password.Replace("'", "");
    //生成程序语句
    string sql = "select count(*) from userinfo where username=@username "
      + "and userpass=@userpass and isLock=0";
    SqlParameter[] param = {
        new SqlParameter("@username", SqlDbType.Char),
        new SqlParameter("@userpass", SqlDbType.VarChar)
    };
    param[0].Value = username;
    param[1].Value = userpass;
    //执行查询于语句, 得到查询结果
    int usercount = ((int)(sqlHelp.ExecuteScalar(sqlHelp
      .ConnectionStringLocalTransaction,
      CommandType.Text, sql, param)));
    if (usercount > 0)
    {
        //查询成功保存用户名
        e.Authenticated = true;
        Session["username"] = username;
        sql = "update userinfo set letLoginTime=getdate() "
          + "where username=@username";
        SqlParameter[] sqlParams = new SqlParameter[] {
```

```
        new SqlParameter("@username", SqlDbType.VarChar)
    };
    sqlParams[0].Value = username;
    sqlHelp.ExecuteNonQuery(sqlHelp.ConnectionStringLocalTransaction,
      CommandType.Text, sql, sqlParams);
    }
}
```

相册首页全部开发完成，运行效果如图 13-36 所示。

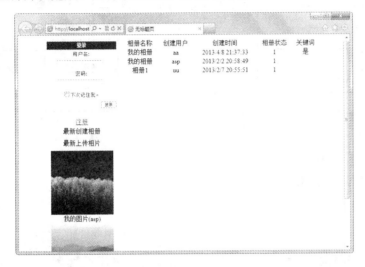

图 13-36　网站相册系统的首页界面

13.9.2　用户注册页面

用户必须首先在网站中注册，然后登录网站，才能创建相册和上传相片，本页面实现用户注册功能。下面介绍用户注册页面的开发过程。

(1)　在根目录下添加一个 "userReg.aspx" 文件。

(2)　在工具箱中找到 "标准" 工具区，如图 13-37 所示。从标准工具区中拖放一些文本框、复选框和按钮控件，设置好控件位置，完成注册界面的开发，如图 13-38 所示。

图 13-37　标准工具区

图 13-38　用户注册界面

各个控件名称的设置如表 13-1 所示。

表 13-1　注册界面控件的属性

控　件	类　型	ID
用户名	TextBox	txtUserName
密码	TextBox	txtUserPass
确认密码	TextBox	txtCheckPass
联系邮箱	TextBox	txtEMail
身份证号码	TextBox	txtPost
是否公开相册	CheckBox	cbIsOpen
注册	Button	Button1

（3）将两个密码输入框的文本模式设置为"Password"，如图 13-39 所示。

（4）在前面 4 个文本框后面分别插入一个 RequiredFieldValidator 控件，用于验证用户输入，如图 13-40 所示。

图 13-39　修改文本框模式　　　　　　　　图 13-40　必填输入验证控件

（5）设置各个验证控件的 ControlToValidate 属性值为对应的文本框控件名。并设置 ErrorMessage 属性值为"*"，如图 13-41 所示。

（6）在确认密码的必填验证控件后面插入一个比较验证控件，如图 13-42 所示。

图 13-41　修改验证控件属性值　　　　　　图 13-42　比较验证控件

(7) 设置比较验证控件的 ControlToCompare 属性为确认密码文本框 ID，然后设置 ControlToValidate 属性为输入密码文本框 ID，设置 ErrorMessage 属性值为"两次密码输入不一致"，如图 13-43 所示。

注册页面设计完成后，效果如图 13-44 所示。

图 13-43　密码比较验证控件的属性设置　　　　图 13-44　注册页面的布局

(8) 双击"注册"按钮，编写如下代码，完成用户注册功能：

```
protected void Button1_Click(object sender, EventArgs e)
{
    //查询用户名 SQL 语句及参数准备
    string sql = "select count(*) from userinfo where username=@username";
    SqlParameter[] sqlParams =
      new SqlParameter[] {
        new SqlParameter("@username", SqlDbType.VarChar)
      };
    sqlParams[0].Value = txtUserName.Text;
    if (((int)sqlHelp.ExecuteScalar(sqlHelp
      .ConnectionStringLocalTransaction,
      CommandType.Text, sql, sqlParams)) > 0)  //执行查询语句判断用户名是否存在
    {
        Response.Write("用户名已经存在！");
    }
    else
    {
        //插入用户语句
        sql = "insert into userinfo (username,userpass,regTime,"
          + "letLoginTime,isLock,eMail,isOpen,userPost) ";
        sql += "values(@username,@userpass,@regTime,@letLoginTime,"
          + "@isLock,@eMail,@isOpen,@userPost)";
        //插入用户操作参数准备
```

```
sqlParams = new SqlParameter[] {
    new SqlParameter("@username", SqlDbType.VarChar),
    new SqlParameter("@userpass", SqlDbType.VarChar),
    new SqlParameter("@regTime", SqlDbType.DateTime),
    new SqlParameter("@letLoginTime", SqlDbType.DateTime),
    new SqlParameter("@isLock", SqlDbType.Bit),
    new SqlParameter("@eMail", SqlDbType.VarChar),
    new SqlParameter("@isOpen", SqlDbType.Bit),
    new SqlParameter("@userPost", SqlDbType.VarChar)
};
//插入用户参数值设置
sqlParams[0].Value = txtUserName.Text;
sqlParams[1].Value = txtUserPass.Text;
sqlParams[2].Value = System.DateTime.Now;
sqlParams[3].Value = System.DateTime.Now;
sqlParams[4].Value = 0;
sqlParams[5].Value = txtEMail.Text;
sqlParams[6].Value = cbIsOpen.Checked;
sqlParams[7].Value = txtPost.Text;
//执行 SQL 语句, 添加用户
if (sqlHelp.ExecuteNonQuery(sqlHelp
  .ConnectionStringLocalTransaction,
  CommandType.Text, sql, sqlParams) > 0)
    Response.Write("注册成功");
else
    Response.Write("数据库操作失败");
}
}
```

(9) 打开首页,在登录控件下插入一个 HyperLink 控件,如图 13-45 所示。设置 NavigateUrl 属性为注册页面,Text 属性为"注册",如图 13-46 所示。注册页面开发完成后,效果如图 13-47 所示。

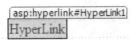

图 13-45 HyperLink 控件

图 13-46 HyperLink 控件属性设置

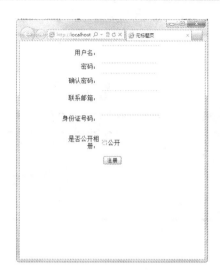

图 13-47　注册页面的效果

13.9.3　用户及相册管理页面

用户登录以后，转入用户及相册管理页面，可以在用户及相册管理页面中完成用户信息的修改和相册的管理操作。下面介绍本页面的开发过程。

(1)　在根目录中添加文件"userMain.aspx"，然后在页面插入布局表格，如图 13-48 所示。

图 13-48　用户管理页面的界面设置

(2)　在"修改密码"文字下方插入一个"ChangePassword"控件，如图 13-49 所示。ChangePassword 控件的样式为修改密码界面，如图 13-50 所示。

图 13-49　修改密码控件

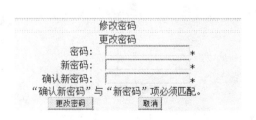

图 13-50　修改密码控件界面

(3)　在修改密码部分下面插入一个表格，用于实现用户信息修改功能，布局如图 13-51 所示，属性设置见表 13-2。

(4)　在布局表格下方插入一个 GridView 控件和一个 HyperLink 控件，如图 13-52 所示。

339

图 13-51 用户信息修改界面

表 13-2 修改用户信息界面的属性设置

控 件	类 型	ID	Text
联系邮箱	TextBox	txtEMail	
是否公开相册	CheckBox	cbIsOpen	公开
注册	Button	Button1	修改

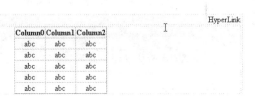

图 13-52 相册类别列表界面控件

(5) 打开 GridView 控件的任务面板，在"选择数据源"下拉列表框中选择"新建数据源"选项，如图 13-53 所示。

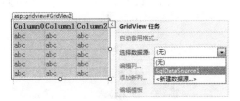

图 13-53 GridView 控件的任务面板

(6) 在"选择数据源类型"界面中选择"数据库"选项，单击"确定"按钮，如图 13-54 所示。

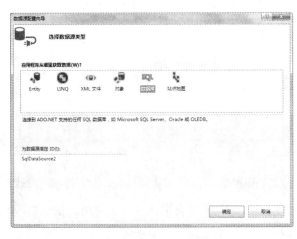

图 13-54 选择数据源类型

(7) 在"选择您的数据连接"界面中选择在前面步骤创建的数据库连接，单击"下一步"按钮，如图 13-55 所示。

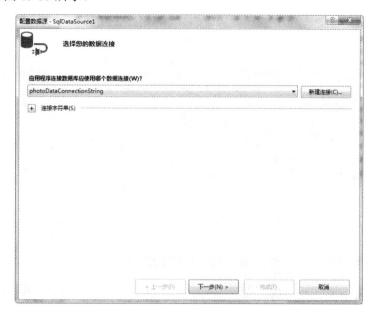

图 13-55　选择数据连接

(8) 在"配置 Select 语句"界面中，选择从"userPhotoSet"表中读取所有的数据，如图 13-56 所示，然后单击 WHERE 按钮。

图 13-56　查询语句配置

(9) 设置查询条件为用户名等于保存在 Session 中的用户名。单击"添加"按钮添加条件。然后单击"确定"按钮完成条件配置，如图 13-57 所示。

图 13-57　设置查询条件

(10) 在"配置 Select 语句"界面下方的"SELECT 语句"文本框中出现配置好的 SQL 语句，单击"下一步"按钮，如图 13-58 所示。

图 13-58　"配置 Select 语句"界面

(11) 向导转到"测试查询"界面，数据源配置完成，单击"确定"按钮完成数据源的配置，如图 13-59 所示。

(12) 完成数据库配置后，GridView 控件显示出数据源包含的所有列，在任务面板中单击"编辑列"选项，如图 13-60 所示。

(13) 在列编辑对话框中选中不需要的列，单击带红叉的按钮删除，如图 13-61 所示。只保留相册名称、创建日期、关键词、相册状态 4 列数据，如图 13-62 所示。

(14) 修改各列的 HeaderText 属性为对应的中文文字，如图 13-63 所示。修改完成后单击"确定"按钮完成数据列表配置，如图 13-64 所示。完成后的界面如图 13-65 所示。

图 13-59 "测试查询"界面

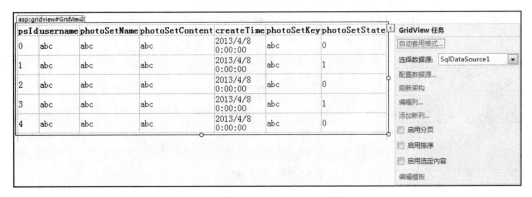

图 13-60 GridView 任务面板

图 13-61 删除不需要的列

图 13-62　保留的列

图 13-63　修改列标题

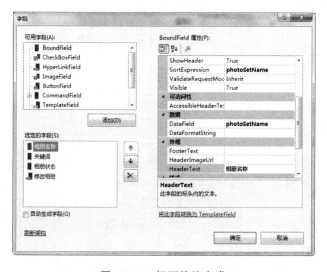

图 13-64　标题修改完成

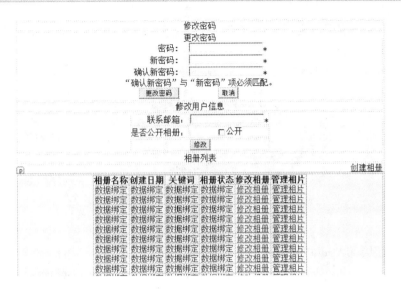

图 13-65　修改完成的用户管理首页

(15) 选中 GridView 控件，在属性面板重载 RowDataBound 方法，如图 13-66 所示。

图 13-66　重载方法面板

(16) 在 RowDataBound 方法中输入如下代码，将状态显示转换为中文：

```
protected void GridView1_RowDataBound(object sender,
 GridViewRowEventArgs e)
{
   if (e.Row.RowType == DataControlRowType.DataRow) //判断是否为数据列
   {
     //修改状态显示为中文
     if (e.Row.Cells[3].Text == "1")
        e.Row.Cells[3].Text = "正常";
     else
     {
        e.Row.Cells[3].Text = "锁定";
        //锁定状态不允许添加照片
        e.Row.Cells[4].Enabled = false;
        e.Row.Cells[5].Enabled = false;
     }
   }
}
```

(17) 选中"创建相册"连接，在属性面板选中 NavigateUrl 属性，单击旁边的 ▦ 按钮，如图 13-67 所示。

图 13-67　修改连接属性

(18) 选择连接到"addPhotoSet.aspx"页面，这是下面将要开发的添加相册页面，如果现在还没有创建，可以在该页面开发完成后再来添加链接，如图 13-68 所示。

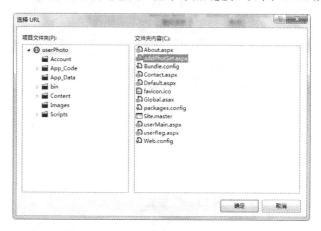

图 13-68　"选择 URL"对话框

(19) 在 Page_Load 方法中加入如下代码，实现用户不登录不能访问本页面功能：

```
if (Session["username"] == null)
    Response.Redirect("Default.aspx");
```

(20) 在属性面板中重载 ChangingPassword 事件，如图 13-69 所示。

图 13-69　重载事件

(21) 在 ChangingPassword 方法中输入如下代码，完成修改密码的功能：

```
protected void ChangePassword1_ChangingPassword(object sender,
  LoginCancelEventArgs e)
{
    e.Cancel = true;    //获得输入的新旧密码以及登录时保存的用户名
    string oldPassword = ChangePassword1.CurrentPassword;
    string newPassword = ChangePassword1.NewPassword;
    string username = Session["username"].ToString();
    //查询数据库，验证旧密码是否正确
    string sql = "select count(*) from userinfo where username=@username "
      + "and userpass=@userpass"; //查询语句准备
    //准备查询参数
    SqlParameter[] param = {
        new SqlParameter("@username", SqlDbType.Char),
        new SqlParameter("@userpass", SqlDbType.VarChar)
    };
    param[0].Value = username;
    param[1].Value = oldPassword;
    //执行查询语句，得到返回结果
    int usercount = ((int)(sqlHelp.ExecuteScalar(sqlHelp
      .ConnectionStringLocalTransaction, CommandType.Text, sql, param)));
    if (usercount <= 0)
    {
        Response.Write("旧密码错误");
    }
    else
    {
        //执行数据库操作效果密码
        string updatesql =
        "update userinfo set userpass=@userpass where username=@username";
        SqlParameter[] updateParam = {
            new SqlParameter("@userpass", SqlDbType.VarChar),
            new SqlParameter("@username", SqlDbType.Char)
        };
        updateParam[0].Value = newPassword;
        updateParam[1].Value = username;
        if (sqlHelp.ExecuteNonQuery(sqlHelp
          .ConnectionStringLocalTransaction, CommandType.Text, updatesql,
          updateParam) > 0)
        {
            Response.Write("修改成功");
        }
        else
        {
            Response.Write("操作错误");
        }
    }
}
```

(22) 双击信息"修改"按钮，输入如下代码，实现信息修改：

```
protected void Button1_Click(object sender, EventArgs e)
{
    //获得页面输入值
    string email = txtEMail.Text;
    bool isOpen = cbIsOpen.Checked;
    //获得登录时保存的用户名
    string username = Session["username"].ToString();
    //生成修改 SQL 语句及参数
    string sql = "update userinfo set eMail=@email,isOpen=@isopen "
      + "where username=@username";
    SqlParameter[] param = {
        new SqlParameter("@eMail", SqlDbType.VarChar),
        new SqlParameter("@isopen", SqlDbType.Bit),
        new SqlParameter("@username", SqlDbType.VarChar)
    };
    param[0].Value = email;
    param[1].Value = isOpen;
    param[2].Value = username;
    //执行修改语句，完成资料修改
    if (sqlHelp.ExecuteNonQuery(sqlHelp.ConnectionStringLocalTransaction,
      CommandType.Text, sql, param) > 0)
    {
        Response.Write("修改成功");
    }
    else
    {
        Response.Write("操作错误");
    }
}
```

用户及相册管理页面开发完成，如图 13-70 所示。

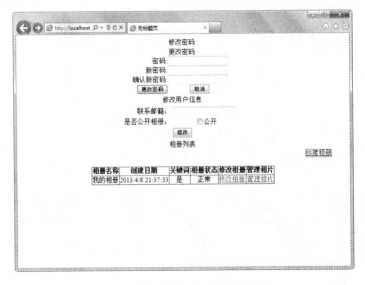

图 13-70 用户及相册管理页面

13.9.4　增加相册页面

本页面实现用户相册添加功能，开发过程较为简单。下面简单介绍实现过程。

（1）在根目录中添加文件"addPhotoSet.aspx"，并在页面中插入需要的文本框和按钮控件，页面布局如图13-71所示。各控件的属性设置如表13-3所示。

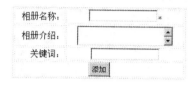

图 13-71　添加相册页面的布局

表 13-3　添加相册页面的控件属性设置

控件标题	控件名称
相册名称	txtPhotoSetName
相册介绍	txtPhotoSetContent
关键词	txtPhotoSetKey
添加	btnAddPhotos

（2）在 Page_Load 事件中输入如下代码，用于判断用户是否登录，没有登录不能访问本页面：

```
protected void Page_Load(object sender, EventArgs e)
{
    if (Session["username"] == null)
        Response.Redirect("Default.aspx");
}
```

（3）双击"添加"按钮，编写如下代码，完成相册添加功能：

```
protected void Button1_Click(object sender, EventArgs e)
{
    string username = (string)(Session["username"]); //得到登录用户名
    //设置插入语句
    string sql = "insert into userPhotoSet (username,photoSetName,"
      + "photoSetContent,createTime,photoSetKey,photoSetState) ";
    sql += "values(@username,@photoSetName,@photoSetContent,"
      + "@createTime,@photoSetKey,@photoSetState)";
    //创建插入语句参数
    SqlParameter[] sqlParams = new SqlParameter[] {
        new SqlParameter("@username", SqlDbType.VarChar),
        new SqlParameter("@photoSetName", SqlDbType.VarChar),
        new SqlParameter("@photoSetContent", SqlDbType.Text),
        new SqlParameter("@createTime", SqlDbType.DateTime),
        new SqlParameter("@photoSetKey", SqlDbType.VarChar),
        new SqlParameter("@photoSetState", SqlDbType.TinyInt)
```

```
};
//设置参数值
sqlParams[0].Value = username;
sqlParams[1].Value = txtPhotoSetName.Text;
sqlParams[2].Value = txtPhotoSetContent.Text;
sqlParams[3].Value = System.DateTime.Now;
sqlParams[4].Value = txtPhotoSetKey.Text;
sqlParams[5].Value = 1;
//执行插入语句，完成数据插入
if (sqlHelp.ExecuteNonQuery(sqlHelp.ConnectionStringLocalTransaction,
  CommandType.Text, sql, sqlParams) > 0)
    Response.Write("添加成功");
else
    Response.Write("数据库操作失败");
}
```

提示

　　使用参数编写 SQL 语句，不但能提高程序的可读性，而且可以有效防止 SQL 注入攻击。

　　相册添加页面开发完成，运行结果如图 13-72 所示。

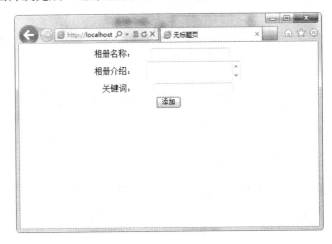

图 13-72　相册添加页面的效果

13.9.5　修改相册信息页面

　　用户在上一个页面添加相册后，可能发现需要修改相册的相关信息，本页面实现相册信息修改功能。信息修改页面开发过程如下所示。

　　(1) 在根目录下新建一个"modifyPhotosInfo.aspx"文件，在页面中添加一个 SQL 数据源，设置查询语句为从相册表读取编号、名称、介绍和关键词字段，单击 WHERE 按钮，如图 13-73 所示。

　　(2) 配置查询条件为 psId 等于 URL 参数中的 psid 的属性值，如图 13-74 所示。单击"添加"按钮，然后单击"确定"按钮。

　　(3)　在"配置 Select 语句"界面中单击"高级"按钮，弹出"高级 SQL 生成选项"对话框，选中"生成 INSERT、UPDATE 和 DELETE 语句"复选框，单击"确定"按钮，如图 13-75 所示。然后按照向导步骤完成数据源控件配置。

图 13-73　配置查询语句

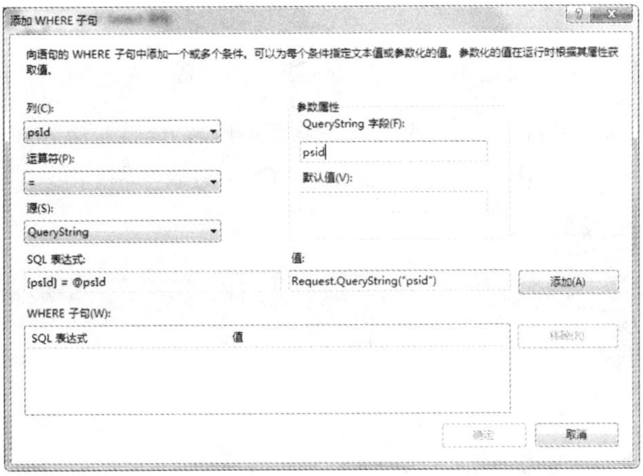

图 13-74　添加查询参数

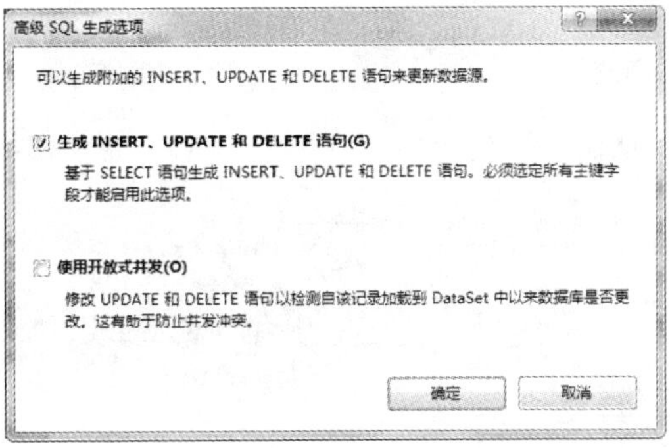

图 13-75　高级 SQL 生成选项

(4) 在页面中插入一个 FormView 控件，如图 13-76 所示。

图 13-76　工具箱中的 FormView 控件

(5) 设置 FormView 控件的数据源为前面步骤配置的数据源控件，如图 13-77 所示。

图 13-77　设置控件数据源

(6) 修改 FormView 控件的默认视图为编辑视图，如图 13-78 所示。

(7) 在控件任务面板中单击"编辑模板"，进入模板编辑状态，如图 13-79 所示。

图 13-78　修改默认视图　　　　　　　　　　图 13-79　FormView 任务面板

(8) 在任务面板中将默认编辑视图切换到编辑模板，如图 13-80 所示。

图 13-80　选择编辑模板

（9）在编辑模板中插入文本框和按钮控件，布局如图 13-81 所示。属性设置如表 13-4 所示。

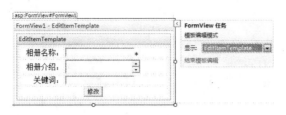

图 13-81　编辑模板界面

表 13-4　编辑界面控件的属性设置

控件标题	控件类型	控件名称
相册名称	TextBox	txtPhotoSetName
相册介绍	TextBox	txtPhotoSetContent
关键词	TextBox	txtPhotoSetKey
修改	Button	btnModifyPhotos

（10）选中"相册名称"文本框，打开任务面板，然后单击"编辑 DataBindings"选项，如图 13-82 所示。

图 13-82　文本框任务面板

（11）将 Text 属性代码设置为 Eval("photoSetName")，如图 13-83 所示。用同样的方法设置其他两个文本输入框控件。

图 13-83　数据绑定对话框

(12) 双击"修改"按钮，编写如下代码，实现修改相册的功能：

```
protected void btnModifyPhotos_Click(object sender, EventArgs e)
{
    //获得各个输入框的字段值
    string psid = FormView1.DataKey.Value.ToString();
    string photoSetName = ((TextBox)FormView1
      .FindControl("txtPhotoSetName")).Text;
    string photoSetContent = ((TextBox)FormView1
      .FindControl("txtPhotoSetContent")).Text;
    string photoSetKey = ((TextBox)FormView1
      .FindControl("txtPhotoSetKey")).Text;

    //修改操作 SQL 语句
    string sql = "update userPhotoSet set photoSetName = @photoSetName,"
      + " photoSetContent = @photoSetContent";
    sql += ",photoSetKey = @photoSetKey where (psId = @psId)";

    //准备查询参数
    SqlParameter[] sqlParams = new SqlParameter[] {
        new SqlParameter("@photoSetName", SqlDbType.VarChar),
        new SqlParameter("@photoSetContent", SqlDbType.VarChar),
        new SqlParameter("@photoSetKey", SqlDbType.VarChar),
        new SqlParameter("@psId", SqlDbType.Int)
    };
    sqlParams[0].Value = photoSetName;
    sqlParams[1].Value = photoSetContent;
    sqlParams[2].Value = photoSetKey;
    sqlParams[3].Value = psid;

    //执行查询语句
    if (sqlHelp.ExecuteNonQuery(sqlHelp.ConnectionStringLocalTransaction,
      CommandType.Text, sql, sqlParams) > 0)
        Response.Redirect("userMain.aspx");
    else
        Response.Write("数据库操作失败");
}
```

(13) 在 Page_Load 方法中输入如下代码，实现用户不登录不能访问本页面：

```
if (Session["username"] == null)
    Response.Redirect("Default.aspx");
```

(14) 打开用户首页，打开 GridView 控件列编辑对话框。添加一个 HyperLinkField 列，如图 13-84 所示。

(15) 将添加的 HyperLinkField 列的 DataNavigateUrlFields 属性设置为"psId"，DataNavigateUrlFormatString 属性设置为"photoAdmin.aspx?psId={0}"，HeaderText 属性设置为"管理相片"，Text 属性设置为"管理相片"，如图 13-85 所示。

(16) 在属性面板将 GridView 控件的 DataKeyNames 属性设置为"psId"，如图 13-86 所示。修改相册开发完成，如图 13-87 所示。

图 13-84　添加链接列

图 13-85　"修改相册"列的属性设置

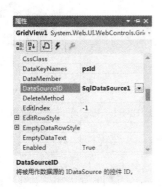

图 13-86　设置 DataKeyNames 属性

图 13-87　修改相册页面

13.9.6 用户查看相册及上传相片页面

本页面实现相册系统的核心功能——照片管理。主要功能是为用户提供相片上传与下载的功能，在以前用 ASP 开发时，实现文件上传功能需要使用第三方提供的组件来完成，使用也相对繁琐，而 ASP.NET 中最新提供的上传控件及文件类，使这方面的开发容易了很多。下面介绍本页面的开发步骤。

(1) 在根目录中新建一个文件"photoAdmin.aspx"。在文件中添加一个 FileUpload 控件，如图 13-88 和图 13-89 所示。

图 13-88 工具箱中的上传控件　　　　图 13-89 插入后的文件上传控件

(2) 添加一个 SQL 数据源控件，查询语句设置为从相片表读取数据，如图 13-90 所示。设置查询条件为相册编号等于 URL 地址中的相册编号，如图 13-91 所示。

图 13-90 相片查询 SQL 语句配置　　　　图 13-91 相片查询参数配置

(3) 在页面中插入一个 DataList 控件，如图 13-92 所示。设置控件数据源为上一步骤添加的数据源控件，如图 13-93 所示。

(4) 选中 DataList 控件，在属性面板修改 RepeatColumns 属性为"5"，即设置 DataList 控件为一行显示 5 条记录，如图 13-94 所示。

图 13-92　DataList 控件

图 13-93　选择控件数据源

图 13-94　修改布局列数

(5)　将显示相片列表的 DataList 控件的模板代码设置如下：

```
<asp:DataList ID="DataList1" runat="server" DataKeyField="photoId"
 DataSourceID="SqlDataSource1" RepeatColumns="5">
<ItemTemplate>
    <table width="200" border="0">
        <tr>
            <td>
                <!--显示相片略图 -->
                <div align="center">
                    <a href="upphoto/<%# Eval("photoUrl") %>" target="_blank">
                    <img src="upphoto/<%# Eval("photoUrl") %>"
                      width="160" height="160" style="border:0" alt="" /></a>
                </div>
            </td>
        </tr>
        <tr>
            <td>
                <!--显示相片名称 -->
                <div align="center">
                    名称：<%# Eval("photoName") %>
                </div>
            </td>
        </tr>
        <tr>
            <td>
                <!--显示相片上传时间 -->
                <div align="center">
```

软件开发新课堂

```
            上传时间：<%# Eval("postTime") %>
        </div>
    </td>
</tr>
<tr>
    <td>
        <!--显示相片删除连接 -->
        <div align="center">
            <a href="?op=del&id=<%# Eval("photoId") %>&psId=
            <%# Eval("psId") %>">删除</a>
        </div>
    </td>
</tr>
</table>
</ItemTemplate>
</asp:DataList>
```

(6)　在上传相片地址上方添加"相片名称"输入框及"上传照片"按钮，布局如图 13-95 所示。

(7)　在网站目录中添加一个 upphoto 目录，用户上传的相片均存入本目录，如图 13-96 所示。

图 13-95　照片上传界面　　　　　　　　图 13-96　添加上传目录

(8)　双击"上传照片"按钮，编写如下代码，完成照片上传功能：

```
protected void btnUpfile_Click(object sender, EventArgs e)
{
    if (filePhotoUrl.HasFile) //判断用户是否选择了文件
    {
        string username = Session["username"].ToString(); //得到用户名
        string savePath =
          Server.MapPath("~/upphoto") + "/" + username + "/"; //生成保存路径
        //判断路径是否存在，若不存在创建路径
        if (!Directory.Exists(savePath))
            Directory.CreateDirectory(savePath);
        savePath += filePhotoUrl.FileName; //生成保存文件名
        filePhotoUrl.SaveAs(savePath); //保存上传图片文件
        savePath =
          username + "/" + filePhotoUrl.FileName; //生成相对路径保存数据库
        string psId = Request.Params["psId"]; //得到相册编号
        //生成插入相片 SQL 语句及参数
        string sql= "insert into "
          + "userPhotos (username,psId,photoName,photoUrl,postTime) ";
```

软件开发新课堂

```
        sql += "values(@username,@psId,@photoName,@photoUrl,@postTime)";
        SqlParameter[] sqlParams = new SqlParameter[] {
            new SqlParameter("@username", SqlDbType.VarChar),
            new SqlParameter("@psId", SqlDbType.VarChar),
            new SqlParameter("@photoName", SqlDbType.VarChar),
            new SqlParameter("@photoUrl", SqlDbType.VarChar),
            new SqlParameter("@postTime", SqlDbType.VarChar)
        };
        sqlParams[0].Value = username;
        sqlParams[1].Value = psId;
        sqlParams[2].Value = txtPhotoName.Text;
        sqlParams[3].Value = savePath;
        sqlParams[4].Value = System.DateTime.Now;
        //执行 SQL 语句保存相片
        if (sqlHelp.ExecuteNonQuery(sqlHelp
         .ConnectionStringLocalTransaction, CommandType.Text, sql,
         sqlParams) > 0)
            DataList1.DataBind();
        else
            Response.Write("数据库操作失败");
    }
}
```

提示

ASP.NET 4.5 提供了完整的文件上传功能，无需使用第三方控件实现文件上传。

（9）在 Page_Load 方法中添加如下代码段，实现权限控制及删除相片功能。这里有个问题是，用户上传照片后如果只删除数据库不删除照片文件，会造成文件系统存在大量无用文件。所以先读出文件路径，删除文件后再删除数据库记录。程序代码如下：

```
protected void Page_Load(object sender, EventArgs e)
{
    //判断用户是否登录
    if (Session["username"] == null)
        Response.Redirect("Default.aspx");
    //判断是否为删除操作
    string op = Request.Params["op"];
    if (op != null && op.Equals("del"))
    {
        //接收删除参数
        string id = Request.Params["id"];
        string psId = Request.Params["psId"];
        //查询及删除 SQL 语句
        string psql = "select * from userPhotos where psId=@id";
        string sql = "delete from userPhotos where photoId=@id";
        //查询参数设置
        SqlParameter[] sqlParams =
            new SqlParameter[] { new SqlParameter("@id", SqlDbType.Int) };
        sqlParams[0].Value = psId;
        //读取查询结果
```

```
SqlDataReader dread = sqlHelp.ExecuteReader(sqlHelp
  .ConnectionStringLocalTransaction,
  CommandType.Text, psql, sqlParams);
while (dread.Read())
{
   //删除相片文件
   if (System.IO.File.Exists(Server.MapPath("upphoto/"
    + dread.GetString(4))))
      System.IO.File.Delete(Server.MapPath("upphoto/"
       + dread.GetString(4)));
}
//删除参数设置
sqlParams[0].Value = id;
//执行删除语句删除数据库记录
sqlHelp.ExecuteNonQuery(sqlHelp.ConnectionStringLocalTransaction,
  CommandType.Text, sql, sqlParams);
Response.Redirect("photoAdmin.aspx?psId=" + psId);
   }
}
```

(10) 打开"userMain.aspx",进入 GridView 控件的列编辑窗口,添加一个列。

DataNavigateUrlFields 属性设置为"psId",DataNavigateUrlFormatString 属性设置为 "photoAdmin.aspx?psId={0}",HeaderText 属性设置为"管理相片",Text 属性设置为"管理相片",如图 13-97 所示。相片管理页面开发完成,界面如图 13-98 所示。网站相册系统前台开发完成。

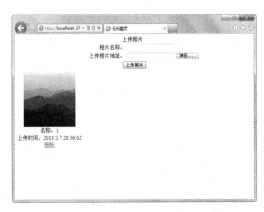

图 13-97 "管理相片"列的设置   图 13-98 相片管理页面的效果

13.10 后台代码实现

相册管理系统的后台功能主要是为管理员提供用户信息管理、相册信息管理和相片信息管理功能,实现对一些用户上传非法内容进行修改和删除。主要包含下面几个文件。

- Login.aspx:登录页面。必须通过本页面登录后才能使用后台功能。
- Default.aspx:后台首页。HTML 框架页面。

- menu.htm：后台目录页面。
- modifyAdminPassword.aspx：修改管理员登录密码。
- userAdmin.aspx：用户管理。
- PhotoSetAdmin.aspx：相册管理。
- PhotoAdmin.aspx：相片管理。

13.10.1　管理员登录

对于后台的管理功能，管理员必须登录后才能使用。本系统使用程序管理权限分配，而没有使用 ASP.NET 内置的权限管理功能，但是通过使用 ASP.NET 登录控件，本页面的开发工作量得到降低。管理员登录页面的开发过程如下所示。

(1) 在项目中新建"admin"目录，把所有后台相关文件都将放入本目录，如图 13-99 所示。

图 13-99　添加"admin"目录

(2) 在 admin 目录中添加"Login.aspx"文件，用于用户登录，如图 13-100 所示。

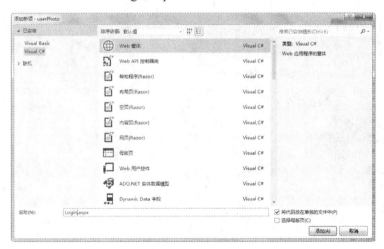

图 13-100　添加文件

(3) 在文件页面中添加一个"Login"控件，如图 13-101 所示。

(4) 选中登录控件，然后在属性面板中，修改 DestinationPageUrl 属性为后台首页，如图 13-102 所示。

图 13-101　登录控件　　　　　　　　　　图 13-102　修改后台首页

(5) 切换属性面板到方法重载选项卡，重载 Authenticate 方法，如图 13-103 所示。

(6) 在 Authenticate 方法中编写下面的代码，完成登录验证：

```csharp
//用户登录事件处理
protected void Login1_Authenticate(object sender, AuthenticateEventArgs e)
{
    //获得输入用户名与密码信息
    string adminuser = Login1.UserName.Replace("'", "");
    string adminpass = Login1.Password.Replace("'", "");
    //生成程序语句
    string sql = "select count(*) from adminuser "
      + "where adminname=@adminname and adminpass=@adminpass";
    SqlParameter[] param = {
        new SqlParameter("@adminname", SqlDbType.Char),
        new SqlParameter("@adminpass", SqlDbType.VarChar)
    };
    param[0].Value = adminuser;
    param[1].Value = adminpass;
    //执行查询于语句，得到查询结果
    int usercount = ((int)(sqlHelp.ExecuteScalar(sqlHelp
      .ConnectionStringLocalTransaction, CommandType.Text, sql, param)));
    if (usercount > 0)
    {
        //查询成功保存用户名
        e.Authenticated = true;
        Session["adminuser"] = adminuser;
    }
    else //查询失败
        e.Authenticated = false;
}
```

提示

重载登录控件的 Authenticate 方法可以实现自定义的登录验证功能。

后台登录页面开发完成，如图 13-104 所示。

图 13-103　重载方法

图 13-104　后台登录页面的运行效果

13.10.2　用户管理

本页面实现用户信息的修改和删除，对注册信息的修改只能修改是否锁定、邮箱、身份证号码 3 项，使用 GridView 提供的修改功能即可完成。而删除功能的实现稍微复杂一点，需要删除用户的所有相册、相片及相片文件，必须使用代码实现。用户管理页面开发步骤如下。

(1) 在 admin 目录添加一个文件，文件名为"userAdmin.aspx"，在页面中放置一个数据源控件，并启动配置向导。

(2) 配置数据源的查询语句为从用户表读取除密码外的所有字段，如图 13-105 所示。并启动生成数据操作语句，如图 13-106 所示。

图 13-105　配置查询语句

图 13-106　生成数据操作语句

(3) 插入一个 GridView 控件，设置数据源为上一步配置的数据源，如图 13-107 所示。然后启用分页、编辑和删除功能，如图 13-108 所示。

(4) 在 GridView 控件任务面板中单击"编辑列"选项，打开字段编辑对话框，将各个字段的 HeaderText 属性修改为中文，如图 13-109 所示。

(5) 将用户名、注册时间、最后登录时间 4 个字段设置为只读字段，如图 13-110 所示。

图 13-107　选中控件数据源　　　　　　图 13-108　启动分页、编辑和删除功能

图 13-109　修改列属性　　　　　　图 13-110　设置字段为只读

（6）进入.aspx 文件源代码编辑状态，修改源代码为如下所示，注意下列代码段中标注出的代码与原代码的区别：

```
<asp:SqlDataSource ID="SqlDataSource1" runat="server"
 ConflictDetection="CompareAllValues"
 ConnectionString="<%$ ConnectionStrings:photoConnectionString %>"
<!--删除语句需要修改 -->
 DeleteCommand="DELETE FROM [userinfo] WHERE [username] = @original_username"
<!--删除语句需要修改 -->
 InsertCommand="INSERT INTO [userinfo] ([username], [regTime],
[letLoginTime], [isLock], [eMail], [userPost], [isOpen]) VALUES (@username,
@regTime, @letLoginTime, @isLock, @eMail, @userPost, @isOpen)"
 OldValuesParameterFormatString="original_{0}"
 SelectCommand="SELECT [username], [regTime], [letLoginTime], [isLock],
[eMail], [userPost], [isOpen] FROM [userinfo]"
 UpdateCommand="UPDATE [userinfo] SET [regTime] = @regTime, [letLoginTime]
= @letLoginTime, [isLock] = @isLock, [eMail] = @eMail, [userPost] =
 @userPost, [isOpen] = @isOpen WHERE [username] = @original_username">
<!--删除语句的参数列表也需要修改 -->
<DeleteParameters>
```

```
    <asp:Parameter Name="original_username" Type="String" />
</DeleteParameters>
<!--删除语句的参数列表也需要修改 -->
<UpdateParameters>
    <asp:Parameter Name="regTime" Type="DateTime" />
    <asp:Parameter Name="letLoginTime" Type="DateTime" />
    <asp:Parameter Name="isLock" Type="Boolean" />
    <asp:Parameter Name="eMail" Type="String" />
    <asp:Parameter Name="userPost" Type="String" />
    <asp:Parameter Name="isOpen" Type="Boolean" />
    <asp:Parameter Name="original_username" Type="String" />
</UpdateParameters>
<InsertParameters>
    <asp:Parameter Name="username" Type="String" />
    <asp:Parameter Name="regTime" Type="DateTime" />
    <asp:Parameter Name="letLoginTime" Type="DateTime" />
    <asp:Parameter Name="isLock" Type="Boolean" />
    <asp:Parameter Name="eMail" Type="String" />
    <asp:Parameter Name="userPost" Type="String" />
    <asp:Parameter Name="isOpen" Type="Boolean" />
</InsertParameters>
</asp:SqlDataSource>
```

(7) 重载 GridView1 控件的 RowDeleted 方法，编写如下代码，实现删除用户同时删除相册数据、相片数据及上传相册文件的功能：

```
protected void GridView1_RowDeleted(object sender,
  GridViewDeletedEventArgs e)
{
    string username = e.Keys[0].ToString(); //删除用户名
    string psql =
      "select * from userPhotos where username=@username"; //相片查询语句
    string sql =
      "delete from userPhotoSet where username=@username"; //相册删除语句
    string sql1 =
      "delete from userPhotos where username=@username"; //相片删除语句

    //参数准备
    SqlParameter[] sqlParams =
      new SqlParameter[] {new SqlParameter("@username", SqlDbType.VarChar)};
    sqlParams[0].Value = username;

    //查询所有用户相片
    SqlDataReader dread =
      sqlHelp.ExecuteReader(sqlHelp.ConnectionStringLocalTransaction,
      CommandType.Text, psql,sqlParams);

    //逐个删除相片文件
    while (dread.Read())
    {
        System.IO.File.Delete(
          Server.MapPath("../upphoto/" + dread.GetString(4)));
    }
```

```
//删除用户相册
sqlHelp.ExecuteNonQuery(sqlHelp.ConnectionStringLocalTransaction,
   CommandType.Text, sql, sqlParams);

//删除用户相片
sqlHelp.ExecuteNonQuery(sqlHelp.ConnectionStringLocalTransaction,
   CommandType.Text, sql1, sqlParams);
}
```

用户管理功能开发完成，运行效果如图 13-111 所示。

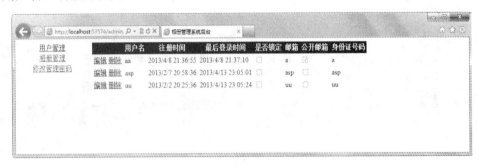

图 13-111　用户管理页面

13.10.3　相册管理

本页面显示所有用户创建的相册信息，可以修改相册的基本信息、删除相册或进入相片管理页面。相册管理页面的实现过程如下所示。

(1) 在 admin 目录中添加文件"PhotoSetAdmin.aspx"，放置一个数据源控件到页面中，并启动配置向导。配置数据源为查询相册表的所有数据，如图 13-112 所示。并启用插入、修改和删除功能，如图 13-113 所示。

图 13-112　配置查询语句

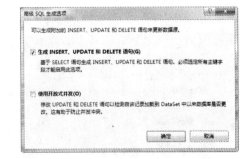

图 13-113　高级 SQL 生成选项

(2) 插入一个 GridView 控件，设置数据源为上一步骤配置的数据源，如图 13-114 所示。然后启用分页、编辑和删除功能，如图 13-115 所示。

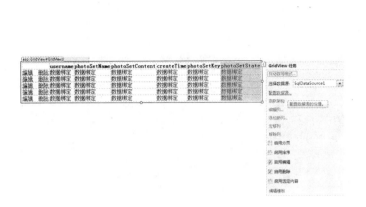

图 13-114　插入的 GridView 控件　　　　　　图 13-115　启动修改及删除选项

　　(3)　在上一步骤的 GridView 任务面板中选择"编辑列"选项，打开列编辑对话框，修改 username 列的 HeaderText 属性为"用户名"，如图 13-116 所示。修改 ReadOnly 属性为"True"，如图 13-117 所示。用同样的方法修改其他列的属性，其中用户名、创建时间、相册状态 3 个字段设置为不能修改。

图 13-116　修改列的标题文字　　　　　　图 13-117　修改列的只读属性

　　(4)　进入页面源代码状态，将数据源控件的更新语句修改如下。删除对上一步骤设置为只读值的字段的修改操作：

```
UpdateCommand = "UPDATE [userPhotoSet] SET [photoSetName] = @photoSetName,
[photoSetContent] = @photoSetContent, [createTime] = @createTime,
[photoSetKey] = @photoSetKey, [photoSetState] = @photoSetState WHERE [psId]
= @psId"
```

　　(5)　重载 GridView1 控件的 RowDeleted 方法，编写如下方法，实现删除相册、相册包含的相片数据及上传相册文件的功能：

```
protected void GridView1_RowDeleted(object sender,
 GridViewDeletedEventArgs e)
{
```

```
string psId = e.Keys[0].ToString(); //得到被删除相册的编号
string psql = "select * from userPhotos where psId=@psId";//相片查询语句
string sql = "delete from userPhotoSet where psId=@psId";//相册删除语句
string sql1 = "delete from userPhotos where psId=@psId";//相册删除语句
//删除测试准备
SqlParameter[] sqlParams = new SqlParameter[]
  { new SqlParameter("@psId", SqlDbType.VarChar) };
sqlParams[0].Value = psId;
//查询相册包含的相片数据
SqlDataReader dread = sqlHelp
  .ExecuteReader(sqlHelp.ConnectionStringLocalTransaction,
  CommandType.Text, psql, sqlParams);
//删除相册相片文件
while (dread.Read())
{
   if (System.IO.File.Exists(Server.MapPath("../upphoto/"
      + dread.GetString(4))))
        System.IO.File.Delete(Server.MapPath("../upphoto/"
          + dread.GetString(4)));
}
//执行删除语句删除相册及相片数据
sqlHelp.ExecuteNonQuery(sqlHelp.ConnectionStringLocalTransaction,
  CommandType.Text, sql, sqlParams);
sqlHelp.ExecuteNonQuery(sqlHelp.ConnectionStringLocalTransaction,
  CommandType.Text, sql1, sqlParams);
}
```

注意

在大型数据库中的上传操作必须考虑数据库的级联性。

相册管理功能开发完成，运行效果如图 13-118 所示。

图 13-118　相册管理页面

13.10.4　相片管理

相片管理页面的功能是根据传递的相册编号参数，显示相册里面包含的所有相片文件，同时可以删除相片文件。相片管理页面的开发过程如下所示。

(1) 在 admin 目录添加文件"PhotoAdmin.aspx"，在页面中放置一个数据源控件，启动配置向导。配置数据源为查询相片表的所有数据，如图 13-119 所示。设置查询条件为相册编号等于地址参数中的相册编号，如图 13-120 所示。

图 13-119　相片管理数据源查询语句配置　　　图 13-120　相片管理数据源查询条件配置

(2)　在页面中插入一个 DataList 控件，并将数据源设置为上一步添加的数据源，如图 13-121 所示。

图 13-121　为 DataList 控件设置数据源

(3)　修改 DataList 控件的 RepeatColumns 属性为 5，设置控件一行显示 5 条照片数据，如图 13-122 所示。

图 13-122　修改每页显示数

(4)　进入源代码编辑状态，将 DataList 控件代码替换如下，完成相片显示功能：

```
<asp:DataList ID="DataList1" runat="server" DataKeyField="photoId"
  DataSourceID="SqlDataSource1" RepeatColumns="5">
<!-- 列表显示模板 -->
<ItemTemplate>
    <table width="200" border="0">
```

```
        <!-- 显示相片略图 -->
        <tr>
            <td>
                <div align="center">
                    <a href="../upphoto/<%# Eval("photoUrl") %>"
                     target="_blank">
                    <img src="../upphoto/<%# Eval("photoUrl") %>"
                     width="160" height="160" style="border:0" alt="" />
                    </a>
                </div>
            </td>
        </tr>
        <!-- 显示相片略图 -->
        <!-- 显示相片名称 -->
        <tr>
            <td>
                <div align="center">
                    名称: <%# Eval("photoName") %>
                </div>
            </td>
        </tr>
        <!-- 显示相片名称 -->
        <!-- 显示相片上传时间 -->
        <tr>
            <td>
                <div align="center">
                    上传时间: <%# Eval("postTime") %>
                </div>
            </td>
        </tr>
        <!-- 显示相片上传时间 -->
        <!-- 显示删除连接 -->
        <tr>
            <td>
                <div align="center">
                    <a href="?op=del&id=<%# Eval("photoId") %>&psId=
                     <%# Eval("psId") %>">删除</a>
                </div>
            </td>
        </tr>
        <!-- 显示删除连接 -->
    </table>
</ItemTemplate>
<!-- 列表显示模板 -->
</asp:DataList>
```

(5) 在 Page_Load 方法中输入如下代码段，完成相片删除处理：

```
protected void Page_Load(object sender, EventArgs e)
{
    string op = Request.Params["op"]; //接收操作参数
    if (op!=null && op.Equals("del")) //判断是否为删除操作
```

```
{
    string id = Request.Params["id"]; //接收删除相片编号
    string psId = Request.Params["psId"]; //接收相册编号，一会返回使用
    //准备查询语句和参数
    SqlParameter[] sqlParams =
      new SqlParameter[] { new SqlParameter("@id", SqlDbType.Int) };
    sqlParams[0].Value = id;
    string psql = "select * from userPhotos where photoId=@id";
    //执行查询返回相片数据
    SqlDataReader dread = sqlHelp.ExecuteReader(sqlHelp
      .ConnectionStringLocalTransaction,
      CommandType.Text, psql, sqlParams);
    //删除相片文件
    while (dread.Read())
    {
        if (System.IO.File.Exists(Server.MapPath("../upphoto/"
          + dread.GetString(4))))
            System.IO.File.Delete(Server.MapPath("../upphoto/"
              + dread.GetString(4)));
    }
    //删除相片语句
    string sql = "delete from userPhotos where photoId=@id";
    //执行删除语句，删除相片
    sqlHelp.ExecuteNonQuery(sqlHelp.ConnectionStringLocalTransaction,
      CommandType.Text, sql, sqlParams);
    //重新加载相册管理页面
    Response.Redirect("PhotoAdmin.aspx?psId=" + psId);
}
}
```

(6) 打开编辑相册管理页面的 GridView 控件字段编辑窗口，添加一个 HyperLinkField 列，设置 DataNavigateUrlFields 属性为 "psId"，DataNavigateUrlFormatString 属性为 "PhotoAdmin.aspx?psId={0}"，Text 属性为 "相片管理"，如图 13-123 所示。相片管理页面开发完成，如图 13-124 所示。

图 13-123 相片管理连接设置

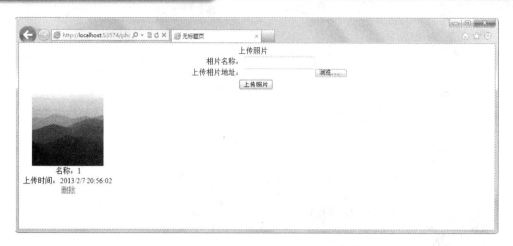

图 13-124 相片管理页面的效果

13.10.5 管理员密码修改

本页面实现修改管理员密码功能，由于没有使
用内置的权限管理功能，所以需要自己设计修改密
码页面。修改密码页面的文件名为 modifyAdmin-
Password.aspx。页面控件与前面编写的前台用户管
理页面中修改密码部分的格式完全一样，可以参考
前面的介绍来设计本页面。页面效果如图 13-125
所示。

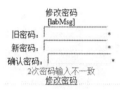

图 13-125 后台密码修改页面设计

双击"修改密码"链接按钮，编写如下代码来完成修改密码页面的开发：

```
protected void LinkButton1_Click(object sender, EventArgs e)
{
    //获得两次输入的新旧密码以及登录时保存的用户名
    string adminuser = (string)Session["adminuser"];
    string oldPassword = txtOldPassword.Text.Replace("'", "");
    string newPassword = txtNewPassword.Text.Replace("'", "");
    //查询数据库，验证旧密码是否正确
    string sql = "select count(*) from adminuser "
      + "where adminname=@adminname and adminpass=@adminpass";
    SqlParameter[] param = new SqlParameter[] {
        new SqlParameter("@adminname", SqlDbType.VarChar),
        new SqlParameter("@adminpass", SqlDbType.VarChar)
    };
    param[0].Value = adminuser;
    param[1].Value = oldPassword;
    int usercount = ((int)(sqlHelp.ExecuteScalar(sqlHelp
      .ConnectionStringLocalTransaction, CommandType.Text, sql, param)));
    if (usercount <= 0)
    {
        labMsg.Text = "旧密码错误";
```

```
    }
    else
    {
        //执行数据库操作效果密码
        string updatesql = "update adminuser set adminpass=@adminpass "
          + "where adminname=@adminname";
        SqlParameter[] updateParam = {
            new SqlParameter("@adminpass", SqlDbType.VarChar),
            new SqlParameter("@adminname", SqlDbType.Char)
        };
        updateParam[0].Value = newPassword;
        updateParam[1].Value = adminuser;
        if (sqlHelp.ExecuteNonQuery(sqlHelp
          .ConnectionStringLocalTransaction, CommandType.Text,
          updatesql, updateParam) > 0)
        {
            labMsg.Text = "修改成功";
        }
        else
        {
            labMsg.Text = "操作错误";
        }
    }
}
```

运行效果如图 13-126 所示。

图 13-126 后台修改密码页面的运行效果

13.10.6 后台目录及后台首页

管理员登录以后,系统会自动打开 admin 目录下的 Default.aspx 页面,这是一个用 HTML 框架页面实现的后台管理首页,左边显示的 menu.aspx 中包含所有后台页面的链接,单击以后会在 Default.aspx 的右边框架显示对应的页面,这两个页面都是 HTML 页面。

在 admin 目录下建立一个 menu.aspx 页面,作为首页左边显示的目录页,在 menu.aspx 中添加如下 HTML 代码:

```
<!DOCTYPE html PUBLIC "-//W3C//DTD XHTML 1.0 Transitional//EN"
  "http://www.w3.org/TR/xhtml1/DTD/xhtml1-transitional.dtd">
<html xmlns="http://www.w3.org/1999/xhtml">
<head>
    <title>无标题页</title>
</head>
<body>
    <table style="width:100%;">
        <!-- 用户管理连接 -->
        <tr>
            <td>
                <div align="center">
                    <a href="userAdmin.aspx" target="mainFrame">用户管理</a>
                </div>
            </td>
        </tr>
        <!--相册管理连接 -->
        <tr>
            <td>
                <div align="center">
                    <a href="PhotoSetAdmin.aspx" target="mainFrame">
                        相册管理</a>
                </div>
            </td>
        </tr>
        <!--管理员密码修改连接 -->
        <tr>
            <td>
                <div align="center">
                    <a href="modifyAdminPassword.aspx" target="mainFrame">
                        修改管理密码</a>
                </div>
            </td>
        </tr>
    </table>
</body>
</html>
```

在 admin 目录下新建一个 Default.aspx 作为后台首页，编写如下代码：

```
<%@ Page Language="C#" AutoEventWireup="true" CodeFile="Default.aspx.cs"
  Inherits="admin_Default" %>
<!DOCTYPE html PUBLIC "-//W3C//DTD XHTML 1.0 Transitional//EN"
  "http://www.w3.org/TR/xhtml1/DTD/xhtml1-transitional.dtd">
<html xmlns="http://www.w3.org/1999/xhtml">
<head id="Head1" runat="server">
    <title>学生成绩查询后台系统</title>
</head>
<frameset cols="180,*" frameborder="no" border="0" framespacing="0">
    <frame src="menu.htm" name="leftFrame" scrolling="No"
      noresize="noresize" id="leftFrame" />
```

```
        <frame src="userAdmin.aspx" name="mainFrame" id="mainFrame" />
</frameset>
<noframes>
    <body>
        浏览器不支持框架页面!
    </body>
</noframes>
</html>
```

双击页面，添加如下登录验证代码：

```
protected void Page_Load(object sender, EventArgs e)
{
    if (Session["adminuser"] == null)
        Response.Redirect("login.aspx");
}
```

成绩查询系统全部开发完成。后台首页的运行效果如图 13-127 所示。

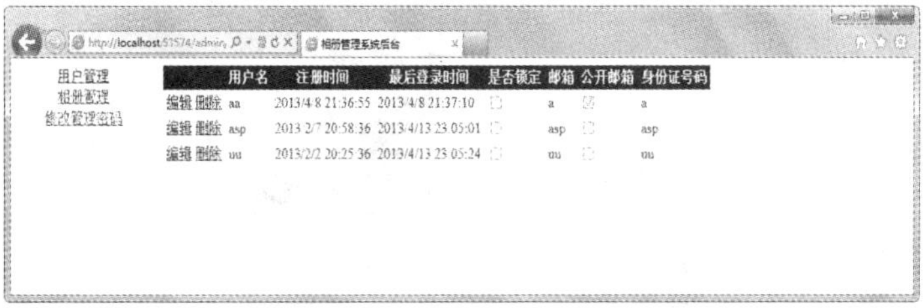

图 13-127　相册系统的后台首页面

13.11　程　序　部　署

到目前为止，已经完成了网站相册系统的全部程序开发工作，下一步需要将程序部署到服务器上。

13.11.1　数据库的安装

在服务器上安装应用程序之前，首先需要将数据库安装到服务器的 SQL Server 数据库中，下面介绍如何在 SQL Server 2008 Express 中安装学生信息数据库。

(1) 将本书光盘代码拷入电脑，取消只读属性，在 App_Data 目录上单击鼠标右键，在弹出的快捷菜单中选择"属性"命令，如图 13-128 所示。

提示

数据库必须去掉只读属性才能正确访问。

(2) 在弹出的属性对话框中选择"安全"选项卡，如图 13-129 所示。在"安全"选项卡中单击"编辑"按钮，打开权限编辑对话框，如图 13-130 所示。

(3) 在对话框中单击"添加"按钮，出现"选择用户或组"对话框，如图 13-131 所示。

图 13-128　目录的右键快捷菜单　　　　图 13-129　目录属性的"安全"选项卡

图 13-130　权限编辑对话框　　　　　图 13-131　"选择用户或组"对话框

（4）在"选择用户或组"对话框中单击"高级"按钮，出现"选择用户或组"高级界面，如图 13-132 所示。

（5）在对话框中单击"立即查找"按钮，对话框内出现所有本地系统用户，如图 13-133 所示，这里使用的是 Windows 7 系统，选中 IISUSER 用户，单击"确定"按钮，如果使用 2003 或其他系统，可以参见相关的教程进行设置。

图 13-132　"选择用户或组"高级界面　　　图 13-133　出现所有本地系统用户

(6) 回到如图 13-134 所示的对话框，单击"确定"按钮。

(7) 属性窗口出现添加的用户，把 ASP.NET 用户设置为完全控制，如图 13-135 所示。

注意

　如果是在服务器上使用标准版的 SQL Server 数据库，请建立数据库后修改 Web.config 中的下面这段代码，具体见前面的教程部分。

```
<connectionStrings>
    <add name="photoConnectionString" connectionString="Data Source=
    .\SQLEXPRESS;AttachDbFilename=|DataDirectory|\photoData.mdf;
    Integrated Security=True; User Instance=True"
    providerName="System.Data.SqlClient" />
</connectionStrings>
```

图 13-134　设置已添加用户

图 13-135　设置 ASP.NET 用户权限

13.11.2　IIS 服务器的设置

正式的网站一定是部署在 Windows 服务器版的 IIS 上运行的，下面简单介绍如何在 IIS 上架设本程序，作者已经按照上一步设置好数据库环境。

(1) 启动 IIS。展开要建立目录的网站，因为作者使用的是 Windows 7 操作系统，这里会有一个"默认网站"，如图 13-136 所示。

图 13-136　IIS 启动界面

(2) 在"默认网站"上面单击鼠标右键，从弹出的快捷菜单中选择"添加虚拟目录"命令，如图 13-137 所示。

图 13-137　新建虚拟目录

(3) 出现"添加虚拟目录"对话框，如图 13-138 所示。

(4) 在"别名"文本框中输入需要的别名，例如这里输入"userPhoto"，在"物理路径"文本框中输入文件存放的路径，单击"确认"按钮完成网站配置，如图 13-139 所示。

图 13-138　"添加虚拟目录"对话框　　　图 13-139　完成虚拟目录设置

(5) 新建的虚拟目录如图 13-140 所示。

图 13-140　新建的虚拟目录

软件开发新课堂

(6) 运行网站相册管理系统的首页面，效果如图 13-141 所示。

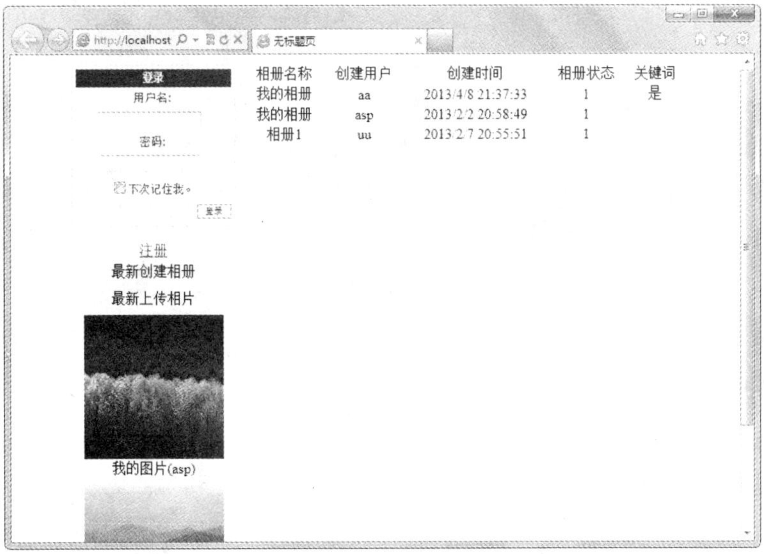

图 13-141　网站相册系统首页

13.12　总　　结

本章通过一个网站相册系统，介绍了网站系统从分析、设计到编写程序的全过程。

通过分析和设计，读者应该掌握数据库应用系统的分析和设计方法，以及网站型项目在数据库设计思路方面与企业级项目的异同。

在编码方面，本例通过详细的步骤向读者介绍了使用 Microsoft Visual Studio 2012 以及 ASP.NET 4.5 开发应用程序的方法。使用 Microsoft Visual Studio 2012 及 ASP.NET 4.5 与旧式的 ASP 及 ASP.NET 1.x 相比，开发的方便性得到提高，开发的难度得以降低。另外通过仔细阅读本章开始提供的 SqlHelper 类代码，会发现即使手写 ADO.NET 代码访问数据库，也比以前的 ADO 访问数据源容易了很多。

13.13　上　机　练　习

(1) 修改上传相片页面的限制，使用户上传的图片文件可以超过 500KB。
(2) 修改创建相册页面，判断相册名称是否重复。
(3) 修改所有上传功能，询问用户是否确认删除数据。

第 **14** 章

图书销售系统

学前提示

本章通过实现一个简单的图书销售系统，向读者介绍电子商务应用程序的基本开发方法，以及使用 Microsoft Visual Studio 2012 开发电子商务应用程序过程中的关键技术。

在整个电子商务程序的开发过程中，购物车的设计与实现的好坏直接关系到系统开发是否成功、网站能否正常运行，本例通过一个购物车页面的开发向读者介绍购物车模块包含哪些功能，同时提供一个简单的实现来说明购物车的开发方式。在数据库操作中经常需要实现级联修改、删除。本例通过订单与订单详情的管理，讲解如何实现数据的级联添加与删除。

知识要点

- 购物车模块的开发
- 订单与商品记录的级联保存、读取与删除
- ADO.NET 事务管理的用途与实现方式
- GridView 控件中 ItemTemplate 模板的使用

14.1 系统概述

本例开发的销售系统功能比较简单，接近于电子商务网站刚刚兴起时，各种中小企业在其网站上提供的商品订购系统。通过这样一个简单的例子，希望读者掌握使用 Microsoft Visual Studio 2012 在 ASP.NET 4.5 平台上开发网站购物车模块的基本方法，为以后开发电子商务网站打下基础。

14.2 需求分析

通过对一般电子商务网站功能的分析，总结电子商务网站的核心功能为：
- 产品管理。
- 订单下达。
- 订单处理。

前台用户可以按商品分类浏览商品信息，找到需要的商品并将其加入购物车，购买商品完成后提交购物车，系统显示出订单编号和支付方式，用户可以根据这些信息向网站汇款。本例不考虑在线支付接口，需要的读者可以参考接口文档进行开发。

管理员后台实现的功能主要是对图书分类的管理、图书信息的管理和图书订单的管理。包括对图书信息的添加、修改和对订单的发货处理两个模块。

14.3 用 例 图

根据前面的需求分析，设计图书销售系统的用例图，如图 14-1 所示。

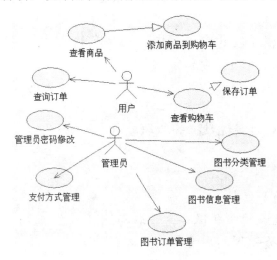

图 14-1　图书销售系统用例图

14.4　系统总体设计

本例的主要目的是让读者掌握在 Microsoft Visual Studio 2012 中开发 ASP.NET 应用程序的流程，熟悉基本电子商务程序的开发方法。

本例程序在整体结构上尽量采用 ASP.NET 提供的内置控件进行开发，只有少数页面考虑到实现的方便性而需要使用编写 ADO.NET 代码的方式实现。并且在开发过程中，为便于手写 ADO.NET 代码，加入了 SqlHelper 数据库访问助手类。

考虑到本例是为帮助读者学习使用 Microsoft Visual Studio 2012 和 ASP.NET 开发电子商务应用程序的基本方法，所以没有使用 Ajax 等高级功能和 Microsoft Visual Studio 2012 的一些新增功能，以利于读者集中掌握 ASP.NET 电子商务应用程序开发的基本方法。

14.5　开 发 环 境

本系统采用如下环境开发。

- 操作系统：Windows 7。
- 开发工具：Microsoft Visual Studio 2012。
- UML 建模工具：Rational Rose。
- 数据库设计工具：PowerDesigner 12。
- 数据库环境：SQL Server LocalDB(Microsoft Visual Studio 2012 附带)。

14.6　数据库结构

信息系统的核心功能是处理和保存数据，因此信息系统分析与设计阶段的核心工作就是设计数据库的结构与实现方式，确定系统最终需要的数据库结构。

同时，数据库结构设计图与用例图一起组成了信息系统的详细设计说明书，对于大型项目的开发而言，后面的编码工作会完全按照这两步设计的结果确定软件需求进行实现，数据库设计的好坏是信息系统开发能否成功的关键因素。

结合前面的需求分析、用例图，按照数据库设计原则，为本例确认了如图 14-2 所示的表结构。各表及字段的英文名称如下。

- 图书信息(bookInfo)：ISBN、bname、bcid、bzz、bprice、bkcCount、bSaleCount、bPictuer、bContent。
- 订单详细(orderPocduct)：opId、ISBN、orderid、count、price、sumPrice。
- 图书类别(bookClass)：bcId、bcName。
- 支付方式信息(payInfo)：pid、pname、pcontent。
- 订单信息(orders)：orderid、postAdress、postNumber、orderMember、pid、orderPrice、isPay、isPost、findPassword。
- 管理员(administrator)：adminname、adminpass。

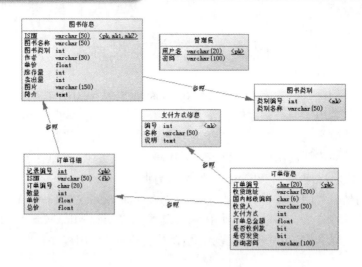

图 14-2　数据库设计图

> **注意**
>
> 数据库结构的设计对信息系统的成功开发至关重要，在编码之前，一定要规划完整。

14.7　项目及数据库搭建

创建项目的操作步骤如下。

(1)　启动 Microsoft Visual Studio 2012，界面如图 14-3 所示。

图 14-3　Microsoft Visual Studio 2012 的启动界面

(2)　选择"文件"→"新建网站"菜单命令，弹出"新建网站"对话框，如图 14-4 所示。选择"ASP.NET 网站"，语言选择"Visual C#"，设置好项目保存路径，单击"确定"按钮创建项目。现在系统已经建立好了一个新项目。

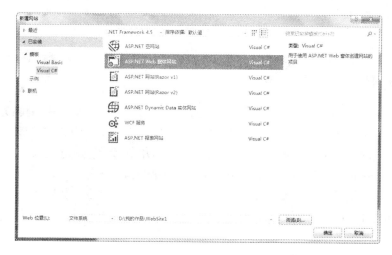

图 14-4　"新建网站"对话框

（3）在 Microsoft Visual Studio 2012 工作区右边的"解决方案资源管理器"窗口中，在 App_Data 目录上单击鼠标右键，从弹出的快捷菜单中选择"添加新项"命令，如图 14-5 所示。

图 14-5　添加新项

（4）弹出"添加新项"对话框，在中间的列表中选择"SQL Server 数据库"，在"名称"文本框中输入数据库文件名，在左侧树中选择"Visual C#"，单击"确定"按钮，完成数据库的添加，如图 14-6 所示。

图 14-6　"添加新项"对话框

数据库与用于程序开发的语言无关，SQL Server 2008 支持使用编程语言编写存储过程，这里设置用来实现存储过程的语言。

(5) 单击"解决方案管理器"下面的"服务器资源"选项卡，切换到服务器资源管理器。右键单击"数据连接"中的数据库名"bookSell.mdf"，从弹出的快捷菜单中选择"刷新"命令，Microsoft Visual Studio 2012 自带的 LocalDB 就会连接数据库。窗口中列出所有 SQL Server LocalDB 数据库可以创建的对象类型，如图 14-7 所示。

(6) 在"表"对象上单击鼠标右键，选择"添加新表"命令，如图 14-8 所示。现在工作区出现了如图 14-9 所示的新建表界面，在上面输入对应的字段并保存，即可建立本例需要的表格。

图 14-7   "服务器资源管理器"窗口

图 14-8   "添加新表"命令

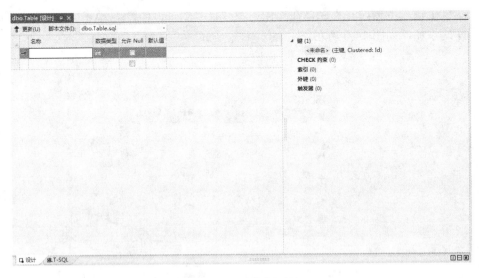

图 14-9   新建表界面

软件开发新课堂

　　使用 PowerDesigner 设计生成的 SQL 语句，可以通过在图 14-8 中选择"新建查询"命令，在查询分析器中执行。

14.8　数据访问层的实现

　　本例通过 ASP.NET 内置的数据库连接字符串保存数据库连接，这样数据库连接字符串只需要在一处保存，方便了数据库连接字符串的修改，简化了程序的部署操作。

14.8.1　数据库连接字符串的添加

　　下面是在 Web.config 配置文件中添加的数据库连接字符串，这段代码可以用 Microsoft Visual Studio 2012 自动生成。读者可以熟悉一下这段代码，以便部署应用程序时修改。需要注意一下 name 属性的值，在下一节中需要用到：

```
<connectionStrings>
    <add name="ConnectionString" connectionString="Data Source=
    (LocalDb)\v11.0;AttachDbFilename=|DataDirectory|\bookSell.mdf;
    Integrated Security=True;User Instance=True"
    providerName="System.Data.SqlClient" />
</connectionStrings>
```

　　无须手工添加以上代码，可以使用配置在数据源控件上添加。

14.8.2　公共数据库访问类 SqlHelper 的实现

　　本例的主要代码是通过 ASP.NET 控件完成的，但是对于登录、修改状态等操作，直接使用 ADO.NET 代码执行 SQL 来完成更方便，所以在本系统开发过程中使用从 DAAB(Data Access Application Block)提取的一个 sqlHelper 类，用以简化数据库相关操作，由于原类比较复杂，而本例数据库操作相对简单，很多方法并不会用到，在这里对该类进行了适当简化。DAAB 是微软 Enterprise Library 的一部分，该库包含大量大型企业级应用程序开发时需要使用的类库，读者以后开发大型企业级应用程序时可以学习和使用该开发库。

　　将数据库操作独立，是开发 Web 应用程序时应遵循的原则之一。

　　为项目添加公共数据库访问类的方法如下。

　　(1) 在工程的根目录上单击鼠标右键，在弹出的快捷菜单中选择"添加 ASP.NET 文件夹"→"App_Code"命令，添加代码目录，如图 14-10 所示。

图 14-10　添加代码目录

（2）在上一步添加的"App_Code"目录上单击鼠标右键，选择"添加新项"命令，如图 14-11 所示。

图 14-11　添加新项

（3）在"添加新项"对话框的中间列表中选择"类"，然后在"名称"文本框中输入"sqlHelper.cs"，单击"确定"按钮，如图 14-12 所示。

图 14-12　添加 SQL 助手类

（4）在 sqlHelper.cs 文件中输入如下代码，完成数据库访问助手类的开发：

```
using System.Data.Sql;
using System.Data.SqlClient;
/// <summary>
///数据库服务助手类
/// </summary>
public class sqlHelper
{
    //获取数据库连接字符串，属于静态变量且只读，项目中所有文档可直接使用，但不能修改
```

```
//ConnectionString 为连接字符串的名称, 在后面添加连接字符串后进行修改
public static readonly string ConnectionStringLocalTransaction =
  ConfigurationManager
  .ConnectionStrings["ConnectionString"].ConnectionString;


/// <summary>
/// 执行一个不需要返回值的 SqlCommand 命令, 通过指定专用的连接字符串。
/// 使用参数数组形式提供参数列表
/// </summary>
/// <remarks>
/// 使用示例:
///  int result = ExecuteNonQuery(connString,
/// CommandType.StoredProcedure, "PublishOrders",
/// new SqlParameter("@prodid", 24));
/// </remarks>
/// <param name="connectionString">一个有效的数据库连接字符串</param>
/// <param name="commandType">SqlCommand 命令类型 (存储过程, T-SQL 语句等)
/// </param>
/// <param name="commandText">存储过程的名字或者 T-SQL 语句</param>
/// <param name="commandParameters">
/// 以数组形式提供 SqlCommand 命令中用到的参数列表</param>
/// <returns>返回一个数值表示此 SqlCommand 命令执行后影响的行数</returns>
public static int ExecuteNonQuery(string connectionString, CommandType
  cmdType, string cmdText, params SqlParameter[] commandParameters)
{
    SqlCommand cmd = new SqlCommand();
    using (SqlConnection conn = new SqlConnection(connectionString))
    {
        //通过 PrePareCommand 方法将参数逐个加入到 SqlCommand 的参数集合中
        PrepareCommand(cmd, conn, null, cmdType, cmdText,
          commandParameters);
        int val = cmd.ExecuteNonQuery();
        //清空 SqlCommand 中的参数列表
        cmd.Parameters.Clear();
        return val;
    }
}


/// <summary>
/// 执行一条返回结果集的 SqlCommand 命令, 通过专用的连接字符串。
/// 使用参数数组提供参数
/// </summary>
/// <remarks>
/// 使用示例:
///  SqlDataReader r = ExecuteReader(connString,
/// CommandType.StoredProcedure, "PublishOrders",
/// new SqlParameter("@prodid", 24));
/// </remarks>
/// <param name="connectionString">一个有效的数据库连接字符串</param>
/// <param name="commandType">SqlCommand 命令类型 (存储过程, T-SQL 语句等)
/// </param>
```

```
/// <param name="commandText">存储过程的名字或者 T-SQL 语句</param>
/// <param name="commandParameters">
/// 以数组形式提供 SqlCommand 命令中用到的参数列表</param>
/// <returns>返回一个包含结果的 SqlDataReader</returns>
public static SqlDataReader ExecuteReader(string connectionString,
  CommandType cmdType, string cmdText,
  params SqlParameter[] commandParameters)
{
    SqlCommand cmd = new SqlCommand();
    SqlConnection conn = new SqlConnection(connectionString);
    // 在这里使用 try/catch 处理是因为如果方法出现异常,则 SqlDataReader 就不存在,
    // CommandBehavior.CloseConnection 的语句就不会执行,
    // 触发的异常由 catch 捕获
    //关闭数据库连接,并通过 throw 再次引发捕捉到的异常
    try
    {
        PrepareCommand(cmd, conn, null, cmdType, cmdText,
          commandParameters);
        SqlDataReader rdr =
          cmd.ExecuteReader(CommandBehavior.CloseConnection);
        cmd.Parameters.Clear();
        return rdr;
    }
    catch
    {
        conn.Close();
        throw;
    }
}


/// <summary>
/// 执行一条返回第一条记录第一列的 SqlCommand 命令,通过专用的连接字符串。
/// 使用参数数组提供参数
/// </summary>
/// <remarks>
/// 使用示例:
///  Object obj = ExecuteScalar(connString, CommandType.StoredProcedure,
/// "PublishOrders", new SqlParameter("@prodid", 24));
/// </remarks>
/// <param name="connectionString">一个有效的数据库连接字符串</param>
/// <param name="commandType">SqlCommand 命令类型(存储过程, T-SQL 语句等)
/// </param>
/// <param name="commandText">存储过程的名字或者 T-SQL 语句</param>
/// <param name="commandParameters">
/// 以数组形式提供 SqlCommand 命令中用到的参数列表</param>
/// <returns>返回一个 object 类型的数据,可以通过 Convert.To{Type}方法转换类型
/// </returns>
public static object ExecuteScalar(string connectionString, CommandType
  cmdType, string cmdText, params SqlParameter[] commandParameters)
{
    SqlCommand cmd = new SqlCommand();
```

```
using (SqlConnection connection =
  new SqlConnection(connectionString))
{
    PrepareCommand(cmd, connection, null, cmdType, cmdText,
      commandParameters);
    object val = cmd.ExecuteScalar();
    cmd.Parameters.Clear();
    return val;
}
}
/// <summary>
/// 为执行命令准备参数
/// </summary>
/// <param name="cmd">SqlCommand 命令</param>
/// <param name="conn">已经存在的数据库连接</param>
/// <param name="trans">数据库事物处理</param>
/// <param name="cmdType">SqlCommand 命令类型(存储过程，T-SQL 语句等)
/// </param>
/// <param name="cmdText">Command text，T-SQL 语句。
/// 例如 Select * from Products</param>
/// <param name="cmdParms">返回带参数的命令</param>
private static void PrepareCommand(SqlCommand cmd, SqlConnection conn,
  SqlTransaction trans, CommandType cmdType, string cmdText,
  SqlParameter[] cmdParms)
{
    //判断数据库连接状态
    if (conn.State != ConnectionState.Open)
       conn.Open();
    cmd.Connection = conn;
    cmd.CommandText = cmdText;
    //判断是否需要事物处理
    if (trans != null)
       cmd.Transaction = trans;
    cmd.CommandType = cmdType;
    if (cmdParms != null)
    {
        foreach (SqlParameter parm in cmdParms)
        cmd.Parameters.Add(parm);
    }
}
}
```

14.8.3　购物车物品对象

本例为了简单，购物车内容并不保存进数据库，而是保存在客户端的 Session 中。下面是购物车对象的代码，程序中将在 Session 里面保存该对象的列表：

```
/// <summary>
/// 保存购物车中存放的图书号及购买量
```

```
/// </summary>
public class shopObject
{
    private string isbn; //书号
    public string Isbn
    {
        get { return isbn; }
        set { isbn = value; }
    }

    private int count; //数量
    public int Count
    {
        get { return count; }
        set { count = value; }
    }
    private string bname; //书名
    public string Bname
    {
        get { return bname; }
        set { bname = value; }
    }
    private double bprice; //单价
    public double Bprice
    {
        get { return bprice; }
        set { bprice = value; }
    }
}
```

提 示

在实际开发中需要为购物车类提供保存到数据库的方法。

14.9 前台代码的实现

图书销售系统前台要实现的主要功能为查询商品信息、添加商品到购物车、保存订单信息和查看订单状态。根据前面的分析，本例只是实现一个简单的订单系统，不涉及用户管理部分功能，所以保存订单时要求用户输入订单查询密码，以便查询订单状态。

前台部分包括下列文件。

- Default.aspx：图书信息查询，可以显示全部图书类别，也可以分类查询，有进入详细页面和加入购物车的链接。
- bookInfo.aspx：图书详细信息查看，根据传递的书号参数，显示一本书的详细信息。
- bookOrder.aspx：购物车页面，这是本系统最为重要的页面，实现订单系统的核心功能之一，即添加一个商品到购物车以及对购物车的管理。
- payOrder.aspx：添加收货人信息，提交订单。

- viewSuccessOrder.aspx：购买成功，显示订单编号和支付方式信息。
- OrderFind.aspx：查询订单状态。

本系统所采用的模板自动生成了系列文件及文件夹，这些文件中包含用户登录及管理功能。在进行下面的操作前，应删除自动生成的文件中除 Web.config 及 App_Data 以外的文件及文件夹。

14.9.1　查询图书信息

本页面为图书销售系统的首页页面，可以查询网站拥有的所有图书，也可以分类查询图书信息。通过相关的链接可以打开图书详细页面和添加图书到购物车。下面介绍查询图书信息页面的开发过程。

(1) 右键单击网站名 BookSell，在弹出的快捷菜单中依次选择"添加"→"添加新项"命令，出现"添加新项"窗口，如图 14-13 所示。在窗口中选择"Web 窗体"，语言选择"Visual C#"，名称使用默认的"Default.aspx"，然后单击"添加"按钮，将在资源管理器中添加一个新 Web 页面。

图 14-13　添加新 Web 窗体

(2) 双击 Default.aspx 文件，并单击左下角的"设计"选项卡，将页面切换到设计状态。

(3) 放置一个 SqlDataSource 数据源控件到页面上，如图 14-14 所示。

(4) 选中数据源控件，打开"任务"面板，选择"配置数据源"选项，启动数据源配置向导，如图 14-15 所示。

图 14-14　工具箱中的数据源控件

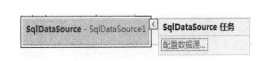

图 14-15　数据源控件的任务面板

(5) 打开"SqlDataSource 配置"向导对话框，该向导会在"应用程序连接数据库应使用哪个数据连接"下拉框中自动列出 App_Data 目录下的数据文件。选择前面建立的数据库文件，单击"下一步"按钮，如图 14-16 所示。

提示

所有在项目中创建的 SQL Server LocalDB 数据文件均会在这里列出。

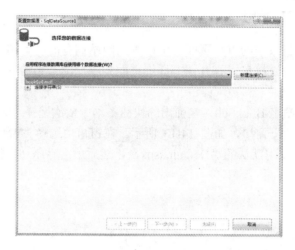

图 14-16　选择数据库文件

(6) 由于这是第一次为项目配置数据源，所以系统会提示"是否将连接保存到应用程序配置文件中？"

本例中会多次使用相同的数据库设置，在这里需要将连接字符串保存起来，方便以后使用。输入一个数据库连接字符串的名称，注意这里输入的连接字符串名称要和前面介绍的 SqlHelper 类使用的连接名称一致。然后单击"下一步"按钮，如图 14-17 所示。

图 14-17　保存连接字符串

(7) 在"配置 Select 语句"界面中，选择从图书信息表中读取所有字段，单击"下一步"按钮，如图 14-18 所示。

图 14-18　配置 Select 语句

(8)　数据源配置完成，单击"完成"按钮，完成数据源的配置。

(9)　从工具箱中拖放一个 GridView 控件到页面上，如图 14-19 所示。

提示

> 使用 GridView 控件可以快速实现表格式数据显示页面的开发。

(10)　设置 GridView 控件的数据源为前面步骤添加的数据源控件，如图 14-20 所示。

图 14-19　GridView 控件

图 14-20　设置数据源控件

(11)　在 GridView 控件的任务面板中单击"编辑列"选项，如图 14-21 所示。弹出"字段"编辑对话框，如图 14-22 所示。

(12)　选中 bname 列，在右边的属性窗口将 HeaderText 属性修改为"书名"，如图 14-23 所示。用同样的方法修改其他的所有列。

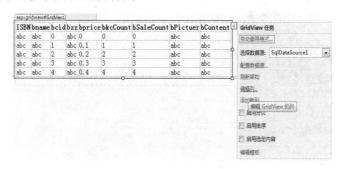

图 14-21　"编辑列"选项

图 14-22　"字段"编辑对话框

图 14-23　修改列标题

(13) 为 GridView 控件添加两个 HyperLinkField 列，用于链接到详细信息页面和添加到购物车页面，如图 14-24 所示。

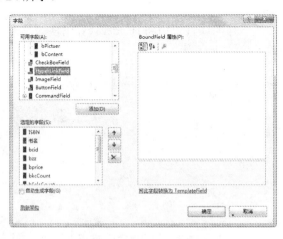

图 14-24　添加链接文本域

(14) 将第一个链接控件的 DataNavigateUrlFields 属性设置为"ISBN"，并且把该控件的 DataNavigateUrlFormatString 属性设置为"bookInfo.aspx?isbn={0}"，HeaderText 属性设置为"详细信息"，Text 属性设置为"详细信息"，如图 14-25 所示。

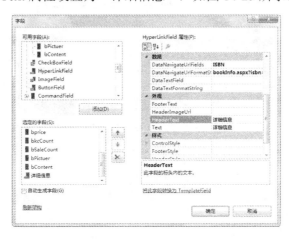

图 14-25　第一个链接列的设置

(15) 将第二个链接控件的 DataNavigateUrlFields 属性设置为"ISBN"，并且把该控件的 DataNavigateUrlFormatString 属性设置为"bookOrder.aspx?op=add&bid={0}"，HeaderText 属性设置为"加入购物车"，Text 属性设置为"加入购物车"，如图 14-26 所示。

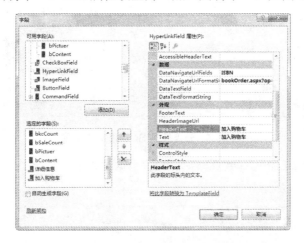

图 14-26　第二个链接列的设置

(16) 在 GridView 控件的任务面板中单击"自动套用格式"，在弹出的对话框中为控件选择一种格式，如图 14-27 所示。

(17) 再添加一个数据源控件到页面中，设置为从分类表中读取所有信息，如图 14-28 所示。

本书所有使用第 17 步这样表述的控件，请参照前一个同类控件的方法进行配置。

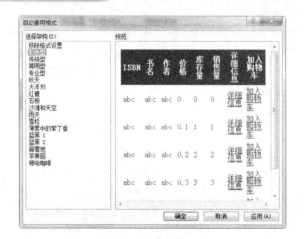

图 14-27　"自动套用格式"对话框

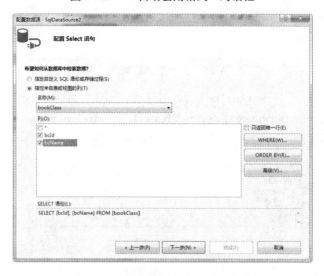

图 14-28　分类查询 SQL 语句的配置

(18) 放置一个 DataList 控件到页面中，设置数据源为上一步配置的数据源，如图 14-29 所示。

图 14-29　设置控件数据源

(19) 进入 DataList 模板编辑状态，并删除系统生成的所有内容，如图 14-30 所示。

(20) 从工具箱中拖放一个 HyperLink 控件到 DataList 中，如图 14-31 所示。

(21) 插入 HyperLink 控件后自动打开任务面板，单击"编辑 DataBindings"，如图 14-32 所示。弹出绑定字段设置对话框。

图 14-30　模板编辑状态

图 14-31　连接控件

图 14-32　控件任务面板

(22) 将 NavigateURL 属性绑定到 bcId 属性，将格式设置为 "?bcID={0}"，如图 14-33 所示。

图 14-33　NavigateURL 属性绑定设置

(23) 将 Text 属性绑定到 bcName 字段，单击"确定"按钮，如图 14-34 所示。

图 14-34　Text 属性绑定设置

(24) 在页面的 Page_Load 事件中加入如下代码，实现分类查询：

```
protected void Page_Load(object sender, EventArgs e)
{
    if (!IsPostBack) //如果不是页面回送处理本消息
    {
        string bcId = Request.Params["bcId"]; //接收类别编号
        if (bcId!=null && bcId.Length>0) //如果类别编号不为空
        {
            //重新设置数据库控件的 SQL 语句并刷新显示控件
            SqlDataSource1.SelectCommand =
              "SELECT * FROM [bookInfo] where [bcid]=" + bcId;
            GridView1.DataBind();
        }
    }
}
```

系统首页开发完成，效果如图 14-35 所示。

图 14-35　图书销售系统首页

14.9.2　显示图书详细

该页面实现根据传递的编号从数据库中读取一条记录，并显示全部信息。实现过程比较简单。下面详细介绍本页面的创建过程。

(1) 添加一个 bookInfo.aspx 页面，在页面上添加一个 SqlDataSource 控件，并启动配置向导。在数据源连接列表中选择为前面配置的数据源。单击"下一步"按钮，如图 14-36 所示。

图 14-36　选择数据库连接

(2)　出现"配置 Select 语句"界面,因为需要实现的查询语句条件比较复杂,无法使用简单的查询语句生成工具来生成,在这里选择"指定自定义 SQL 语句或存储过程"选项,单击"下一步"按钮,如图 14-37 所示。

(3)　出现"定义自定义语句或存储过程"界面,如图 14-38 所示。单击"查询生成器"按钮,打开查询生成器。设置查询语句为从图书表与图书分类表中读取所有字段,并把 ISBN 字段的筛选器设置为"= @ISBN",这样就可以在下一步配置查询条件。然后单击"确定"按钮,如图 14-39 所示。回到"定义自定义语句或存储过程"对话框,单击"下一步"按钮。

图 14-37　"配置 Select 语句"界面

图 14-38　"定义自定义语句或存储过程"界面

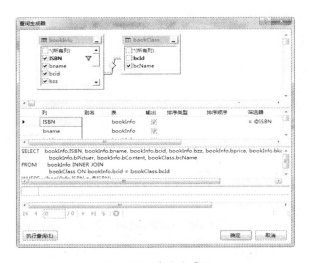

图 14-39　查询生成器

(4)　在"定义参数"界面中配置 ISBN 字段的查询参数为 URL 中"isbn"参数的值,如图 14-40 所示。然后单击"下一步"按钮,再单击"完成"按钮,完成数据源的配置。

(5)　在页面中插入一个 DetailsView 控件,如图 14-41 所示。

(6)　将 DetailsView 控件的数据源设置为上面步骤中插入的数据源控件,如图 14-42 所示。

图 14-40　配置查询条件

图 14-41　工具箱中的 DetailsView 控件

图 14-42　设置控件的数据源

(7)　单击"编辑字段"选项，打开字段编辑对话框，如图 14-43 所示。

图 14-43　"编辑字段"选项

(8)　在"字段"编辑对话框中，将 bname 字段的 HeaderText 属性设置为"书名"，如图 14-44 所示。按照同样的方法修改其他字段的标题属性。完成后的界面如图 14-45 所示。

(9)　插入一个 DataList 控件，并设置其数据源为与 DetailsView 一样的数据源控件，如图 14-46 所示。

提示

为同一数据源绑定不同的显示控件，可以实现以不同的详细程度和不同的格式显示同一数据信息。

图 14-44　修改字段标题

图 14-45　完成字段编辑后的界面

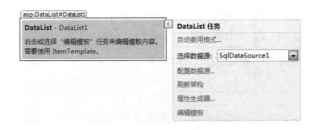

图 14-46　插入一个 DataList 控件

(10) 打开 DataList 控件的任务面板，单击"编辑模板"选项，进入模板编辑视图，如图 14-47 所示。

(11) 删除 DataList 控件模板中的所有控件以及文本信息。然后插入一个 image 控件，该控件如图 14-48 所示。

图 14-47　DataList 控件的任务面板

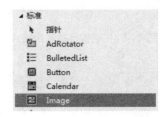

图 14-48　Image 控件

(12) 选中上一步插入的 image 控件，打开任务面板，单击"编辑 DataBindings"选项，如图 14-49 所示。

(13) 将 Image 控件的 ImageUrl 属性绑定到图片地址字段。然后单击"确定"按钮完成数据绑定，如图 14-50 所示。完成后的界面如图 14-51 所示。

(14) 打开显示详细信息的 DataList 控件任务模板，然后单击"自动套用格式"链接，如图 14-52 所示。选择一种需要的格式后，效果如图 14-53 所示。图书详细信息页面开发完成。运行界面如图 14-54 所示。

图 14-49 image 控件的任务面板　　　　　　图 14-50 设置图片地址绑定

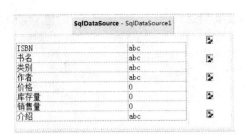

图 14-51 完成图片数据绑定

图 14-52 设置自动套用格式　　　　　　图 14-53 设置格式以后的页面样式

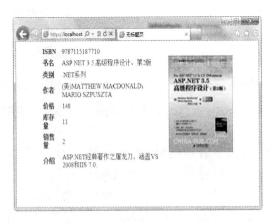

图 14-54 图书详细信息页面的效果

14.9.3　购物车页面的设计

本页面为图书销售系统的核心页面，也是功能逻辑最复杂的页面，主要涉及到两方面的功能，根据传递的商品编号将一个商品添加到购物车和显示购物车中的全部商品信息。实现这些功能的过程中需要编写一些代码，下面介绍购物车页面的开发过程。

(1) 在工程中添加一个 bookOrder.aspx 页面，并放置一个 GridView 控件到页面中，如图 14-55 所示。

(2) 打开 GridView 控件的任务面板，选择"编辑列"选项，在"字段"对话框中取消"自动生成字段"选项，如图 14-56 所示。

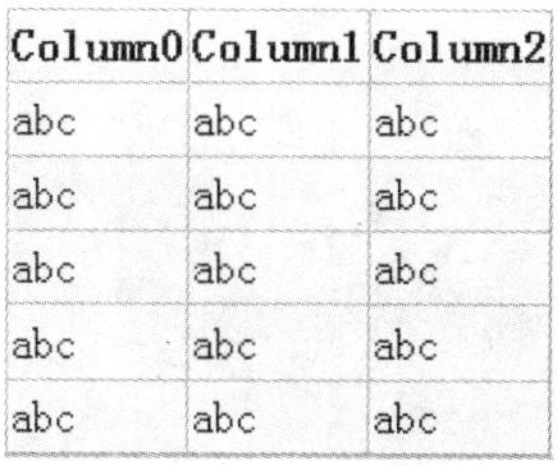

Column0	Column1	Column2
abc	abc	abc
abc	abc	abc
abc	abc	abc
abc	abc	abc
abc	abc	abc

图 14-55　GridView 控件

图 14-56　取消"自动生成字段"选项

(3) 添加 2 个 BoundField 字段和 1 个 TemplateField 字段，如图 14-57 所示。

图 14-57　添加新字段

(4) 将第一个 BoundField 列绑定到 bname 字段，将标题文本设置为"图书名称"，如图 14-58 所示。

(5) 将第二个 BoundField 列绑定到 bprice 字段，将标题设置为"单价"，如图 14-59

所示。

图 14-58 "图书名称"字段设置

图 14-59 "价格"字段设置

（6）进入代码视图，找到 GridView 控件的代码部分，增加管理购物车中的商品数量的实现代码：

```
<asp:GridView ID="GridView1" runat="server" AutoGenerateColumns="False">
<Columns>
    <asp:BoundField DataField="bname" HeaderText="图书名称" />
    <asp:TemplateField>
    <HeaderTemplate>购买量</HeaderTemplate>
    <ItemTemplate>
    <!------------这段代码需要手工添加---------------->
    <asp:TextBox ID="TextBox1" Text='<%# Eval("count") %>'
      Width="20 px" runat="server">
    </asp:TextBox>
    <a href="bookOrder.aspx?op=subcount&isbn=<%# Eval("ISBN") %>">减一</a>
    <a href="bookOrder.aspx?op=addcount&isbn=<%# Eval("ISBN") %>">加一</a>
    <!------------这段代码需要手工添加---------------->
```

软件开发新课堂

```
    </ItemTemplate>
    </asp:TemplateField>
    <asp:BoundField DataField="bprice" HeaderText="单价" />
</Columns>
</asp:GridView>
```

完成后的效果如图 14-60 所示。

(7) 本页面需要根据参数传递中的商品编号，将商品添加到购物车，为了方便说明核心流程的实现方式，本例将购物车保存在 Session 中。大型电子商务网站开发过程中，应该用保留时间更长的方式存储购物车数据，以方便用户使用。在 Page_Load 事件中添加下列代码，完成商品添加功能：

图 14-60　增加数量管理后的页面

```csharp
protected void Page_Load(object sender, EventArgs e)
{
    if (!IsPostBack) //判断是否为页面回发事件
    {
        string op = Request.Params["op"]; //接收操作参数
        if (op != null
          && op.Equals("add")) //如果为添加商品事件，执行图书添加操作
        {
            string bid = Request.Params["bid"]; //接收参数传递的图书编号
            ArrayList shopList =
              (ArrayList)Session["shopList"]; //得到保存在 Session 的购物车列表
            if (shopList == null) //如果是第一次使用购物车，新建一个购物车对象
               shopList = new ArrayList();
            //查询购物车内是否存在该商品
            int i;
            for (i=0; i<shopList.Count; i++)
               if (bid == ((shopObject)shopList[i]).Isbn)
               {
                   ((shopObject)shopList[i]).Count++; //如果找到，增加图书数量
                   break;
               }
            //如果没有找到，则添加商品
            if (i == shopList.Count)
            {
                shopObject shop = new shopObject();
                shop.Isbn = bid;
                shop.Count = 1;
                //查询出图书名称
                string sql = "select bname,bprice from bookInfo where ISBN='"
                  + bid + "'";
                SqlDataReader dread =
                  sqlHelper.ExecuteReader(sqlHelper
                  .ConnectionStringLocalTransaction, CommandType.Text, sql);
                if (dread.Read())
                {
                    shop.Bname = dread.GetString(0);
```

```
                    shop.Bprice = dread.GetDouble(1);
                }
                shopList.Add(shop);
            }
        Session["shopList"] = shopList;  //保存购物车
    }
    string isbn = Request.Params["isbn"];  //接收参数传递的图书编号
    if (op != null && op.Equals("subcount"))  //购物车物品数量减少事件处理
    {
        ArrayList shopList =
          (ArrayList)Session["shopList"];  //得到保存在 Session 的购物车列表
        int i;
        for (i=0; i<shopList.Count; i++)
        if (isbn == ((shopObject)shopList[i]).Isbn)
        {
            ((shopObject)shopList[i]).Count--;  //如果找到，增加图书数量
            if (((shopObject)shopList[i]).Count == 0)
              //如果图书数量为 0，删除图书
            {
                shopList.RemoveAt(i);
            }
            break;
        }
    }
    if (op!=null && op.Equals("addcount"))  //购物车物品数量增加事件处理
    {
        ArrayList shopList =
          (ArrayList)Session["shopList"];  //得到保存在 Session 的购物车列表
        int i;
        for (i=0; i<shopList.Count; i++)
          if (isbn == ((shopObject)shopList[i]).Isbn)
          {
              ((shopObject)shopList[i]).Count++;  //如果找到，增加图书数量
              break;
          }
    }

    //显示购物车
    ArrayList shopCartList = (ArrayList)Session["shopList"];
    GridView1.DataSource = shopCartList;
    GridView1.DataBind();
    GridView1.DataKeyNames = new String[]{"isbn"};

    //计算购物车物品总价格
    double sumPrice = 0;
    for (int i=0; i<shopCartList.Count; i++)
        sumPrice += ((shopObject)shopCartList[i]).Bprice
          * ((shopObject) shopCartList[i]).Count;
    sumCount.Text = "购物车总价格为： " + sumPrice + "元";
}
}
```

设置控件自动套用格式后，完成购物车页面的开发，运行界面如图 14-61 所示。

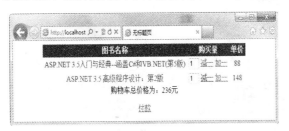

图 14-61 购物车页面

14.9.4 保存购买订单

客户选择好需要购买的商品后，在上一节介绍的购物车页面中单击"付款"链接，系统会自动跳转到本页面，在该页面要求用户填写收货人信息后，系统会将订单信息存入数据库，并生成订单编号，传递给下一个页面，显示付款信息。下面介绍本页面的开发过程。

(1) 在网站根目录中新建一个"payOrder.aspx"页面，并在页面上添加一个 GridView 控件，如图 14-62 所示。然后给控件设置自动套用格式，完成后的界面如图 14-63 所示。

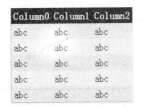

图 14-62 商品显示列表控件   图 14-63 设置自动套用格式后的商品显示列表控件

(2) 打开 GridView 控件任务面板，选择"编辑列"选项，在"字段"编辑对话框中取消"自动生成字段"选项，如图 14-64 所示。

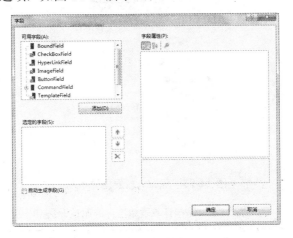

图 14-64 "字段"编辑对话框

(3) 添加一个 BoundField 列，设置 DataField 属性为"Isbn"，HeaderText 属性为"ISBN 编号"，如图 14-65 所示。

图 14-65 设置字段信息

按照同样的方法添加其他 3 个列。全部 4 个列的属性设置如表 14-1 所示。

表 14-1 图书订单显示字段设置对应表

字段名称	中文标题
Isbn	ISBN 编号
Count	购买量
Bname	书名
Bprice	单价

(4) 在商品显示列表下方，添加一些标准 ASP.NET 控件，布局如图 14-66 所示，属性设置如表 14-2 所示，用于完成收货信息的填写。然后按照前面的方法为每个输入控件添加必填验证控件。

图 14-66 保存订单界面的布局

表 14-2 保存订单表单控件的属性设置

控　件	控件类别	控件名称
收货地址	TextBox	txtPostAdress
国内邮政编码	TextBox	txtPostNumber

续表

控　件	控件类别	控件名称
收货人	TextBox	txtOrderMember
支付方式	DropDownList	ddlPid
查询密码	TextBox	txtFindPassword

(5) 选中支付方式下拉框，打开任务面板，单击"选择数据源"选项，启动数据源配置向导，如图 14-67 所示。

(6) 在"选择数据源"界面的"选择数据源"下拉框中，选择"<新建数据源...>"选项，如图 14-68 所示。

图 14-67　下拉框的任务面板

图 14-68　新建数据源

(7) 进入"选择数据源类型"界面，选择"数据库"选项，单击"下一步"按钮，如图 14-69 所示。数据源的配置方法与前面配置的其他数据源一样，只是在"配置 Select 语句"一步中，选择从支付方式表中读取数据，如图 14-70 所示。

(8) 回到"选择数据源"界面，设置下拉框中显示的字段为"pname"，取值的字段为"pid"，单击"确定"按钮，完成下拉框数据源配置，如图 14-71 所示。完成后的界面如图 14-72 所示。

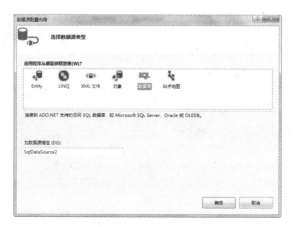

图 14-69　选择数据源类型

图 14-70　选择从支付方式信息表中读取数据

图 14-71　支付类型列表框数据源的设置　　　　图 14-72　保存订单界面设计完成

(9)　在页面上双击鼠标左键，进入代码视图并定位到 Page_Load 设计代码，输入如下代码，完成购物车数据显示绑定及总价计算：

```
protected void Page_Load(object sender, EventArgs e)
{
    //绑定显示购物车类别
    ArrayList shopCartList = (ArrayList)Session["shopList"];
    GridView1.DataSource = shopCartList;
    GridView1.DataBind();
    GridView1.DataKeyNames = new String[] { "isbn" };
    //计算购物车物品总价格
    double sumPrice = 0;
    for (int i=0; i<shopCartList.Count; i++)
        sumPrice += ((shopObject)shopCartList[i]).Bprice
            * ((shopObject)shopCartList[i]).Count;
    labSumPrice.Text = "购物车总价格为：" + sumPrice + "元";
}
```

(10) 回到页面视图，双击"保存订单"按钮，添加下面的代码段，完成订单保存页面的开发：

```
private Object bLock = new Object(); //同步变量
protected void btnSaveOrder_Click(object sender, EventArgs e)
{
    String orderid; //保存订单编号
    lock (bLock) //同步代码，确保不同用户不会生成相同的编号
    {
        orderid = System.DateTime.Now.ToString("yyyyMMddhhmmss")
            + DateTime.Now.Millisecond.ToString(); //用时间戳生成订单编号
    }
    using (SqlConnection conn =
      new SqlConnection(sqlHelper.ConnectionStringLocalTransaction))
    {
        conn.Open();
        SqlTransaction tran = conn.BeginTransaction();
        ArrayList shopCartList =
            (ArrayList)Session["shopList"]; //得到购物车类别
        string sql =
            "insert into orderPocduct(orderid,ISBN,count,price,sumPrice) ";
        sql +=
            "values(@orderid,@isbn,@count,@price,@sumPrice)"; //订单保存语句
        string bSql =
            "update bookInfo set bkcCount=bkcCount-1,bSaleCount=bSaleCount+1"
            + " where ISBN=@isbn"; //修改图书库存语句
        SqlCommand cmd = new SqlCommand(sql, conn, tran);
        try
        {
            bool bSuccess = true;
            double sumPrice = 0;
            ////////////////////////////////////////
            //   保存订单编号的所有商品信息        //
            ////////////////////////////////////////
            for (int i=0; i<shopCartList.Count; i++)
            {
                shopObject shop = (shopObject)shopCartList[i];
                sumPrice += shop.Bprice * shop.Count;
                cmd.Parameters.Clear();
                cmd.Parameters.Add("@orderid", SqlDbType.Char).Value =
                    orderid;
                cmd.Parameters.Add("@isbn", SqlDbType.VarChar).Value =
                    shop.Isbn;
                cmd.Parameters.Add("@count", SqlDbType.Int).Value =
                    shop.Count;
                cmd.Parameters.Add("@price", SqlDbType.Float).Value =
                    shop.Bprice;
                cmd.Parameters.Add("@sumPrice", SqlDbType.Float).Value =
                    shop.Bprice * shop.Count;
                if (cmd.ExecuteNonQuery() <= 0)
                    bSuccess = false;
                else if (bCom.ExecuteNonQuery() <= 0)
                    bSuccess = false;
                if (!bSuccess)
                    break;
            }
```

```
        if (!bSuccess) //如果一个商品保存失败，撤消订单保存
        {
            tran.Rollback();
            Response.Write("系统错误请稍候提交！");
        }
        else
        {
            /////////////////////////////////
            //   保存订单信息到数据库    //
            /////////////////////////////////
            sql = "insert into orders (orderid,postAdress,"
              + "postNumber,orderMember,pid,orderPrice,isPay,isPost,"
              + "findPassword) ";
            sql += "values(@orderid,@postAdress,"
              + "@postNumber,@orderMember,@pid,@orderPrice,"
              + "@isPay,@isPost,@findPassword)";
            cmd.CommandText = sql;
            cmd.Parameters.Clear();
            cmd.Parameters.Add("@orderid", SqlDbType.Char).Value =
              orderid;
            cmd.Parameters.Add("@postAdress", SqlDbType.VarChar).Value =
              txtPostAdress.Text;
            cmd.Parameters.Add("@postNumber", SqlDbType.Char).Value =
              txtPostNumber.Text;
            cmd.Parameters.Add("@orderMember", SqlDbType.VarChar).Value
              = txtOrderMember.Text;
            cmd.Parameters.Add("@pid", SqlDbType.Int).Value =
              ddlPid.SelectedValue;
            cmd.Parameters.Add("@orderPrice", SqlDbType.Float).Value =
              sumPrice;
            cmd.Parameters.Add("@isPay", SqlDbType.Bit).Value = 0;
            cmd.Parameters.Add("@isPost", SqlDbType.Bit).Value = 0;
            cmd.Parameters.Add("@findPassword", SqlDbType.VarChar)
              .Value = txtFindPassword.Text;
            if (cmd.ExecuteNonQuery() > 0) //保存成功调整到成功页面
            {
                tran.Commit(); //提交更改到数据库
                Session.Clear(); //清空购物车
                Response.Redirect("viewSuccessOrder.aspx?orderId="
                  + orderid); //跳转到提交订单购买成功及支付方式显示页面
            }
            else //保存出错撤消事物
            {
                tran.Rollback();
                Response.Write("系统错误请稍候提交！");
            }
        }
    }
catch (Exception ex) //保存出错撤消事物
{
    Response.Write("系统错误请稍候提交！");
    tran.Rollback();
    throw ex;
```

```
    }
    finally
    {
        conn.Close();
    }
}
```

14.9.5　订单购买成功页面

订单保存成功以后系统会跳转到本页面，在本页面中会显示出订单编号和付款方式信息，帮助用户完成订单，本实例只是帮助读者学习 ASP.NET 程序开发，没有在程序中集成在线支付功能，如果有需要，可以查看相关资料进行开发。下面介绍本页面的开发过程。

（1）在根目录中新建一个"viewSuccessOrder.aspx"页面，并放置一个 Label 控件，如图 14-73 所示。

（2）在页面上放置一个数据库控件，设置 Select 语句为，读取支付方式数据库中的所有信息，如图 14-74 所示。

图 14-73　工具箱中的 Label 控件　　　　　图 14-74　支付方式数据源设置

（3）在页面中放置一个 GridView 控件，并设置控件数据源为上一步添加的数据源，如图 14-75 所示。然后按照前面的方法修改各个字段的标题，完成后界面如图 14-76 所示。

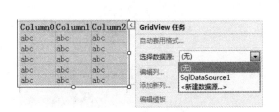

图 14-75　设置控件数据源　　　　　图 14-76　设置完成后的显示控件

(4) 在页面的 Page_Load 事件中输入如下代码，完成提示信息显示：

```
protected void Page_Load(object sender, EventArgs e)
{
    string orderId = Request.Params["orderId"];
    string msg = "订单下达成功, 你的订单号为: "
      + orderId + "。下面是支付方式说明，请付款成功后尽快与我们联系！";
    Label1.Text = msg;
}
```

订单成功页面开发完成，效果如图 14-77 所示。

图 14-77　订单购买成功提示页面

14.9.6　查询订单页面的设计

用户下达购买订单以后，需要能够查询自己订单的处理状态，如网站是否收到汇款、是否已经发货等。订单查询页面中就根据用户输入的订单号和查询密码，查询并显示订单状态与详细信息。下面就介绍查询订单页面的开发过程。

(1) 按照前面介绍过的方法设计查询界面，如图 14-78 所示。

(2) 打开 GridView 控件的"字段"编辑对话框，然后取消"自动生成字段"选项，如图 14-79 所示。

图 14-78　订单查询页面的设计

图 14-79　"字段"编辑对话框

（3）添加一个 BoundField，并修改对应的属性设置，如图 14-80 所示。分别用同样的方法为页面添加所需的数据显示控件，然后分别添加如表 14-3、14-4 所示的列。

图 14-80　字段属性设置

表 14-3　DetailsView 控件列的数据绑定

列 类 型	绑定字段	中文名称	附加属性
BoundField	postAdress	收货地址	
BoundField	postNumber	国内邮政编码	
BoundField	orderMember	收货人	
BoundField	pname	支付方式	
BoundField	orderPrice	订单总额	
CheckBoxField	isPay	是否支付	InsertVisible="False" ReadOnly="True"
CheckBoxField	isPost	是否发货	InsertVisible="False" ReadOnly="True"

表 14-4　GridView 控件列的属性设置

绑定字段	中文名称
ISBN	ISBN
Bname	图书名称
Count	数量
Price	单价
sumPrice	总价

（4）双击"查询"按钮，编写如下代码段，实现订单查询程序：

```
protected void btnFind_Click(object sender, EventArgs e)
{
```

```
//得到订单号和查询密码
string orderid = txtOrderId.Text.Replace("'", "");
string password = txtFindPassword.Text.Replace("'", "");
//生成查询语句与添加
string sql = "select * from orders,payInfo where orderid=@orderid "
  + "and findPassword=@password and orders.pid=payInfo.pid";
SqlParameter[] param = {
    new SqlParameter("@orderid", SqlDbType.VarChar),
    new SqlParameter("@password", SqlDbType.VarChar)
};
param[0].Value = orderid;
param[1].Value = password;
SqlDataReader reader = sqlHelper.ExecuteReader(sqlHelper
  .ConnectionStringLocalTransaction, CommandType.Text, sql, param);
if (reader.HasRows)
{
    //如果订单存在，查询并显示订单详细信息
    DetailsView1.DataSource = reader;
    DetailsView1.DataBind();
    sql = "select * from orderPocduct,bookInfo where "
      + "orderPocduct.ISBN=bookInfo.ISBN and orderid=@orderid";
    SqlParameter[] param1 = {
        new SqlParameter("@orderid",SqlDbType.VarChar)
    };
    param1[0].Value = orderid;
    reader = sqlHelper.ExecuteReader(sqlHelper
      .ConnectionStringLocalTransaction, CommandType.Text, sql, param1);
    GridView1.DataSource = reader;
    GridView1.DataBind();
}
else
    Response.Write("订单号或查询密码错误");
}
```

本页面开发完成，运行界面如图 14-81 所示。前台页面全部开发完成。

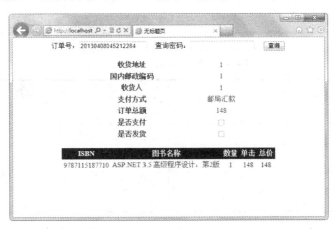

图 14-81　订单查询页面的运行效果

14.10　后台代码的实现

图书销售系统管理后台的主要功能是对图书数据、订单数据的管理功能。主要为图书分类信息的添加、删除、修改，图书信息的添加、管理、修改，订单信息的查看与发货处理。后台包括下列页面。

- bookTypeAdmin.aspx：图书类别管理。
- addBookInfo.aspx：添加图书信息。
- adminBookInfo.aspx：管理图书信息。
- modifyBookInfo.aspx：修改图书信息。
- orderList.aspx：查看图书订单列表。
- postOrder.aspx：图书订单信息及发货处理。
- payInfo.aspx：支付方式设置。
- Login.aspx：管理员登录。
- modifyAdminPassword.aspx：修改管理密码。
- menu.htm：后台目录页面。
- Default.aspx：后台首页。

14.10.1　管理图书类别

本页面主要实现对图书分类信息的管理，功能为对图书分类信息进行添加、修改和删除。完全使用 ASP.NET 提供的内置控件即可完成开发。本页面的开发过程步骤如下。

(1) 在项目目录中建立 admin 子目录，在后面将所有开发的后台页面均放入本目录。

(2) 在 admin 目录中创建文件"bookTypeAdmin.aspx"，打开文件，在页面中插入一个 SQL 数据源控件，设置 Select 语句为从图书类别表中读取数据，如图 14-82 所示。并启动"生成 INSERT、UPDATE 和 DELETE 语句"功能，如图 14-83 所示。

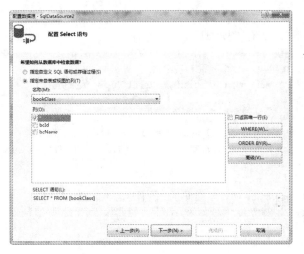

图 14-82　图书类别数据源配置

图 14-83　启动数据库操作语句

(3)　在页面中插入一个 GridView 控件，按照前面介绍的方法进行数据源和字段的设置。完成的界面如图 14-84 所示。

(4)　选中 GridView 控件，在方法重载面板中重载 RowDeleting 方法，如图 14-85 所示。

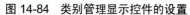

图 14-84　类别管理显示控件的设置　　　　图 14-85　方法重载

(5)　在 RowDeleting 方法中输入如下代码段，实现分类删除功能：

```csharp
protected void GridView1_RowDeleting(object sender,
  GridViewDeleteEventArgs e)
{
    string bcId = e.Keys[0].ToString(); //要删除的分类编号
    //查询分类下面是否有图书信息
    string sql = "SELECT count(*) FROM [bookInfo] where [bcid]=@bcId";
    SqlParameter[] param = {
        new SqlParameter("@bcid", SqlDbType.VarChar)
    };
    param[0].Value = bcId;
    int count = (int)sqlHelper.ExecuteScalar(sqlHelper
      .ConnectionStringLocalTransaction, CommandType.Text, sql, param);
    if (count > 0)
    {
        Response.Write("该分类下存在图书信息不能删除！");
        e.Cancel = true; //如果有图书不能删除，取消删除信息
    }
}
```

软件开发新课堂

在 ASP.NET 中可以重载以-ing 结尾的函数，并在其中取消事件。

（6）在页面中插入一个 FormView 控件，用于分
类添加功能的开发，如图 14-86 所示。

（7）选择 FormView 控件的数据源为和前面的
GridView 控件一样的数据源，如图 14-87 所示。

（8）设置 FormView 控件的默认显示视图为插
入视图，如图 14-88 所示。

（9）进入插入模板编辑状态，把类别名称控件前
面的提示文本改成中文，如图 14-89 所示。

（10）选中 FormView 控件，打开属性面板，将属
性模板切换到方法重载视图，重载 ItemInserting 方法，如图 14-90 所示。

图 14-86　工具箱中的 FormView 控件

图 14-87　设置控件的数据源

图 14-88　修改默认的显示视图

图 14-89　修改后的插入模板

图 14-90　方法重载

（11）在 ItemInserting 方法中输入以下代码，判断分类是否存在：

```
protected void FormView1_ItemInserting(object sender,
  FormViewInsertEventArgs e)
{
    string cname = e.Values[0].ToString(); //分类名称
    string sql = "SELECT count(*) FROM [bookClass] where [bcName]=@bcName";
    SqlParameter[] param = {
        new SqlParameter("@bcName", SqlDbType.VarChar)
```

```
    };
    param[0].Value = cname;
    int count = (int)sqlHelper.ExecuteScalar(sqlHelper
        .ConnectionStringLocalTransaction, CommandType.Text, sql, param);
    if (count > 0)
    {
        Response.Write("该分类已经存在! ");
        e.Cancel = true; //取消添加
    }
}
```

分类管理页面全部开发完成,运行界面如图 14-91 所示。

14.10.2 添加图书信息

管理员在后台通过本页面实现图书信息的添加,本页面主要实现的功能为简单地向数据库插入一条记录,考虑到图书信息有可能需要重复添加,所以本页面不判断图书信息是否重复。添加图书信息时需要上传图片信息,通过本页面的介绍,读者可以看到通过使用.NET 提供的内置控件,文件上传操作能够很方便地实现。

(1) 在 admin 目录中新建一个"addBookInfo.aspx"页面,放置实现添加图书信息功能必需的控件,如图 14-92 所示。其中各控件的属性按照表 14-5 进行设置。

图 14-91 分类管理运行界面

图 14-92 添加图书信息页面设计

表 14-5 页面中各控件的属性设置

控件标题	控件类型	控件 ID
ISBN	TextBox	txtIsbn
图书名称	TextBox	txtBname
图书类别	DropDownList	ddlBcid
作者	TextBox	txtBzz

续表

控件标题	控件类型	控件 ID
单价	TextBox	txtBprice
库存量	TextBox	txtBkcCount
图片	FileUpload	fileBPictuer
简介	TextBox	txtBContent

(2)　选中"图书类别"下拉框，打开任务面板，并单击"选择数据源"，如图 14-93 所示。

(3)　进入"选择数据源"界面，在"选择数据源"下拉框中，选择"<新建数据源...>"选项，如图 14-94 所示。

图 14-93　下拉框的任务面板　　　　　　图 14-94　"选择数据源"界面

(4)　进入"选择数据源类型"界面，从中选择"数据库"，然后单击"确定"按钮，如图 14-95 所示。

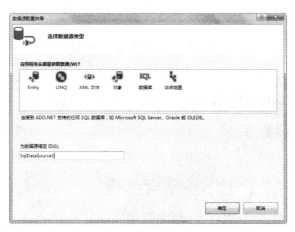

图 14-95　选择数据源类型

(5)　在配置数据源的 Select 语句这一步，选择读取图书分类表的所有字段，如图 14-96 所示。

图 14-96　配置图书分类数据源

(6)　完成数据源配置后回到"选择数据源"界面，设置显示绑定字段为"bcName"，值绑定字段为"bcId"，单击"确定"按钮，如图 14-97 所示。

图 14-97　"选择数据源"界面

(7)　双击"添加"按钮，输入以下代码，完成数据添加操作：

```csharp
protected void Button1_Click(object sender, EventArgs e)
{
    //获得各个文本框的输入值
    string isbn = txtIsbn.Text;
    string bname = txtBname.Text;
    string bcid = ddlBcid.SelectedValue;
    string bzz = txtBzz.Text;
    string price = txtBprice.Text;
    string bkcount = txtBkcCount.Text;
    string BContent = txtBContent.Text;
    string pic = "";
    //如果有图片上传
    if (fileBPictuer.HasFile)
```

```
{
    string savePath = Server.MapPath("~/images/")
      + fileBPictuer.FileName; //设置图片保存服务器路径
    fileBPictuer.SaveAs(savePath); //保存图片
    pic = "images/" + fileBPictuer.FileName; //图片名称
}
//添加到数据库
string sql = "insert into bookInfo values(@isbn,@bname,@bcid,@bzz,"
  + "@price, @bkcount,0,@pic,@BContent)";
SqlParameter[] param = {
    new SqlParameter("@isbn", SqlDbType.VarChar),
    new SqlParameter("@bname", SqlDbType.VarChar),
    new SqlParameter("@bcid", SqlDbType.Int),
    new SqlParameter("@bzz", SqlDbType.VarChar),
    new SqlParameter("@price", SqlDbType.VarChar),
    new SqlParameter("@bkcount", SqlDbType.VarChar),
    new SqlParameter("@pic", SqlDbType.VarChar),
    new SqlParameter("@BContent", SqlDbType.VarChar)
};
param[0].Value = isbn;
param[1].Value = bname;
param[2].Value = bcid;
param[3].Value = bzz;
param[4].Value = price;
param[5].Value = bkcount;
param[6].Value = pic;
param[7].Value = BContent;
if (sqlHelper.ExecuteNonQuery(sqlHelper
  .ConnectionStringLocalTransaction, CommandType.Text, sql, param)>0)
    Response.Write("图书添加成功");
else
    Response.Write("数据库操作失败");
}
```

图书添加页面开发完成，运行界面如图 14-98 所示。

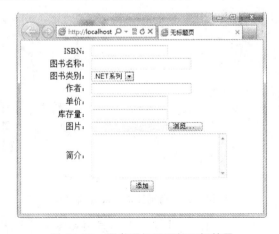

图 14-98　图书添加页面的运行效果

14.10.3 管理图书信息

本页面要实现的功能是——为管理员显示出所有图书信息的列表。管理员可以进入图书修改页面修改图书信息，也可以删除图书。管理图书页面的开发过程如下。

(1) 在 admin 目录中添加一个 "adminBookInfo.aspx" 文件，在文件中添加一个 SQL 数据源控件，启动数据源配置向导。

(2) 在 "配置 Select 语句" 一步中选择 "指定自定义 SQL 语句或存储过程" 选项，单击 "下一步" 按钮，如图 14-99 所示。

图 14-99　配置 Select 语句

(3) 在 "定义自定义语句或存储过程" 界面中单击 "查询生成器" 按钮，如图 14-100 所示。

图 14-100　自定义语句或存储过程

(4) 在查询生成器中配置查询语句为从图书信息表和图书分类表中读取除图书图片和图书介绍以外的所有字段，如图 14-101 所示。然后完成数据源配置。

图 14-101　图书查询 SQL 语句的配置

提示

在查询分析器中可以提供拖动的方式为两个表创建关系。

(5)　在页面中插入一个 GridView 控件，设置数据源为上一步配置好的数据源，并设置自动套用格式，然后启用控件编辑和删除功能。完成后的界面如图 14-102 所示。

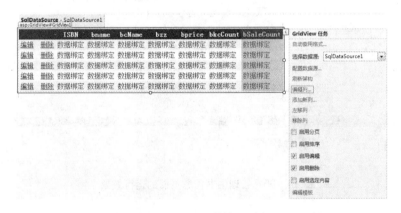

图 14-102　图书管理列表

(6)　打开 GridView 控件的列属性编辑对话框，将每个字段的 HeaderText 属性修改为对应的中文文字，如图 14-103 所示。

图 14-103　修改列标题

(7) 选中 GridView 控件，打开属性面板，将属性面板切换到方法重载视图，重载 RowEditing 方法，如图 14-104 所示。

图 14-104　重载方法

(8) 在 RowEditing 方法中添加下列代码，实现编辑连接跳转：

```
protected void GridView1_RowEditing(object sender, GridViewEditEventArgs e)
{
    string isbn =
      (string)GridView1.DataKeys[e.NewEditIndex].Value; //获得图书编号
    e.Cancel = true; //取消默认事件处理方法的执行
    Response.Redirect("modifyBookInfo.aspx?isbn=" + isbn); //跳转到编辑页面
}
```

管理图书信息页面开发完成，运行界面如图 14-105 所示。

图 14-105　管理图书信息页面的运行效果

14.10.4　修改图书信息

管理员可能发现需要修改图书的一些信息，例如增加库存，或者某本书出了新版等情况。在图书管理页面中单击"编辑"链接，即可进入修改页面，在本页面中可以修改一本图书的相关信息，下面介绍该页面的开发过程。

(1) 在 admin 目录中添加一个"modifyBookInfo.aspx"文件。在文件中添加一个 SQL 数据源控件，启动数据源配置向导。

(2) 在"配置 Select 语句"一步中，选择读取图书信息表中除销售量和图片之外的所有字段，如图 14-106 所示。单击 WHERE 按钮，在查询条件配置对话框中设置查询条件为 ISBN 字段等于参数中的"isbn"参数值，单击"确定"按钮，如图 14-107 所示。回到"配置 Select 语句"界面，单击"高级"按钮，在高级对话框中选中"生成 INSERT、UPDATE 和 DELETE 语句"复选框，如图 14-108 所示。单击"确定"按钮，完成数据源控件的配置。

提示

　　生成 INSERT、UPDATE 和 DELETE 语句后，不用编码即可实现数据库修改操作。

图 14-106　配置 Select 语句

图 14-107　配置查询参数

图 14-108　生成插入、修改、删除语句

(3) 插入一个 FormView 控件，用于实现修改界面，如图 14-109 所示。

(4) 设置 FormView 控件的数据源为前面步骤中配置的数据源控件，如图 14-110 所示。

图 14-109　FormView 控件　　　　图 14-110　配置控件的数据源

(5) 选中 FormView 控件，然后在属性面板中修改控件的默认显示视图为编辑视图，如图 14-111 所示。

(6) 进入 FormView 控件的编辑模板设置状态，如图 14-112 所示。

图 14-111　修改默认视图　　　　图 14-112　切换到模板编辑状态

(7) 将图书类别文本框换成下拉框，打开任务面板，单击"编辑 DataBindings"选项，如图 14-113 所示。

(8) 在数据绑定对话框中将 SelectedValue 属性绑定到"bcid"字段，如图 14-114 所示。

图 14-113　下拉框任务面板　　　　图 14-114　数据绑定对话框

(9) 在图书编号下拉框的任务面板中单击"选择数据源"选项，弹出选择数据源的界面，在"选择数据源"下拉框中选择"<新建数据源...>"选项，如图 14-115 所示。

(10) 进入"选择数据源类型"界面。在此选中"数据库"图标，单击"确定"按钮，如图 14-116 所示。

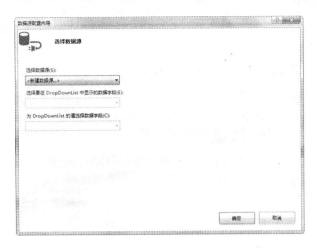

图 14-115　"选择数据源"界面

图 14-116　"选择数据源类型"界面

(11) 在"配置 Select 语句"界面中，选择读取图书分类表中的所有字段，如图 14-117
所示。然后完成数据源配置。

图 14-117　配置 Select 语句

(12) 在"选择数据源"界面中，选择显示字段为"bcName"，值选择字段为"bcId"，单击"确定"按钮，如图 14-118 所示。

图 14-118 "选择数据源"界面

(13) 为 FormView 控件设置自动套用格式，并将字段名改为对应的中文文字，设置完成后的界面如图 14-119 所示。修改图书信息页面开发完成，运行效果如图 14-120 所示。

图 14-119 完成开发的界面

图 14-120 修改图书信息的运行界面

14.10.5 查看图书订单列表

本页面功能为显示所有订单的信息列表，管理员单击"详细信息"链接后，可以进入订单详细页面。本页面的开发过程较为简单，使用 ASP.NET 提供的几个控件即可完成。下面介绍页面的开发过程。

(1) 在 admin 目录中新建一个"orderList.aspx"页面，并在页面中放置一个 SQL 数据源控件。

(2) 在"配置 Select 语句"界面中，选择"指定自定义 SQL 语句或存储过程"选项，单击"下一步"按钮，如图 14-121 所示。

(3) 在"定义自定义语句或存储过程"界面中单击"查询生成器"按钮，启动查询生成器，如图 14-122 所示。

(4) 配置 Select 语句为从订单表和支付方式表中读取数据，如图 14-123 所示。

图 14-121 "配置 Select 语句"界面

图 14-122 "定义自定义语句或存储过程"界面

图 14-123 配置查询语句

(5) 插入一个 GridView 控件，设置数据源为上一步配置好的数据源控件，如图 14-124 所示。

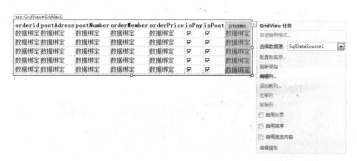

图 14-124　选择数据源

(6) 修改各个字段的 HeaderText 属性为中文名称，如图 14-125 所示。

图 14-125　修改列标题

(7) 把"是否支付"、"是否发货"这两个列的 ReadOnly 属性都设置为"True"，如图 14-126 所示。订单列表页面开发完成，运行界面如图 14-127 所示。

图 14-126　设置只读属性

图 14-127 订单列表页面的运行效果

14.10.6 图书订单详细及发货处理

管理员可以通过图书订单详细及发货处理页面实现查看订单信息、订单收款和发货状态修改。使用以下步骤实现本页面。

（1）在 admin 目录中新建一个"postOrder.aspx"文件，并添加一个 SQL 数据源控件。配置数据源控件，设置 SQL 语句为从订单信息表中读取除查询密码以外的所有信息，如图 14-128 所示。

图 14-128 配置订单详细信息查询语句

（2）在"配置 Select 语句"界面中单击 WHERE 按钮，弹出添加条件对话框，设置查询条件为订单编号等于传递参数中的订单编号，如图 14-129 所示。完成数据源配置。

图 14-129 查询条件的设置

(3) 在页面中插入一个 DetailsView 控件,将数据源控件设置为上一步配置的数据源,如图 14-130 所示。

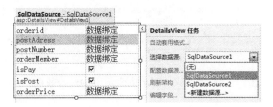

图 14-130　DetailsView 控件的数据源配置

(4) 在 DetailsView 的任务面板中单击"编辑字段"选项,出现"字段"设置对话框,将每个字段的 HeaderText 属性设置为对应的中文名称,如图 14-131 所示。单击"确定"按钮完成修改,如图 14-132 所示。

图 14-131　修改列标题

图 14-132　完成修改后的控件

(5) 在页面中插入一个 SQL 数据源控件,启动配置向导,在"配置 Select 语句"界面中选择"指定自定义 SQL 语句或存储过程"选项,单击"下一步"按钮,如图 14-133 所示。

(6) 在"定义自定义语句或存储过程"界面中单击"查询生成器"按钮,启动查询生成器。在查询生成器中配置从订单详细和图书信息表中读取数据,在订单编号的筛选器一列中输入"=@orderid",然后单击"确定"按钮,如图 14-134 所示。然后单击"下一步"按钮。

(7) 在"定义参数"界面中,设置查询条件为订单号等于参数中的订单号,单击"下一步"按钮,如图 14-135 所示。然后完成数据源配置。

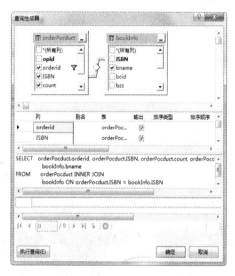

图 14-133 "配置 Select 语句"界面

图 14-134 查询生成器

图 14-135 配置查询参数

(8) 插入一个 GridView 控件，并且指定数据源为上一步配置的数据源，如图 14-136 所示。

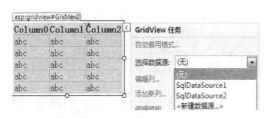

图 14-136　设置 GridView 控件

(9) 在 GridView 的任务面板中选择"编辑列"选项，弹出"字段"编辑对话框，将各个字段的标题修改为中文，如图 14-137 所示。

图 14-137　"字段"编辑对话框

(10) 为插入的两个数据显示控件设置自动套用格式，完成后的界面如图 14-138 所示。

(11) 在页面中插入两个 LinkButton 控件，分别修改 Text 属性为"已收款"和"已发货"，如图 14-139 所示。

已收款　　　　已发货

图 14-138　完成自动套用格式后的界面　　　　图 14-139　插入的两个按钮控件

(12) 在 Page_Load 方法中输入如下代码，查询订单状态，并根据状态设置上一步插入

的两个按钮是否可用：

```
protected void Page_Load(object sender, EventArgs e)
{
    //查询订单状态
    string orderid = Request.Params["orderid"];
    string sql = "select isPay,isPost from orders where orderid=@orderid";
    SqlParameter[] param = {
        new SqlParameter("@orderid", SqlDbType.Char)
    };
    param[0].Value = orderid;
    SqlDataReader dread = sqlHelper.ExecuteReader(sqlHelper.
      ConnectionStringLocalTransaction, CommandType.Text, sql, param);
    if (dread.Read())
    {
        //设置收款及发货状态
        btnIsPay.Enabled = !dread.GetBoolean(0);
        btnIsPost.Enabled = !dread.GetBoolean(1);
    }
}
```

(13) 双击"已收款"按钮，输入如下代码，完成收款功能的开发：

```
// "已收款"按钮的处理
protected void btnIsPay_Click(object sender, EventArgs e)
{
    //只有在订单没有付款也没有发货的状态下才修改状态为已付款未发货
    string orderid = Request.Params["orderid"];
    string sql = "update orders set isPay=1 "
      + "where orderid=@orderid and isPay=0 and isPost=0";
    SqlParameter[] param = {
        new SqlParameter("@orderid", SqlDbType.Char)
    };
    param[0].Value = orderid;
    if (sqlHelper.ExecuteNonQuery(sqlHelper
      .ConnectionStringLocalTransaction, CommandType.Text, sql, param) > 0)
        DetailsView1.DataBind();
    else
        Response.Write("已经处理过收款或数据库操作失败");
}
```

(14) 双击"已发货"按钮，输入以下代码，完成订单处理页面开发：

```
// "已发货"按钮的处理
protected void btnIsPost_Click(object sender, EventArgs e)
{
    //如果订单状态为已付款未发货，修改状态为已发货
    string orderid = Request.Params["orderid"];
    string sql = "update orders set isPost=1 "
      + "where orderid=@orderid and isPay=1 and isPost=0";
    SqlParameter[] param = {
        new SqlParameter("@orderid", SqlDbType.Char)
```

软件开发新课堂

```
};
param[0].Value = orderid;
if (sqlHelper.ExecuteNonQuery(sqlHelper
  .ConnectionStringLocalTransaction, CommandType.Text, sql, param) > 0)
    DetailsView1.DataBind();
else
    Response.Write("已经处理过收款或数据库操作失败");
}
```

14.10.7 支付方式设置

本例没有实现在线支付功能，而是在用户保存订单后显示网站提供的付款方式信息。本页面实现付款方式设置操作。下面介绍支付方式设置页面的开发过程。

（1）在 admin 目录中添加"payInfo.aspx"页面，并在页面上放置一个数据源控件，启动配置向导，在"配置 Select 语句"界面中，选择读取支付方式表中的所有字段，如图 14-140 所示。单击"高级"按钮，在"高级 SQL 生成选项"对话框中选择"生成 INSERT、UPDATE 和 DELETE 语句"选项，单击"确定"按钮，如图 14-141 所示。然后完成数据源的配置。

图 14-140　配置 Select 语句

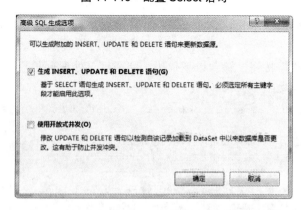

图 14-141　高级 SQL 生成选项

（2）在页面中插入一个 GridView 控件，设置数据源为上一步配置的数据源，启用编辑和删除功能，并修改各列的标题为中文，如图 14-142 所示。

图 14-142　支付方式显示控件

（3）插入一个 FormView 控件，设置与 GridView 控件同样的数据源，如图 14-143 所示。将默认视图修改为插入视图，如图 14-144 所示。修改插入模板中各列前的标题文本，最后为两个控件设置自动套用格式。完成后的支付方式页面运行效果如图 14-145 所示。

图 14-143　设置数据源　　　　　　　图 14-144　修改默认显示视图

图 14-145　支付方式运行界面

14.10.8　管理员登录

对于后台的管理功能，管理员必须登录后才能使用。本系统使用自己的管理权限分配表，所以没有使用 ASP.NET 权限管理功能，但是通过使用 ASP.NET 登录控件，也使本页面开发工作量得到降低。下面介绍登录页面的开发过程。

（1）　在 admin 目录下新建一个"login.aspx"文件，打开这个文件，在页面上放置一个 Login 控件，如图 14-146 所示。然后为 Login 控件设置自动套用格式，如图 14-147 所示。

图 14-146　用户登录控件　　　　　　　　图 14-147　"自动套用格式"链接

（2）　选中登录控件，在"属性"面板中将 DestinationPageUrl 设置为"Default.aspx"，这是登录成功以后显示的后台首页，后面会介绍该页面的开发。如图 14-148 所示。

（3）　将属性面板切换到事件选项卡，在 Authenticate 事件后面的文本框上双击鼠标，重载该方法，如图 14-149 所示。

图 14-148　设置登录成功跳转页面　　　　　图 14-149　重载登录验证事件

（4）　在代码视图顶部的 using 部分中加入下面两行代码，引入 ADO.NET 名称空间：

```
using System.Data.Sql;
using System.Data.SqlClient;
```

（5）　在登录控件的 Authenticate 事件代码中输入如下代码，完成登录验证工作：

```
//用户登录事件处理
protected void Login1_Authenticate(object sender, AuthenticateEventArgs e)
{
    //获得输入用户名与密码信息
    string adminuser = Login1.UserName.Replace("'", "");
    string adminpass = Login1.Password.Replace("'", "");
    //生成程序语句
    string sql = "select count(*) from administrator "
      + "where adminname=@adminname and adminpass=@adminpass";
    SqlParameter[] param = {
        new SqlParameter("@adminname", SqlDbType.Char),
        new SqlParameter("@adminpass", SqlDbType.VarChar)
    };
```

```
    param[0].Value = adminuser;
    param[1].Value = adminpass;
    //执行查询于语句，得到查询结果
    int usercount = ((int)(sqlHelper.ExecuteScalar(sqlHelper
      .ConnectionStringLocalTransaction, CommandType.Text, sql, param)));
    if (usercount > 0)
    {
        //查询成功保存用户名
        e.Authenticated = true;
        Session["adminuser"] = adminuser;
    }
    else //查询失败
        e.Authenticated = false;
}
```

14.10.9　密码修改

本页面实现修改管理员密码功能，由于没有使用内置的权限管理功能，所以需要自己设计页面。下面介绍密码修改页面的实现过程。

(1) 建立一个"modifyAdminPassword.aspx"页面，在页面中插入一个表格，里面放入 3 个文本框、4 个验证控件和 1 个 LinkButton 控件，用于开发密码修改页面。其中 3 个文本控件的 ID 属性分别设置为 txtOldPassword、txtNewPassword、txtComfigPassword。从工具箱插入 3 个 RequiredFieldValidator 控件和 1 个 CompareValidator 控件，用于实现登录验证。其中 3 个 RequiredFieldValidator 控件的 ControlToValidate 属性分别设置为 3 个文本框控件的 ID，ErrorMessage 设置为"*"。而 CompareValidator 的 ControlToCompare 属性设置为新密码文本框的 ID，ControlToValidate 属性值设置为确认密码文本框的 ID。在下面再插入一个 LinkButton 控件，将其 Text 属性值设置为"修改密码"，密码修改界面设计完成，如图 14-150 所示。

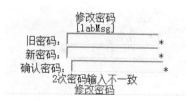

(2) 双击"修改密码"按钮，进入代码视图，输入如下代码，完成修改密码的操作：

图 14-150　修改密码界面设计

```
protected void LinkButton1_Click(object sender, EventArgs e)
{
    //获得输入的新旧密码，及登录时保存的用户名
    string adminuser = (string)Session["adminuser"];
    string oldPassword = txtOldPassword.Text.Replace("'", "");
    string newPassword = txtNewPassword.Text.Replace("'", "");
    //查询数据库，验证旧密码是否正确
    string sql = "select count(*) from administrator "
      + "where adminname=@adminname and adminpass=@adminpass";
    SqlParameter[] param = new SqlParameter[] {
        new SqlParameter("@adminname", SqlDbType.VarChar),
        new SqlParameter("@adminpass", SqlDbType.VarChar)
```

```
    };
    param[0].Value = adminuser;
    param[1].Value = oldPassword;
    int usercount = ((int)(sqlHelper.ExecuteScalar (sqlHelper
      .ConnectionStringLocalTransaction, CommandType.Text, sql, param)));
    if (usercount <= 0)
    {
        labMsg.Text = "旧密码错误";
    }
    else
    {
        //执行数据库操作
        string updatesql = "update administrator set adminpass=@adminpass"
          + " where adminname=@adminname";
        SqlParameter[] updateParam ={
            new SqlParameter("@adminpass", SqlDbType.VarChar),
            new SqlParameter("@adminname", SqlDbType.Char)
        };
        updateParam[0].Value = newPassword;
        updateParam[1].Value = adminuser;
        if (sqlHelper.ExecuteNonQuery(sqlHelper
          .ConnectionStringLocalTransaction,
          CommandType.Text, updatesql, updateParam) > 0)
        {
            labMsg.Text = "修改成功";
        }
        else
        {
            labMsg.Text = "操作错误";
        }
    }
}
```

14.10.10 后台首页及目录页面

管理员登录以后，系统会自动打开 admin 目录下的 Default.aspx 页面，这是后台管理的首页，是一个 HTML 框架页面，左边显示 menu.aspx 里面包含的所有后台页面的链接，单击以后在 Default.aspx 的右边框架显示对应的页面，这两个页面都是 HTML 页面，下面将给出代码。

在 admin 目录中新建一个 Default.aspx 文件作为后台首页，编写如下代码：

```
<%@ Page Language="C#" AutoEventWireup="true" CodeFile="Default.aspx.cs"
 Inherits="admin_Default" %>

<!DOCTYPE html PUBLIC "-//W3C//DTD XHTML 1.0 Transitional//EN"
 "http://www.w3.org/TR/xhtml1/DTD/xhtml1-transitional.dtd">
```

```
<html xmlns="http://www.w3.org/1999/xhtml">
   <head id="Head1" runat="server">
      <title>后台系统</title>
   </head>
   <frameset cols="180,*" frameborder="no" border="0" framespacing="0">
      <frame src="menu.htm" name="leftFrame" scrolling="No"
        noresize="noresize" id="leftFrame" />
      <frame src="adminBookInfo.aspx" name="mainFrame" id="mainFrame" />
   </frameset>
   <noframes>
      <body>浏览器不支持框架页面！</body>
   </noframes>
</html>
```

在 admin 目录下建立一个 menu.aspx 页面，作为首页左边显示的目录页，在 menu.aspx 中添加如下 HTML 代码：

```
<!DOCTYPE html PUBLIC "-//W3C//DTD XHTML 1.0 Transitional//EN"
 "http://www.w3.org/TR/xhtml1/DTD/xhtml1-transitional.dtd">

<html xmlns="http://www.w3.org/1999/xhtml">
<head>
   <title>无标题页</title>
</head>
<body>
   <table style="width:100%;">
      <!--图书类别管理连接-->
      <tr>
         <td>
            <div align="center">
            <a href="bookTypeAdmin.aspx" target="mainFrame">
               图书类别管理</a>
            </div>
         </td>
      </tr>
      <!--添加图书链接-->
      <tr>
         <td>
            <div align="center">
            <a href="addBookInfo.aspx" target="mainFrame">
               添加图书信息</a>
            </div>
         </td>
      </tr>
      <!--管理图书链接-->
      <tr>
         <td>
            <div align="center">
```

```
            <a href="adminBookInfo.aspx" target="mainFrame">
                管理图书信息</a>
            </div>
        </td>
    </tr>
    <!--订单管理链接-->
    <tr>
        <td>
            <div align="center">
            <a href="orderList.aspx" target="mainFrame">
                订单信息管理</a>
            </div>
        </td>
    </tr>
    <!--修改密码链接-->
    <tr>
        <td>
            <div align="center">
            <a href="modifyAdminPassword.aspx" target="mainFrame">
                修改管理员密码</a>
            </div>
        </td>
    </tr>
    </teble>
</body>
</html>
```

后台首页开发完成，结果如图 14-151 所示。

图 14-151 图书管理系统后台首页

14.11 程 序 部 署

到目前为止，就完成了图书销售系统的全部程序开发工作，下一步就是将程序部署到服务器上，注意服务器上必须安装 Microsoft .NET Framework 4.5 及 SQL Server 2008 的任意一个版本，这里假设环境为 Windows 7 + SQL Server 2008 + IIS 7.5 + Microsoft .NET Framework 4.5，如环境不同，可参照其他资料进行设置。

14.11.1　数据库的安装

在服务器上安装应用程序之前，首先需要将数据库恢复到服务器的 SQL Server 数据库中，下面介绍如何在 SQL Server 2008 中恢复图书销售数据库。

(1) 将代码拷入电脑，取消只读属性，在 **App_Data** 目录上单击鼠标右键，在弹出的菜单中选择"属性"命令，打开属性面板，如图 14-152 所示。

提示

数据库必须去掉只读属性才能正确访问。

(2) 在属性对话框中选择"安全"选项卡，如图 14-153 所示。在"安全"选项卡中单击"编辑"按钮，打开权限编辑对话框，如图 14-154 所示。

(3) 在"安全"选项卡中单击"添加"按钮，出现"选择用户或组"对话框，如图 14-155 所示。

图 14-152　目录的右键快捷菜单

图 14-153　目录属性的"安全"选项卡

图 14-154　权限编辑对话框

图 14-155　"选择用户或组"对话框

(4) 在"选择用户或组"对话框中单击"高级"按钮，出现"选择用户或组"对话框

的高级界面，如图 14-156 所示。

(5) 在上一步的对话框中单击"立刻查找"按钮，对话框内出现所有本地系统用户，如图 14-157 所示，这里使用的是 Windows 7 系统，选中 IISUSER 用户，单击"确定"按钮，如果使用 Windows Server 2003 或其他系统，可参考相关教程进行设置。

图 14-156　对话框的高级界面　　　　　图 14-157　查找本地系统用户

(6) 回到如图 14-158 所示的对话框，单击"确定"按钮。

(7) 属性窗口出现了上一步添加的用户，如图 14-159 所示。把 ASP.NET 用户设置为完全控制。

图 14-158　"选择用户或组"对话框　　　　图 14-159　文件的"安全"属性

注意

如果是在服务器上使用标准版的 SQL Server 数据库，请建立数据库后修改 Web.config 中的下面这段代码(具体见前面的教程部分):

```
<connectionStrings>
    <add name="ConnectionString" connectionString="Data Source=
        .\SQLEXPRESS;AttachDbFilename=|DataDirectory|\bookSell.mdf;
        Integrated Security=True;
```

软件开发新课堂

```
          User Instance=True" providerName="System.Data.SqlClient" />
</connectionStrings>
```

14.11.2　IIS 服务器的设置

正式的网站一定是部署在 Windows 服务器版的 IIS 上运行的，下面简单介绍如何在 IIS 上架设本程序，作者已经按照上一步设置好数据库环境。

（1）启动 IIS。展开要建立目录的网站，因为作者使用的是 Windows 7 操作系统，这里会有一个"默认网站"，如图 14-160 所示。

图 14-160　IIS 启动界面

（2）在"默认网站"上面单击鼠标右键，从弹出的快捷菜单中选择"添加虚拟目录"命令，如图 14-161 所示。

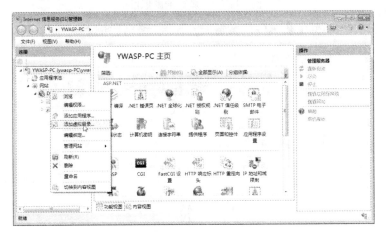

图 14-161　新建虚拟目录

（3）出现"虚拟目录创建向导"对话框，单击"下一步"按钮，如图 14-162 所示。

（4）出现"虚拟目录别名"设置界面，在"别名"文本框中输入需要的别名，例如这里输入"boolSell"，单击"下一步"按钮，如图 14-163 所示。

软件开发新课堂

图 14-162　虚拟目录创建向导　　　　　　图 14-163　为图书销售系统填写一个名称

(5)　新建的虚拟目录如图 14-164 所示。

图 14-164　新建的虚拟目录

(6)　运行后出现图书销售系统的首页面，如图 12-165 所示。

图 14-165　图书销售系统首页

14.12　总　　结

本例结合 Microsoft Visual Studio 2012 和 ASP.NET 4.5 开发环境介绍了电子商务网站的核心模块——购物车的开发过程。读者通过本例学习，应该掌握购物车的开发思想与实现过程，为开发电子商务网站做好技术准备。

本例在分析阶段使用了用例图和数据库结构图进行了数据库系统的设计。这是目前信息系统分析与设计中使用的两种主要建模方法，读者应结合其他资料仔细学习这两种方法及相关工具的使用。

　　另外，本例列出了 sqlHelper 数据库访问助手类，该类减轻了 ADO.NET 数据库编程的负担。读者应该在掌握该类使用方法的同时，学习 DAAB 中其他类的使用方法。

14.13　上 机 练 习

　　(1)　将购物车信息保存到数据库中。
　　(2)　修改购物车页面，用户直接输入商品数量进行修改。
　　(3)　为图书销售系统集成一种在线支付系统。

第 **15** 章

制作个人博客系统

学前提示

最近几年，Web 2.0 网站逐渐流行起来，并且从概念逐渐开始向互联网的主流应用甚至中心内容发展。从 Web 2.0 发展出企业应用 2.0 甚至是软件 2.0，各种新概念层出不穷，让一些开发人员感到有些不知所措。本例介绍的博客系统，一出现就成为 Web 2.0 应用中最早流行起来的程序之一。博客在一定程度上是从以前论坛的基础上发展起来的，用户发表文章以后，其他人可以对内容发表自己的评论。同时它又与文章类网站是同一类型，不同在于用户可以发布内容、充当编辑的角色，使整个网站内容更新的速度超过以往的任何网站。

本例通过一个博客系统的开发，向读者介绍权限管理、查询参数判断等 ASP.NET 中较为深入的内容，希望读者通过本章的学习，熟练掌握本书介绍的各种知识。

知识要点

- 博客系统的数据结构
- 分类数据查询与按关键字数据查询
- ASP.NET 权限管理的配置方式
- ASP.NET 登录控件的使用

15.1　系　统　概　述

对于博客的功能，读者都比较清楚了，主要实现博客拥有者可以发表文章、浏览者可以查看并评论文章。当然这个系统可大可小，本例主要帮助读者学习 ASP.NET 应用系统的开发方式以及开发 B/S 系统的基本步骤，所以将开发一个简单的个人单用户博客系统。

本实例尽量使用 ASP.NET 控件开发，让读者熟悉 ASP.NET 控件的基本使用方法。另外，本例不过多涉及 Microsoft Visual Studio 2012 增加的 Ajax 等专业控件，以便让读者能够集中精力学好 ASP.NET 开发应用程序的基本方法。

15.2　需　求　分　析

本例实现的是单用户博客系统，从总体操作流程上来说，系统拥有者可以发布文章，浏览者访问浏览后可以评论文章，拥有者进而可以对评论进行回复。

用户进入首页后就显示出全部文章列表，也可以通过左边的列表选择只查看那些分类的文章。用户单击文章标题进行查看时需要为文章增加一个访问次数，文章内容页面需要显示本文章的访问次数。用户查看文章以后可以在页面下方对文章进行评论，也可以查看其他用户的评论。

博客拥有者则可以在登录以后进行分类管理、文章管理、评论回复等一系列操作。

另外，考虑到本例是让读者熟悉 ASP.NET 程序的开发过程，掌握软件开发的基本方法，所以在一些功能的实现方面比较简单，读者熟练掌握 ASP.NET 程序开发方法后，可以对本例的内容进行完善和扩充。

15.3　用　例　图

根据前面的分析，绘制本系统用例图，如图 15-1 所示。

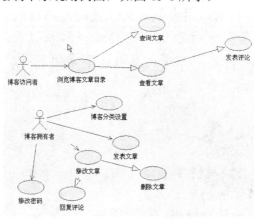

图 15-1　博客系统用例图

本实例包括的主要功能如下。

- 前台：分类浏览博客目录、查看文章内容、评论文章、查看评论。
- 后台：设置分类、发布/编辑文章、评论回复、修改密码。

15.4　系统的总体设计

本例的主要目的是让读者掌握如何应用 Microsoft Visual Studio 2012 开发 ASP.NET 应用程序，熟练掌握前面介绍的 ASP.NET 4.5 数据库访问控件、数据源绑定控件和基本服务器端控件的使用方法。

本例的整体结构尽量使用了 ASP.NET 内置控件进行开发，只有少数功能因为实现的方便性而采用编写 ADO.NET 代码的方式来实现。

考虑读者可能是第一次进行 ASP.NET 开发，以前并没有使用过 Microsoft Visual Studio，所以没有使用 Ajax 等高级功能和 Microsoft Visual Studio 2012 的一些新增功能，让读者能够集中精力掌握 ASP.NET 数据库开发的基本方法。

15.5　开 发 环 境

本系统采用如下环境开发。

- 操作系统：Windows 7。
- 开发工具：Microsoft Visual Studio 2012。
- UML 建模工具：Rational Rose。
- 数据库设计工具：PowerDesigner 12。
- 数据库环境：SQL Server LocalDB(Microsoft Visual Studio 2012 附带)。

15.6　数据库结构

对于一个基于 Web 的应用程序而言，数据库设计的好坏是直接关系到系统性能、开发速度等的重要因素。

不管是关系数据系统设计方法还是 Web 应用的数据结构设计方法，都有大量的设计模式，感兴趣的读者可以查看其他资料。

针对博客系统，可能需要关注以下几个问题。

(1) 浏览量远远大于更新速度。这就要求数据库的查询速度快。当然本例只是简单实例，大型 Blog 系统一般采用生成静态 HTML 页面的方式来实现前台。

(2) 时间、点击率、评论与回复。这是一般信息系统与网站系统相比的不同之处，信息系统主要是实现查询、分析数据的功能，所以时间、点击率、评论与回复这些功能可有可无。而网站系统是要与用户交流使用，必须有这些信息。

根据上述原则和前面的用例设计图，来确定本系统的数据库结构，如图 15-2 所示。

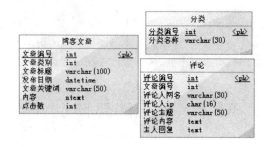

图 15-2 博客系统数据库设计图

各表字段的英文名称如下。

- 分类(articleClass)：cid、cname。
- 博客文章(articles)：id、class、title、pushTime、keyWords、content、clockCount。
- 评论(review)：rid、aid、remen、reip、retitle、recontent、reviceRecord。

注意

其中各表的关键字均设置为自动增长。文章表的 pushTime 字段的默认值设置为"getdate()"，这样每次插入数据时，系统都会自动地将当前时间插入到表格中。

15.7 项目环境的搭建

创建项目的操作步骤如下。

(1) 启动 Microsoft Visual Studio 2012，界面如图 15-3 所示。

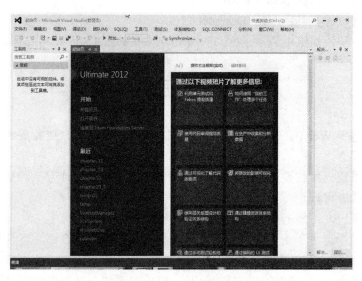

图 15-3 Microsoft Visual Studio 2012 界面

(2) 从菜单栏中选择"文件"→"新建网站"命令，弹出"新建网站"对话框，选择"ASP.NET Web 窗体网站"，语言选择"Visual C#"，如图 15-4 所示，设置完保存路径后，单击"确定"按钮。

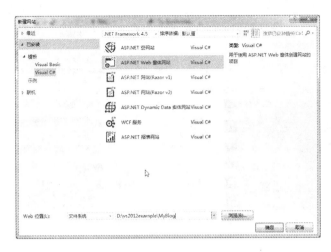

图 15-4　"新建网站"对话框

(3) 使用"ASP.NET Web 窗体网站"模板，新建网站系统会自动生成系列文件夹及文件，这些文件将显示在编辑区右边上半部分"解决方案资源管理器"窗口，如图 15-5 所示。

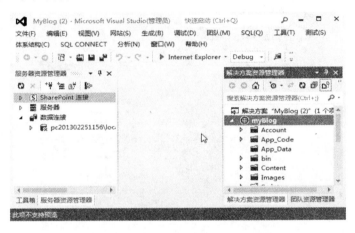

图 15-5　自动生成系列文件夹及文件

(4) 在生成的项目文件中，删除本实例中不需要的如下文件及文件夹：About.aspx、Contact.aspx、Default.aspx、Global.asax、APP_Code。

(5) 在 App_Data 目录上单击鼠标右键，从弹出的快捷菜单中选择"添加新项"命令。在弹出的"添加新项"窗口中选择默认的"SQL Server 数据库"以及"Visual C#"语言，在"名称"处输入数据库名称"MyBlogDB"，单击"添加"按钮，如图 15-6 所示。添加完成以后，返回到刚才的"解决方案资源管理器"，并自动切换到"服务器资源管理器"，在左边"服务器资源管理器"的"数据连接"项将显示新建的数据库信息，在 App_Data 文件夹中将显示刚刚建立的数据库名称，如图 15-7 所示。

(6) 右键点击"数据连接"中的数据库名"MyBlogDB.mdf"，从弹出的快捷菜单中选择"刷新"命令，Microsoft Visual Studio 2012 就会连接数据库。

(7) 在"表"上面单击鼠标右键，弹出的快捷菜单如图 15-8 所示，从快捷菜单中选择"添加新表"命令。

(8) 工作区中出现如图 15-9 所示的新建表界面，在界面的上半部分输入对应的字段并保存，即可建立本例需要的表格。

图 15-6　添加新项

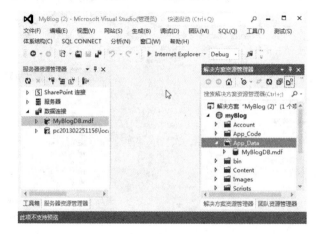

图 15-7　服务器资源管理器

图 15-8　添加新表

图 15-9　新建表界面

15.8 前台程序代码

博客系统的前台程序主要要求实现的功能为:浏览博客目录及分类查询;查看文章阅读排行;查看文章内容;评论文章。

前台文件全部在根目录,文件名及简单介绍如下。

● Default.aspx:博客首页页面。主要功能为显示博客文章列表、查看博客分类、按分类查看文章、查看文章阅读排行。

● viewArticle.aspx:查看文章内容页面。主要功能为查看文章内容、查看文章评论、对文章进行评论。

15.8.1 博客首页的实现

本页面实现全部文章的显示、分类显示、文章阅读排行显示。页面使用数据源控件访问数据库,并使用 DataList 控件展示数据。下面介绍博客首页的开发过程。

(1) 右键点击项目名称,从弹出的快捷菜单中选择"添加"→"添加新项"命令,出现"添加新项"窗口,如图 15-10 所示。在窗口中选择"Web 窗体",语言选择"Visual C#",名称使用默认的 Default.aspx 文件,然后单击"添加"按钮,将在资源管理器中添加一个新的 Web 页面。

图 15-10 新建 Default.aspx 页面

(2) 双击 Default.aspx 文件,并点击左下角的"设计"选项卡,将页面切换到设计状态。

(3) 拖放三个 SqlDataSource 控件到页面上,作为数据库访问控件,如图 15-11 所示。

(4) 选中第一个数据源控件,如图 15-12 所示。

(5) 单击图 15-12 中的右箭头,出现"SqlDataSource 任务"面板,如图 15-13 所示。

图 15-11　添加三个数据源控件后的首页

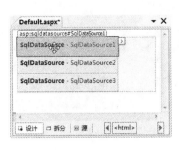

图 15-12　选中一个数据源控件

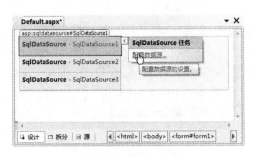

图 15-13　数据源控件任务面板

（6）在如图 15-13 所示的"SqlDataSource 任务面板"中选择"配置数据源"命令，打开 SqlDataSource 配置向导对话框，在"应用程序连接数据库应使用哪个数据连接"下拉框中自动列出 App_Data 目录下的数据库文件。选择前面创建的数据库文件并单击"下一步"按钮，如图 15-14 所示。

图 15-14　配置数据源

（7）因为是第一次配置数据源，系统询问是否保存数据连接字符串，因为程序会多次使用相同的数据库设置，在这里要保存起来，方便以后使用。输入一个数据库链接字符串的名称并单击"下一步"按钮，如图 15-15 所示。

图 15-15　保存连接字符串

注意

在配置数据库连接时，一定要将连接字符串保存在配置文件中，并在以后使用同一数据库时重用该连接，否则部署程序时会出现不一致问题。

(8)　出现"配置 Select 语句"界面，因为需要实现的查询语句条件比较复杂，无法使用简单的查询语句生成工具生成，这里选择"指定自定义 SQL 语句或存储过程"选项，单击"下一步"按钮，如图 15-16 所示。

图 15-16　配置 Select 语句

(9)　进入"定义自定义语句或存储过程"界面，可以配置查询、修改、增加、删除四种语句。因为本页面只是查询功能，就只配置"Select 语句"，如图 15-17 所示。

图 15-17   只配置 "Select 语句"

(10) 在如图 15-17 所示的界面中单击"查询生成器"按钮，添加文章表与文章分类表，把文章的 class 字段与分类表的 cid 字段建立联系，选择两张表中除分类表的 cid 以外的所有字段，单击"确认"按钮，如图 15-18 所示。

图 15-18   使用 "查询生成器"

 注 意

> 在"查询生成器"中可以通过拖动的方式创建表与表的关系。

(11) 回到 SQL 语句配置界面，现在看到在"SQL 语句"文本框中显示的 SQL 语句就是在上一步配置的 SQL 语句，单击"下一步"按钮，如图 15-19 所示。

(12) 数据源配置完成，单击"完成"按钮，完成数据源配置，如图 15-20 所示。

其他两个数据源控件的配置方法基本一样，只是 SQL 语句配置页面不一样，下面分别给出 SQL 语句配置界面。如图 15-21 所示为 SqlDataSource2 控件的数据源配置界面。如图 15-22 所示为 SqlDataSource3 控件的数据源"配置 Select 语句"界面。如图 15-23 所示为 SqlDataSource3 控件数据源的"定义自定义语句或存储过程"配置界面。

图 15-19　生成的查询语句

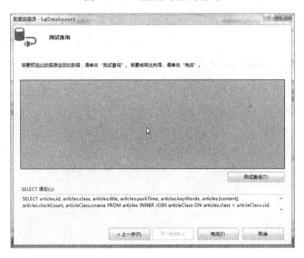

图 15-20　数据源配置成功

图 15-21　SqlDataSource2 控件的数据源配置界面

图 15-22　SqlDataSource3 控件的数据源配置界面

图 15-23　"定义自定义语句或存储过程"界面

(13) 在页面上插入一个表格，用于对首页进行排版，如图 15-24 所示。

图 15-24　布局表格

(14) 在如图 15-24 所示的表格的右边插入一个 DataList，并选中这个控件，单击小箭头，出现如图 15-25 所示的小面板。在"选择数据源"下拉框中把数据源设置为 SqlDataSource1。

图 15-25　任务小面板

(15) 在如图 15-25 所示的任务面板中单击"自动套用格式"项，出现"自动套用格式"的对话框，如图 15-26 所示。选择需要的风格，这里选择"红糖"样式，单击"确定"按钮，可以看到已经应用了自动套用格式。

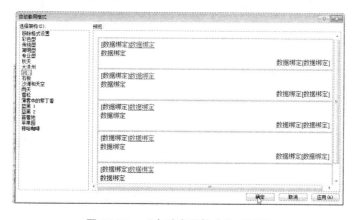

图 15-26　"自动套用格式"对话框

(16) 打开刚刚插入的 DataList 控件的"任务面板"，单击面板上面的"编辑模板"按钮，出现编辑模板界面，如图 15-27 所示。

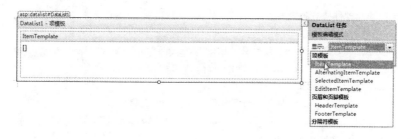

图 15-27　模板编辑界面

(17) 在"DataList 任务"面板的"显示"下拉框中选择"ItemTemplate"模板选项进行数据项显示模板的编辑，在模板编辑状态随便输入几个文字，方便我们过一会找到位置，替换成需要的源代码。单击"结束模板编辑"链接结束模板编辑。

(18) 单击编辑窗口下方的"源"按钮，切换到源代码界面，如图 15-28 所示。

图 15-28　切换编辑状态

(19) 把刚才随便输入的文字替换为下面这段代码：

```html
<!-- 文章列表表格 -->
<table width="600" border="0">
  <tr>
  <!-- 显示 文章类别、标题和时间 -->
  <td>
  [<%# Eval("cname")%>]
  <a href="viewArticle.aspx?id=<%# Eval("id")%>" /><%# Eval("title")%>
  </td>
  </tr>
  <tr>
  <!-- 读取文章内容的前 30 个文字作为文章摘要 -->
  <td>
  <%# Eval("content").ToString().Substring(0, Eval("content")
    .ToString().Length > 30 ? 30 : Eval("content").ToString().Length) %>
  </td>
  </tr>
  <tr>
  <!-- 显示文章发布时间和点击率 -->
  <td>
  <div align="right">
  <%# Eval("pushTime")%>[<%# Eval("clockCount")%>]
  </div>
  </td>
  </tr>
</table>
```

(20) 用同样的方法，在页面表格左上方的单元格中放置一个 DataList 控件，数据源指定为 SqlDataSource2，设置好样式，并将控件替换为下面这段代码：

```html
<!-- DataList 控件样式控制 -->
<asp:DataList ID="DataList2" runat="server" DataKeyField="cid"
 DataSourceID="SqlDataSource2" BackColor="#DEBA84" BorderColor="#DEBA84"
 BorderStyle="None" BorderWidth="1px" CellPadding="3" CellSpacing="2"
 GridLines="Both" Width="153px">
<FooterStyle BackColor="#F7DFB5" ForeColor="#8C4510" />
<ItemStyle BackColor="#FFF7E7" ForeColor="#8C4510" />
<SelectedItemStyle BackColor="#738A9C" Font-Bold="True"
 ForeColor="White" />
  <!-- 表格头部显示首页连接 -->
  <HeaderTemplate>
     <a href="Default.aspx">首页</a>
     <br />
     <br />
  </HeaderTemplate>
  <!-- 设置字体格式 -->
  <HeaderStyle BackColor="#A55129" Font-Bold="True" ForeColor="White" />
  <!-- 内容模板设置 -->
  <ItemTemplate>
```

```
    <a href="Default.aspx?cid=<%# Eval("cid") %>">
        <%# Eval("cname") %>
    </a>
    <br />
    <br />
    </ItemTemplate>
</asp:DataList>
```

(21) 在页面的左下方表格中，放置一个 DataList 控件，数据源指定为 SqlDataSource3，设置好样式，并将控件替换为下面这段代码：

```
<asp:DataList ID="DataList3" runat="server" DataKeyField="id"
 DataSourceID="SqlDataSource3" BackColor="#DEBA84" BorderColor="#DEBA84"
 BorderStyle="None" BorderWidth="1px" CellPadding="3" CellSpacing="2"
 GridLines="Both">
    <!-- DataList 样式控制 -->
    <FooterStyle BackColor="#F7DFB5" ForeColor="#8C4510" />
    <ItemStyle BackColor="#FFF7E7" ForeColor="#8C4510" />
    <SelectedItemStyle BackColor="#738A9C" Font-Bold="True"
      ForeColor="White" />
    <HeaderStyle BackColor="#A55129" Font-Bold="True" ForeColor="White" />
    <!-- 头部标题模板 -->
    <HeaderTemplate>热点排行</HeaderTemplate>
    <!-- 内容模板 -->
    <ItemTemplate>
    •<a href="viewArticle.aspx?id=<%# Eval("id")%>" />
    <%# Eval("title")%>(<%# Eval("clockCount") %>)<br />
    </ItemTemplate>
</asp:DataList>
```

(22) 在页面空白处双击鼠标左键，Microsoft Visual Studio 2012 会进入与本 ASPX 页面绑定的.cs 代码视图，并自动添加用于页面加载时执行的 Page_Load 方法，把该方法的代码修改如下，用于用户单击分类以后，重新加载文章数据：

```
protected void Page_Load(object sender, EventArgs e)
{
    string cid = Request.Params["cid"]; //接受分类参数
    if (cid != null) //判断传递的类别参数是否为空
    {
        //如果是按分类查询，则根据分类重新生成查询语句，读取该分类的所有文章数据
        SqlDataSource1.SelectCommand =
          "SELECT articles.id, articles.class, articles.title,"
            + " articles.pushTime, articles.keyWords,";
        SqlDataSource1.SelectCommand +=
          "articles.[content], articles.clockCount, articleClass.cname "
            + "FROM articles,articleClass";
        SqlDataSource1.SelectCommand +=
          " where articles.class = articleClass.cid and articleClass.cid="
            + cid + " ORDER BY articles.id DESC";
    }
}
```

整个首页开发完毕，最终效果如图 15-29 所示。

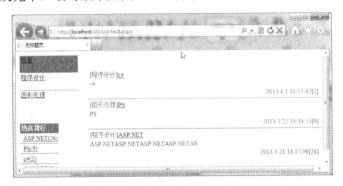

图 15-29　博客首页的运行效果

15.8.2　博客内容查看及评论

本页面要实现的功能为——查看文章内容、查看文章评论、发表对文章的评论。下面介绍开发过程。

在项目中添加一个"viewArticle.aspx"页面，并添加两个 SqlDataSource 数据源控件。

（1）设置第一个数据源控件，控件的功能为根据传递的 id 参数读取对应的文章，数据源控件的其他配置与前面一样，这里只给出 Select 语句配置页面的方法，如图 15-30 所示。

图 15-30　查询语句的配置

（2）在如图 15-30 所示的界面中单击 WHERE 按钮，按照如图 15-31 所示进行设置，单击"添加"按钮，再单击"确定"按钮。回到如图 15-30 所示的界面，单击"下一步"按钮，在出现的对话框中单击"完成"按钮，即完成数据源控件的配置。

（3）第二个数据源控件用于评论数据的读取，该控件的 Select 语句配置界面如图 15-32 所示。

（4）单击 WHERE 按钮，配置为根据传递的参数读取相关的文章，如图 15-33 所示。

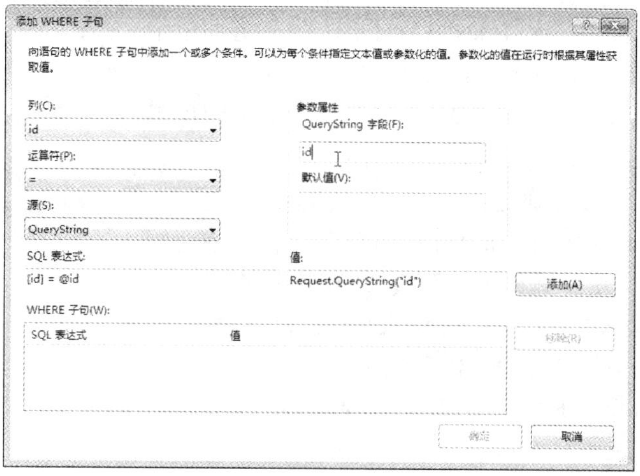

图 15-31 WHERE 条件配置

图 15-32 查询语句配置

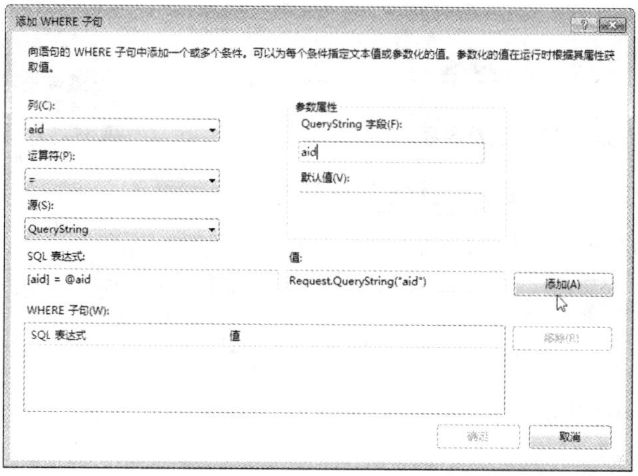

图 15-33 WHERE 条件配置

(5) 在页面上面放置一个 DataList 控件，在任务面板中将数据源设置为 SqlDataSource1，如图 15-34 所示。

(6) 在如图 15-34 所示的"DataList 任务"面板中单击"自动套用格式"选项，出现"自动套用格式"对话框，选择"红糖"格式，单击"确定"按钮，如图 15-35 所示。

(7) 在"DataList 任务"面板的"显示"下拉框中选择 ItemTemplate 模板，进行数据项显示模板的编辑，在模板编辑状态随意输入几个文字，方便一会找到位置替换成需要的源代码，单击"结束模板编辑"链接结束模板编辑，如图 15-36 所示。

图 15-34　选择数据源

(8) 单击编辑窗口下方的"源"，切换到源代码界面，如图 15-37 所示。

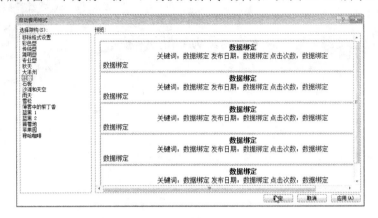

图 15-35　"自动套用格式"对话框

图 15-36　模板编辑界面

图 15-37　切换编辑状态

(9) 把刚才随便输入的文字，替换为如下代码：

```
<!--显示文章内容列表模板代码 -->
<table width="700" border="0" align="center">
  <!-- 显示文章标题 -->
  <tr>
  <td>
  <div align="center"><strong><%# Eval("title") %></strong></div>
  </td>
  </tr>
  <!-- 显示文章属性 -->
```

```
<tr>
<td>
<div align="center">
关键词：<%# Eval("keyWords") %>
发布日期：<%# Eval("pushTime") %>
单击次数：<%# Eval("clockCount")%>
</div>
</td>
</tr>
<!-- 显示文章内容 -->
<tr>
<td><%# Eval("content") %></td>
</tr>
</table>
```

（10）在下面再插入一个 DataList 控件，选择数据源为 SqlDataSource2，修改代码为下面这段代码。用于显示访问者的评论信息：

```
<!-- 文章评论信息列表 -->
<asp:DataList ID="DataList2" runat="server" DataSourceID="SqlDataSource2">
    <!-- 评论列表标题 -->
    <HeaderTemplate>
        评论列表
    </HeaderTemplate>
    <ItemTemplate>
    <!-- 评论显示模板 -->
        <table width="592" border="0" align="center">
        <!-- 显示评论标题 -->
            <tr>
                <td>
                <%# Eval("remen") %>(<%# Eval("reip") %>)发布评论
                <%# Eval("retitle") %>
                </td>
            </tr>
            <!-- 显示评论内容 -->
            <tr>
                <td><%# Eval("recontent") %></td>
            </tr>
            <!-- 显示主人回复信息 -->
            <tr>
                <td>
                <div align="center">主人回复：<%# Eval("reviceRecord")%>
                </div>
                </td>
            </tr>
            <!-- 显示评论发表时间 -->
            <tr>
            <td><div align="right">发布时间：<%# Eval("retime")%></div></td>
            </tr>
        </table>
    </ItemTemplate>
</asp:DataList>
```

(11) 在页面最下方插入一个表格，放置如图 15-38 所示的一些控件，用于发表评论。其中的昵称、评论主题、评论内容的文本框的名称分别为 txtReMen、txtReTitle、txtRecontent。发表按钮为普通的.NET 按钮控件，而重填按钮为普通 HTML 的 RESET 按钮。还有一个 RequiredFieldValidator 控件，验证用户必须输入评论主题。

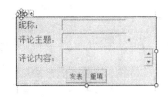

图 15-38 发表评论界面的效果

双击"发布"按钮，切换到代码视图，为"发布"按钮添加如下代码，实现发表评论的功能：

```
//根据用户输入和文章编号，生成插入文章的 SQL 语句
string sql = "insert into review(aid,remen,retitle,recontent,reip) values("
  + Request.Params["id"] + ",'" + txtReMen.Text + "','" + txtReTitle.Text
  + "','" + txtRecontent.Text + "','" + Request.UserHostAddress + "')";
//建立数据库连接
using (SqlConnection conn = new SqlConnection(System.Configuration
  .ConfigurationManager.ConnectionStrings["ConnectionString"]
  .ConnectionString))
{
    //打开数据库连接，执行插入语句，关闭数据库连接
    conn.Open();
    SqlCommand cmd = new SqlCommand(sql, conn);
    cmd.ExecuteNonQuery();
    conn.Close();
}
//刷新评论列表，并清空发表评论输入框
DataList2.DataBind();
txtRecontent.Text = "";
txtReMen.Text = "";
txtReTitle.Text = "";
```

提示

在这段代码中直接调用了 ADO.NET 类库。

(12) 为了统计每篇网站的阅读参数，在页面的 Page_Load 事件中添加代码，用于增加文章阅读计数：

```
protected void Page_Load(object sender, EventArgs e)
{
    string id = Request.Params["id"]; //接收文章编号参数
    //如果文章编号为空，则为非法请求，转入系统首页
    if (id == null || id.Length <= 0)
        Response.Redirect("Default.aspx");
    else
    {
        //更新 SQL 语句，将访问的这篇文章的访问量加 1
        string sql = "update articles set clockCount=clockCount+1 where id="
         + id;
        //建立数据库连接
        using (SqlConnection conn = new SqlConnection(System.Configuration
```

软件开发新课堂

```
.ConfigurationManager.ConnectionStrings["ConnectionString"]
.ConnectionString))
{
    //打开数据库连接，执行 SQL 语句，修改文章访问量，然后关闭数据库连接
    conn.Open();
    SqlCommand cmd = new SqlCommand(sql, conn);
    cmd.ExecuteNonQuery();
    conn.Close();
}
}
}
```

文章显示页面全部开发完成，效果如图 15-39 所示。

图 15-39　文章显示页面的效果

15.9　后台代码实现

后台页面主要实现博客创建者对博客文章的管理、评论的管理以及分类的维护管理。后台代码全部放在 admin 目录下，包含下列文件。

- addArticles.aspx：添加文章。
- adminAricles.aspx：管理博客文章。
- classAdmin.aspx：文章分类管理。
- Default.aspx：后台管理首页。
- menu.aspx：后台目录。
- ModifyArticles.aspx：修改文章。
- modifyPassWord.aspx：修改密码。
- reView.aspx：评论管理。
- setReView.aspx：评论回复。

下面分别介绍各个页面的实现方法。

15.9.1　博客分类设置

本页面的主要功能为文章分类管理，要求在一个页面中实现分类的添加、删除和修改。下面介绍页面的开发过程。

(1) 为项目添加一个文件夹"admin"，以后所有管理有关的文件均放在该文件夹，方便后面统一设置目录权限。

(2) 我们在 admin 文件夹的下面，建立一个"classAdmin.aspx"文件，在该文件中放置一个SqlDataSource 数据源控件，打开数据源控件的"任务面板"，选择"配置数据源"选项，如图 15-40所示。

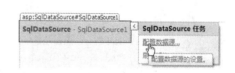

图 15-40　添加数据源控件

(3) 打开数据源控件的"配置数据源向导"对话框后，在"配置 Select 语句"之前的步骤中使用与先前的其他数据源控件完全一样配置参数，在"配置 Select 语句"一步中选择从文章分类表中读取所有字段，如图 15-41 所示。

图 15-41　配置 Select 语句

(4) 在如图 15-41 所示的界面上单击 ORDER BY 按钮，弹出排序设置窗口。

(5) 在排序设置窗口中设置按分类编号降序排列，如图 15-42 所示。

(6) 在图 15-42 中单击"确定"按钮，回到如图 15-41 所示的界面，再单击"高级"按钮，出现"高级 SQL 生成选项"对话框，把两个选项都勾选上，向导会自动为控件生成插入、修改、删除数据的 SQL 语句，如图 15-43 所示。

图 15-42　设置排序方式

图 15-43　生成数据操作语句

（7）　单击"确定"按钮，返回如图 15-41 所示的界面，一直单击"下一步"按钮，直到出现"完成"按钮，单击"完成"按钮完成数据源的配置。

数据源配置完成后，切换到源代码状态，看到刚才配置的数据源中，查询和操作的 SQL 语句均已生成，如图 15-44 所示。

图 15-44　刚生成的代码

（8）　从工具箱拖放一个 GridView 控件到页面上，如图 15-45 所示。

（9）　打开 GridView 控件的任务面板，将数据源设置为上一步建立的数据源，如图 15-46 所示。

图 15-45　GridView 控件

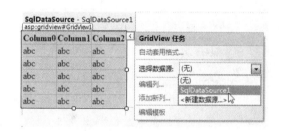

图 15-46　选择数据源

（10）在如图 15-46 所示的面板中单击"自动套用格式"选项，出现如图 15-47 所示的对话框，从中选择一种喜欢的格式，单击"确定"按钮，完成风格设置，现在页面已经改变，列表用上自动套用的格式，出现自动生成的数据列，如图 15-48 所示。

图 15-47　"自动套用格式"对话框

图 15-48　套用格式以后的页面

（11）打开刚刚插入的 GridView 控件的"任务面板"，单击"编辑列"，出现"字段"设置对话框，如图 15-49 所示。

（12）把两个字段的 HeaderText 属性改为希望显示的中文名称，单击"确定"按钮，在页面上看到字段标题显示为中文，如图 15-50 所示。

图 15-49 "字段"设置对话框

图 15-50 设置完中文的界面

（13）打开"任务面板"，选择"启用编辑"与"启用删除"两个复选框，如图 15-51 所示。分类列表制作完成，如图 15-52 所示。

图 15-51 任务面板

图 15-52 分类管理完成后的页面

下面在分类管理页面下方实现添加分类的功能。

注意

分类管理需要实现的功能比较简单，全部可以在一个页面内完成。

（1）从工具箱拖放一个 FormView 控件到页面上，如图 15-53 所示。

（2）选中 FormView1 控件，单击右上方的小箭头，出现控件的"任务面板"，如图 15-54 所示。

（3）选择前面步骤建立的数据源，如图 15-55 所示。选择数据源后 FormView1 的外观变成如图 15-56 所示的界面，数据源设置完成。

图 15-53 FormView 控件

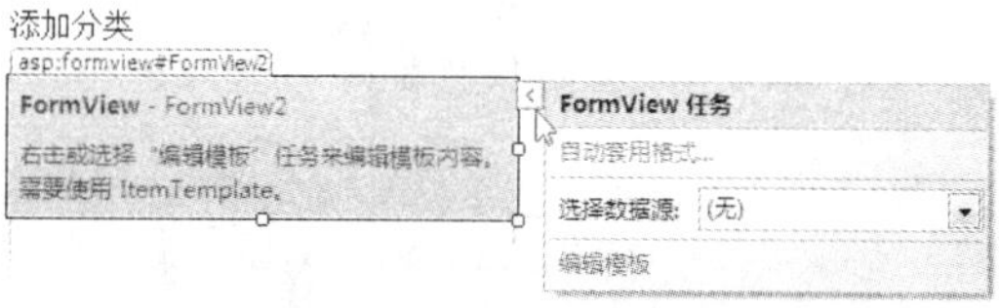

图 15-54 FormView1 控件的任务面板

图 15-55 选择数据源

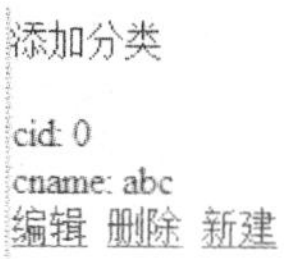

图 15-56 设置数据源完成

（4） 选中刚刚设置好的 FormView 控件，在属性面板中找到 DefaultMode 属性，将属性值由"ReadOnly"改为"Insert"，让控件默认显示插入视图，如图 15-57 所示。修改完成后，控件就变成如图 15-58 所示的界面。

图 15-57 修改默认视图

图 15-58 修改默认视图后的界面

（5） 打开"FormView 任务"面板，然后单击"编辑模板"链接，进入模板编辑状态，如图 15-59 所示。

（6） 进入 FormView 控件的模板编辑界面，如图 15-60 所示。

图 15-59 FormView 任务面板

图 15-60 FormView 控件的模板编辑界面

（7） 把模板编辑状态切换到 InsertItemTemplate 选项，如图 15-61 所示。

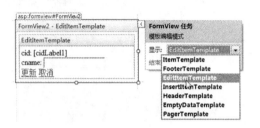

图 15-61　切换模板视图

（8）在编辑模板中将"cname"改为"分类名称"，并删除"cid"开头的第一排文字，单击"结束模板编辑"链接，结束模板编辑，效果如图 15-62 所示。分类管理页面全部开发完成，最终运行效果如图 15-63 所示。

图 15-62　设计视图最终界面

图 15-63　分类管理运行界面

15.9.2　发表文章

发表文章页面的主要功能是让博客拥有者可以添加文章内容。其主要的功能流程是往数据库里面添加一条记录，因为博客项目的特点，标题不用判断重复性，直接就插入数据库，因此同样可以使用向导的方式实现本页面。当然任何一个正式使用的博客系统，在输入正文时都会提供 HTML 编辑器，但是本例的主要目的是让读者学习 ASP.NET 开发方法，这里就直接使用文本框作为输入控件，读者可查看资料，修改为 HTML 编辑控件。

下面介绍发表文章页面的具体开发过程。

（1）在 admin 目录下建立一个新文件"addArticles.aspx"。

（2）在新页面中放置一个 SqlDataSource 控件，用于读取博客文章及添加文章。打开数据源控件的"任务面板"，选择"配置数据源"选项，如图 15-64 所示。

图 15-64　数据源控件任务面板

（3）这里数据源控件的配置数据源向导在"配置 Select 语句"之前与之后的步骤的设置方法和前面其他页面的数据源控件配置完全一样，不再重复介绍，只是在"配置 Select 语句"界面中按照如图 15-65 所示的设置从文章表中读取数据。

图 15-65　配置查询的表和列

（4）在如图 15-65 所示的"配置 Select 语句"对话框中单击"高级"按钮，出现"高级 SQL 生成选项"对话框，在这里选中第一项，单击"确定"按钮完成配置，如图 15-66 所示。回到数据源控件配置对话框，一直单击"下一步"按钮，在最后一步单击"完成"按钮，文章数据源配置完成。

（5）在页面上添加一个 FormView 控件，如图 15-67 所示。

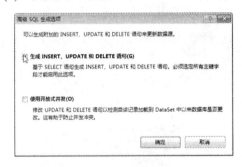

图 15-66　生成操作数据库的语句　　　　　图 15-67　放置一个 FormView 控件

（6）选择数据源为刚刚创建的数据控件，如图 15-68 所示。

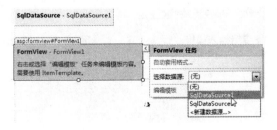

图 15-68　选择数据源

(7) FormView 控件会显示出数据源控件包含的所有字段，如图 15-69 所示。

图 15-69　选择数据源后的界面

(8) 选中 FormView 控件，转到"属性"面板，把 DefaultMode 属性设置为"Insert"，这样控件默认就会显示添加界面，如图 15-70 所示。修改完成后，整个控件的默认状态就变成添加状态，如图 15-71 所示。

图 15-70　修改默认显示界面

图 15-71　插入视图界面

(9) 进入 FormView 控件的模板编辑状态，选择"InsertItemTemplate"为当前模板，如图 15-72 所示。

(10) 删除 class:后面默认的文本框控件，插入一个 DropDownList 控件，打开任务面板，选择"编辑 DataBindings"选项，如图 15-73 所示。

图 15-72　选择编辑插入模板

图 15-73　"DropDownList 任务"面板

(11) 进入"选择数据源"界面，在"数据源"列表框中选择"<新建数据源...>"选项，如图 15-74 所示。

提示

在这里创建数据源可以便于设置数据源属于哪一个控件。

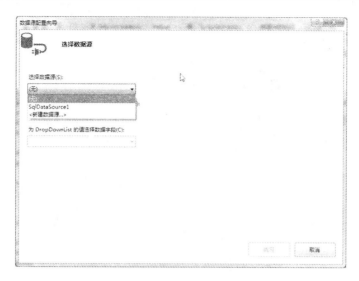

图 15-74　进入"选择数据源"界面

(12) 在新出现的界面的"应用程序从哪里获得数据"列表框中，选择"数据库"，如图 15-75 所示。

图 15-75　选择数据源类型

(13) 在"为数据源指定 ID"文本框中入数据源控件的名称后，单击"确定"按钮，如图 15-76 所示。

(14) 在出现的"选择您的数据连接"界面中，选择使用前面创建的数据库链接。单击"下一步"按钮，如图 15-77 所示。

(15) 出现 SQL 语句配置界面，本数据源需要读取所有分类信息，在这里选择分类表的所有列。一直单击"下一步"按钮，完成整个数据源配置向导，如图 15-78 所示。

(16) 完成数据源配置以后回到"选择数据源"对话框，设置在列表框中显示的字段为分类名称，而取值的字段为分类编号，单击"确认"按钮，完成类别下拉框的数据配置。如图 15-79 所示。

图 15-76　设置数据源名称

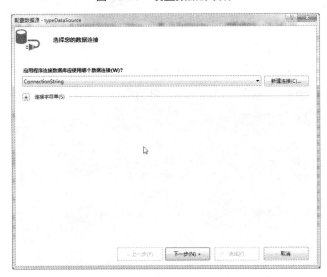

图 15-77　选择数据库连接

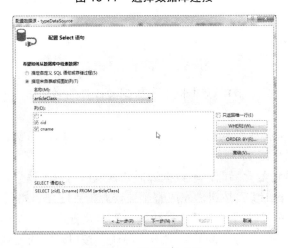

图 15-78　设置查询语句

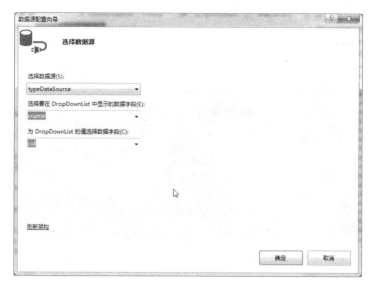

图 15-79　配置绑定列

（17）进行分类下拉框与文章数据表的绑定，让添加时分类数据与下拉框选择的分类一致，因为下拉框是上一步自己添加的，系统就没有添加默认绑定。打开下拉框任务面板，选择"编辑 DataBindings"链接，如图 15-80 所示。

图 15-80　任务面板

（18）出现下拉框数据绑定的对话框，如图 15-81 所示。

图 15-81　设置数据绑定对话框

（19）将数据绑定字段设置为"class"，确保"双向数据绑定"选项选中，单击"确定"按钮，完成数据绑定设置，如图 15-82 所示。

（20）与前面的页面一样，把字段输入框前面的文字改为中文，如图 15-83 所示。

图 15-82　完成数据绑定设置

图 15-83　改为中文

(21) 按照前面的方法，为 FormView 设置自动套用格式，完成格式设置后的页面效果如图 15-84 所示。发布文章页面开发完成，最终浏览器中的效果如图 15-85 所示。

图 15-84　套用格式后的效果

图 15-85　添加分类的最终效果

15.9.3　管理文章

本页面的功能是显示发布的全部文章的标题、分类等详情信息，还包括删除文章、单击"编辑"链接后跳转到修改文章内容页面的功能。

下面介绍管理文章页面的开发过程。

(1)　在 admin 目录下建立一个新文件"adminArticles.aspx"。

(2)　在新页面中放置一个 SqlDataSource 控件，并配置数据源。因为需要从分类和文章两个表里面读取数据，这里不能直接用 Microsoft Visual Studio 2012 向导生成 SQL 语句，在"配置 Select 语句"界面中选择"指定自定义的 SQL 语句或存储过程"，单击"下一步"按钮，如图 15-86 所示。

图 15-86　配置 SQL 语句

(3)　进入"定义自定义语句或存储过程"界面，我们需要使用 Visual Studio 2012 提供的 SQL 语句生成工具来生成读取文章列表数据所需要的 SQL 语句，在图 15-87 中单击"查询生成器"按钮。

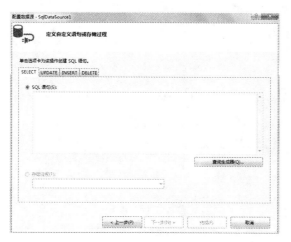

图 15-87　配置 SELECT 语句

（4）屏幕中间弹出"添加表"对话框，如图 15-88 所示，分别选择 articleClass 与 articles 两张表，单击"添加"按钮。

（5）添加完毕后单击"关闭"按钮完成添加表的操作，返回到"查询生成器"对话框，里面显示已经添加了前面选择的两张表格，如图 15-89 所示。

（6）用鼠标按住 articles 表的"class"字段，拖动到 articleClass 表的"cid"字段，就为两个表建立了关系，系统生成的 SQL 语句发生了变化，如图 15-90 所示。

（7）分别选择两个表中需要的字段，下方显示出最终的 SQL 语句，单击"确定"按钮完成 SQL 语句的配置，如图 15-91 所示。

图 15-88　添加表

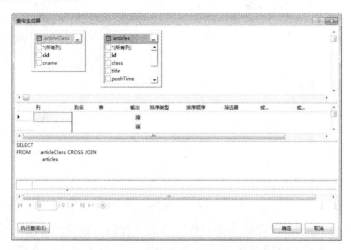

图 15-89　查询生成器

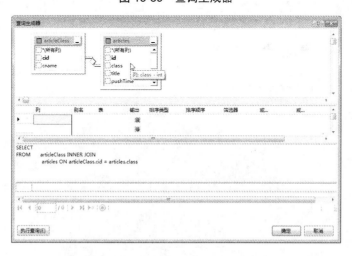

图 15-90　设置关系以后的查询语句

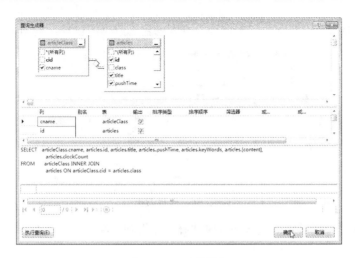

图 15-91　查询设置

(8)　回到"自定义语句或存储过程"界面，然后一直单击"下一步"按钮，直到最后一步，单击"完成"按钮，完成数据源配置，如图 15-92 所示。

图 15-92　最终的查询语句

(9)　在页面上放在一个 GridView 控件，用于显示文章列表，如图 15-93 所示。

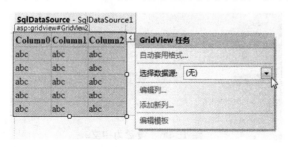

图 15-93　文章显示控件

(10) 将 GridView 控件的数据源设置为刚刚创建的数据源控件，如图 15-94 所示。

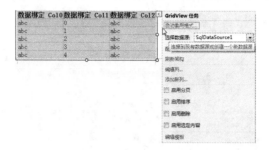

图 15-94　选择数据源

(11) 在如图 15-94 所示的任务面板中选择"编辑列"选项，出现"字段"对话框，在里面设置各列的属性，如图 15-95 所示。

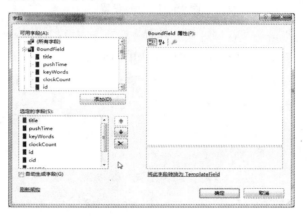

图 15-95　"字段"对话框

(12) 将各个字段的标题设置为中文，如图 15-96 所示。再添加一个"删除"列，该列的 ShowDeleteButton 属性设置为"True"。

图 15-96　设置为中文

(13) 添加一个 HyperLinkField 列，用于链接到修改页面，修改如图 15-97 所示的属性值。

图 15-97　"修改"列的设置

(14) 再添加一个 HyperLinkField 列，用于链接到评论管理页面，修改如图 15-98 所示的四个属性值。单击"确定"按钮，完成列配置。

图 15-98　评论管理列设置

(15) 打开 GridView 任务面板，把"启用分页"和"启用删除"两个复选框勾上。Microsoft Visual Studio 2012 就自动为控件添加了分页及删除功能，如图 15-99 所示。

(16) 给页面设置一种自动套用格式，完成后效果如图 15-100 所示。

图 15-99　启用分类和删除功能

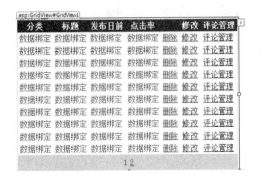

图 15-100　文章列表最终效果

(17) 在页面上方插入一个 HyperLink 控件，把 NavigateUrl 属性设置为前面开发的发表文章的地址。把 Text 属性设置为"发表文章"，如图 15-101 所示。

(18) 后台文章管理页面全部开发完成，最终设计的界面效果如图 15-102 所示。文章管理页面的运行效果如图 15-103 所示。

图 15-101　"发表文章"按钮的属性

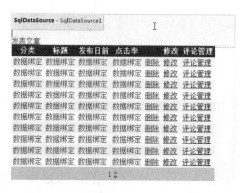

图 15-102　文章管理页面的完整设计图

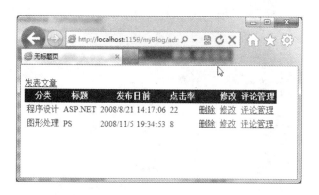

图 15-103　文章管理页面的运行结果

15.9.4　修改文章

用户发表文章以后，可能发现一些问题，需要对文章进行编辑和修改，本页面可以实现文章的编辑和修改功能。下面是页面的实现过程。

(1) 在 admin 目录下新建一个"ModifyArticles.aspx"文件。

(2) 在文件页面上面放置一个 SqlDataSource 数据源控件，启动数据源配置向导。选择数据源步骤的设置和前面介绍的其他的设置相同，进入"配置 Select 语句"界面后，选择数据源的 Select 语句为读取文章数据，如图 15-104 所示。

(3) 在如图 15-104 所示的界面中单击 WHERE 按钮，打开"添加 WHERE 子句"对话框，在里面添加需要的查询条件，如图 15-105 所示。

(4) 本页面要根据传递的文章 id 参数，读取对应的文章，这里设置为根据接受的 id 参数查询文章，如图 15-106 所示。

(5) 最后单击"添加"按钮，如图 15-107 所示。单击"确定"按钮，完成 WHERE 条件配置。

软件开发新课堂

490

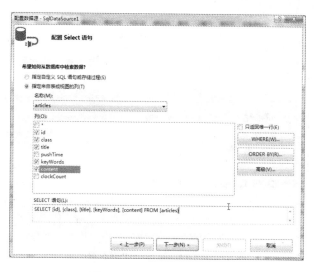

图 15-104　SQL 语句配置

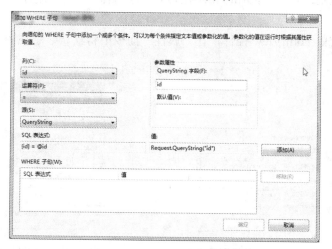

图 15-105　添加查询条件

图 15-106　设置查询条件

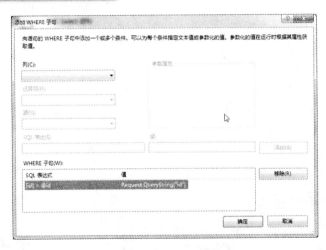

图 15-107　已添加查询条件

(6)　完成以后回到如图 15-104 所示的对话框，在对话框中单击"高级"按钮，弹出"高级 SQL 生成选项"的对话框，选中第一个复选框，单击"确定"按钮，并完成数据库配置，如图 15-108 所示。

图 15-108　指定生成数据操作指令

(7)　在页面上添加一个 FormView 控件，把数据源设置为刚刚建立的数据源，如图 15-109 所示。

(8)　选中建立的 FormView 控件，在"属性"面板中将默认显示视图设置为编辑视图，如图 15-110 所示。

图 15-109　FormView 控件与数据源设置

图 15-110　修改默认视图

（9）用与前面同样的方法，把模板的列名由英文改为中文，并设置样式。最后和前面添加页面一样，把分类由文本框改为下拉框，本页面开发完成。最终的界面如图 15-111 所示。修改文章页面制作完成，运行效果如图 15-112 所示。

图 15-111　最终的界面

图 15-112　修改文章页面的运行效果

15.9.5　查看评论

查看评论页面的功能为根据传递的文章编号参数显示出所有对本篇文章的评论信息，管理员可以查看评论，并单击"回复"链接打开回复页面。通过前面的开发，相信读者已经熟悉了 ASP.NET 数据源控件的使用，这里只列出创建页面的关键步骤。

在 admin 目录中新建一个"reView.aspx"文件，在里面添加一个 SqlDataSource 控件和一个 DataList 控件。

（1）打开 SqlDataSource 控件的配置界面，在"配置 Select 语句"一步中，选择读取"review"表的所有列，如图 15-113 所示。

图 15-113　选择表和列

（2）在"配置 Select 语句"界面中，单击 WHERE 按钮，设置查询条件为从地址栏参数获得 id，单击"添加"按钮，如图 15-114 所示。

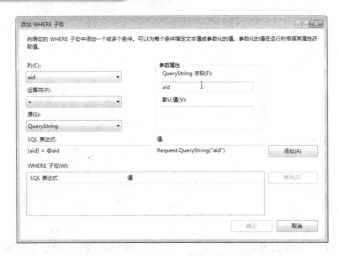

图 15-114　设置条件语句

（3）在对话框下方的"WHERE 子句"列表中已经出现了上一步添加的条件，单击"确定"按钮完成条件配置，如图 15-115 所示。

图 15-115　已出现添加的查询条件

（4）设置完数据源后，在页面上放置一个 DataList 控件，打开"选择数据源"下拉框，如图 15-116 所示。

图 15-116　数据源设置

（5）选择数据源为前面步骤创建的数据源，完成控件配置，如图 15-117 所示。

图 15-117　完成数据源配置

(6)　切换到源代码编辑状态，将 DataList1 控件的代码修改为下面这段代码，完成评论显示功能：

```
<!-- 评论显示列表 -->
<asp:DataList ID="DataList1" runat="server" DataSourceID="SqlDataSource2"
 DataKeyField="rid">
    <!-- 列表标题模板 -->
    <HeaderTemplate>
        评论列表
    </HeaderTemplate>
    <!-- 列表内容模板 -->
    <ItemTemplate>
        <table width="592" border="0" align="center">
            <!-- 显示评论人、IP 以及评论主题 -->
            <tr>
                <td><%# Eval("remen") %>(<%# Eval("reip") %>)
                    发布评论 <%# Eval("retitle") %></td>
            </tr>
            <!-- 显示评论内容 -->
            <tr>
                <td><%# Eval("recontent") %></td>
            </tr>
            <!-- 显示评论回复信息 -->
            <tr>
                <td>
                <div align="center">
                主人回复：<%# Eval("reviceRecord")%>
                <a href="setReView.aspx?rid=<%# Eval("rid") %>
                  &aid=<%# Eval("aid") %>">回复</a>
                </div>
                </td>
            </tr>
            <!-- 显示评论发表时间 -->
            <tr>
                <td><div align="right">
                    发布时间: <%# Eval("retime")%></div></td>
            </tr>
        </table>
    </ItemTemplate>
</asp:DataList>
```

查看评论页面开发完成，最终的运行效果如图 15-118 所示。

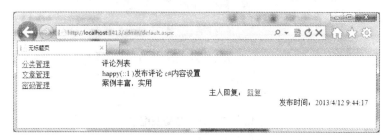

图 15-118　页面的运行效果

15.9.6　回复评论

博客拥有者在上一个页面查看到访问者发送的留言信息以后，可以对评论内容进行回复，当单击"回复"按钮时，跳转到本页面。

为了简单起见，本例不管以前是否回复，即打开回复页面时根据传递的编号参数读取本条留言的回复信息并显示在文本框，单击提交按钮以后，更新本条评论的回复信息，不管以前是否回复过。下面是评论回复页面的实现过程。

(1)　在管理目录下面新建一个"setReView.aspx"文件，并放置一个 SQL 数据源控件，启动配置向导。"配置 Select 语句"之前的步骤与前面一样。

(2)　在"配置 Select 语句"界面中选择评论表的编号和回复字段，如图 15-119 所示。

图 15-119　选择的数据表及数据列

(3)　单击 WHERE 按钮，打开"添加 WHERE 子句"对话框，指定根据请求参数读取对应的评论，如图 15-120 所示。

(4)　单击"添加"按钮，下方的"WHERE 子句"列表框中已经添加了我们设置的条件，如图 15-121 所示。

(5)　单击"确定"按钮，系统已经在我们的查询语句中添加了刚刚设置的条件，一直单击"下一步"按钮，直到完成数据源配置，如图 5-122 所示。

图 15-120　添加需要的查询条件

图 15-121　已出现添加的查询条件

图 15-122　添加查询成功后的 SQL 语句

(6) 数据源控件配置完成后，在页面上放置一个 FormView 控件，将控件数据源指定为上一步创建的数据源控件，进入模板编辑状态，选择 ItemTemplate 模板，在模板中插入一个多行文本框、一个按钮和一点文字，如图 15-123 所示。

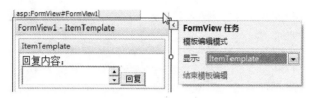

图 15-123　回复页面的布局设置

(7) 选中上一步插入的文本框，单击右上角出现的箭头，出现如图 15-124 所示的"TextBox 任务"面板，选择"编辑 DataBindings"选项，出现如图 15-125 所示的对话框。

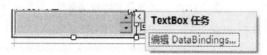

图 15-124　编辑数据绑定

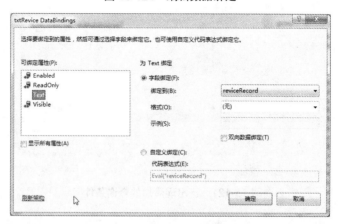

图 15-125　设置数据绑定的对话框

(8) 在"可绑定属性"列表中选择 Text 选项，在"绑定到"下拉框中选择"reviceRecord"字段，单击"确定"按钮，数据源绑定完成。

(9) 返回模板编辑状态后，双击"回复"按钮，进入代码视图，输入如下代码完成回复内容的保存：

```
protected void Button1_Click(object sender, EventArgs e)
{
    string rid = Request.Params["rid"]; //接收评论编号
    string aid = Request.Params["aid"]; //接收文章编号
    //根据输入的评论内容和文章编号生成更新评论的 SQL 语句
    string sql = "update review set reviceRecord='"
      + ((TextBox)FormView1.FindControl("txtRevice")).Text
      + "' where rid=" + rid;
    //创建数据库连接
    using (SqlConnection conn = new SqlConnection(System.Configuration
```

```
.ConfigurationManager.ConnectionStrings["ConnectionString"]
.ConnectionString))
{
    //打开数据库连接，执行更新语句，关闭数据库连接
    conn.Open();
    SqlCommand cmd = new SqlCommand(sql, conn);
    cmd.ExecuteNonQuery();
    conn.Close();
}
//跳转回评论查看页面
Response.Redirect("reView.aspx?id=" + aid);
}
```

(10) 修改页面的 Page_Load 事件，判断是否传递正常参数，防止非法访问页面：

```
protected void Page_Load(object sender, EventArgs e)
{
    if (!IsPostBack)  //如果是页面回发，跳过判断
    {
        string rid = Request.Params["rid"]; //接收回复编号
        //如果没有传递回复编号，转入文章管理页面
        if (rid == null || rid.Trim().Length == 0)
            Response.Redirect("adminAricles.aspx");
    }
}
```

回复留言页面制作完成后的效果如图 15-126 所示。

图 15-126　回复留言页面的运行效果

15.9.7　权限设置

任何一个系统都会涉及一定的权限管理需求，例如类似本系统的小型网站系统会区分管理员与普通用户。而一个大型应用系统通常会使用复杂的权限控制管理。

对于本例这样的小型项目，一般只是区分普通访问者与管理员，或者管理员分不同的级别，最多不超过 10 种角色，不同权限的用户可以访问不同的目录。对于这样的项目而言 ASP.NET 内置的角色管理功能完全可以满足需求，下面就使用 ASP.NET 内置角色设置开发本系统的后台权限。

(1) 在 Visual Studio 2012 中确保项目已打开，从菜单栏中选择"网站"→"ASP.NET 配置"菜单命令，启动 ASP.NET 网站配置工具，如图 15-127 所示。

(2) 出现"ASP.NET 网站管理工具"页面，可以在这里配置一些与项目运行相关的参数，包括权限的管理，如图 15-128 所示。

图 15-127 在 Visual Studio 2012 中启动网站管理工具

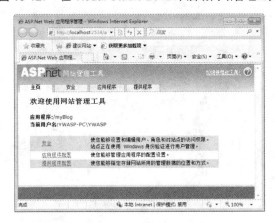

图 15-128 网站管理工具首页

(3) 在如图 15-128 所示的界面上面单击"安全"选项卡，出现权限设置首页面，在这里可以进行角色管理、权限分配等操作，注意这里是按目录分配权限的，因此前期一定要规划好，将不同权限的文件放到不同目录，如图 15-129 所示。

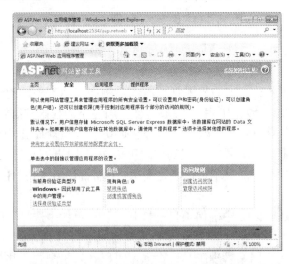

图 15-129 网站管理工具中的"安全"选项卡

（4）在如图 15.129 所示的界面中单击"选择身份验证类型"链接，出现设置验证类型页面，如图 15-130 所示。

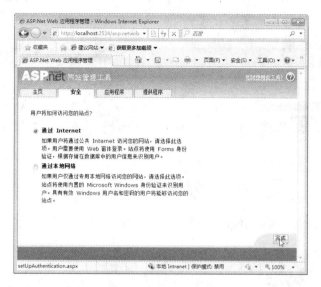

图 15-130 设置身份验证类型

（5）因为项目是要通过 Internet 访问的，所以应选择"通过 Internet"选项，单击"完成"按钮后回到安全配置首页，如图 15-131 所示。

（6）点击"启用角色"，然后在安全配置首页页面中单击"创建或管理角色"链接，因为还没有创建角色，将会跳转到"创建新角色"页面。因为前台是所有用户均可访问的，这里只需要输入一个"管理员"角色，单击"添加角色"按钮，如图 15-132 所示。

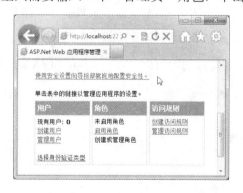

图 15-131 安全设置首页

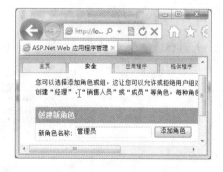

图 15-132 添加"管理员"角色

（7）添加成功后退回到如图 15-131 所示的安全管理界面，单击"创建访问规则"链接，出现创建规则设置界面，选中 admin 目录，单击"添加新访问规则"，添加权限设置。首先设置"管理员"角色对本目录的权限为"允许"，如图 15-133 所示。单击"确定"按钮完成目录访问权限的设置。

（8）再添加一个权限，设置拒绝匿名用户访问 admin 目录，如图 15-134 所示。权限设置完成，退回到如图 15-131 所示的安全管理界面，单击"管理访问规则"链接，进入后点击"admin"文件夹，可以查看"admin"权限设置状况，如图 15-135 所示。

软件开发新课堂

(9) 在如图 15-131 所示的界面中单击"创建用户"链接，创建一个管理员账号，输入用户名、密码等相关信息，如图 15-136 所示。

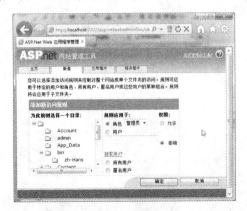

图 15-133　设置允许管理员访问后台目录

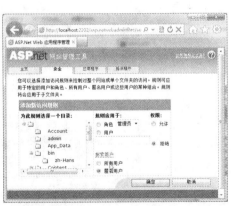

图 15-134　不允许匿名用户访问管理目录

图 15-135　设置完成的角色管理页面

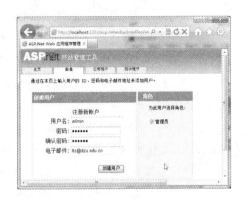

图 15-136　"创建用户"界面

(10) 输入信息以后单击"完成"按钮，出现创建成功的页面，如图 15-137 所示。

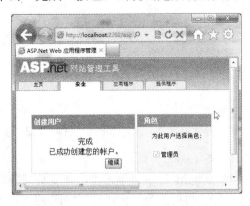

图 15-137　创建用户成功

(11) 在如图 15-131 所示的界面中单击"管理用户"链接，出现用户设置界面，可以进行相关的设置，如图 15-138 所示。这样就完成了权限管理设置部分。

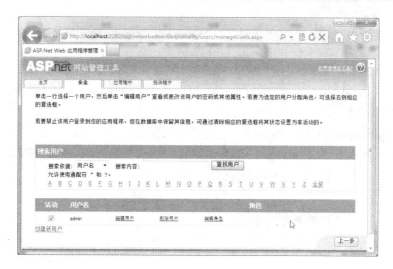

图 15-138 用户权限分配列表

15.9.8 用户管理

本项目建立时所使用的模板会自动生成系列用户登录及管理文件，在 Account 目录及 App_Start 目录下，如图 15-139 所示。

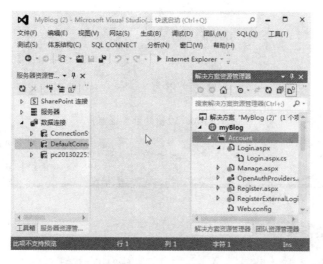

图 15-139 用户登录及管理相关文件

系统自动生成的用户登录及管理模块，允许使用 Microsoft、Facebook、Twitter 或者 Google 等外部账户验证并登录系统，如果使用外部账户验证登录，需要修改 App_Start 目录中的 AuthConfig.cs 文件，根据允许使用的外部验证账户，将相应的注释行去掉，如图 15-140 所示。

下面介绍各个相关文件。

● Login.aspx：用户登录窗体，设置了允许外部账户验证的运行界面，如图 15-141 所示。可以使用本地账户登录，也可以通过相应的按钮，使用外部账户登录，点击 Google 按钮，使用 Google 用户验证的界面如图 15-142 所示。

503

- Manage.aspx：用户管理界面，可以进行用户密码设置，使用 Google 账户登录后，进行账户管理的运行界面如图 15-142 所示。
- OpenAuthProviders.ascx：外部身份认证控件，可以嵌入到其他登录页面中，允许用户使用 Microsoft、Facebook、Twitter 或者 Google 账户登录系统，设计界面如图 15-143 所示。
- Register.aspx：用户注册窗口，运行界面如图 15-144 所示。
- RegisterExternalLogin.aspx：在以外部账户登录并通过验证时，设置本地账户名的窗口，运行界面如图 15-145 所示。

```
using System;
using System.Collections.Generic;
using System.Linq;
using System.Web;
using Microsoft.AspNet.Membership.OpenAuth;

namespace WebApplication2
{
    internal static class AuthConfig
    {
        public static void RegisterOpenAuth()
        {
            // 请参见 http://go.microsoft.com/fwlink/?LinkId=252803,
            // 应用程序设置为支持通过外部服务登录。

            OpenAuth.AuthenticationClients.AddTwitter(
                consumerKey: "你的 Twitter 使用者密钥",
                consumerSecret: "你的 Twitter 使用者密码");

            OpenAuth.AuthenticationClients.AddFacebook(
                appId: "你的 Facebook 应用程序 ID",
                appSecret: "你的 Facebook 应用程序密码");

            OpenAuth.AuthenticationClients.AddMicrosoft(
                clientId: "你的 Microsoft 帐户客户端 ID",
                clientSecret: "你的 Microsoft 帐户客户端密码");

            OpenAuth.AuthenticationClients.AddGoogle();
        }
    }
}
```

图 15-140　设置外部验证账户

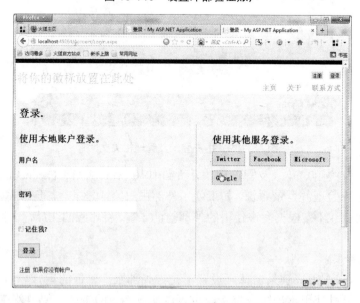

图 15-141　允许外部账户验证的登录界面

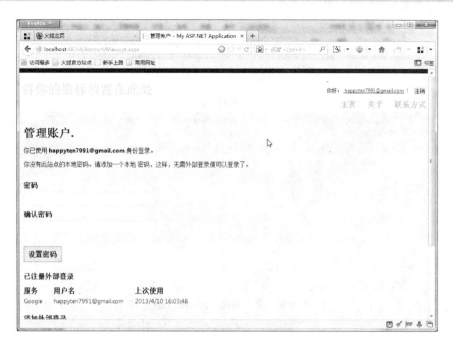

图 15-142　用户管理界面

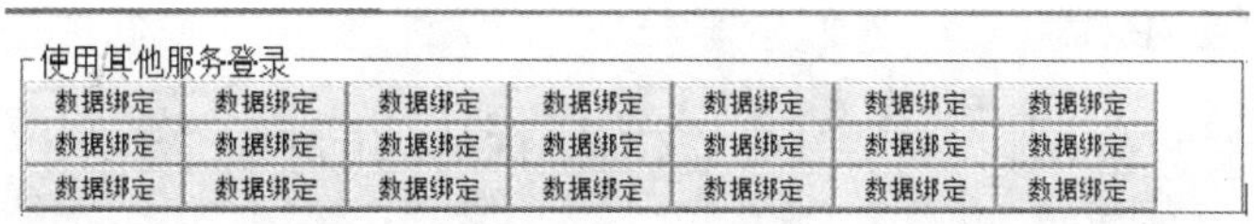

使用其他服务登录						
数据绑定	数据绑定	数据绑定	数据绑定	数据绑定	数据绑定	数据绑定
数据绑定	数据绑定	数据绑定	数据绑定	数据绑定	数据绑定	数据绑定
数据绑定	数据绑定	数据绑定	数据绑定	数据绑定	数据绑定	数据绑定

图 15-143　OpenAuthProviders 设计界面

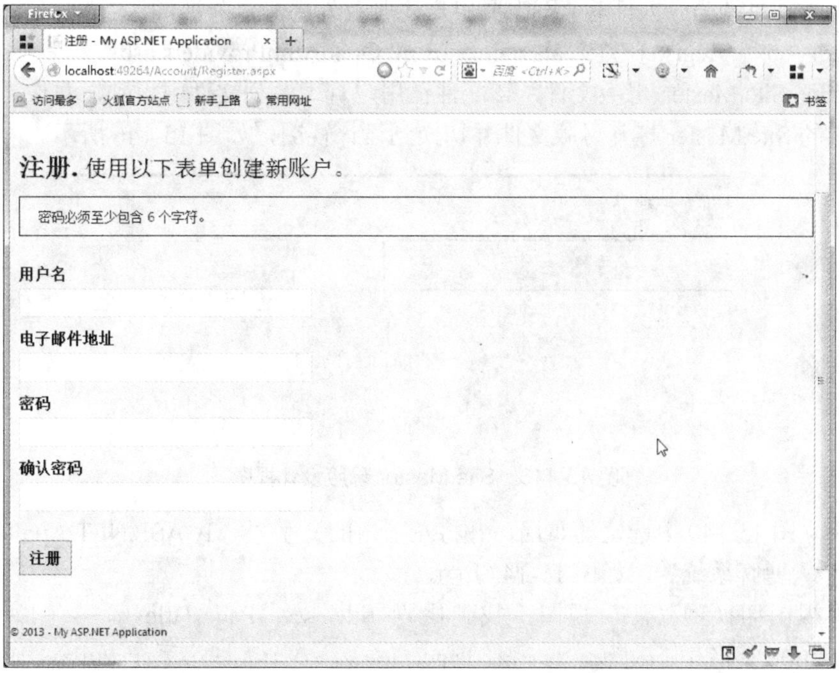

图 15-144　用户注册界面

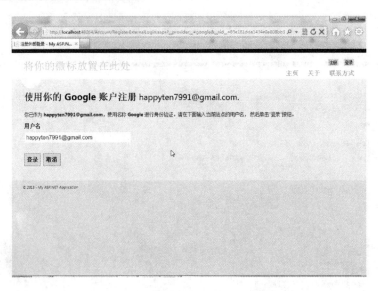

图 15-145　RegisterExternalLogin 窗口

结合前面配置 ASP.NET 权限的管理，能够很方便地实现用户登录功能。

15.9.9　后台登录

admin 目录下的所有文件在登录以前是不能访问的，用户需要登录才能访问，因此需要开发或者配置用户管理功能。

下面根据需要修改网站自动生成的系列文件，使其适合本项目的要求。

(1) 因为本系统为个人博客，不需要用户注册及外部账户验证，因此删除 Account 目录下的 Register.aspx、RegisterExternalLogin.aspx 和 OpenAuthProviders.ascx 文件

(2) 修改 Site.Master 母版文件，该文件在用户管理系列文件中用到，并作为母版。双击根目录中的 Site.Master 打开母版文件并切换到设计视图，如图 15-146 所示。

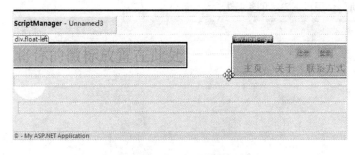

图 15-146　Site.Master 母版设计视图

(3) 删除图 15-140 中选定的布局，并将左下角的文字"- My ASP.NET Application"，修改为"-个人博客系统"，如图 15-147 所示。

(4) 将视图切换到"源"视图，找到代码<title><%: Page.Title %> - My ASP.NET Application</title>，将其修改为<title><%: Page.Title %> - 个人博客系统</title>。如图 15-148 所示。

```
ScriptManager - Unnamed3
div.content-wrapper

[FeaturedContent]

© - 个人博文系统
```

图 15-147　修改后的 Site.Master 母版设计视图

```
<%@ Master Language="C#" AutoEventWireup="true" CodeFile="Site.master.cs" Inherits="SiteMaster" %>

<!DOCTYPE html>
<html lang="zh">
<head runat="server">
  <meta http-equiv="Content-Type" content="text/html; charset=utf-8"/>
    <meta charset="utf-8" />
    <title><%: Page.Title %> - 个人博客系统</title>
    <asp:PlaceHolder runat="server">
        <%: Scripts.Render("~/bundles/modernizr") %>
    </asp:PlaceHolder>
    <webopt:BundleReference runat="server" Path="~/Content/css" />
    <link href="~/favicon.ico" rel="shortcut icon" type="image/x-icon" />
    <meta name="viewport" content="width=device-width" />
```

图 15-148　修改后的 Site.Master 母版源视图

(5)　在 Site.Master 母版文件中找到代码<li><a id="registerLink" runat="server" href="~/Account/Register.aspx">注册</a></li>，并将其删除，因为本系统不需要用户注册。

(6)　打开 Account 目录下的 Login.aspx，切换到"源"视图，找到关于"注册"链接的代码并删除，如图 15-149 所示；再找到有关外部账户认证代码并将其删除，如图 15-150、15-151 所示。

```
<p>
    <asp:HyperLink runat="server" ID="RegisterHyperLink" ViewStateMode="Disabled">注册</asp:HyperLink>
    如果你没有帐户。
</p>
```

图 15-149　"注册"链接的代码

```
<section id="socialLoginForm">
    <h2>使用其他服务登录。</h2>
    <uc:OpenAuthProviders runat="server" ID="OpenAuthLogin" />
</section>
```

图 15-150　外部账户认证代码

```
<%@ Register Src="~/Account/OpenAuthProviders.ascx" TagPrefix="uc" TagName="OpenAuthProviders" %>
```

图 15-151　外部账户认证控件注册代码

(7)　将 Login.aspx 切换到设计视图，右键点击登录控件，如图 15-152 所示。

(8)　在快捷菜单中选择"属性"命令，找到属性 ID，将 ID 设置为 Login1，如图 15-153 所示。点击"事件"按钮，找到 Authenticate 事件，如图 15-154 所示。

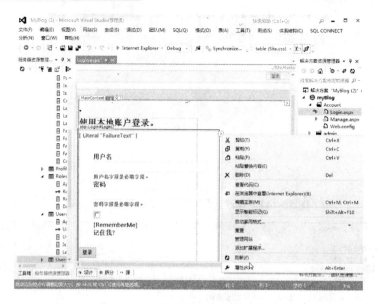

图 15-152　选择登录控件属性界面

图 15-153　设置登录控件 ID

图 15-154　设置事件

（9）双击 Authenticate 事件，系统将在后台代码文件 Login.aspx.cs 中自动生成相关事件 Login1_Authenticate。修改事件，在该事件中调用 ASP.NET 的用户验证管理类，设置登录验证及验证后跳转页面代码，实现用户验证，修改后的事件代码如下：

```
protected void Login1_Authenticate(object sender, AuthenticateEventArgs e)
{
    if (Membership.ValidateUser(Login1.UserName, Login1.Password))
    //根据输入的用户名/密码信息，调用 ASP.NET 提供的成员管理 API，认证用户信息，
    //如果通过，执行下面这段代码
    {
        FormsAuthenticationTicket authTicket =
          new FormsAuthenticationTicket(1, Login1.UserName, DateTime.Now,
            DateTime.Now.AddMinutes(60), false, ""); //建立身份验证票对象
        string encryptedTicket =
          FormsAuthentication.Encrypt(authTicket); //加密票据
        HttpCookie authCookie = new HttpCookie(FormsAuthentication
        .FormsCookieName, encryptedTicket); //得到 Cookie 对象
```

```
        Response.Cookies.Add(authCookie); //将票据对象添加进 Cookie
        Response.Redirect("admin/Default.aspx"); //跳转到后台首页
    }
}
```

(10) 将本页面中的 Page_Load 方法中的所有代码注释掉。

最后登录界面的运行效果如图 15-155 所示。

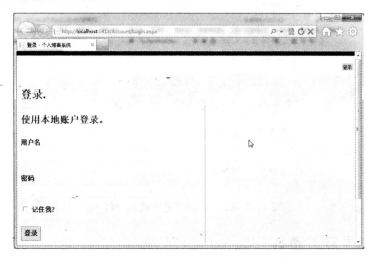

图 15-155　用户登录界面的运行效果

(11) 打开 Manage.aspx 文件，并切换到"源视图"，找到如图 15-156、15-157 所示的代码并删除。

```
<section id="externalLoginsForm">
    <asp:ListView runat="server"
        ItemTypes="Microsoft.AspNet.Membership.OpenAuth.OpenAuthAccountData"
        SelectMethod="GetExternalLogins" DeleteMethod="RemoveExternalLogin" DataKeyNames="ProviderName,ProviderUserId">

        <LayoutTemplate>
            <h3>已注册外部登录</h3>
            <table>
                <thead><tr><th>服务</th><th>用户名</th><th>上次使用</th><th> </th></tr></thead>
                <tbody>
                    <tr runat="server" id="itemPlaceholder"></tr>
                </tbody>
            </table>
        </LayoutTemplate>
        <ItemTemplate>
            <tr>

                <td><%#: Item.ProviderDisplayName %></td>
                <td><%#: Item.ProviderUserName %></td>
                <td><%#: ConvertToDisplayDateTime(Item.LastUsedUtc) %></td>
                <td>
                    <asp:Button runat="server" Text="删除" CommandName="Delete" CausesValidation="false"
                        ToolTip='<%# "从你的帐户中删除此 " + Item.ProviderDisplayName + " 登录" %>'
                        Visible="<%# CanRemoveExternalLogins %>" />
                </td>

            </tr>
        </ItemTemplate>
    </asp:ListView>

    <h3>添加外部登录</h3>
    <uc:OpenAuthProviders runat="server" ReturnUrl="~/Account/Manage.aspx" />
</section>
```

图 15-156　外部账户认证代码

```
<%@ Register Src="~/Account/OpenAuthProviders.ascx" TagPrefix="uc" TagName="OpenAuthProviders" %>
```

图 15-157　外部账户认证控件注册代码

用户管理窗体运行效果如图 15-158 所示。

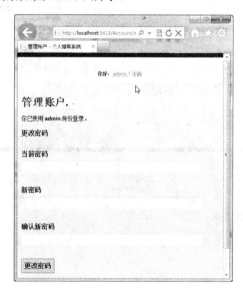

图 15-158　用户管理窗体的运行效果

15.9.10　目录及首页代码

　　管理员登录以后，系统会自动打开 admin 目录下的 Default.aspx 页面，这是后台管理的首页，是一个 HTML 框架页面，左边显示 menu.aspx，里面包含所有后台页面的链接，单击后，在 Default.aspx 的右边框架显示对应的页面，这三个页面都是 HTML 页面。

　　在 admin 目录下建立一个 menu.aspx 页面，作为首页左边显示的目录页，在 menu.aspx 中添加如下 HTML 代码：

```
<table width="0" border="0">
  <!--分类管理连接 -->
  <tr>
    <td><a href="classAdmin.aspx" target="mainFrame">分类管理</a></td>
  </tr>
  <tr>
  <!--文章管理连接 -->
    <td><a href="adminAricles.aspx" target="mainFrame">文章管理</a></td>
  </tr>
  <tr>
  <!--修改密码连接 -->
    <td>
    <a href="/Account/Manage.aspx" target="mainFrame">密码管理</a>
    </td>
  </tr>
</table>
```

　　最后在 admin 目录下新建一个 Default.aspx 作为后台首页，编写如下代码：

```
<%@ Page Language="C#" AutoEventWireup="true" CodeFile="Default.aspx.cs"
 Inherits="admin_Default" %>
```

```
<!DOCTYPE html PUBLIC "-//W3C//DTD XHTML 1.0 Transitional//EN"
 "http://www.w3.org/TR/xhtml1/DTD/xhtml1-transitional.dtd">

<html xmlns="http://www.w3.org/1999/xhtml">
    <head runat="server">
        <title>无标题页</title>
    </head>

    <!--首页框架集 -->
    <frameset cols="180,*" frameborder="no" border="0" framespacing="0">
      _ <frame src="menu.aspx" name="leftFrame" scrolling="No"
          noresize="noresize" id="leftFrame" />
        <frame src="classAdmin.aspx" name="mainFrame" id="mainFrame" />
    </frameset>

    <noframes>
    <body>
        你的浏览器不支持框架!
    </body>
    </noframes>
</html>
```

至此，本博客系统全部开发完成。

15.10　程　序　部　署

到目前为止，就完成了博客系统的全部程序开发工作，下一步就是将程序部署到服务器上，注意服务器上必须安装 Microsoft .NET Framework 4.5 及 SQL Server 2008 的任意一个版本。

这里假设环境为 Windows 7 + SQL Server 2008 + IIS 7.5 + Microsoft .NET Framework 4.5。如环境不同，应参照其他资料进行设置。

15.10.1　数据库的安装

在服务器上安装应用程序之前，首先需要将数据库安装到服务器的 SQL Server 数据库中，下面介绍如何在 SQL Server 2008 中安装学生信息数据库。

(1) 将本书光盘代码拷入电脑，取消只读属性，在 App_Data 目录上单击鼠标右键，在弹出的快捷菜单中选择"属性"命令，打开属性对话框，如图 15-159 所示。

提示

数据库必须去掉只读属性才能正确访问。

(2) 在属性对话框中选择"安全"选项卡，如图 15-160 所示。在"安全"选项卡中单击"编辑"按钮，打开权限编辑对话框，如图 15-161 所示。

图 15-159　目录的右键快捷菜单

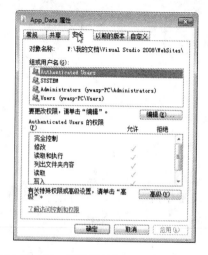

图 15-160　目录属性的"安全"选项卡

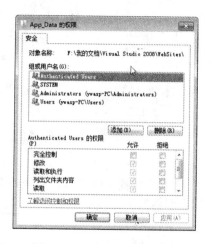

图 15-161　权限编辑对话框

(3)　在权限编辑对话框中单击"添加"按钮，出现"选择用户或组"对话框，如图 15-162 所示。

(4)　在"选择用户或组"对话框中单击"高级"按钮，出现"选择用户或组"高级界面，如图 15-163 所示。

(5)　单击"立即查找"按钮，对话框内出现所有本地系统用户，如图 15-164 所示，这里使用的是 Windows 7 系统，选中 IISUSER 用户，单击"确定"按钮，如果使用 2003 或其他系统，应参见相关教程进行设置。

图 15-162　"选择用户或组"对话框

(6)　回到如图 15-165 所示的对话框，单击"确定"按钮。

(7)　属性窗口出现添加的用户，把 ASP.NET 用户设置为完全控制，如图 15-166 所示。

(8)　打开 SQL Server 2008，右键点击"数据库"，如图 15-167 所示。

软件开发新课堂

图 15-163　"选择用户或组"高级界面

图 15-164　出现所有本地系统用户

图 15-165　设置已添加用户

图 15-166　设置 ASP.NET 用户权限

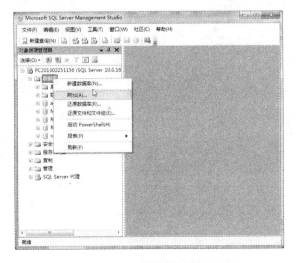

图 15-167　数据库快捷菜单

(9) 在快捷菜单中选择"附加"命令，弹出如图 15-168 所示窗口。

图 15-168　"附加数据库"窗口

(10) 单击"添加"按钮，弹出"定位数据库文件"对话框，如图 15-169 所示。

图 15-169　选择数据库文件

(11) 单击"确定"按钮返回图 15-168 的窗口，再单击"确定"按钮，附加数据库成功。

(12) 修改 Web.config 中的链接字符串如下：

```
<connectionStrings>
    <add name="DefaultConnection" providerName="System.Data.SqlClient"
    connectionString="Data Source=127.0.0.1;
    Initial Catalog=aspnet-myBlog-20130409100528;
    User ID=sa;Password=guangxi"/>
    <add name="ConnectionString" providerName="System.Data.SqlClient"
    connectionString="Data Source=127.0.0.1;Initial Catalog=myblogdb;
    User ID=sa;Password=guangxi" />
</connectionStrings>
```

15.10.2　IIS 服务器的设置

正式的网站一定是部署在 Windows 服务器版的 IIS 上运行的，下面简单介绍如何在 IIS
上架设本程序，读者需按照上一步设置好数据库环境。

(1)　启动 IIS，如图 15-170 所示。

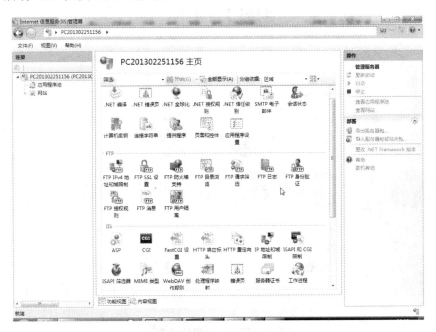

图 15-170　IIS 启动界面

(2)　在"网站"上面单击鼠标右键，从弹出的快捷菜单中选择"添加网站"命令，弹
出"添加网站"对话框，如图 15-171 所示。

(3)　输入网站名称，选择物理路径，然后设置网站的端口，如图 15-172 所示。

(4)　单击"连接为"按钮，弹出"设置凭据"对话框。输入用户名，这里可使用系统
登录用户名及密码，如图 15-173 所示。

(5)　单击"确定"按钮，返回图 15-172 的界面，单击"测试设置"按钮，弹出"测试
连接"对话框，如图 15-174 所示，如果图标全为绿色，则设置成功。

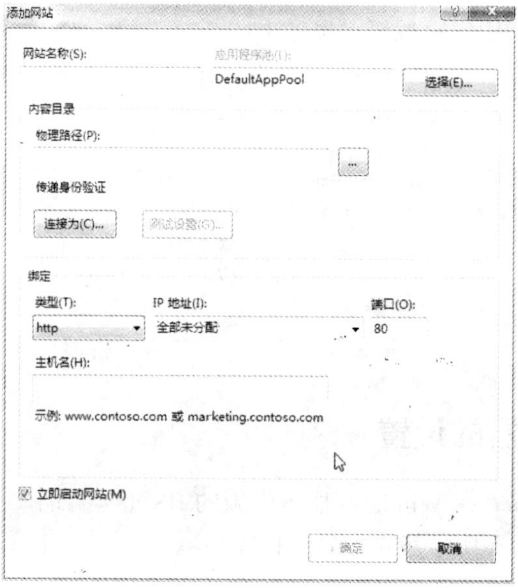

图 15-171 新建网站

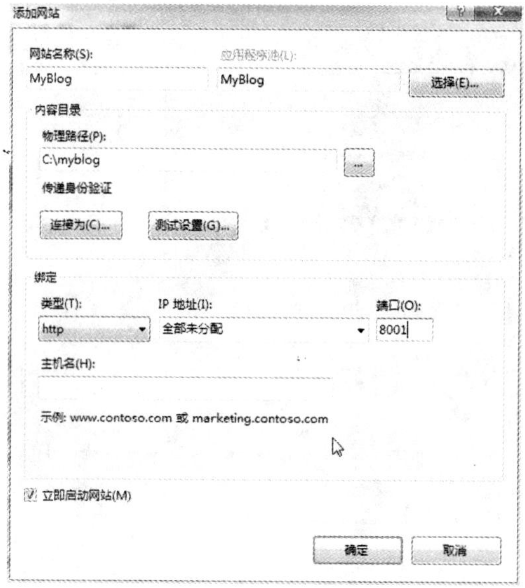

图 15-172 添加网站设置

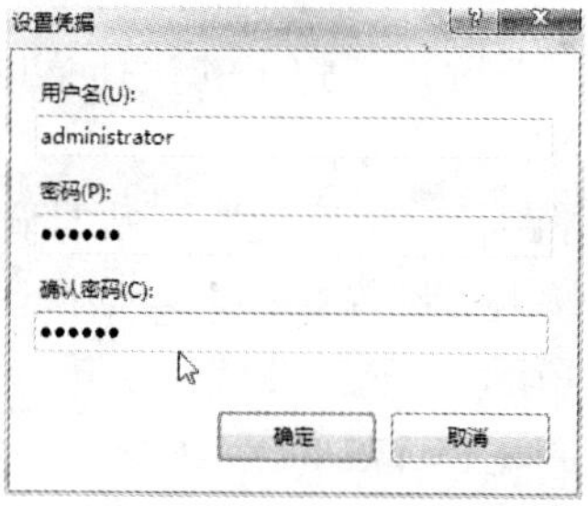

图 15-173 设置凭据

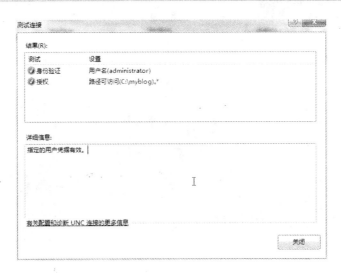

图 15-174　测试连接

(6)　单击"关闭"按钮，返回如图 15-173 所示的对话框，再单击"确定"按钮，返回 IIS 主界面。单击"应用程序池"，如图 15-175 所示。

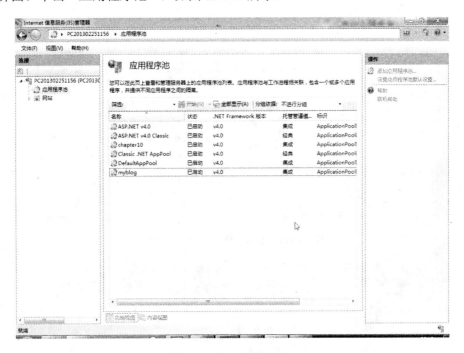

图 15-175　应用程序池

(7)　双击 Myblog，在出现的"编辑应用程序池"对话框中，设置.NET Framework 版本为 4.0，如图 15-176 所示。

(8)　单击"确定"按钮完成网站配置，如图 15-177 所示。

(9)　在图 15-177 的右边鼠标处点击"浏览*:8001"链接，即可浏览网站，效果如图 15-178 所示。

图 15-176　编辑应用程序池

图 15-177　网站配置完毕后的界面

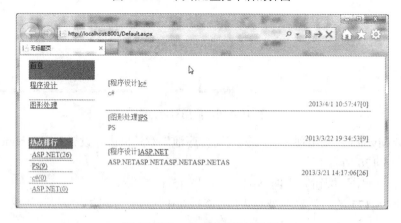

图 15-178　个人博客系统首页

15.11　总　　结

本例完成了一个简单的博客系统的制作，相对于管理完善的各种博客系统，本例只是实现了博客系统的简单功能。本例的主要目的不是介绍博客系统的全面功能实现，而是通过简单的实例，让读者熟悉 ASP.NET 程序开发的基本方法，和基本控件的使用。

本例还使用了 ASP.NET 内置的权限管理功能，并讲解了使用外部账户进行身份认证的方法。数据库访问部分也大量使用了 ADO.NET 控件，只有少数功能是使用代码实现的，读者应当认真掌握控件的使用，为以后的开发做好准备。

15.12　上机练习

(1)　在数据库中增加用户数据表。

(2)　增加前台用户注册功能。

(3)　修改博客程序为多用户博客程序。